DICTIONNAIRE
DE
PHYSIQUE
PORTATIF;

Contenant les découvertes les plus intéressantes de Descartes & de Nevvton, & les Traités de Mathématique nécessaires à ceux qui veulent étudier avec succès la Physique moderne.

TROISIEME ÉDITION.

Avec Figures.

Par l'Auteur du grand Dictionnaire de Physique.

TOME PREMIER.

A AVIGNON,

Chez la Veuve GIRARD & FRANÇOIS SEGUIN, Impr. Libraires, à la Place S. Didier.

M. DCC. LXVII.

Avec Permission des Supérieurs.

A MONSEIGNEUR

JEAN-FELIX-HENRI

DE FUMEL,

EVEQUE, SEIGNEUR, COMTE de Lodéve & de Montbrun, Conseiller du Roi en ses Conseils, &c.

MONSEIGNEUR,

L'Epitre Dédicatoire n'est que trop souvent un froid panégyrique sur lequel le Lecteur jette presque à peine les yeux.

Veut-on en même tems mériter ſon ſuffrage, & piquer ſa curioſité ? que l'on choiſiſſe un Mécéne dont la Nobleſſe aille ſe perdre dans l'antiquité la plus reculée : que l'on offre ſon encens à un Prélat diſtingué par les mœurs les plus ſaintes & les plus édifiantes, par le zéle le plus ſage & le plus intrépide, par l'érudition la plus profonde & la plus conſommée ; le Public, toujours équitable, s'empreſſera de ſouſcrire aux éloges qu'on lui donnera, & l'Epitre Dédicatoire préviendra le Lecteur en faveur de l'Ouvrage. C'eſt là l'heureuſe ſituation où je me trouve, MONSEIGNEUR; *& quelque pompeux que fût l'étalage que je pourrois faire ici de vos vertus & de vos talents, je ne craindrois pas que perſonne osât me contredire. Auſſi me regardé-je comme l'écho de la France, lorſque j'annonce à votre* GRANDEUR *que ſa place lui eſt marquée* *dans l'Hiſtoire de l'Egliſe à côté des plus grands & des plus ſçavants Evêques. Recevez donc cet hommage, MONSEIGNEUR, comme une preuve non équivoque de mon reſpect & de mon admiration. Recevez-le encore comme un monument de ma gratitude pour le ſervice eſſentiel que vous m'avez rendu dans la compoſition de mon Ouvrage. Dans la néceſſité où je me ſuis trouvé d'attaquer, juſques dans leurs derniers retranchements, les Impies de ce ſiécle trop connus ſous le nom de* nouveaux Philoſophes, *vous m'avez fourni des armes* * *avec leſquelles je puis me flatter d'avoir remporté ſur eux la victoire*

* Mandement de Monſeigneur l'Evêque de Lodéve touchant pluſieurs Livres ou Écrits modernes.

Inſtruction paſtorale du même Prélat ſur les ſources de l'Incrédulité du ſiécle.

la plus compléte. Permettez-moi de vous attribuer toute la gloire de ce triomphe, & de vous aſſurer que je ſerai toute ma vie avec le reſpect le plus profond,

MONSEIGNEUR,

DE VOTRE GRANDEUR,

Le très-humble & très-obéiſſant
Serviteur
P**.

PRÉFACE

CONTENANT L'ABRÉGÉ *Du Systême Physique que l'on a suivi dans cet Ouvrage.*

NEWTON jouit aujourd'hui de la réputation qu'il mérite ; la plûpart des Sçavans ont adopté ses principes, & *l'attraction* n'a pas été dans ce siécle moins funeste au Cartésianisme, que le fut autrefois *l'impulsion* à la Secte Péripatéticienne. Il n'en est pas moins vrai cependant, qu'une Science qui devroit être à la portée de tout le monde, a été présentée jusqu'à présent avec un étalage scientifique capable de décourager le commun des hommes. Seroit-il donc impossible de faire comprendre la Physique de Newton aux personnes même qui n'auroient qu'une teinture assez légère de Géométrie & d'Algébre ? je ne suis pas le seul à assurer le contraire ; & le plus sûr moyen que l'on puisse mettre en usage, ce sera sans doute de n'employer jamais aucun terme sçavant ou peu connu, sans en donner en même tems l'explication la plus sensible. C'est-là ce que l'on se propose dans cet Ouvrage où l'on prétend distinguer Newton Physicien de Newton Algébriste. Ce Dictionnaire n'aura rien de commun avec plusieurs Commentaires où l'on s'est flatté d'avoir mis Newton dans le plus grand jour. En effet, pour lire ces Commentaires avec fruit, il faut être grand Géométre & grand Algébriſte ; & lorſque bien des Phyſiciens les ont lû, il leur reſte dans l'eſprit une infinité de doutes & de difficultés qui leur font regarder le ſyſtême du Philoſophe Anglois au moins comme problématique. C'eſt-là l'écueil que nous croyons avoir évité dans cet Ouvrage ; pourroit-il n'être pas agréable & utile au Public ? D'ailleurs la commodité qu'aura le Lecteur de trouver à l'inſtant l'explication d'une infinité de termes obſcurs & de queſtions épineuſes que l'on rencontre à chaque pas dans l'étude de la Phyſique Newtonienne, ne fera-t-elle pas regarder ce Dictionnaire comme auſſi néceſſaire aux jeunes Philoſophes, que le ſont aux Ecoliers des claſſes inférieures les Dictionnaires ordinaires. Cette commodité cependant paroît néceſſairement accompagnée d'un grand inconvénient. Des matières qui doivent avoir une liaiſon étroite les unes avec les autres, miſes par ordre alphabétique, paroiſſent d'abord comme découſues. C'eſt pour en faire une eſpèce de *tout*, que nous avons donné dans l'article qui commence par le mot *Phyſique*, la méthode d'apprendre cette ſcience avec le ſecours de ce ſeul Livre. C'eſt pour la même raiſon que nous allons préſenter au Lecteur, comme ſous un même point de vue, le ſyſtême phyſique que nous avons embraſſé : le voici en peu de mots. Les découvertes de Newton en ſont, j'en conviens, le fondement & la baſe ; mais nous n'y rejettons pas celles dont Deſcartes a conſtaté la vérité ; & notre deviſe ſera toujours celle-ci : *amicus Ariſtoteles, ſed magis amica veritas.*

PREMIERE PROPOSITION.

L'Etre ſuprême qui ſeul a pû tirer cet Univers du néant, l'a ſoumis à des régles que l'on doit appeller *loix générales de la nature.*

Corollaire I. Les loix générales de la nature ne peuvent avoir que Dieu pour cauſe phyſique & immédiate.

Corollaire II. Lorſqu'en Phyſique on en vient à une loi générale de la nature, l'on ne peut pas, ſans ſe déshonorer, demander ſérieuſement quelle eſt la cauſe de cette loi.

Corollaire III. Si l'attraction Newtonienne eſt une loi générale de la nature, Newton n'a pas dû en aſſigner la cauſe.

SECONDE PROPOSITION.

Les principales loix générales de la Nature qu'un Phyſicien doit toujours avoir préſentes à l'eſprit, ſont les ſuivantes.

1°. Tout corps en repos perſévère dans ſon état de repos, juſqu'à ce que quelque cauſe extérieure le mette en mouvement.

2°. Tout corps en mouvement continue à ſe mouvoir, juſqu'à ce que quelque cauſe extérieure l'oblige à paſſer de l'état de mouvement à celui de repos.

3°. Tout corps en mouvement tend à parcourir une ligne droite.

4°. Le changement de mouvement eſt toujours proportionnel à la force motrice qui l'a occaſionné, & il ſe fait toujours ſuivant la ligne droite.

5°. La réaction eſt toujours égale & contraire à l'action. Ces cinq loix que nous avons, à l'exemple de Newton, réduites à trois dans le corps de cet Ouvrage, ſont expliquées & démontrées dans l'article du *mouvement*.

6°. Si deux corps durs qui ſe meuvent du même ſens viennent à ſe heurter, ils continueront après le choc de ſe mouvoir enſemble, & dans leur première direction avec la ſomme des forces qu'ils avoient avant le choc.

7°. Si deux corps durs qui ſe meuvent en ſens directement contraire, viennent à ſe heurter, ils iront enſemble après le choc dans la direction du corps le plus fort, avec l'excès ou la différence des forces qu'ils avoient avant le choc. Ces deux loix avec tous les corollaires que l'on en tire, ſont expliquées & démontrées dans l'article de la *dureté*.

8°. Dans le choc des corps élaſtiques le mouvement direct ſe communique, comme ſi les corps étoient durs.

9°. Lorſqu'après le choc deux corps élaſtiques reprennent leur première figure, le corps choquant acquiert autant de viteſſe pour revenir ſur ſes pas, qu'il en avoit communiqué au corps choqué ; & celui-ci acquiert autant de viteſſe pour aller en avant, qu'il en avoit d'abord reçu du corps choquant. L'on trouvera dans l'article de *l'Élaſticité* l'explication & la démonſtration de ces deux loix & de leurs principaux Corollaires.

10°. Tout corps pouſſé en même-tems horizontalement & perpendiculairement doit décrire une ligne diagonale, comme il eſt démontré dans l'article du *mouvement en ligne diagonale*.

11°. Tout corps qui décrit une ligne courbe, est en même-tems animé de deux mouvemens, l'un horizontal & l'autre centripéte, c'est-à-dire, dirigé vers un point fixe auquel on donne le nom de *centre*. Voyez-en la démonstration dans les articles du *mouvement en ligne courbe, en ligne circulaire & en ligne elliptique*.

12°. Tous les corps de l'Univers s'attirent mutuellement, c'est-à-dire, tendent à se réunir les uns avec les autres.

13°. L'attraction se fait toujours en raison directe des masses, c'est-à-dire, si le corps A a quatre fois plus de matière que le corps B, le corps A attirera quatre fois plus le corps B, qu'il n'en sera attiré.

14°. L'attraction suit toujours la raison inverse des quarrés des distances, c'est-à-dire, le corps A éloigné d'une lieue du corps B plus gros que lui, en sera quatre fois plus attiré, que s'il en étoit éloigné de deux lieues. Consultez l'article de l'*Attraction*, & vous verrez pourquoi Newton regarde ces trois dernières loix comme des loix générales de la Nature.

Corollaire I. Si deux corps de différente masse étoient abandonnés à leur attraction mutuelle, le chemin qu'ils feroient pour aller se joindre seroit en raison inverse de leur masse, c'est-à-dire, lé chemin que feroit le plus petit des deux l'emporteroit autant sur le chemin que feroit le plus gros, que la masse de celui-ci l'emporte sur la masse de celui-là.

Corollaire II. L'attraction que la terre exerce sur les différens corps que nous voyons placés sur sa surface, doit empêcher, & empêche effectivement que nous ne nous appercevions de l'attraction mutuelle de ces corps.

Corollaire III. Il y a dans toute bonne Physique des mouvemens qui se font par *attraction*, & d'autres par *impulsion*, comme on a dû s'en convaincre en lisant les loix générales dont nous venons de faire l'énumération.

TROISIÈME PROPOSITION.

L'on doit admettre dans les espaces célestes un vuide, non pas parfait & absolu, mais imparfait & rélatif, c'est-à-dire, les corps célestes se meuvent dans un fluide si rare, si délié & parsemé de tant de vuides, qu'il est incapable d'opposer jamais à leurs mouvemens aucun dérangement sensible. Voyez l'explication & la preuve de cette vérité dans les articles qui ont pour titres, *vuide*, *matière subtile Newtonienne*, *milieux*, *tourbillons simples* & *composés*, *comètes*.

Corollaire I. Assurer que le vuide absolu est métaphysiquement impossible, c'est-là une espéce d'impiété.

Corollaire II. Soutenir le *plein parfait* dans les espaces célestes, c'est-là une fausseté.

QUATRIÈME PROPOSITION.

Le Soleil qui se trouve sensiblement au centre du monde, & réellement à un des foyers des ellipses que parcourent les planétes & les cométes autour de cet astre, envoye de son sein une matière hétérogéne qui nous éclaire & qui produit les différentes couleurs dont la variété fait un des plus beaux ſpectacles de l'Univers, comme nous l'avons expliqué & prouvé dans les articles de la *lumière* & des *couleurs*.

Corollaire premier. C'eſt en partie par *émiſſion*, & en partie par *percuſſion* que nous avons la lumière.

Corollaire ſecond. On ne comprend pas comment des Phyſiciens ont pû aſſurer que nous avions autant de lumière pendant la nuit, que pendant le jour.

Corollaire troiſième. La lumière n'eſt pas un corps ſimple & homogéne, c'eſt-à-dire, composé de parties ſemblables entr'elles, mais un corps mixte & hétérogéne, c'eſt-à-dire, composé de parties ſpécifiquement différentes les unes des autres.

Corollaire quatrième. Les parties hétérogénes qui composent le fluide lumineux, ſont les rayons *rouge*, *orangé*, *jaune*, *verd*, *bleu*, *indigo* & *violet*, comme il eſt démontré par les expériences du priſme rapportées dans l'article des *couleurs*.

Corollaire cinquième. Les rayons de lumière n'ont pas tous le même degré de réfrangibilité & de réflexibilité. C'eſt le rayon rouge qui eſt le moins, & le rayon violet qui eſt le plus réfrangible & le plus réflexible de tous les rayons; les autres cinq ſont plus ou moins réfrangibles & réflexibles, ſuivant qu'ils ſont plus ou moins près du rayon violet.

Corollaire ſixième. Les corps ne nous préſentent telle ou telle couleur, que parce qu'ils réfléchiſſent à nos yeux tel ou tel rayon de lumière.

Corollaire ſeptième. Un corps a une couleur primitive, lorſqu'il ne réfléchit à nos yeux qu'un ſeul rayon de lumière.

Corollaire huitième. Un corps a une couleur

ſubalterne ou ſecondaire, lorſqu'il réfléchit à nos yeux pluſieurs rayons de lumière.

Corollaire neuvième. Un corps eſt blanc, lorſqu'il réfléchit les ſept rayons de lumière, ſans les décompoſer.

Corollaire dixieme. Un corps eſt noir, lorſqu'il ne réfléchit aucun rayon de lumière.

Corollaire onzième. Les couleurs ne ſont point dans les corps colorés, comme l'a prétendu l'Ecole Péripatéticienne.

Corollaire douzième. Le même rayon de lumière différemment modifié, c'eſt-à-dire, différemment réfléchi ou refracté, n'a jamais donné & ne donnera jamais des couleurs ſpécifiquement différentes, quoiqu'en diſent les Cartéſiens.

CINQUIÈME PROPOSITION.

Les planétes principales parcourent des ellipſes autour du Soleil en vertu des loix établies par le Créateur au commencement du monde, comme nous l'avons expliqué dans les articles de *Copernic* & du *mouvement en ligne elliptique.*

Corollaire premier. Les planétes ſubalternes, c'eſt-à-dire, la Lune & les ſatellites de Saturne, de Jupiter & de Vénus parcourent en vertu des mêmes loix des ellipſes autour de leurs planétes principales.

Corollaire ſecond. Les planétes principales & ſubalternes ne ſont pas emportées par des tourbillons de matière ſubtile, comme l'a imaginé Deſcartes.

Corollaire troiſième. Les tourbillons *compoſés* des Cartéſiens modernes ne ſont pas plus propres à emporter les planétes principales & ſubalternes, que l'étoient les tourbillons *ſimples* de Deſcartes, comme nous l'avons prouvé dans l'article des *tourbillons.*

SIXIÈME PROPOSITION.

Les cométes ſont des corps opaques qui parcourent autour du Soleil des ellipſes fort excentriques par les mêmes loix que les planétes ordinaires parcourent leurs orbites ſenſiblement circulaires, comme nous l'avons prouvé dans l'article des *cométes.*

Corollaire premier. Les mêmes cométes doivent reparoître après un certain nombre d'années.

Corollaire ſecond. Les cométes ne doivent être viſibles, que lorſqu'elles ſont près de leur périhélie.

Corollaire troiſième. Les cométes ont près de leur périhélie incomparablement plus de vîteſſe, que près de leur aphélie.

Corollaire quatrième. Les cométes ne ſont pas des vapeurs & des exhalaiſons élevées juſqu'à la région ſupérieure de l'athmoſphére terreſtre, & enflammées par l'action des vents contraires, comme l'a penſé le Prince des Philoſophes.

Corollaire cinquième. Les cométes ne ſont pas des préſages de quelque grand malheur, comme l'a débité l'Ecole Péripatéticienne.

Corollaire ſixième. Les cométes n'ont jamais été des Soleils qui, métamorphoſés en planétes, ſoient devenus incapables de conſerver leur tourbillon, & qui ſoient obligés d'aller de tourbillon en tourbillon rendre viſite aux différens aſtres qui les occupent, ainſi que l'a imaginé Deſcartes.

Corollaire ſeptième. Le mouvement des cométes, n'a pas encore été expliqué d'une manière physique par les Cartésiens modernes, quelque changement qu'ils ayent fait à leurs tourbillons.

Corollaire huitième. Les cométes seront toujours une preuve démonstrative de la bonté du systême de Newton.

SEPTIÈME PROPOSITION.

Les étoiles sont des corps célestes, fixes, lumineux, innombrables & éloignés de la terre d'une distance presqu'infinie, comme nous l'avons démontré dans l'article qui commence par le mot *étoile*.

Corollaire premier. Le mouvement diurne des étoiles d'orient en occident autour des poles du monde, n'est pas un mouvement réel.

Corollaire second. Le mouvement périodique des étoiles d'occident en orient autour des poles de l'écliptique, n'est qu'un mouvement apparent.

Corollaire troisième. L'aberration des étoiles fixes, ne vient d'aucun mouvement réel dans ces astres.

Corollaire quatrième. L'unique mouvement que l'on puisse donner aux étoiles fixes est un mouvement de rotation sur leur axe.

Corollaire cinquième. Les étoiles doivent manifester leur lumière par les étincellements les plus vifs & les plus sensibles.

Corollaire sixième. Les étoiles ne peuvent avoir aucune parallaxe.

Corollaire septième. L'on ne pourra jamais déterminer la distance qu'il y a des étoiles à la terre.

Corollaire huitième. L'on ne pourra jamais sçavoir s'il y a des planétes qui tournent autour de certaines étoiles, comme il y en a qui tournent autour de notre Soleil.

HUITIÈME

HUITIEME PROPOSITION.

La matière ſubtile Newtonienne dont nous avons parlé dans l'article qui commence par le mot, *matiére ſubtile*, ne ſe trouve pas ſeulement dans les eſpaces céleſtes ; elle eſt encore répandue aux environs de la terre où elle peut ſervir à rendre raiſon de pluſieurs phénoménes intéreſſants, tels que ſont la dureté, l'élaſticité, &c.

Corollaire. Puiſque Newton a démontré que l'attraction agiſſoit en raiſon inverſe des quarrés des diſtances, on ne conçoit pas comment les Newtoniens la font agir en raiſon inverſe des cubes des diſtances, pour expliquer la dureté des corps & quelques autres phénoménes terreſtres. Les Carréſiens auront toujours droit de leur objecter que les loix de la nature ſont conſtantes & uniformes, & qu'il n'eſt permis à perſonne de les changer à ſa fantaiſie.

NEUVIEME PROPOSITION.

L'on doit avoir recours à une matière plus déliée que l'air que nous reſpirons, pour rendre raiſon des phénoménes, de l'aiman du feu & de l'électricité, comme nous l'avons fait voir dans les articles où ces queſtions ſont diſcutées fort au long.

Corollaire premier. L'attraction de Newton ne doit ſervir en Phyſique, que pour rendre raiſon du mouvement centripéte des corps.

Corollaire ſecond. Newton n'a pas fait profeſſion de chaſſer de ſa Phyſique tout ce qu'on nomme cauſe méchanique.

Corollaire troisième. Newton n'a jamais eu recours aux qualités occultes des Péripatéticiens pour expliquer les phénoménes de la nature. Ce n'est que par ignorance ou par mauvaise foi qu'on peut lui faire un pareil reproche.

Tel est en peu de mots le systême physique que nous avons suivi dans tout le cours de cet Ouvrage ; on peut le regarder comme un systême mitoyen entre le Newtonianisme & le Cartésianisme. Ceux qui souhaiteroient que nous l'eussions présenté avec plus d'étendue, pourront consulter notre *Traité de paix entre Descartes & Newton* ; c'est dans le troisième volume de cet Ouvrage que nous croyons l'avoir mis dans tout son jour. Pour traiter d'une manière intéressante une infinité de questions qui en dépendent, nous avons puisé dans des sources excellentes. Les principales sont les principes & l'optique de *Newton* ; les principes de *Descartes* ; les commentaires sur Newton des Peres le *Seur & Jacquier*, *Minimes* ; les institutions Newtoniennes de M. l'Abbé *Sigorgne* ; les Mémoires de l'Académie des Sciences ; les Mémoires rédigés à l'Observatoire de Marseille par une Société de Mathématiciens Jésuites, à la tête desquels se trouvoit le sçavant Pere Pezenas ; l'Astronomie des Marins par le même Auteur ; les Analyses de plusieurs questions de Physique que l'on trouve dans les Journaux de Trévoux, des Savans, & dans plusieurs autres Ouvrages périodiques ; la Physique du Pere *Fabri*, *Jésuite* ; celle de M. *Desaguliers* ; les digressions Physiques que le P. *De Chales*, *Jésuite*, a insérées dans son monde Mathématique ; les leçons Physiques de *Privat de Molieres* ; les

Ouvrages de M. de *Mairan*, & fur-tout fes Traités de l'aurore boréale, de la glace, de l'eftimation & la mefure des forces motrices des corps ; les leçons Phyfiques & l'Electricité de M. l'Abbé *Nollet* ; les Elémens de M. l'Abbé de la *Caille* ; le Spectacle de la Nature & l'Hiftoire du Ciel de M. *Pluche* ; les Entretiens phyfiques du P. *Regnault*, *Jéfuite*, & fon Ouvrage fur l'Origine ancienne de la Phyfique moderne ; le Calendrier de *Rivard* ; enfin plufieurs queftions de Phyfique couronnées dans différentes Académies de l'Europe. Heureux fi le Lecteur reconnoît ces grands Hommes dans les abrégés que nous avons été quelquefois obligé de faire de leurs immortels Ouvrages.

PRÉFACE

SUR LA PARTIE MATHÉMATIQUE du Dictionnaire de Physique.

LOrsque nous formames le dessein de composer un Dictionnaire de Physique, deux manières de traiter cette science se présenterent à notre esprit, l'une hérissée de Géométrie & d'Algébre, l'autre dénuée de toute notion mathématique. La premiere, plus conforme à la méthode de Newton qui nous a fourni le fonds du systême que nous avons embrassé, nous parut bien séche, & bien capable de rebuter les commençans; la seconde, plus au goût du siécle où nous vivons, ne nous parut propre qu'à amuser des esprits superficiels qui ne connoissent d'autre occupation que la lecture des brochures & des feuilles volantes. Si nous avions vu de l'incompatibilité dans ces deux méthodes, nous n'aurions pas hésité sur le choix que nous avions à faire; nous ne croyons pas qu'on puisse mettre en parallele le solide avec l'amusant, l'agréable avec l'utile. Mais les Mathématiques & la Physique sont comme deux compagnes qu'il seroit dangereux de séparer. C'est-là ce qui nous a engagé à donner dans la troisieme Edition de cet Ouvrage tous les Traités de Mathématique dont un véritable Physicien ne sçauroit se passer. Leur nombre n'est pas immense; ils se réduisent à six. L'Arithmétique, les Éléments d'Algébre, l'Analyse, la Géométrie, la Trigonométrie & les Sections coniques suffisent à tout homme qui veut lire avec succès les Ouvrages des plus célébres Physiciens. Le Lecteur ne se plaindra pas de ne trouver dans ce Dictionnaire que l'abrégé de ces Traités intéressants ; on ne les donne pas avec plus d'étendue dans les livres élémentaires de Mathématique.

L'on apprendra dans notre Arithmétique à opérer non-seulement sur les nombres entiers simples & composés, mais encore sur toute sorte de fractions, sans en excepter les décimales.

Nos élémens d'Algébre comprennent les mêmes opérations sur les *lettres*, soit que ces lettres supposent pour des quantités finies, soit qu'elles supposent pour des quantités infiniment grandes & infiniment petites.

Nous esperons que tout bon esprit, après avoir étudié notre Traité d'Analyse, sera en état non-seulement de résoudre des problêmes déterminés & indéterminés du premier & du second degré ; mais encore de trouver les forces qu'il faut combiner ensemble, pour qu'un mobile décrive un cercle, une ellipse &c. Nous nous flattons qu'il pourra démontrer que les Planétes gardent avec la derniere exactitude les loix du mouvement ; qu'il est facile de trouver la quadrature de la parabole ; qu'il est impossible de parvenir à celle du cercle, de l'ellipse &c. Ces trois Traités se trouvent dans les articles qui commencent par les mots, *Arithmétique. Fraction. Arithmétique algébrique. Calcul différentiel & intégral. Suite. Arithmétique algébrique appliquée à l'analyse. Progressions. Proportions. Quadrature.*

Notre Géométrie est divisée en deux parties,

l'une ſpéculative, l'autre pratique. La premiere contient toutes les propoſitions des élémens d'Euclide qui ont un rapport même indirect avec la Phyſique, celles ſur-tout qui traitent des Proportions. La ſeconde eſt formée par un très-grand nombre de problêmes dont la ſolution roule ſur la meſure des lignes, des plans & des ſolides. Ce quatrième Traité a fourni la matière des articles qui commencent par les mots *Géométrie. Longimétrie. Planimétrie. Stéréométrie. Compas de proportion.*

Notre Trigonométrie eſt encore diviſée en deux parties; l'une apprend à trouver les logarithmes non-ſeulement des ſinus & des tangentes, mais encore ceux des nombres entiers & fractionnaires; l'autre apprend à réſoudre toute ſorte de triangles rectilignes. Nous eſperons que l'on nous ſçaura quelque gré de la maniere dont nous avons préſenté des notions qui ſe trouvent dans tous les livres; nous avons tout ſacrifié à la clarté. Ce cinquième Traité ſe trouve dans les articles qui commencent par les mots *Logarithme* & *Trigonométrie.*

Enfin le ſixième Traité de Mathématique dont nous avons cru devoir étayer notre Phyſique, eſt le Traité des Sections coniques. C'eſt-là où nous avons développé les différentes propriétés de la parabole, de l'ellipſe & de l'hyperbole. Les notions algébriques que nous avons répandues dans ce Dictionnaire nous ont donné occaſion de les démontrer par la voie de l'analyſe. C'eſt la voie la plus courte & la plus facile pour quiconque ſçait manier une équation du premier & du ſecond degré. L'on trouvera ce ſixième Traité à l'article *Sections coniques*.

Outre ces ſix Traités purement mathématiques, nous en avons donné une foule d'autres que l'on trouve indifféremment dans les livres de Phyſique & dans les livres de Mathématique. Ces Traités ſont l'Optique, la Catoptrique, la Dioptrique, la Méchanique, la Statique, l'Hydroſtatique, la Sphére, la Gnomonique à l'article *cadran*, l'Aſtronomie, les loix de Képler, les Cométes &c. Ce détail eſt plus que ſuffiſant, pour faire comprendre combien la troiſième Edition de ce Dictionnaire eſt préférable aux deux qui l'ont précédée.

Qu'on ne conclue pas de là cependant que nous pouvions intituler cet Ouvrage, *Dictionnaire Phyſico-mathématique*; ce titre pompeux ne lui conviendroit gueres dans l'état brillant où les Mathématiques ſont aujourd'hui. Si tel eut été notre projet, nous aurions donné le calcul différentiel & intégral d'une maniere bien différente; on ne peut maintenant ſe regarder comme Mathématicien, que lorſqu'on poſſéde à fond ce calcul admirable; il eſt dans les Mathématiques ce que la Méchanique eſt dans la Phyſique. Nous avertiſſons donc ici le Lecteur que ce n'eſt pas l'envie de paſſer pour Mathématicien, mais celle de donner une Phyſique ſolide & démontrée qui nous a fait quelquefois jetter notre faulx dans la moiſſon d'autrui. Il eſt bon que le Monde apprenne que la vraie Phyſique n'eſt ni un aſſemblage de conjectures, ni un verbiage vuide de ſens, mais un corps de ſcience dont les fondements inébranlables ſont les Principes de la plus ſure Géométrie & de la plus infaillible Méchanique. Je ne prétens pas critiquer ici les faiſeurs d'expériences ; je ſçais qu'elles ſont néceſſaires en Phyſique ; mais je ne voudrois pas qu'on donnât, comme l'on fait quelquefois, le nom de Phyſicien à un homme qui ſçaura faire mourir un chat dans le récipient de la Machine pneumatique, ou tuer un moineau en introduiſant dans ſon corps deux courans électriques. Ces ſortes de gens ſont autant au deſſous d'un grand Phyſicien, que ceux qui gagnent leur vie à montrer la Lanterne magique, ſont inférieurs au célébre Kircher, inventeur de cet inſtrument cata-dioptrique. Faiſons donc des expériences, mais faiſons-les en Phyſiciens, & non pas en artiſans, c'eſt-à-dire, faiſons-les de maniere à pouvoir les expliquer ſuivant les régles de la Méchanique.

AVIS
AU LECTEUR.

LE premier mot que vous devez chercher dans ce Diƈtionnaire, c'eſt le mot *Phyſique* ; vous trouverez dans cet article, non-ſeulement les titres des principales queſtions contenues dans cet Ouvrage, mais encore la méthode que l'on doit ſuivre, lorſque l'on veut faire un *Tout* de différentes parties néceſſairement découſues, par-là même qu'elles ont été rangées par ordre alphabétique. Vous vous ſouviendrez encore de lire l'article qui commence par le mot *Image*, après avoir lu celui qui commence par le mot *Catoptrique*. Vous vous ſouviendrez enfin de ne pas lire les Tables qui ſont à la fin des volumes, ſans avoir lu auparavant avec attention les articles qui leur ſont analogues & qui ont été mis à leur place dans le corps de cet Ouvrage. On trouvera chez les Libraires qui ont imprimé ce Diƈtionnaire, non-ſeulement ceux de nos Ouvrages auſquels nous avons été quelquefois obligés de renvoyer le Leƈteur, mais encore pluſieurs autres livres de Science qui nous ont fourni d'excellents matériaux.

CATALOGUE

DES LIVRES DE SCIENCE QUI

Se trouvent chez la Veuve GIRARD & François SEGUIN Imprimeurs-Libraires à Avignon.

Livres imprimés chez lesdits sieurs.

DIctionnaire de Physique portatif, *in*-8°. 2 vol. édit. 1767 avec figures en taille-douce.

Le système Newto-Cartésien, ou Traité de paix entre Descartes & Newton, précédé des vies littéraires de ces deux chefs de la Physique moderne 3 vol. *in*-12, édit. 1763 avec figures en taille-douce.

Le Guide des jeunes Mathématiciens dans l'étude des leçons de Mathématique de M. l'Abbé de la Caille, *in*-8°. *Fig.* 1766.

Analyse des infiniment petits pour l'intelligence des lignes courbes par M. le Marquis de l'Hôpital, troisième édition, in-8°. avec figures en taille-douce, *sous presse. Les trois premiers Ouvrages de ce Catalogue, & les éclaircissemens qui forment les* 100 *dernieres pages de l'Analyse des infiniment petits, sont par l'Auteur du grand Dictionnaire de Physique.*

Mémoires de Mathématique & de Physique, rédigés à l'Observatoire de Marseille, in-4°. 3. parties *fig.*

Astronomie des Marins, ou nouveaux Élémens d'Astronomie à la portée des Marins, tant pour un Observatoire fixe, que pour un Observatoire mobile, par l'Auteur des Mémoires rédigés à l'Observatoire de Marseille, in-8°. *figures* édit. 1766. & terminé par un grand nombre de tables Astronomiques.

Le Quartier de Réduction dans la pratique du Pilotage, le moyen de s'en servir, &c. par le même Auteur. in-12. 1757.

Cours complet d'Optique de M. Robert Smith, traduit de l'Anglois par l'Auteur des Mémoires rédigés à l'Obſervatoire de Marſeille, enrichi de près de 80. planches ſaillantes en taille-douce, & ſuivi d'un grand nombre d'Additions du Traducteur contenant les Découvertes les plus intéreſſantes d'Optique, depuis Smith juſqu'à préſent, in-4°. 2. volumes *fig* belle édit. 1767.

Dictionnaire des Arts & des Sciences, François, Latin & Anglois, contenant la ſignification des termes uſités dans toutes les ſciences, &c. traduit de l'Anglois de Thomas Dyche, in-4°. 2. vol. belle édit. 1756.

Lettres ſur la Coſmographie, ou le ſyſtême de Copernic réfuté, & le véritable ſyſtême d'Aſtronomie & de Phyſique mis dans tout ſon jour. in-4°. avec pluſieurs grandes Planches en taille-douce.

Tractatus mecanicus de non naturalibus, qui eſt brevis explicatio mutationum quas in humano corpore producunt aer, diæta, ſimul cum inquiſitione in naturam, &c. &c. à Domino Joſepho de Marco Doctore medico. in-12. 1748. jolie édit.

Le Chronologiſte manuel, où l'on trouve la Chronologie des grandes & petites monarchies de l'antiquité, des Monarques Hébreux, &c. des Rois, &c. de l'hiſtoire moderne, des poſſeſſeurs de grands Fiefs, hommes illuſtres en tout genre, &c. &c. in-12. 1766 encadré.

Dictionnaire des Philoſophes, ou la petite Encyclopédie, ſuivi d'un diſcours ſur cette Queſtion : *Pourquoi les Incrédules paſſent-ils pour Philoſophes* ? in-8°. belle éd. 1762.

Livres de Science d'aſſortiment.

Abrégé de la Chronologie des anciens Royaumes, par Newton. in-8°.

Abrégé de la théorie de la Chymie. in-12.

Antilucrece, poëme ſur la Religion naturelle, par M. le Cardinal de Polignac, & traduit par M. de Bougainville le jeune, &c. in-12. 2. vol. n. éd. 1766.

Architettura civile Guarini, in-folio *fig.* Roma.

Architectures militaires, ſuivies de l'Art de la guerre, &c. 2. vol. in-4°. *figures.*

Adepte moderne ou le vrai ſecret des Francs-Maçons ; hiſtoire curieuſe & intéreſſante, in-12.

Arithmétique de Barréme in-12.

Arithmétique de Capdeville in-8°.

Arithmétique ordinaire & abrégée par M. Duguaiby, in-4°.

Arithmétique raiſonnée de Morel. in-8°. *paris.*
Arithmétique de le Roux. in-12.
Arithmétique de Légendre. in-12. *paris fig.*
Arithmétique des Marchands. in-4°.
La belle Volfienne, ou la Philoſophie de M. Wolff miſe à la portée de tout le monde, ſuivie de deux lettres philoſophiques, l'une ſur l'immortalité de l'ame, & l'autre ſur l'harmonie préétablie. in-8°. 6. volumes. *hollande.* 1741.
Dictionnaire Géographique; par M. Voſgien. in-8°. belle édition. *paris.* avec cartes.
Dictionnaire Géographique abrégé de la Martiniere. in-8°. 2. vol.
Diſſertation ſur l'utilité de la ſoye des Araignées, par M. Bon, in-8°. fr. lat.
Diſſertation ſur la chaleur avec de nouvelles obſervations ſur la conſtruction des thermométres, par M. Martine Docteur en médecine, & traduite de l'Anglois par M. ***. in-12.*paris.* 1751.
Elémens de Mathématiques par M. Rivard, in-4°. *fig. paris.*
Abrégé deſdits Elémens par le même, in-8°. *fig. paris.*
Elémens d'Algébre, par M. de Crouzas: in-8°. *fig. paris.*
Elémens de Géométrie, par le même, in-12. 2. vol. *fig. hollande.*
Elémens de Géométrie, &c. par M. Le Ratz de Lanthenée. in-12. *fig. paris.* 1738.
Eloges des Académiciens de Berlin, par M. Formey, 2. vol. in-12.
Eloges des hommes ſçavans, tirés de l'Hiſtoire Univ. de M. de Thou. 2. vol. in-12. *hollande.*
Examen critique des Ouvrages de M. Bayle, 2. vol. in-12. *paris.*
Géométre (le petit) familier, ou petit traité d'Arithmétique, d'Algébre & de Géométrie mis à la portée de tout le monde, in-12. avec *figures.*
Gnomonique (la) ou l'art de faire les cadrans, par M. Rivard, in-8°. *paris.* 1760. *figures.*
Géographie univerſelle & moderne, par M. Nicole la Croix, 2. gros vol. in-12. *paris.* 1763.
Géographie univerſelle de Buffier. in-12. nouvelle édit. 1764. *avec cartes.*
Hiſtoire du Ciel, par M. Pluche, 2. vol. in-12. *fig. paris.* nouvelle édit. 1765.

L'homme moral opposé à l'homme physique, in-12.

Joannis Francisci le Fevre opera medica, in-4°. 2. vol. *fig.*

Leçons de Physique expérimentale par M. l'Abbé Nollet. in-12. 6. vol. *paris.* belle édition *fig.*

Manuel de Physique, par M. Dufieu in-8°.

Mathématiques (élémens de) de Prestet. 2. vol. in-4°. *paris. fig.*

Mêlanges philosophiques, par M. Formey. 2. vol. in-12.

Mémoires pour conserver & envoyer toute sorte de curiosités d'Histoire naturelle, in-8°. belle édition. *fig.*

La morale d'Épicure, tirée de ses propres écrits, par M. le Batteux. in-8°. *paris.* 1760.

Observations sur les eaux minérales de France. in-12.

Observations critiques sur la Logique de M. Wolff, in-12.

Observations sur l'Electricité des Corps. in-12.

Œuvres de Mathématique du P. Pardiés. 3. vol. in-12. *fig. hollande.*

Œuvres de M. l'Abbé de la Caille, contenant ses Leçons élémentaires

de Mathématiques,	in-8°. *paris. fig.*	édit. de 1765.
de Mécanique,	in-8°. *paris. fig.*	
d'Optique,	in-8°. *paris. fig.*	
d'Astronomie,	in-8°. *paris. fig.*	

Œuvres de M. de Fontenelle, 12. vol. in-12. *fig. holl.* nouvelle édition. 1765.

Œuvres de M. de Voltaire, 8. gros *volumes* in-12. belle édit. *Dresde* 1753. avec de belles *fig. & portrait de l'Auteur gravé par Balechou.*

Pharmacopée galénique & chymique de Charas, 2. vol. in-4°. *fig.*

Physiologia; authore Dno Sauvage, in-12.

Pope (œuvres de), 7. vol. in-12 *figures holl.* nouv. éd. 1763.

Pope (œuvres choisies de) in-12. *paris. nouv. édition.*

Principes Mathématiques de la Philosophie naturelle, par Mad[e]. Du Châtelet, 2. vol. in-4°. *fig. paris.*

Principes de Dynamique & de Mécanique, par M. Mathon de la Cour, in-8°. *fig.* 1763.

Principes d'Astronomie Sphérique, par M. Mauduit, in-8. *fig. paris.* 1765.

Recueil de traités de Mathématiques, par le P. Chastelard, 4. vol. in-12 *fig. toulon.* 1746.

Rêveries ſur l'art de la guerre de Maurice Comte de Saxe, in-4°. *fig. holl.*

Secrets des arts & métiers. 2. vol. in-12. nouv. éd. 1767.

Spectacle de la nature, &c. par M. Pluche, 9 vol. in-12. *paris. fig.* belle édition.

Tabulæ aſtronomicæ Ludovici magni juſſu exaratæ & in lucem editæ, à Philippo de la Hire Regis matheſeos Profeſſore, &c. in-4°. 2a. editio *pariſ. fig.* 1727.

Tables Aſtronomiques, &c. par M. de la Hire, nouvelle édition miſe en françois par l'Auteur. in-4°. *Paris fig.* 1735.

Traité de la Sphére & du Calendrier, par M. Rivard, in-8°. *paris fig.*

Traité de Phyſiologie, par M. Duſieu. 2. vol. in-12. 1763.

Traité de la Cephalatomie, ou des organes que la tête renferme, par M. Bonhomme Chirurgien juré d'Avignon. in-4°. *avignon avec un grand nombre de figures.*

Traité de l'exiſtence de Dieu, par M. Clarke, 3. vol. in-12.

Traité du Blaſon par le P. Méneſtrier, in-12. *paris* belle édition *fig.*

Traité du Blaſon 2. vol. in-12. *paris.*

Traité d'Oſtéologie du corps humain, par M. Bonhomme in-12. *Avignon avec pluſieurs belles fig.*

Vies des plus illuſtres Philoſophes de l'antiquité, traduites du latin de Diogene Laërce, &c. in-12. 3. vol. avec les portraits. *holl.* nouv. éd. 1764.

Le vrai ſyſtême de Phyſique générale de M. Iſaac Newton, à la portée du commun des Phyſiciens, in-4°. *Paris.* 1743.

Fautes à corriger.

PAge 2 ligne 31 d'une *lisez* d'un
Page 59 ligne 17 le *lisez* la
Page 69 ligne 2 $\frac{+\infty}{+\infty}$ *lisez* $\frac{+\infty}{-\infty}$
Page 69 ligne 3 $+\frac{1}{\infty}$ *lisez* $-\frac{1}{\infty}$
Page 138 ligne 17 12 *lisez* 11
Page 141 ligne 15 tombé *lisez* tomba
Page 148 ligne 10 XXI *lisez* XIX
Page 180 ligne 30 de *lisez* des
Page 184 ligne 41 de *lisez* que
Page 201 ligne 20 points *lisez* pointes
Page 234 ligne 32 plus *lisez* le plus
Page 306 ligne 14 qu'il y a *lisez* qu'il a

DICTIONNAIRE DE PHYSIQUE.

A

ABDOMEN. L'on divise le corps humain en trois grandes cavités, la supérieure ou la tête, la moyenne ou la poitrine, & l'inférieure ou l'*Abdomen*. Cette troisième cavité séparée de la seconde par le diaphragme, est tapissée d'une membrane que les Anatomistes appellent *Péritoine*. Les principales parties qu'elle contient, & qu'il n'est pas permis à un Physicien d'ignorer, sont l'estomac, le foye, la rate, le pancreas, les intestins & le mésentère; nous en ferons la description & nous en indiquerons l'usage dans leurs articles rélatifs.

ABEILLE. C'est un insecte volant d'où nous tirons la cire & le miel, Comme l'histoire naturelle n'est pas étrangere à la Physique, & que les Naturalistes ont parlé très au long des Abeilles; nous nous sommes déterminés à consacrer à cette espèce d'insecte un article de ce Dictionnaire.

L'Abeille, comme les autres insectes, passe de l'état de vermisseau dans celui de chrisalide ou de nimphe, & de celui de nimphe dans celui de papillon. Elle demeure 10 à 12 jours dans le premier de ces trois états; environ 15 jours dans le second, & le reste de sa vie, c'est-à-dire 7 à 8 ans dans le troisieme. L'on distingue dans le corps de l'Abeille, comme dans le corps de l'homme, trois cavités, la tête, la poitrine & le ventre. La tête est armée de deux machoires & d'une trompe. Les machoires, ou plutôt les serres, jouent en s'ouvrant & se fermant de gauche à droite. Ces serres leur servent pour prendre la cire, pour la pétrir, & pour jetter déhors ce qui incommode.

La trompe est une espèce de chalumeau long & pointu, souple & mobile en tout sens que l'Abeille porte jusqu'au fond du cœur des fleurs, & par lequel elle suce ce qu'elles ont de plus délicat & de plus spiritueux. Voilà pour la premiere cavité. La cavité moyenne, ou la poitrine forme le milieu du corps de l'Abeille. Elle soutient les six pattes & les quatre ailes de cet animal. La troisieme cavité ou le ventre est distingué en six anneaux qui s'allongent & s'accourcissent, en glissant les uns sur les autres. Il contient les intestins, la bouteille de miel, celle de venin & l'éguillon. Les intestins servent à la digestion. La bouteille de miel, transparente comme le cristal, est comme le reservoir du miel que l'Abeille va lever sur les fleurs, & dont elle ne prend qu'une très petite partie pour sa nourriture. La bouteille de venin ou de fiel est à la racine de l'éguillon, au travers du quel comme par une espèce de tuyau, l'Abeille fait découler quelques gouttes de cette liqueur amere sur la blessure qu'elle vient de faire. Enfin l'éguillon est composé de deux dards renfermés dans un étui très pointu, qui s'ouvre, lorsqu'il a fait la premiere picure. La douleur que l'on ressent alors, est donc causée par deux picures, & par l'éffusion d'un poison très subtil. On ne la fait cesser qu'en arrachant l'éguillon, & qu'en ouvrant la blessure, pour en faire écouler le venin. Il y a cependant des Abeilles qui n'ont point d'éguillon. De ce genre sont celles auxquelles on a donné le nom de *Bourdons*. Les Naturalistes qui remarquent que les Abeilles dont nous venons de faire la description, ne sont ni mâles, ni femelles, ajoutent que les Bourdons sont les mâles, & qu'ils ont pour femelle une grosse Abeille, armée d'une éguillon, qu'on doit regarder comme la Reine de la ruche. Elle est unique dans une ruche de sept à huit mille Abeilles; & il y en a deux à trois de cette espèce dans une ruche double ou triple. Pour les Bourdons, on en remarque une centaine dans dans une petite ruche, & deux à trois cent dans une ruche plus forte. Ils sont bien nourris; ils ne travaillent point, & lorsqu'ils sortent, ce n'est que pour se promener & prendre l'air. Aussi aux approches de l'hyver, les chasse-t-on presque tous de la ruche, hors de laquelle le mauvais tems & le manque de nourriture les font périr. Cette nation laborieuse ne souffre les paresseux, qu'autant de tems qu'ils sont nécessaires pour donner des sujets à l'état.

Mais ce qu'il y a de plus intéressant dans cette république, c'est la police qui y regne. A peine les mouches à miel ont-elles choisi une retraite, qu'elles mettent la main à l'œuvre pour s'y loger commodément. Elles se partagent en quatre bandes. Les unes vont chercher en campagne la cire qui doit être la matiere de l'édifice : d'autres dégrossissent les matériaux & ébauchent les cellules : d'autres perfectionnent l'ouvrage : d'autres enfin [ce sont apparemment les moins habiles] apportent à manger à celles qui ne veulent pas quitter le travail, pour aller chercher leur nourriture. Ce qu'il y a encore de plus admirable, c'est que dans l'espace d'un jour elles élevent un bâtiment de cire capable de contenir trois mille Abeilles.

L'on trouve dans ce bâtiment deux espèces de magazins, l'un à cire & l'autre à miel. Les Abeilles vont chercher la cire sur la roquette, sur les pavots simples & sur presque toutes les fleurs. A leur retour elles trouvent à la porte de la ruche une partie de leurs compagnes qui les attendent pour les décharger & pour mettre le butin en sureté. Une troisieme bande est occupée à étendre la cire, à la pétrir, à la façonner, à l'épurer & à lui donner une couleur uniforme.

Outre cette cire fine, les Abeilles ont encore une cire grossiere, noiratre & amére qu'elles ramassent sur des bois pourris, sur les pailles, sur les liqueurs altérées ou aigres, & sur des plantes d'une odeur très désagréable. Elle leur sert de glu avec laquelle elles ont soin de boucher exactement tous les trous de leur logement. La dureté de ce mastic rend les ruches inaccessibles aux vents, & son amertume en écarte les insectes. M. Pluche rapporte à cette occasion une histoire dont il assure avoir été le témoin. Un limaçon, *dit-il*, s'avisa de se glisser dans la ruche de verre qui est à ma fenêtre. Les portieres le reçurent mal. Quelques premiers coups d'éguillon lui firent doubler le pas. Mais le stupide animal, au lieu de regagner la porte, crut se sauver en avançant toujours. Lorsqu'il fut au milieu de la ruche ; une foule de mouches lui tomberent sur le corps, & le firent expirer sous leurs coups. Comme la masse du cadavre étoit trop lourde pour être jettée hors de la ruche, & qu'il étoit essentiel d'empêcher que les vers ne s'y engendrassent, les Abeilles l'enduisirent de glu, & le mastiquerent ; de façon qu'elles le rendirent l'incorruptible , & incapable d'exhaler aucune mauvaise odeur.

Pour ce qui regarde le miel, les Abeilles le trouvent sur les fleurs, à peu près comme la cire. Elles le sucent avec leur trompe : elles le vuident en arrivant dans les loges du magazin : elles ferment les unes avec de la cire, pour les décoeffer au besoin en hyver : elles laissent les autres toutes ouvertes, & tout le monde y va prendre ses repas avec sobrieté. Pline le naturaliste & Pluche nous ont fourni toutes ces particularités. Le premier parle des Abeilles depuis le chapitre 5 jusqu'au chapitre 21 du livre 11 de son histoire naturelle; le second leur a consacré le 6e. & le 7e. entretiens du tome 1 du Spectacle de la nature.

ABERRATION *des étoiles fixes*. Les étoiles fixes nous paroissent avoir trois mouvemens, l'un d'orient en occident autour des poles du monde, l'autre d'occident en orient autour des poles de l'écliptique, & le troisième autour du point réel où chaque étoile se trouve placée. Le premier se fait dans l'espace de 24 heures dans des cercles paralléles à l'équateur; le second dans l'espace de vingt-cinq mille neuf cent vingt années dans des cercles paralléles à l'écliptique, & le troisième dans l'espace d'une année dans de très-petites ellipses; ce sont ces ellipses que les Astronomes appellent *ellipses d'aberration*. Ce n'est pas dans cet article qu'il convient d'indiquer les causes optiques de ces trois mouvemens; nous renvoyons les deux premiers à l'article de *Copernic*, & le troisième à celui des *étoiles*.

ABSCISSE. Dans les Traités des courbes on donne ce nom à la partie de l'axe interceptée entre une ordonnée & le point que l'on a pris pour l'origine des abscisses. Consultez l'article des sections coniques.

ABSIDE. Il y a deux sortes d'absides, la haute & la basse. La haute abside est le point de l'orbite où la planéte se trouve la plus éloignée, & la basse abside est celui où elle se trouve la moins éloignée du foyer. cherchez *Aphélie* & *Apogée*, *Périhélie* & *Périgée*.

ACCÉLÉRÉ. Cette épithéte convient à tout mouvement dont la vitesse augmente suivant une certaine loi. Les corps graves, *par-exemple*, descendent sur la terre avec un mouvement accéléré, parce qu'ils parcourent successivement des espaces qui suivent la progression arithmétique des nombres impairs 1, 3, 5, 7 &c. consultez l'article de la Statique.

ACIDE. Les Chymistes définissent les *Acides* des corps roides, longs, pointus, tranchans, & tout-à-fait propres à s'insinuer dans des espèces de guaines ou de corps poreux & spongieux qu'ils nomment *Alkalis*. Pour donner une idée sensible des uns & des autres, ils ont coutume de comparer un acide fermé dans son alkali à une épée que l'on a fait entrer dans son foureau. A cette occasion ils remarquent très-sagement que tels corps sont acides par rapport aux uns, & alkalis par rapport aux autres. C'est dans l'article des *fermentations* que l'on trouvera de quel secours sont dans la nature les acides & les alkalis, & quelle est la cause physique qui pousse les uns dans les autres.

ACIER. L'acier n'est qu'un fer très-dur & très-pur, qui contient beaucoup plus de soufre & de sel que le fer ordinaire. Personne n'a mieux parlé que Mr. de Réaumur, de la maniere de changer le fer en acier. Voici en abrégé l'excellente méthode que donne ce grand Physicien. Il veut 1°. que l'on fasse un mélange de süie, de charbons pilés, de cendre & de sel marin pilé. La proportion qu'il donne, c'est de mettre deux parties de süie, une partie de charbons pilés, une partie de cendres, & trois quarts de partie de sel marin pilé.

2°. Que l'on prépare un fourneau de fer dont la figure soit un quarré long, & que l'on y jette le mélange que l'on a fait.

2°. Que l'on enterre dans ce mélange les barres de fer que l'on veut changer en acier, de telle sorte que ces barres ne se touchent pas les unes les autres, & ne touchent pas les parois intérieures du fourneau.

4°. Que ce fourneau ait un couvercle qui se ferme hermétiquement, & qui par conséquent ferme toute entrée à l'air extérieur.

5°. Que l'on enterre ce fourneau dans un feu des plus terribles; ce feu doit durer avec la même activité, jusqu'à ce que le fer ait été changé en acier. Combien de temps faut-il pour opérer ce changement? Voilà ce que l'on ne sçauroit déterminer avec précision; le coup d'œil d'un habile ouvrier est préférable à toutes les régles. L'on peut cependant assûrer en général qu'un grain fin & délié est la marque d'un acier excellent.

6°. Que pour rendre l'acier plus dur, on en trempe les barres encore rouges dans une eau très-froide ; il n'est pas nécessaire de mêler cette eau avec quelques autres matières, comme l'ont prétendu quelques Auteurs.

7°. Si le fer est trop acier, c'est-à-dire, s'il a reçu trop de soufres & trop de sels, il le faut encore faire cuire, après l'avoir enterré, non pas dans le mélange dont nous avons parlé *num.* 1, mais après l'avoir enveloppé de matieres alkalines, avides de soufres & de sels ; telles que sont la chaux d'os & la craye.

8°. Ce sont des barres de fer forgé que l'on change en acier ; les plus propres à ce changement sont celles dont le grain est le plus fin.

9°. Le fer fondu ne vaut rien pour être changé en acier. Par la fusion il a reçu la plupart des défauts de l'acier trop acier, c'est-à-dire, qu'il est devenu trop dur, trop cassant, trop rebelle au marteau, au ciseau & à la lime. Pour l'adoucir, & pour le rendre aussi maniable que le fer forgé, melez ensemble, *dit M. de Reaumur*, la chaux d'os, la poudre de charbon & la craye : jettez ce mélange dans le fourneau dont nous avons parlé *num.* 2 : enterrez dans ce mélange les barres de fer fondu : faites autour du fourneau un feu moins violent que celui qui a changé le fer forgé en acier, & vous aurez un fer avec lequel vous ferez à très bon marché de très beaux ouvrages. Le marteau de la porte de l'hôtel de la Ferté, rue de Richelieu à Paris, a couté 700 livres ; M. de Réaumur assure en avoir fait un pareil de fer fondu adouci pour 25 livres. La plupart de ces particularités sont tirées de l'ouvrage que cet Auteur publia en 1722, & qui a pour titre ; *l'art de convertir le fer forgé en acier & l'art d'adoucir le fer fondu.*

ACRE. La saveur acre est la troisième des 7 saveurs principales. Elle a pour cause physique des molécules salines très-subtiles & très-aiguës.

ADDITION cherchez *Arithmétique.*

AIGRE. C'est la cinquième des 7 saveurs principales. Une grande quantité de sels acides en est la cause physique.

AIGU. Un angle est aigu, lorsqu'il a moins de 90 degrés, comme vous le trouverez expliqué en cherchant le mot *Géométrie.*

AIMAN. L'Aiman est un composé de pierre & de fer.

Sa couleur tire pour l'ordinaire ſur le noir. Ce fut par hazard, ſuivant quelques phyſiciens, que ſe fit la découverte de cette admirable pierre. Un berger nommé *Magnés* gardoit ſon troupeau ſur le Mont Ida; il enfonça dans la terre ſon bâton armé d'une pointe de fer; il eut de la peine à l'en retirer. Curieux de découvrir la cauſe du nouvel obſtacle qu'il rencontroit, il creuſa au tour du bâton & il en trouva la pointe attachée à un excellent Aiman.

Ceux qui regardent cette hiſtoire comme une fable, aſſurent avec beaucoup de vraiſemblance que cette pierre tire ſon nom d'une Ville de Lydie appellée *Magnétie*, ſituée ſous le Mont *Sypile* très-fécond en métaux & en aimans. Quoiqu'il en ſoit de l'origine de l'aiman, il eſt ſûr que depuis un tems infini les plus célébres phyſiciens ſe ſont empreſſés d'expliquer les phénoménes innombrables qu'il nous préſente. Avouons-le cependant, ils ne nous ont encore donné aucun ſyſtême que l'on puiſſe regarder comme conforme aux loix de la ſaine Phyſique; auſſi ne propoſons-nous qu'en tremblant, & comme une pure conjecture, l'hipothéſe que nous avons choiſie pour expliquer d'une manière vraiſemblable les expériences de l'aiman. La voici.

1°. Chaque Aiman a deux poles, c'eſt-à-dire, deux points dans leſquels réſide ſa force. Un de ces points s'appelle *pole du Nord* ou *pole Boréal*, & l'autre *pole Auſtral* ou *Méridional* ou *pole du Sud*. Je ſçais que les Anglois donnent communément le nom de *pole du Sud* à celui des deux qui ſe tourne vers le *Nord*, & qu'ils nomment *pole du Nord* celui des deux qui ſe tourne vers le *Sud*; mais cependant pour être plus clair & pour me conformer à l'uſage établi en France, je nommerai *pole du Nord* le côté de la pierre & l'extrémité de l'aiguille aimantée qui ſe tournent vers le *Nord*, & j'appellerai pole du *Sud* le côté de la pierre & l'extrémité de l'aiguille aimantée qui ſe tournent vers le *Midi*. Ainſi l'Aiman C *Fig.* 1 *Planche* 1. a ſon pole du *Nord* au point B & ſon pole du *Sud* au point A. L'on doit ſe reſſouvenir de cette dénomination, lorſqu'on lira l'article des *aimans artificiels*.

2°. l'Aiman C a des pores droits & paralléles à ſon axe AB. Il eſt probable que les pores qui vont du *Nord* au *Midi* n'ont pas préciſément la même figure que ceux qui vont du *Midi* au *Nord*,

3°. Nous donnons à l'Aiman C une athmosphére composée de corpuscules magnétiques. Nous ne regardons pas ceci comme une chose douteuse. Nous sçavons que le fer s'aimante sans toucher l'Aiman, pourvû qu'on le mette dans l'athmosphére de la pierre d'Aiman.

4°. Nous regardons les pores de l'Aiman comme remplis de corpuscules magnétiques.

5°. Nous regardons chaque corpuscule magnétique comme un petit Aiman, & nous lui donnons un axe, un pole boréal, un pole méridional, &c.

6°. Nous soupçonnons que les corpuscules magnétiques ont à peu-près une figure ronde ; ce soupçon est fondé sur la facilité qu'ils ont de se mouvoir sur leur axe. Nous soupçonnons encore que les corpuscules magnétiques qui viennent de la partie boréale de la terre ne sont pas tout-à-fait semblables à ceux qui viennent de la partie méridionale.

7°. Chaque corpuscule magnétique a une direction constante. Libre, il tourne une des extrémités de son axe vers le pole boréal de la terre, & l'autre extrémité vers le pole méridional. Mais d'où peut venir à ces corpuscules une direction aussi constante ? Voici quelles sont là-dessus nos conjectures.

De tous tems les Physiciens ont assuré que la Terre étoit un grand Aiman ; nous pouvons donc assurer à notre tour qu'elle a des pores paralléles à son axe, & qu'elle nous fournit tous les corpuscules magnétiques qui se trouvent dans son athmosphére ; nous pouvons encore assurer que l'émission de ces corpuscules causée probablement par la violente fermentation qui regne dans le sein de notre globe, ne peut se faire que par les poles de la terre, puisque l'ouverture par laquelle elle se fait, se trouve ou aux poles ou aux environs des poles ; nous pouvons enfin assurer que les corpuscules magnétiques, inertes de leur nature, conservent au moins pour la plûpart, un aspect & une direction vers les poles de la terre, puisque c'est de-là qu'ils sortent. Ce qui nous engage à adopter cette hypothése, c'est la facilité avec laquelle nous expliquons les expériences de l'Aiman : nous allons rapporter les principales.

Première Expérience. Faites toucher à une pierre d'Aiman une aiguille ou de fer ou d'acier ; elle recevra par le contact la plûpart des propriétés de l'aiman.

Explication. Le fer & l'acier ont des pores à peu-près

ſemblables a ceux de l'Aiman ; auſſi les appelle-t-on des Aimans commencés. Faites-vous toucher une aiguille de fer ou d'acier à une pierre d'aiman ? Il ſort de cette pierre des corpuſcules magnétiques qui vont ſe loger dans les pores de l'aiguille, & qui lui communiquent les principales propriétés de l'Aiman.

Remarquez I. Que ſi vous enterrez une pierre d'Aiman dans la limaille de fer, & que vous l'en retiriez quelques momens après, vous appercevrez la limaille attachée à deux endroits préférablement à tous les autres ; ce ſont-là les deux poles de la pierre.

Remarquez II. Que l'extrêmité S de l'aiguille d'acier N S, *Fig.* 1. *Pl.* 1. qui touche le pole boréal B de la pierre C, acquiert une vertu méridionale, c'eſt-à-dire, acquiert une vertu qui la fera tourner vers le pole de la terre oppoſé à celui que regardoit le pole de la pierre qui a ſervi à l'aimanter. En voici la raiſon phyſique : les corpuſcules magnétiques qui ſortent du pole boréal B de la pierre C, entrent dans l'aiguille d'acier en conſervant conſtamment leur direction ; donc ils y entrent la face boréale la premiere ; donc l'extrêmité N de l'aiguille N S qui ne touche pas la pierre C, doit acquerir la vertu boréale ; donc l'extrêmité S de l'aiguille N S qui touche le pole boréal B de la pierre C, doit acquerir une vertu méridionale.

Il eſt aiſé de prouver par un ſemblable raiſonnement que, ſi l'extrêmité S de l'aiguille d'acier N S, touchoit le pole méridional A de la pierre C, elle acquerroit une vertu boréale.

Remarquez III. Que l'aiguille d'acier H ne s'aimantera pas ſenſiblement, ſi vous vous contentez de lui faire toucher l'équateur E Q de la pierre C. La raiſon en eſt évidente ; les aiguilles ne s'aimantent, que parce qu'elles reçoivent des corpuſcules magnétiques qui ſortent par les pores droits de l'aiman auxquels on les préſente. A l'équateur E Q de l'aiman C, il n'y a preſque point de pores droits ; eſt-il étonnant que l'aiguille d'acier H touche cet équateur, ſans s'aimanter ſenſiblement ?

Seconde Expérience. Suſpendez ſur un pivot une aiguille aimantée, vous verrez une de ſes extrêmités tournée vers le pole boréal de la terre, & l'autre extrêmité vers le pole méridional.

Explication. Tout le jeu de l'aiman & des corps aimantés, vient des corpuſcules magnétiques qui ſont renfermés dans leurs pores. Ces corpuscules magnétiques se tournent d'un côté vers le pol e boréal de la terre, & de l'autre côté vers le pole méridional; n'est-il pas naturel qu'ils tournent leurs Aimans avec eux, & qu'ils communiquent à leur axe une direction constante vers les deux poles de la terre?

De-là l'aiguille aimantée se trouve-t-elle sous l'équateur; vous la verrez paralléle à l'horizon, pourquoi? parce que l'axe des corpuscules magnétiques conserve la même direction que l'axe de la terre. Par la même raison l'aiguille aimantée doit être sous les pores perpendiculaire à l'horizon. Enfin dans les païs septentrionaux, l'extrêmité qui regarde le pole boréal, & dans les païs méridionaux, l'extrêmité qui regarde le pole méridional, doit s'incliner vers l'horizon; aussi tout cela arrive-t-il dans la pratique.

Remarquez. Cependant que l'aiguille aimantée ne se tourne pas exactement d'un côté vers le pole boréal, & de l'autre vers le pole méridional de la terre, mais qu'elle décline tantôt vers l'orient & tantôt vers l'occident. L'on n'en sera pas surpris, si l'on fait attention qu'il y a dans le sein de la terre des mines d'aiman & de fer dont les athmosphéres s'étendent fort au loin; de ces athmosphéres, il vient des corpuscules magnétiques vers l'aiguille aimantée; ces corpuscules viennent-ils des régions occidentales? L'aiguille décline vers l'occident; elle déclinera au contraire vers l'orient, si ces corpuscules viennent de quelque mine située dans les païs orientaux.

Troisième Expérience. Présentez le pole boréal B de l'aiman D au pole méridional A de l'aiman C, *Fig.* 1. *Pl.* 1., ces deux aimans s'attireront.

Explication. Ces deux aimans ainsi placés sont chacun entourés d'une athmosphére homogéne; leurs athmosphéres se touchent, se confondent, prennent la figure ronde, & chassent les deux aimans à leur centre commun. La même chose arrive tous les jours à deux gouttes d'eau qui ne sçauroient se toucher sans se confondre, & sans prendre la figure ronde. Par une raison contraire ces deux aimans se fuïroient, si vous présentiez le pole boréal de l'un au pole boréal de l'autre; en voici la raison physique: dans cette seconde hypothése les athmosphéres de ces deux aimans deviennent hétérogénes, non pas quant à la matiére qui les compose, mais quant à la direction des corpufcules magnétiques. Si leurs athmofphéres font hétérogénes, elles ne fçauroient fe mêler enfemble, lors même qu'elles fe touchent; & l'on doit en être auffi peu furpris, qu'on l'eft de voir l'eau & l'huile fe toucher, fans fe confondre.

Concluez de-là que l'attraction magnétique eft bien différente de l'attraction Newtonienne. Celle-ci a pour caufe une loi générale du Créateur, comme il eft prouvé dans l'article de l'*attraction*; celle-là eft l'effet d'un fluide magnétique forti des poles de la terre, & répandu autour de la pierre d'Aiman, comme nous l'avons expliqué en expofant notre hypothéfe.

Quatrième Expérience. Divifez en deux fegmens, ou - en deux parties un aiman C par fon axe A B, *Fig.* 1. *Pl.* 1., ces deux fegmens fe fuïront l'un l'autre.

Explication. En divifant l'aiman C par fon axe A B, les poles A & B n'ont pas changé de place; donc après la divifion le pole boréal B du fegment B E A doit regarder le pole boréal B du fegment B Q A; il en eft de même de leurs poles méridionaux; donc fuivant les principes que nous avons établis dans l'explication de la troifiéme expérience, les deux fegmens B E A & B Q A doivent fe fuïr l'un l'autre après la divifion.

Il fuit de-là que fi vous divifiez l'aiman C perpendiculairement à fon axe A B, c'eft-à-dire, par fon équateur E Q, les deux fegmens devroient s'attirer l'un l'autre; auffi le voyons-nous arriver dans la pratique?

Cinquième Expérience. Préfentez à un des poles A de l'aiman G, *Fig.* 2. *Pl.* 1. l'extrêmité d'une aiguille de fer ou d'acier; préfentez enfuite l'autre extrêmité de la même aiguille à un des poles N de l'aiman S, de telle forte que l'aiguille foit fufpendue entre deux aimans; tirez enfin horizontalement l'aiman S, vous verrez que, quoiqu'il foit beaucoup plus foible que l'aiman G, cependant l'aiguille abandonnera l'aiman G pour fuivre l'aiman S.

Explication. Tout le monde fçait qu'un aiman armé a beaucoup plus de force qu'un aiman défarmé. Armé, il foutient quelquefois un poids cent quatre-vingt fois plus grand, que lorfqu'il étoit défarmé. Tel étoit un des aimans que l'on voyoit autrefois à Lyon dans le cabinet de Mr. du Puget. Ne foyons pas furpris de la force prodigieufe des aimans armés; par le moyen de l'armure, les corpufcules magnétiques, non feulement ne s'évaporent pas, mais encore, au lieu d'être épars çà & là, ils vont tous se réunir dans les deux boutons que l'on nomme les deux poles. Cela supposé, il nous sera très aisé d'expliquer l'expérience que nous venons de proposer; désignons seulement par des chiffres les deux extrêmités de l'aiguille d'acier suspendue entre les deux aimans G & S, & nommons 1 l'extrêmité de l'aiguille qui touche l'aiman G; nommons 2 l'extrêmité de l'aiguille que l'on applique à l'aiman S; nommons enfin C l'aiguille entière.

L'aiguille d'acier C devient comme l'armure de l'aiman G; donc la plûpart des corpuscules magnétiques sortis de l'aiman G vont se rassembler à l'extrêmité 2 & non pas à l'extrêmité 1 de l'aiguille C; donc l'extrêmité 2 doit beaucoup plus s'attacher au foible aiman S que l'extrêmité 1 ne s'attache au fort aiman G; donc l'on ne sçauroit tirer horizontalement l'aiman S, sans que l'aiguille C quitte l'aiman G, & suive l'aiman S.

Remarquez que l'on arme un aiman en appliquant à chacun de ses poles une plaque d'acier terminée par un bouton, & ces deux boutons sont les deux endroits où va se réunir toute la force des deux poles. Aussi est-ce sur un des deux boutons que l'on doit frotter ce que l'on veut aimanter. Nous avons déja apporté quelques-unes des causes physiques qui occasionnent l'augmentation de force dans un aiman armé; en voici encore deux que l'on ne sera pas fâché de sçavoir.

1°. L'acier étant plus poli que la pierre d'aiman, il reste moins d'air entre l'acier & les corps qui s'attachent immédiatement à lui, qu'il n'en resteroit entre la pierre & ces corps.

2°. L'acier a des pores moins larges que l'aiman; les corpuscules magnétiques qui sortent de l'aiman pour entrer dans l'armure d'acier, passent d'un endroit plus large dans un endroit plus étroit; ils accélérent donc leur mouvement & par conséquent leur force est augmentée.

Sixième Expérience. Ayez un fort aiman; choisissez deux aiguilles d'acier; faites toucher à l'une un des boutons de l'armure, & contentez-vous de mettre l'autre dans l'athmosphére de l'aiman, éloignée de deux à trois lignes du même bouton. Ces deux aiguilles s'aimanteront, & Mr. le Monnier assure qu'elles prendront des aspects differens, c'est-à-dire, si l'extrêmité supérieure de l'aiguille qui touche l'armure reçoit la vertu boréale, l'extrêmité supérieure de l'aiguille qui ne touche pas l'armure, recevra la vertu méridionale.

Explication. L'aiguille d'acier qui touche l'armure, s'aimante par le moyen des corpuſcules magnétiques qui ſortent de l'aiman, & l'aiguille qui ne touche pas l'armure s'aimante par le moyen des corpuſcules magnétiques qui venoient dans l'aiman; car nous ſommes perſuadés que les corpuſcules magnétiques qui ſe trouvent répandus dans l'athmoſphére terreſtre, réparent abondamment les pertes que peut faire l'aiman. Cela ſuppoſé, voici comment on peut raiſonner: il eſt probable que les corpuſcules qui ſortent de l'aiman, entrent dans les corps qu'ils aimantent tout différemment de ceux qui venoient dans l'aiman, & qui ont trouvé ſur leur chemin des corps à aimanter; donc l'expérience dont parle Mr. le Monnier, n'eſt pas inexplicable, ainſi que l'ont prétendu bien des Sçavans.

Remarquez que le côté de la pierre d'aiman qui regardoit le pole boréal de la terre, lorſque la pierre étoit encore dans la mine, regarde le pole méridional, lorſqu'elle eſt hors de la mine; de même le côté de la pierre d'aiman qui dans la mine regardoit le pole méridional de la terre, regarde hors de la mine le pole boréal. Ce fait très-conforme aux principes que nous avons établis, eſt aſſuré par la plupart de ceux qui ont travaillé ſur l'aiman. Voici comment nous l'expliquons dans notre hypothéſe. Le côté qui dans la mine regardoit le pole boréal de la terre, eſt réellement le pole boréal de la pierre d'aiman, & le côté qui dans la mine regardoit le pole méridional de la terre, eſt réellement le pole méridional de la pierre d'aiman. La terre eſt un grand aiman; donc ſuivant les régles que nous avons données dans la troiſième expérience, le pole boréal d'un aiman particulier doit fuïr le pole de la terre; donc le côté de la pierre d'aiman qui dans la mine regardoit le pole boréal de la terre, doit hors de la mine fuïr ce même pole. Tout cela ne doit rien changer cependant à la dénomination dont nous avons parlé au commencement de cet article *num.* 1.

Pour donner encore plus de vraiſemblance au ſiſtéme que nous venons d'expoſer, nous rapporterons icy l'hypothéſe qu'imagina autrefois Deſcartes pour expliquer les phénoménes de l'Aiman. Il la propoſe à peu-près ainſi au paragraphe 146 de la partie 4e, de ſes principes de Philoſophie.

1°. De chaque pole céleste il tombe sur la terre une matière très subtile, composée de particules faites en forme de vis.

2°. Les vis qui tombent du pole céleste boréal ne sont pas tournées dans le même sens que celles qui tombent du pole céleste méridional.

3°. La terre a des pores droits, paralléles à son axe & faits comme des écrous.

4°. Les écrous dont nous parlons, sont faits en des sens opposés, c'est-à-dire, les uns sont propres à donner entrée au fluide magnétique qui tombe du pole céleste boréal, & les autres à celui qui vient du pole céleste méridional.

5°. L'Aiman a des pores à peu-près semblables à ceux de la terre. Ces idées une fois métamorphosées en principes, voici comment raisonne Descartes.

Du pole céleste boréal il tombe un fluide qui trouvant dans le sein de la terre des pores disposés à le recevoir, entre par le côté boréal de notre globe & sort par son coté méridional; ce fluide ne rencontrant pas dans l'air des pores disposés à lui laisser continuer sa route en ligne droite, se replie vers la terre, rase sa surface extérieure, rentre par son coté boréal, sort encore par le coté méridional, & forme un vrai tourbillon au tour de la terre.

La même chose arrive au fluide qui tombe du pole céleste méridional. Il entre d'abord par le côté méridional de la terre, sort par son côté boréal & tourbillonne autour de notre globe pour rentrer par son côté méridional. C'est par le moyen de ces deux tourbillons qui trouvent dans les Aimans & dans les corps aimantés des pores disposés à les recevoir, que Descartes prétend expliquer les phénoménes magnétiques dont nous avons rendu raison dans cet article. Je laisse au Lecteur à décider laquelle des deux hypothéses est plus conforme aux loix de la saine Physique, celle de Descartes, ou celle que nous avons proposée.

Aiman Artificiel. A l'aiman naturel succéde comme naturellement l'aiman artificiel. On donne ce nom à de petits barreaux d'acier à qui Messieurs Knight, Michell & Canton en Angleterre, & Messieurs Duhamel, Antheaume & le Maire en France ont sçu communiquer assez de vertu magnétique pour les rendre supérieurs en force aux meilleurs aimans naturels. La méthode suivante renfermera ce qu'il y a de plus intéressant sur cet article.

Préparez une douzaine de lames d'acier d'Allemagne ou d'acier commun, pésant environ *une once* & *3 quarts* chacune, longues de *6 pouces* & larges d'un *demi pouce* sur un peu plus de *2 lignes* d'épaisseur ; trempez-les dans un temps où le feu n'est ni trop vif ni trop lent ; marquez ces lames en donnant à l'une de leurs extrêmités un coup de ciseau, lorsqu'elles sont encore chaudes ; après les avoir trempées, éclaircissez-en les extrêmités sur un marbre ou sur une pierre à aiguiser les rasoirs. Les lames d'acier étant ainsi préparées, il faut travailler à placer le pole du Nord à l'extrêmité marquée & le pole du *Sud* à celle qui ne l'est pas. Pour le faire, rangez une demi-douzaine de ces lames de manière qu'elles forment une ligne *Nord* & *Sud*, & que le bout de la première qui n'est pas marqué touche le bout marqué de la suivante, &c. faisant attention que les bouts marqués de toutes ces lames regardent le Septentrion.

Cela fait, prenez un aiman armé & placez ses deux poles sur la première des six lames, le pole du *Sud* vers le bout marqué de la lame qui est destiné à devenir pole du *Nord*, & le pole du *Nord* vers le bout non marqué qui est destiné à devenir pole du *Sud*. Coulez ensuite la pierre sur la ligne des lames d'un bout à l'autre trois à quatre fois, prenant garde qu'elles en soient toutes touchées. Après cette première opération, otez de leur place les deux lames du milieu ; placez-les aux deux extrêmités de la ligne, & substituez en leur place celles qui auparavant terminoient la ligne, en conservant toujours la même disposition par rapport aux bouts marqués ; faites glisser votre pierre dans le même sens sur les 4 lames seulement du milieu, & elles seront aimantées par dessus. Pour en aimanter le dessous, vous renverserez la ligne entière des lames ; vous ferez couler la pierre sur la seconde, troisième, quatrième & cinquième lames ; vous transporterez ensuite au milieu les deux lames qui terminoient la ligne ; vous les aimanterez à leur tour, & vous aurez la matière d'un aiman artificiel.

Cette opération faite, vous partagerez en deux faisceaux vos six lames aimantées ; vous séparerez ces deux faisceaux par une régle de bois longue de *5 pouces*, large *d'un demi pouce* & épaisse de *2 lignes* ; vous ferez ensorte que les trois aimans qui composent le premier faisceau aient leurs poles du *Nord* placés en bas, & les trois aimans qui composent le second faiscean aient leurs poles du *Nord* placés en haut ; vous ar rêterez par un fil ces deux faisceaux séparés par la régle de bois , & vous vous en servirez comme d'un aiman na turel pour aimanter , suivant la méthode que nous avons déja prescrite, les six lames d'acier qui restent.

Mr. Michell qui nous a fourni cette méthode remarque 1°. que cette seconde demi-douzaine recevra une vertu magnétique bien plus forte, que celle des premières lames dont on vient de se servir pour les aimanter. Aussi conseille-t-il de placer cette première demi-douzaine sur une ligne, & de l'aimanter à son tour avec le secours de la dernière demi-douzaine , à qui elle vient elle même de communiquer la vertu magnétique. Il conseille encore de leur faire changer de rolle & de se servir tour-à-tour d'une de ces deux demi-douzaines pour aimanter l'autre , jusques à ce que toutes ces lames aient autant de vertu qu'elles en peuvent conserver ; ce que vous connoîtrez , lorsqu'elles porteront chacune , par un seul de leurs poles , un p[illegible] de fer d'une bonne livre.

Il remarque 2°. que puisque les six lames aimantées dont on fait usage pour aimanter les autres, doivent être placées trois d'un côté avec leurs poles du *Nord* en bas, & trois de l'autre avec leurs poles du *Sud* en bas, & qu'il arrive que quand divers aimans réunis ont leurs poles de même nom placés ensemble, ces aimans se nuisent ordinairement les uns aux autres , Mr. Michell remarque, dis-je , qu'il est absolument nécessaire de ne jamais placer en même tems deux lames d'un même côté , mais qu'il faut les mettre une à une Ainsi en plaçant la première du faisceau à droite , il faut en même tems placer la première du faisceau à gauche , &c. & les faire pencher , afin qu'elles puissent s'appuyer l'une contre l'autre par le haut. On doit en agir de même lorsqu'on les ôte de-dessus la ligne à aimanter.

Il remarque 3°. que si l'aiman dont on se sert pour donner un commencement de vertu aux six premières lames d'acier se trouve trop foible, l'on fera bien de les aimanter toutes douze selon les régles précédentes , avant que de les tremper, parcequ'elles seront en état de recevoir la vertu magnétique avec beaucoup plus de facilité. On en trempera ensuite la moitié ; on l'aimantera avec la moitié qui reste non trempée ; on trempera enfin celle-ci , & on procédera de même, &c. Toutes ces particularités sont

ſont tirées d'un excellent traité ſur les aimans artificiels composé en Anglois par Mr. Michell, & très-élégamment traduit en François par le P. Rivoire Jéſuite.

AIR. L'air que nous reſpirons eſt un corps fluide, grave & élaſtique, répandu juſqu'à une certaine hauteur aux environs de la terre, & dont nous ignorons parfaitement la figure, quelques conjectures que les Phyſiciens, à l'exemple de Deſcartes, ayent voulu faire là deſſus. La fluidité de l'air eſt démontrée par la facilité avec laquelle nous diviſons ſes parties; ſa gravité par le Barométre que l'on place dans le récipient de la machine pneumatique, & dont on voit le mercure deſcendre, à meſure que l'on pompe l'air contenu dans le récipient; enfin ſon élaſticité par les effets merveilleux du fuſil à vent. C'eſt dans les articles de la *fluidité*, de la *gravité* & de l'*élaſticité* des corps conſidérés en général, que l'on explique pourquoi l'air eſt un corps fluide, grave & élaſtique. Ces trois qualités que le commun des Phyſiciens reconnoit dans l'air que nous reſpirons, nous ſervent à expliquer ſans peine les expériences les plus curieuſes; nous allons en rapporter quelques-unes.

Premiere Expérience. Prenez une bouteille de verre mince, plate & pleine d'air; ajuſtez-la ſur la platine de la machine pnéumatique, de ſorte que l'orifice de la bouteille correſponde à l'orifice de la platine; pompez l'air renfermé dans la bouteille; vous la verrez éclater en des millions de parties.

Explication. L'air extérieur n'étant plus en équilibre avec l'air renfermé dans la bouteille, doit en pouſſer les parois l'une contre l'autre avec toute la force que lui donnent ſa peſanteur & ſon reſſort; elle doit donc crever & éclater en des millions de parties.

Il n'eſt pas à craindre que le même accident arrive au récipient de la machine pnéumatique, lorſqu'on en a pompé l'air qu'il contenoit; fait en forme de voute, il a des parties qui ſe ſoutiennent mutuellement, & que l'action de l'air extérieur preſſe vers un centre commun.

Seconde Expérience. Percez avec une aiguille l'extrêmité d'un œuf; mettez-le dans un petit verre, de ſorte que l'extrêmité percée ſoit en bas; placez le tout ſous le récipient, & pompez l'air: vous verrez la matiere liquide ſortir preſque entiere de la coque.

Explication. Pompez-vous l'air du récipient? auſſi-tôt

l'air renfermé dans l'œuf se dilate; dilaté, il dilate la matiere liquide, & il la chasse hors de la coque par l'extrêmité que vous avez percée. Voulez-vous faire rentrer dans la coque la matiere de l'œuf; Faites rentrer l'air dans le récipient; sa force remettra bientôt les choses dans leur premier état.

Ce qui arrive à l'œuf placé sous le récipient dont on pompe l'air, arrive non-seulement à une pomme ridée qu'on voit se dérider & qu'on prendroit pour une pomme qu'on vient de cueillir; mais encore à une vessie flasque dont le col est bien lié, qu'on voit s'enfler prodigieusement par la dilatation de quelques bulles d'air qu'elle contenoit.

Troisieme Expérience. Mettez un animal, par exemple, un oiseau sous le récipient de la machine pneumatique, & pompez l'air; vous verrez l'oiseau tomber en convulsion; & si vous ne rendez l'air, vous le verrez périr sans retour.

Explication. Les animaux placés dans le vuide y périssent & par le défaut de respiration, & par la dilatation de l'air qui se trouve renfermé dans leur corps; le défaut de respiration empêche le cœur d'avoir ses mouvemens alternatifs de *sistole* & de *diastole*, c'est-à-dire, ses mouvemens de contraction & de dilatation; il empêche par conséquent le sang de circuler. L'air qui se trouve renfermé dans le corps de ces mêmes animaux, n'étant plus pressé par l'air extérieur, se dilate considérablement; dilaté, il rompt les prisons où il se trouve comme renfermé, & il cause à l'animal une mort précédée par les plus violentes convulsions. Si vous mettez dans un verre plein d'eau un petit poisson, & qu'après avoir placé le tout sous le récipient, vous pompiez l'air, la même expérience vous réussira avec quelques circonstances particulieres. 1°. A mesure que vous pomperez, vous verrez sortir des bulles d'air de dessous les écailles du poisson par les oüies & par la bouche; 2°. Le poisson devenu par la dilatation de l'air intérieur respectivement plus léger qu'un pareil volume d'eau, se tiendra à la surface de l'eau sans pouvoir aller au fond; 3°. Le poisson mourra, mais ce ne sera qu'après plusieurs heures; l'air lui est moins nécessaire qu'aux animaux terrestres; 4°. Lorsque l'on fera rentrer l'air dans le récipient, le poisson devenant plus petit, & par conséquent plus pesant que le volume d'eau auquel il répond, retombera au fond du vaſe & ne remontera plus à la ſurface de l'eau.

Quatriéme Expérience. Placez ſous le récipient de la machine pnéumatique une groſſe chandelle bien allumée, & pompez l'air; vous verrez la flamme diminuer ſenſiblement, & après quelques coups de piſton, la flamme s'éteindra tout-à-fait.

Explication. La flamme ne peut ſubſiſter, ſi les parties qui l'entretiennent ſe diſſipent & vont occuper une partie du vuide qui ſe trouve autour du corps lumineux. C'eſt-là préciſément ce qui arrive à la chandelle que l'on place ſous le récipient d'où l'on pompe l'air; les parties qui entretiennent la flamme, n'étant plus retenues par l'air groſſier qui l'environnoit, ſe diſſipent, & au lieu de parvenir juſqu'à l'œil du ſpectateur, elles occupent une partie du vuide que l'on a fait autour de la chandelle.

Il ne doit pas être facile aux Cartéſiens d'expliquer ce fait d'une maniere probable; car enfin ſi après avoir pompé l'air, le récipient eſt auſſi plein qu'auparavant, pourquoi la flâme ſe diſſipe-t-elle? Si la lumiere ne vient pas de la chandelle, mais ſi elle eſt répandue en ligne droite depuis mon œil juſqu'à la chandelle; pourquoi n'en ſens-je pas l'impreſſion? Me dira-t-on que le mouvement de la flamme ceſſe? Je le ſçais; mais dans le ſyſtême Cartéſien il ne devroit pas ceſſer dès qu'on a pompé l'air; ce n'étoit pas l'air qui avoit donné à la flamme ſon mouvement en tout ſens; ce mouvement ne devroit donc pas ceſſer par l'abſence de l'air groſſier; les Cartéſiens aſſurent donc ſans aucune bonne raiſon que le récipient de la machine pnéumatique eſt auſſi plein, après que l'on en a pompé l'air, qu'il l'étoit, avant qu'on le pompât.

De cette quatrieme expérience concluons 1°, que le bois doit ſe conſumer bien plus promptement pendant les grands froids, qu'en tout autre tems, pourquoi? parce que la flamme étant environnée d'un air plus denſe, elle doit ſe diſſiper plus difficilement.

Concluons 2°, qu'un réchaud de charbons allumés doit bientôt s'éteindre, s'il eſt expoſé aux rayons du ſoleil, ſur-tout pendant l'été; pourquoi? parce que ce réchaud eſt environné d'un air fort raréfié.

Concluons 3°, que le ſoufle de la bouche ou le vent doit éteindre une bougie, pourquoi? parce que l'un & l'autre diſſipent les parties de la flamme, & qu'ils ſéparent le feu de ſon aliment; ſi cette diſſipation ne peut pas avoir lieu, l'inflammation augmentera, bien loin de ceſſer.

Cinquième Expérience. Mettez un verre de bière ſous un petit récipient de la machine pnéumatique, & pompez l'air; vous verrez monter d'abord des milliers de petites bulles; vous verrez enſuite la bière mouſſer.

Explication. Les particules d'air renfermées dans les interſtices de la bière & délivrées de la preſſion de l'air extérieur, ſe dégagent de leur priſon, ſe dilatent & s'enflent. Dilatées & enflées, elles deviennent reſpectivement plus légères que la bière; elles doivent donc gagner la ſurface de cette liqueur, en s'enveloppant chacune d'une pellicule très-mince de bière; & c'eſt-là préciſément ce qui la fait mouſſer.

Par la même raiſon l'eſprit de vin & l'eau s'élevent à gros bouillons dans le vuide. L'eau tiéde cependant bouillonne plutôt que l'eau froide, parce que les particules d'air trouvent plutôt dans celle-là, que dans celle-ci des iſſues libres pour ſe dégager.

Sixième Expérience. Mettez de l'eau dans un verre; ſur la ſurface de l'eau, mettez une éponge impregnée d'eau; placez le tout ſous le récipient & pompez l'air; vous verrez d'abord l'éponge s'élever un peu; ſi vous faites rentrer l'air, l'éponge s'enſoncera; ſi vous pompez l'air de nouveau, l'éponge remontera & ſurnagera.

Explication. Dès que vous avez commencé à pomper, l'éponge doit s'élever un peu, parce que l'air qu'elle renferme délivré de la preſſion de l'air extérieur, ſe dilate, & rend l'éponge reſpectivement plus légère que l'eau. Faites-vous rentrer l'air dans le récipient? L'éponge doit s'enfoncer, parce que comprimée par l'air qui ſurvient, elle devient reſpectivement plus peſante que l'eau. Enfin pompez-vous l'air de nouveau? l'éponge doit remonter par les mêmes principes d'Hydroſtatique.

Septième Expérience. Ayez une petite figure humaine d'émail, dont l'intérieur ſoit creux & rempli d'air, & qui ait dans la jambe une petite éminence percée de dehors en dedans; jettez-la dans une bouteille remplie d'eau & fermez l'orifice de la bouteille avec un parchemin ou avec quelque choſe d'équivalent; lorſque vous preſſerez du pouce le parchemin, la petite ſtatue ſe plongera juſqu'au fond de la bouteille; & lorſque vous ceſſerez de le preſſer, la petite ſtatue remontera.

Explication. La petite ſtatue eſt reſpectivement plus légère que le volume d'eau auquel elle correſpond: elle doit donc ſurnager, lorſque vous ne preſſez pas du pouce le parchemin qui ferme l'orifice de la bouteille. Mais preſſez-vous ce parchemin ? vous faites entrer l'eau dans l'intérieur de la petite ſtatue ; vous comprimez l'air qui y étoit renfermé, & vous rendez la petite figure rélativement plus peſante que le volume d'eau auquel elle répond ; elle doit donc ſe plonger juſqu'au fond de la bouteille. Ceſſez-vous de comprimer le parchemin ? l'eau ſort de l'intérieur de la petite ſtatue : l'air ſe remet dans ſon premier état ; la petite figure redevient reſpectivement plus légère que l'eau ; elle doit donc remonter & ſurnager.

Huitième Expérience. Prenez deux hemiſphéres concaves de cuivre ſi connus ſous le nom de machine de *Magdebourg* ; joignez-les en forme de globe, & pour rendre leur jonction plus exacte, mettez entre deux un cuir mouillé, troué au milieu ; ajuſtez le tout à la machine pneumatique ; pompez l'air & fermez enſuite le robinet de la machine de Magdebourg. Tant que ce robinet ſera fermé, vous ne pourrez pas ſéparer ces deux hémiſphéres l'un de l'autre ; mais ſi vous ouvrez le robinet pour laiſſer entrer l'air, la moindre force les déſunira.

Explication. Lorſque vous avez pompé l'air renfermé dans la concavité des deux hémiſphéres de la machine de Magdebourg, l'air extérieur les preſſe l'un contre l'autre ; il n'eſt pas ſurprenant que vous ne puiſſiez pas les ſéparer, puiſqu'il faudroit employer une force plus grande que celle d'une colonne d'air dont la baſe auroit autant de diamétre que le globe de Magdebourg. Voulez-vous les ſéparer facilement ? ouvrez le robinet, & laiſſez rentrer l'air, la moindre force les déſunira ; pourquoi ? parce que l'air renfermé dans la concavité des deux hémiſphéres ſera autant d'effort pour s'étendre, & par conſéquent pour les ſéparer l'un de l'autre, que l'air extérieur en fait pour les joindre.

Les réponſes aux queſtions ſuivantes, démontreront preſque auſſi bien la peſanteur & le reſſort de l'air, que les expériences que nous venons de rapporter.

Premiere queſtion. Pourquoi ne ſens-je pas le poids de la colonne d'air que je porte ſur ma tête ? Ce poids eſt en lui-même très-conſidérable, puiſqu'il eſt égal à celui d'une colonne d'eau qui auroit ma tête pour baſe, & dont la hauteur ſeroit de 32 pieds.

Réponſe. Les colonnes d'air ſont en équilibre les unes

avec les autres ; je ne dois donc pas en ressentir le poids. Est-ce que l'eau n'est pas environ mille fois plus pesante que l'air ! Les plongeurs cependant ne sentent pas au fond de la mer le poids immense de la colonne d'eau qui correspond à leur tête, parce qu'elle est en équilibre avec les colonnes latérales.

Seconde Question. Pourquoi le verre d'un Barométre rempli de mercure pése-t-il plus, que s'il n'étoit rempli que d'air ? Il paroît que le mercure étant en équilibre avec l'air extérieur, je n'en devrois pas plus sentir le poids, que je sens celui de la colonne d'air que je porte sur ma tête.

Réponse. Lorsqu'on porte un verre de Barométre rempli de mercure, ce n'est pas le poids du mercure que l'on sent ; on sent seulement le poids de la colonne d'air qui gravite sur celui des deux orifices du Barométre que l'on a fermé hermétiquement. Ce même verre n'est-il rempli que d'air ? On ne sent plus alors le poids de la colomne dont nous venons de parler, parce qu'elle se met en équilibre avec celle qui soutenoit auparavant le mercure à environ 27 pouces de hauteur.

Troisième Question. Pourquoi le mercure s'éleve-t-il à la même hauteur, soit que le Barométre soit placé dans une chambre, soit qu'il soit placé en pleine campagne ? Dans le second cas cependant il devroit monter beaucoup plus haut que dans le premier, puisqu'en pleine campagne la colonne d'air est incomparablement plus longue, que dans une chambre.

Réponse. L'air de la chambre communique avec l'air extérieur. Cette communication une fois supposée, voici comment je raisonne : l'air est un fluide pesant dont la pression s'exerce en tout sens ; donc l'air extérieur doit presser latéralement l'air de la chambre où l'on a placé le Barométre ; donc le mercure de ce Barométre doit s'élever au-dessus de son niveau, non-seulement par l'action de l'air renfermé dans la chambre, mais encore par l'action de l'air extérieur ; donc dans une chambre le Barométre doit monter aussi haut, qu'en pleine campagne.

Quatrième Question. A quelle hauteur s'élevera le mercure, si le Barométre est placé dans une chambre fermée hermétiquement ?

Réponse. Si l'air de la campagne & celui de la chambre fermée hermétiquement, ont précisément la meme densité, le mercure s'élevera à la même hauteur, soit qu'on place le Barométre en pleine campagne, soit qu'on le place dans la chambre dont nous parlons; pourquoi? parce que dans cette chambre les planchers & les murailles compriment autant l'air intérieur, que le comprimeroit l'air extérieur, si l'on détruisoit ces planchers & ces murailles.

Cinquième Question. Pourquoi dans un tems de pluie le Barométre baisse-t-il au-dessous de sa hauteur moyenne, c'est-à-dire, au-dessous de 27 pouces & démi? Il paroît que l'air étant dans ce tems-là plus pesant, le mercure devroit monter & non pas descendre.

Réponse. Que dans un temps de pluie l'air soit plus ou moins pesant, ce n'est pas là ce que j'examine; ce que je sçais, c'est qu'en France & dans toute notre Zone tempérée l'air dans un temps pluvieux perd beaucoup de son élasticité. Or puisque les variations du Barométre dépendent non-seulement de la pesanteur, mais encore du ressort de l'air; il est nécessaire que ce ressort diminuant considérablement dans un tems pluvieux, le Barométre baisse alors au-dessous de sa hauteur moyenne.

Sixième Question. Pourquoi dans un temps pluvieux l'air que nous respirons, perd-il beaucoup de son élasticité?

Réponse. Pour satisfaire à cette question, je remarque que les molécules de tout corps élastique, doivent être en même-temps flexibles & roides. Sans cette flexibilité les corps élastiques ne se comprimeroient jamais, & sans cette roideur ils ne reprendroient pas leur premiere figure. Cela supposé, tout le monde voit que l'humidité qui regne dans un tems pluvieux, doit communiquer une trop grande flexibilité aux particules dont l'air est composé; donc dans ce tems là l'air doit beaucoup perdre de son élasticité. Aussi sous la Zone torride l'air naturellement trop sec, devient-il plus élastique dans les temps de pluye.

Septième Question. Quelle est la force avec laquelle l'air comprime la surface du globe terrestre?

Réponse. La force avec laquelle l'air comprime la surface du globe terrestre, n'a pas d'autre expression que le nombre 10, 838, 016, 000, 000, 000, 000 de livres. En voici la démonstration la plus rigoureuse.

1°. La circonférence de l'équateur terrestre est de 9000 lieües, lesquelles réduites en pieds, à raison de 14000 pieds chacune, donnent 126, 000, 000 pieds.

2°. Le diamétre de l'équateur terrestre est d'environ

3000 lieues, ou d'environ 42, 000, 000 pieds.

3°. La surface de la terre est de 5,292, 000, 000, 000, 000 pieds quarrés, parcequ'on a la surface d'une sphére, en multipliant la circonférence d'un de ses grands cercles par son diamétre.

4°. Puisqu'une colonne d'air de la hauteur de l'athmosphére est en équilibre avec une colonne d'eau de 32 pieds; il s'ensuit que le poids de l'athmosphére sur la surface de la terre, est égal au poids de 32 pieds cubes d'eau dont cette surface seroit couverte.

5°. Un pied cube d'eau pese 64 livres; donc une colonne d'eau de 32 pieds de hauteur & d'un pied de base, en peseroit 2048; donc une masse d'eau de 32 pieds de hauteur, & dont la base seroit égale à la surface de la terre, en peseroit 10, 838, 016, 000, 000, 000, 000; donc l'expression de la force avec laquelle l'athmosphére comprime la surface de la terre est 10, 838, 016, 000, 000, 000, 000 de livres.

AIRE. On entend par l'aire d'une figure l'espace renfermé entre les côtés qui la terminent. On parle souvent en Physique de l'aire d'un quarré parfait, d'un quarré long, d'un triangle & d'un cercle. C'est n'avoir pas la teinture des premiers élémens de la Géométrie, que d'ignorer que l'on trouve l'aire d'un quarré parfait en multipliant un de ses côtés par lui-même; ainsi un des côtés d'un quarré parfait contient-il 10 pieds? son aire en contiendra 100.

On connoit l'aire d'un quarré long en multiplant sa longueur par sa hauteur; un quarré long a-t-il 10 pieds de longueur, & 8 de hauteur, son aire sera de 80 pieds?

On connoit l'aire d'un triangle en multipliant sa base par la moitié de sa hauteur; un triangle a-t-il 12 pieds de base, & 8 de hauteur? il aura 48 pieds d'aire. Tout le monde sçait que la hauteur d'un triangle se mesure par la ligne perpendiculaire tirée du sommet du triangle sur sa base.

On connoit enfin l'aire d'un cercle en multipliant sa circonférence par le quart de son diamétre; un cercle a-t-il une circonférence de 60 pieds, & un diamétre de 20 pieds, il aura une aire de 300 pieds? On sçait que la circonférence d'un cercle est sensiblement triple de son diamétre; ainsi connoissant le diamétre d'un cercle, il est très-aisé de connoître ſenſiblement ſa circonférence. On ſçait encore que les aires de deux cercles ſont comme les quarrés de leurs diamétres. Ainſi le cercle C a-t-il un diamétre d'un pied, & le cercle D un de deux pieds ? L'aire de celui-ci ſera quadruple de l'aire de celui-là, parce qu'on pourra dire, l'aire du cercle C eſt à l'aire du cercle D, comme le quarré de 1, c'eſt-à-dire, 1 eſt au quarré de 2, c'eſt-à-dire, 4.

ALGEBRE, cherchez *Arithmétique Algébrique.*

ALKALI. Les Alkalis ſont des corps poreux & ſpongieux dans leſquels comme dans autant d'eſpéces de gaînes vont ſe loger des corps roides, longs, pointus & tranchans que l'on nomme *Acides.*

ALUN. L'Alun eſt une eſpèce de vitriol que l'on trouve ſur-tout au fond, ou, aux environs des mines d'argent.

AMBRE. C'eſt une eſpèce de bitume que l'on trouve ſur-tout ſur les côtes de la mer baltique.

AMER. C'eſt la ſeconde des 7 ſaveurs primitives. Un corps amer eſt compoſé de molécules irrégulieres, couvertes d'inégalités & mal cuites.

AMIANTE ou Asbeſte. C'eſt une pierre flexible & filamenteuſe, qui a beaucoup de reſſemblance avec l'alun de plume. On détache adroitement ces fils pour les mettre au rouet, & on en fait *l'asbeſte* qui n'eſt autre choſe qu'une toile qui non-ſeulement réſiſte au feu, mais qui encore ſe purifie & ſe blanchit dans cet élément. *Amiantus alumini ſimilis nihil igni deperdit.* C'eſt ainſi que parle Pline au chapitre 28 du livre 36 de ſon hiſtoire. Ce ſçavant Naturaliſte avoit dejà parlé plus au long de cette pierre vers la fin du chapitre 1 du livre neuvieme. Nous nous faiſons un devoir de citer ſes propres paroles. *Inventum jam eſt etiam*, (linum) *quod ignibus non abſumeretur. Vivum id vocant, ardenteſque in focis conviviorum ex eo vidimus mappas, ſordibus exuſtis ſplendeſcentes igni magis, quàm poſſent aquis. Regum inde funebres tunicæ, corporis favillam ab reliquo ſeparant cinere. Naſcitur in deſertis, aduſtiſque ſole Indiæ, ubi non cadunt imbres, inter diras ſerpentes : aſſueſcitque vivere ardendo, rarum inventu, difficile textu propter brevitatem. Rufus de cætero color, ſplendeſcit igni. Cum inventum eſt, æquat pretia excellentium margaritarum*, c'eſt-à-dire : on trouve une eſpèce de lin que le feu ne ſçauroit conſumer. On l'appelle *lin vif.* C'eſt de cette matiere qu'on fait les nappes qui doivent ſervir aux feſtins. Lorſqu'on veut les nétoyer, on les jette au feu, où on les laiſſe rougir; & lorſqu'on les en retire, on les trouve plus blanches, que ſi elles euſſent été lavées dans l'eau. C'eſt avec ce lin qu'on fait les ſuaires qui doivent envelopper les corps des Rois dans leurs funérailles, afin de ſéparer leurs cendres des autres matieres employées à les bruler. Ce lin croit dans les déſerts habités par les ſerpents & dans les contrées des Indes où il ne pleut jamais, & qui ſont brulées par le Soleil, dont les ardeurs ſemblent l'accoutumer à réſiſter au feu. Il eſt rare à trouver & difficile à mettre en œuvre, parce qu'il eſt court. Il eſt de couleur rouſſatre, mais le feu le rend très-brillant. Sa valeur n'eſt pas inférieure à celle des pierres les plus précieuſes.

La grande faute que je remarque dans cette intéreſſante deſcription, c'eſt que Pline ne fait trouver l'amiante, que dans les climats brulants. Il ſe trompe. On en trouve non-ſeulement dans la plûpart des Royaumes de l'Europe où les chaleurs ſont très modérées, mais encore ſur les montagnes des Alpes & des Pyrénées, en divers lieux de la Moſcovie & dans les climats les plus glacés du Nord. Pluſieurs expériences aſſez bien conſtatées nous font ſoupçonner que l'amiante contient pluſieurs parties métalliques, & ſur-tout pluſieurs parties ferrugineuſes. Dans cette hypothéſe ſa ductilité n'a rien de bien ſurprenant; tout le monde ſçait que c'eſt là la principale qualité des métaux. Le moyen le plus ſimple de diſtinguer cette pierre de l'alun de plume avec lequel nous avons dejà remarqué qu'elle avoit beaucoup de reſſemblance, c'eſt de la jetter dans l'eau ou dans le feu. Dans le premier de ces deux élémens elle demeurera inſoluble, & dans le ſecond inaltérable. L'alun de plume au contraire ſe fond dans l'eau, & ſe calcine ſur les charbons ardents.

Le lecteur ne ſera pas faché de trouver ici la maniere de filer l'amiante. On caſſe avec un marteau de bois la pierre en morceaux. On jette ces morceaux dans une leſſive chaude, & on les y laiſſe quelque tems en macération. On remue ſouvent ces pierres, qu'on fait paſſer de la leſſive dans l'eau chaude pure. On change la leſſive & l'eau chaude, juſqu'à ce que les fils ſoient bien ſéparés & que la matiere calcaire qui uniſſoit les fibres ſoyeuſes, ait diſparu.

Lorſque cette eſpèce de filaſſe a été ſéchée au Soleil, on la carde doucement & avec beaucoup de précaution. On prend enſuite une bobine de lin ordinaire filé très-fin,

& on couvre, à l'aide d'un fuſeau, le fil de lin de deux à trois fils d'amiante. Les fileuſes trempent de tems en tems leurs doigts dans de l'huile d'olive, afin de faire plus facilement cette union. On aſſure que dans le Groenland on ſe ſert de ces fils pour faire des méches qui ne ſe conſument jamais. Voilà ſans doute ce qui a donné lieu à la fable des lampes inextinguibles. Les lampes à méche d'amiante s'éteignent, lorſque l'huile vient à leur manquer.

AMPLITUDE. C'eſt l'arc de l'horizon compris entre l'équateur & l'aſtre dont on demande l'amplitude. Les ſeules étoiles qui ſe trouvent dans l'équateur, n'ont aucune amplitude ſoit orientale ſoit occidentale : toutes les autres en ont une, plus ou moins grande, ſuivant qu'elles ſont plus ou moins éloignées de l'équateur. Pour comprendre ſans peine ce point d'Aſtronomie, jettez un coup d'œil ſur l'article de ce Dictionnaire où il eſt parlé des étoiles, après vous être formé une idée nette de la Sphére.

ANALOGIE. Les Mathématiciens confondent ce mot avec celui de proportion géométrique ; pour les Phyſiciens, ils le confondent avec celui de *Similitude*. Lorſqu'ils diſent, par exemple, qu'il y a une vraie analogie entre les cauſes du tonnerre & celles des tremblemens de terre, cela ſignifie que les cauſes qui produiſent les tonnerres dans l'athmoſphére ſont ſemblables à celles qui produiſent dans le ſein de la terre les ſecouſſes dont notre globe eſt de tems en tems agitée.

ANALYSE. Cherchez *Arithmétique Algébrique appliquée à l'analyſe*.

ANASTOMOSE. La jonction d'une artére avec une veine s'appelle *Anaſtomoſe* en langage anatomique.

ANATOMIE. L'Anatomie eſt la ſcience du corps humain par la voye de la diſſection. Nous avons inſéré dans ce Dictionnaire les connoiſſances anatomiques qu'il ſeroit honteux à un Phyſicien d'ignorer ; nous nous ſommes ſurtout étendu ſur la deſcription des organes des ſens internes & externes, je veux dire, du cerveau, de l'œil, de l'oreille, &c.

ANGLE. On nomme *angle* l'ouverture de deux lignes qui ſe touchent en un point, & qui ne forment pas une même ligne. Les deux lignes ſont-elles droites ? l'angle ſera rectiligne. Les deux lignes ſont elles courbes ? l'angle ſera curviligne. L'une des deux lignes eſt-elle droite, & l'autre courbe ? l'angle ſera mixte ; nous apprendrons en parlant du cercle quelle eſt la meſure des angles obtus ; droit & aigu.

ANIMAUX. Les animaux ſont un compoſé d'un corps & d'une ame. Ce que nous avons dit du corps de l'homme, on pourra l'appliquer à celui de la plûpart des animaux. Pour leur ame, quoiqu'inférieure à celle de l'homme, & d'une eſpèce différente ; elle n'eſt pas pour cela l'objet de la Phyſique ; auſſi ne croyons nous pouvoir en parler que dans un Dictionnaire de Métaphiſique. Les Cartéſiens, je le ſçais, regardent les bêtes comme de purs automates ou de pures machines ; mais comme dans leurs mouvemens elles ne gardent pas les loix de la méchanique, nous ne comprenons pas comment un Phyſicien peut embraſſer un pareil ſentiment.

Que les bêtes manquent dans preſque tous leurs mouvemens aux loix les plus inviolables de la Méchanique, je ne crois pas qu'il ſoit poſſible de le révoquer en doute. En effet prenons deux de ces loix avouées par tous les Cartéſiens, telles que ſont les ſuivantes :

Tout corps en mouvement tend à parcourir une ligne droite.

Le changement de mouvement eſt toujours proportionnel à la force motrice qui l'occaſionne.

Je le demande maintenant à tout Phyſicien impartial. Un chien qui revoit ſon maître, & qui lui témoigne ſon attachement par des careſſes, des tranſports, des ſauts de toute eſpèce : un cerf qui fuit la pourſuite d'un chien qui fait retentir l'air de ſes aboyements : un ſinge qui copie avec grace le ridicule des hommes ; tous ces animaux gardent-ils exactement la premiere de ces deux loix, ou plutôt, ne ſont-ils pas auſſi indifférents que nous à parcourir une ligne courbe, ou une ligne droite ?

Ils ne ſont pas plus fidéles à la ſeconde loi. Un chien, au premier ſigne de ſon maître, court avec impétuoſité vers l'endroit qu'on lui indique ; le même ſigne l'arrête dans ſa courſe, quelque rapide qu'elle ſoit. Je le demande encore ; y a-t-il quelque proportion entre la cauſe & l'effet, entre le changement de mouvement & la force motrice qui l'a occaſionné ; & n'eſt-on pas obligé de convenir que les animaux ne gardent pas dans leurs mouvements les loix de la méchanique ; ce ne ſont donc pas de pures machines, puiſqu'une machine diſpenſée des loix de la méchanique eſt une véritable chimére.

D'ailleurs les Animaux ont de la connoissance. Pour établir cette proposition d'une maniere incontestable, je pourrois rapporter une infinité d'histoires, toutes plus frappantes les unes que les autres. Dans ce grand nombre, j'en choisis une que M. le Cardinal de Polignac raconte au sixieme livre de son *Antilucréce*. Voici comment parle son incomparable Traducteur. Un Aigle traversoit les airs; un Milan le voit, l'attaque & le harcéle en lui portant des coups rédoublés. Peu touché de l'attentat d'un vil sujet, le Roi des oiseaux ne s'en apperçoit pas même, & continue sa route. A son retour le téméraire Milan revient à la charge; il lui arrache une plume; & fier de cette dépouille il la porte dans son bec comme un trophée. L'Aigle irrité le saisit, & lui faisant grace de la vie, il le laisse sans plume sur un rocher. Que fera-t-il en cet état? Il rougit de survivre à sa défaite. Cependant sa courageuse fierté ne le quitte pas encore. Nud, transi de froid, se défendant à peine contre la faim, il songe à se venger. Cet espoir anime & repait sa colere. Nourri de vermisseaux, il attend avec impatience que ses forces & ses plumes renaissent. Ce jour arrive enfin; il prend l'essor, plein du projet d'employer contre un ennemi trop redoutable, sinon la force, au moins l'artifice. Un pont de bois miné par le choc des eaux & par les années s'offre à ses regards, & dans le milieu il apperçoit une ouverture. Ce lieu lui paroit propre à servir de piége : il le choisit pour le théatre & l'instrument de sa vengeance. D'abord il passe par cette ouverture une partie du corps, & l'ayant reconnue suffisante, il essaye de la traverser doucement: il recommence ensuite en s'y plongeant d'un vol rapide. Après s'en être assuré par des épreuves réitérées, il s'éleve dans les cieux & va chercher son vainqueur : il le découvre, & d'un air insultant va droit à sa rencontre. L'Aigle indigné fond sur lui. Le traitre fuit & se sauve vers le pont. A peine en a-t-il traversé l'ouverture, que l'Aigle avec une impétuosité que redoublent la fureur & l'espérance, se précipite dans cette gorge trop étroite pour lui, s'y embarrasse, & malgré les vains efforts de ses ailes, se trouve arrêté par le milieu du corps. Le Milan accourt aussi-tôt, lui arrache toutes ses plumes, & content d'avoir usé de représailles, il se retire satisfait & vengé.

Cette histoire, & cent autres qu'il seroit inutile de rapporter, démontrent évidemment que les bêtes ne sont pas de pures machines & de purs automates, puiſqu'elles ſeroient pure matiere, & que la matiere ne ſçauroit produire aucune connoiſſance, comme il eſt prouvé dans l'article du *matérialiſme.*

ANNE'E. Il y a des années Solaires & des années Lunaires ; les premieres contiennent 365 jours & environ 6 heures ; les ſecondes ne comprennent que 354 jours. Voyez l'article du Calendrier *num.* 3.

ANNULAIRE. Voyez l'article des éclipſes de Soleil.

ANTARCTIQUE. Ce terme ſignifie méridional.

ANTIMOINE. L'Antimoine eſt un compoſé de ſoufre, de vitriol & de différens corpuſcules métalliques. On le trouve non-ſeulement dans ſes propres mines ; mais encore dans les mines d'argent.

ANTIPODES. Le terre a une figure à-peu-près ſphérique ; l'hémiſphére oppoſé à celui que nous habitons, porte le nom d'antipodes ; nous donnons auſſi ce nom aux peuples qui ont leur zénith dans l'endroit où nous avons notre nadir.

AORTE. L'aorte, ou la grande artére eſt un gros vaiſſeau qui ſe trouve au côté gauche du cœur, & qui ſe diviſe en aſcendante, & en deſcendante. De l'aorte aſcendante tirent leur origine les artéres qui ſe trouvent au-deſſus du cœur, & de l'aorte deſcendante viennent celles qui ſe trouvent au-deſſous du cœur.

APHELIE. Les aſtres qui tournent autour du Soleil, ne ſont pas toujours également éloignés de lui ; ils ſont dans leur aphélie, lorſqu'ils ſont dans leur plus grande diſtance ; ils ſont dans leur périhélie, lorſqu'ils ſont dans leur plus petite diſtance du Soleil ; & ils ſont dans leur diſtance moyenne, lorſqu'ils ſont auſſi éloignés de leur aphélie, que de leur périhélie. Les Aſtronomes ont obſervé que la plus grande diſtance de la terre au Soleil eſt de 20976 $\frac{7}{11}$ rayons terreſtres, ſa plus petite diſtance de 20275 $\frac{1}{3}$ & ſa diſtance moyenne de 20626. Tout le monde ſçait qu'un rayon terreſtre contient environ 1433 lieues.

APOGE'E Un aſtre eſt apogée, lorſqu'il eſt dans ſa plus grande diſtance ; & il eſt périgée, lorſqu'il eſt dans ſa plus petite diſtance de la terre.

APRE. La ſaveur âpre eſt la quatriéme des 7 ſaveurs principales. Elle annonce des molécules mal cuites. En effet un fruit eſt âpre, lorſqu'il n'eſt pas encore mûr.

ARC-EN-CIEL. Voyez l'article des *couleurs* où ce phénoméne est expliqué.

ARCTIQUE. L'on donne ce nom au pole boréal, parce qu'il n'est pas éloigné de la constellation que les Astronomes appellent *la grande ourse*.

AREOMETRE. Nous avons expliqué le méchanisme de cet instrument de Physique dans le Corollaire septiéme de la premiere partie de l'hydrostatique.

ARGENT. Les plus fameux Chymistes assurent que l'argent est composé de mercure, de soufre & de sel; ils assurent encore qu'il y a beaucoup moins de particules salines, & beaucoup plus de pores dans l'argent que dans l'or; aussi ces deux métaux différent-ils spécifiquement entre eux.

Les plus riches & les plus abondantes mines d'argent se trouvent dans le Potosi, Province du Pérou dans l'Amérique méridionale. Dans la mine l'argent est renfermé dans la pierre. Pour l'en retirer, on met cette pierre en poussiere : avec de l'eau on fait de cette poussiere une pâte qu'on laisse un peu sécher : on pétrit de nouveau cette pâte avec du sel marin ; enfin on y jette du mercure & on le pétrit une troisiéme fois pour avoir un *amalgame*, c'est-à-dire, un composé de terre, de sel marin, de mercure & d'argent broyés ensemble : on lave *l'amalgame* dans différentes eaux, jusqu'à ce qu'il ne reste qu'une masse composée de mercure & d'argent, qu'on nomme *pigne* : on pose la *pigne* sur un trépié au-dessous duquel est un vase rempli d'eau : on couvre le tout avec de la terre en forme de chapiteau, que l'on environne de charbons ardens : l'action du feu sépare l'argent du mercure, & fait tomber celui-ci dans l'eau où il se condense.

ARITHMÉTIQUE. Tout le monde sçait que l'Arithmétique ou la science des nombres est un traité absolument nécessaire en Physique ; aussi quelque étendu que soit cet article, ne le regardera-t-on pas comme contenant des points inutiles à ceux qui veulent faire quelque progrès dans cette science.

1°. On se sert pour exprimer tous les nombres possibles de dix caractères ausquels on a donné le nom de chiffres ; ce sont les suivants.

1	*signifie*	un	6	. . . .	six
2	. . . .	deux	7	. . . .	sept
3	. . . .	trois	8	. . . .	huit
4	. . . .	quatre	9	. . . .	neuf
5	. . . .	cinq	0	. . . .	zero

2°. La dixième des figures précédentes ne signifie rien par elle-même, mais elle sert à faire signifier les autres, comme on le verra dans la suite.

3°. Une des neuf figures précédentes prise seule signifie des unités.

4°. Lorsque l'on range plusieurs de ces figures sur la même ligne droite, la premiére en commençant de droite à gauche signifie des unités, la seconde des dizaines, la troisiéme des centaines, la quatriéme des mille, la cinquiéme des dizaines de mille, la sixiéme des centaines de mille, la septiéme des millions, la huitiéme des dizaines de millions, la neuviéme des centaines de millions, la dixiéme des millards, la onziéme des dixaines de millards, & la douziéme des centaines de millards. S'il y avoit plus de 12 chiffres (ce qui est rare dans les calculs ordinaires) l'on iroit jusqu'à billions, trillions, quatrillions, &c. Ainsi le nombre 667458645 livres, signifie six cent soixante sept millions, quatre cent cinquante huit mille, six cent quarante cinq livres.

Corollaire. La valeur des chiffres va croissant de dix en dix ; C'est sur ce principe que sont fondées toutes les régles d'Arithmétique que nous allons donner.

DE L'ADDITION.

Additionner, c'est réduire plusieurs nombres soit simples, soit complexes à une somme totale qui les vaille tous. Je nomme *nombres simples* tous ceux qui sont d'une même dénomination, c'est-à-dire, tous ceux qui représentent des choses d'une même espèce, par exemple, des livres, ou des sols, ou des deniers, &c. Je nomme *nombres complexes* ceux qui sont d'une dénomination différente, c'est-à-dire, je nomme *nombres complexes*, plusieurs nombres dont les uns représenteroient des livres, les autres des sols, les autres des deniers, &c. L'addition est fondée sur ce principe incontestable (*Le tout est égal à toutes ses parties prises ensemble.*) Pour ne pas vous tromper dans cette opération.

1°.

1°. Rangez tous les nombres proposés, de façon que les unités se trouvent précisément sous les unités, les dizaines sous les dizaines, les centaines sous les centaines, &c.

2°. Commencez à faire l'Addition de toutes les unités. Si leur somme vous donne une ou deux dizaines, par exemple 20, vous marquerez 0 & vous transporterez 2 aux dizaines; si elle vous donne deux dizaines & quelques unités par-dessus, par exemple, si elle vous donne 25, vous marquerez 5, & vous transporterez 2 aux dizaines.

3°. La même régle doit se garder, lorsque l'on passe des dizaines aux centaines, des centaines aux mille, &c.

4°. L'on doit séparer par une ligne la somme trouvée d'avec les nombres donnés. Toutes ces régles vont s'éclaircir dans les exemples suivans.

Première opération.

Additionner des nombres simples.

Exemple.

A.	5089
B.	709
C.	34
D.	8
S.	5840

Explication. Pour additionner les nombres A, B, C, D, je commence 1°. par les unités 9, 9, 4, & 8 dont le *total* vaut 30; je mets 0 dans le nombre S, & je transporte 3 aux dizaines.

2°. J'en viens aux dizaines 3, 8 & 3 dont le *total* vaut 14; je mets 4 dans le nombre S, & je transporte 1 aux centaines.

3°. J'en viens aux centaines 1 & 7 dont le *total* vaut 8 que je mets dans le nombre S.

4°. J'en viens aux mille dont le *total* est 5 que je mets dans le nombre S, & je dis que ce nombre représente les quatre supérieurs A, B, C, D.

Démonstration. Le *tout* est égal à toutes ses parties prises ensemble : donc le nombre S est égal aux quatre nombres A, B, C, D.

Pratique. Lorsqu'on recommence l'addition en prenant les colonnes de bas en haut, & que l'on trouve la même somme, c'est-là une preuve infaillible de la bonté de la première opération.

REMARQUE.

Lorsque les nombres que l'on veut réduire à une somme totale sont complexes, c'est-à-dire, lorsqu'ils sont composés, par exemple, de livres, de sols & de deniers, il faut disposer les chiffres de manière que les deniers soient sous les deniers, les sols sous les sols, & les livres sous les livres ; il faut ensuite assembler les deniers pour en faire des sols, & les sols pour en faire des livres ; il suffit pour cela de sçavoir qu'une livre vaut 20 sols, & un sol 12 deniers. C'est ainsi que l'on a opéré dans l'exemple suivant.

Seconde Opération. Additionner des nombres complexes.

Exemple.

A.	15 l.	15 s.	10 d.
B.	16	16	9.
S.	32 l.	12 s.	7 d.

Explication. Pour additionner les nombres A & B, voici comment je raisonne : 10 & 9 font 19 deniers ; 19 deniers valent un sol 7 deniers, je mets 7 dans le nombre S & je transporte 1 aux sols.

J'en viens ensuite aux sols & je dis : 1 & 5 & 6 font 12, je mets 2 dans le nombre S, & je transporte 1 aux dizaines de sols que je trouve être au nombre de 3 ; & comme 3 dizaines de sols valent une livre & une dizaine de sols, je mets 1 dans le nombre S, & je transporte 1 aux livres.

J'en viens enfin aux livres, lesquelles additionnées comme dans l'exemple du *probléme premier* me donnent 32 que je mets au nombre S.

DE LA SOUSTRACTION.

Soustraire un nombre d'un autre, c'est retrancher un nombre moindre d'un plus grand. Cette opération est fondée sur le principe suivant : *toutes les parties prises ensemble sont égales au tout.* Voici quelles sont les régles que vous devez observer.

1°. Ecrivez au-dessus le nombre dont vous devez faire la soustraction, & mettez par-dessous celui qui doit être soustrait, de manière que les unités soient sous les unités, les dizaines sous les dizaines, &c.

2°. Tirez une ligne qui sépare le *restant* d'avec le nombre qui doit être soustrait.

3°. Quand le chiffre supérieur est plus grand que l'inférieur, écrivez-en la différence dans le *restant.*

4°. Quand le chiffre supérieur est égal à l'inférieur, écrivez 0 dans le *restant.*

5°. Quand le chiffre supérieur est moindre que l'inférieur, empruntez une unité du chiffre précédent. Dans les nombres de la même espèce cette unité vaut 10. Si vous l'empruntiez d'un nombre de différente espèce, par exemple, des sols pour la transporter aux deniers, elle vaudroit 12; des livres pour la transporter aux sols, elle vaudroit 20; des toises pour la transporter aux pieds, elle vaudroit 6, &c.

6°. L'on n'emprunte jamais rien d'un zero, mais l'on fait cet emprunt sur le premier chiffre positif qui le précéde, & ensuite ce zero vaut 9. Toutes ces régles vont s'éclaircir dans les exemples suivans.

Première Opération. Soustraire un nombre simple d'un nombre simple.

Exemple.	
A.	5003.
B.	4559.
R.	444.

Explication. Pour soustraire le nombre B du nombre A, voici comment j'opére. 1°, J'emprunte une unité du chiffre 5 du nombre A, laquelle ajoutée au chiffre 3 fait 13; j'ôte 9 de 13, le reste est 4 que je mets dans le nombre R. 2°, j'ôte 5 de 9, le reste est 4 que je mets dans le nombre R. 3°, j'ôte encore 5 de 9, le reste est 4 que je mets dans le nombre R. 4°, j'ôte 4 de 4, le reste est 0 qui me devient parfaitement inutile. Je dois donc trouver dans le nombre R. 444.

Démonstration. La somme des nombres B & R additionnés ensemble est égale au nombre A, donc l'opération précédente a été bien faite, puisque toutes les parties prises ensemble sont toujours égales au tout.

Pratique. Additionnez dans toute sorte de soustractions le second & le troisième nombre; & si l'opération a été bien faite, leur somme sera égale au premier nombre, c'est-à-dire, au nombre dont vous avez fait la soustraction.

Demande-t-on pourquoi à l'exemple précédent depuis l'emprunt que l'on a été obligé de faire sur le chiffre 5 du nombre A, les zero qui viennent d'abord après, valent chacun 9, ou pour mieux dire, valent 990? La raison en est évidente; l'unité empruntée du chiffre 5 vaut réellement 1000, & cependant elle n'a été comptée que 10, puisqu'elle a été transportée au rang des unités; donc, pour éviter une erreur de 990, les zero dont nous parlons, doivent valoir chacun 9.

Seconde Opération. Soustraire un nombre complexe d'un nombre complexe.

Exemple.

	Toises	Pieds.	Pouc.	Lig.	Points.
A.	15.	4.	9.	8.	3.
B.	12.	5.	9.	9.	4.
R.	2.	4.	11.	10.	11.

Explication. Pour soustraire le nombre complexe B du nombre complexe A, voici comment je raisonne. Puisque le chiffre 3 du nombre A est plus petit que le chiffre 4 du nombre B, j'emprunte une unité du nombre 8 ; cette unité vaut 12 ; de 15 ôtez-en 4, le reste est 11 que je mets dans le nombre R.

J'en viens ensuite aux lignes. Pour pouvoir faire la soustraction, j'emprunte une unité du nombre 9, cette unité vaut 12 ; de 19 ôtez 9, le reste est 10 que je mets dans le nombre R.

Des lignes je passe aux pouces ; & comme pour pouvoir faire la soustraction, je suis obligé d'emprunter du chiffre 4 une unité qui vaut 12, j'ôte 9 de 20, le reste est 11, que je mets dans le nombre R.

Pour soustraire 5 pieds de 3 pieds, j'emprunte une unité sur les toises ; cette unité ne vaut que 6, parce qu'une toise contient 6 pieds : j'ôte 5 de 9, le reste est 4 que je mets dans le nombre R.

Enfin je soustrais 12 de 14, & je mets le restant 2 dans le nombre R.

Les preuves de la soustraction opérée sur les nombres complexes sont les mêmes que celles que l'on apporte, lorsque l'on opére sur les nombres simples.

DE LA MULTIPLICATION.

La Multiplication est une opération par laquelle un nombre est ajouté à lui-même autant de fois qu'il y a d'unités dans un autre. En effet multiplier 12 par 4, c'est ajouter 4 fois 12. Le nombre ajouté à lui-même, se nomme *multiplicande* ; le nombre qui détermine combien de fois le *multiplicande* doit être ajouté à lui-même, se nomme *multiplicateur* ; & le nombre qui vient de cette opération, se nomme *produit*. Multipliez, par exemple, 10 par 5., vous aurez 50 ; dans cette occasion 10 est le *multiplicande*, 5 le *multiplicateur*, & 50 le *produit*. Pour ne donner dans aucune erreur, voici les régles que vous devez obſerver. 1°. Sçachez par cœur les produits des neuf premiers chiffres; nous avons commencé par 5 dans la table ſuivante; les autres ſont trop aiſés, pour être ignorés même des premiers commençans.

5	fois	5	*produit.*	25
5	fois	6	. .	30
5	fois	7	. .	35
5	fois	8	. .	40
5	fois	9	. .	45
6	fois	6	. .	36
6	fois	7	. .	42
6	fois	8	. .	48
6	fois	9	. .	54
7	fois	7	. .	49
7	fois	8	. .	56
7	fois	9	. .	63
8	fois	8	. .	64
8	fois	9	. .	72
9	fois	9	. .	81

2°. Ecrivez le *multiplicateur* ſous le *multiplicande*, de façon que les unités répondent aux unités, les dizaines aux dizaines, &c.

3°. Commencez votre opération du côté droit, & que le premier nombre du *multiplicateur* de ce côté-là multiplie ſucceſſivement tous les nombres du *multiplicande.*

4°. Lorſqu'un *produit* particulier ſurpaſſera 10, retenez, comme dans l'addition, les dizaines, pour les ajouter au *produit* du chiffre voiſin à gauche.

5°. Dès que cette premiere opération eſt faite, venez au ſecond nombre du *multiplicateur* qui doit encore multiplier tous les chiffres du *multiplicande* en allant toujours ſuivant la coutume de droite à gauche, & ainſi du 3e, 4e, & 5e nombres, ſi le *multiplicateur* a beaucoup de chiffres.

6°. Dans chaque opération de la multiplication, le premier produit s'écrit ſous le nombre qui multiplie actuellement; les autres produits s'écrivent ſur la même ligne, en allant toujours de droite à gauche.

7°. Zero *multiplicateur* ou *multiplicande*, ne produit jamais que zero.

8°. Additionnez tous les nombres produits par les différentes multiplications, & le total eſt la ſomme que vous cherchez. Toutes ces regles ont été gardées dans l'exemple ſuivant qui a le nombre A pour *multiplicande*, le nombre B pour *multiplicateur*, & le nombre P pour *produit*.

Premiere Opération. Multiplier un nombre ſimple par un nombre ſimple.

Exemple.

A.	609
B.	42
	1218
	2436
P.	25578

Explication. Pour multiplier le nombre A par le nombre B, voici comment je raiſonne : 2 multipliant 9 donne 18, je mets 8 ſous le premier chiffre du multiplicateur, & je retiens 1 que je tranſporte aux dizaines. Je dis enſuite ; 2 multipliant 0 ne donne que 0, je mets donc l'unité retenue en droite ligne à la gauche de 8 : je dis enfin ; 2 multipliant 6 donne 12, je mets ce 12 toujours ſur la même ligne en l'avançant d'un pas, & voilà la premiere opération faite.

Je paſſe au ſecond chiffre du *multiplicateur* B, en diſant, 4 multipliant 9 donne 36, je mets 6 ſous la colomne des dizaines, & je retiens 3 pour les centaines. Je dis enſuite, 4 multipliant 0 donne 0, je mets donc à la gauche de 6 le chiffre 3 que j'avois retenu. Je dis enfin, 4 multipliant 6 donne 24 que j'avance ſur la même ligne.

Cette ſeconde opération étant faite, j'additionne les 2 produits ; & la ſomme totale me donne le nombre P que je cherche.

Démonſtration. L'on a dans le cas préſent la proportion ſuivante, 1 : 42 : : 609 : 25578, c'eſt-à-dire, 1 eſt à 42, comme 609 ſont à 25578, puiſqu'en multipliant d'un côté les deux termes extrêmes 1 & 25578, & de l'autre les deux termes moyens 42 & 609, l'on a préciſément la même ſomme, ce qui marque une vraie proportion Géométrique, comme nous le prouverons dans la ſuite. Cela ſuppoſé voici comment je raiſonne.

Toute vraie multiplication eſt une opération dans laquelle *l'unité* eſt au *multiplicateur*, comme le *multiplicande* eſt au *produit*, puiſque dans toute multiplication le *produit* n'eſt formé que par le *multiplicande* ajouté autant de fois à lui-même, qu'il y a d'unités dans le *multiplicateur* ; mais dans le cas préſent l'on a cette proportion, donc dans le cas préſent l'on a une vraie multiplication.

Pratique. Lorſqu'on ſçaura les regles de la *diviſion*, voici comment on pourra ſe convaincre qu'une *multiplication* eſt exacte. Diviſez le *produit* par le *multiplicateur*, & ſi l'opération a été bien faite, le *quotient* ſera égal au *multiplicande*.

Seconde Opération. Abréger les opérations de la multiplication.

Premier Exemple.

A.	3400
B.	2300
	0000
	0000
	10200
	6800
produit.	7820000

Second Exemple.

A.	34
B.	23
	102
	68
produit.	7820000

Explication. Quand les nombres qu'on multiplie ſont terminés par des o, l'on fait l'opération ſans avoir égard aux o, & l'on ajoute au *produit* les o du *multiplicateur* & du *multiplicande*. Ainſi pour multiplier le nombre A par le nombre B, ne prenez pas pour modéle le premier, mais le ſecond des deux exemples ſupérieurs.

Troiſieme Opération. Multiplier un nombre complexe par un nombre ſimple.

Exemple.

A.	7^{l}. 12^{f} [illegible].
B.	25 cannes
P.	175^{l}. 300^{f}. 200^{d}.

Explication. Lorſque l'on vous donne à multiplier un nombre complexe par un nombre ſimple, c'eſt-à-dire, lorſque l'on vous demande, par exemple, à combien montent 25 cannes d'étoffe à 7 liv. 12 ſ. 8 d. la canne, il faut que le nombre ſimple 25 multiplie ſéparément chaque eſpèce en commençant par la plus petite. Nous apprendrons dans la ſuite comment ſe fait la réduction des eſpèces inférieures aux eſpèces ſupérieures, par exemple, des deniers aux ſols & des ſols aux livres.

Remarque. Lorſque l'on veut multiplier un nombre complexe par un nombre complexe, l'on doit ſe ſervir de la *regle de trois* dont nous parlerons dans l'article des *proportions*. Demande-t-on, par exemple, combien valent 7 toiſes, 5 *pieds*, 8 *pouces* de maçonnerie à 30 liv. 7 ſ. 5 d. la toiſe, voici comment j'opére. 1°. Je reduis les deux nombres complexes, chacun à ſa moindre eſpèce, ce qui me donne d'un côté 572 pouces, & de l'autre 7289 deniers. 2°. Comme je sçais qu'une toise vaut 72 pouces, je dis, si 72 pouces coutent 7289 deniers, combien couteront 572 pouces?

DE LA DIVISION.

La division est une opération dans laquelle on cherche combien de fois un nombre est contenu dans un autre, par exemple, combien de fois 25 est contenu dans 250. Le nombre 25 se nomme *diviseur*, le nombre 250 se nomme *dividende*, le nombre 10 qui marque combien de fois 25 est contenu dans 250, se nomme *quotient*. Voici les régles que vous devez observer, lorsque vous divisez un nombre par un autre.

1°. Ecrivez le *diviseur* sous le *dividende* en allant non pas de la droite à la gauche suivant la coutume, mais de la gauche à la droite.

2°. Si le *diviseur* a plusieurs chiffres, par exemple, deux, écrivez-les sous les deux premiers du *dividende*, pourvû que les deux premieres figures du *dividende* ne soient pas moindres que le *diviseur*; car alors il faudroit mettre le premier chiffre du *diviseur* sous le second chiffre du *dividende*. Ce que nous avons dit d'un *diviseur* composé de deux chiffres par rapport aux deux premieres figures du *deviden-de*, nous le dirons d'un *diviseur* composé de 3 ou 4 chiffres par rapport aux 3 ou 4 premieres figures du *dividende*.

3°. Cherchez combien de fois le premier chiffre du *diviseur* se trouve contenu dans le premier ou dans les deux premiers chiffres du *dividende*. S'il s'y trouve contenu 6 fois, marquez 6 au *quotient*. Multipliez ensuite tous les chiffres du *diviseur* par le *quotient* 6; écrivez-en le *produit* sous le *diviseur*. Otez ce produit de la partie du *dividende* qui lui répond. Marquez le *restant* comme dans la soustraction ordinaire, & voilà la premiere opération faite.

4°. S'il reste dans le *dividende* des chiffres auxquels le *diviseur* n'ait pas été appliqué, ajoutez un de ces chiffres au *restant* de la soustraction, & recommencez l'opération comme auparavant. S'il en falloit ajouter deux au lieu d'un, pour pouvoir faire la division, il faudroit mettre 0 au quotient, avant que de descendre le dernier des deux chiffres.

5°. La derniere opération étant faite, s'il reste quelque chose, mettez ce *restant* à côté du *quotient* & le *diviseur* au-dessous en forme de fraction.

6°. Lorsque vous diviserez un nombre par un autre, prenez garde que le *produit* qui viendra de la multiplication du *diviseur* par le *quotient* ne soit pas plus grand que la partie du *dividende* qui répond actuellement au *diviseur*; car alors il faudroit recommencer l'opération & mettre un moindre nombre au *quotient*. Il est facile de tomber dans cette faute, lorsque le second ou le troisieme chiffre du *diviseur* est un peu grand, comme 6, 7, 8, 9. Toutes ces régles ne paroîtront pas obscures à ceux qui les appliqueront à l'exemple suivant.

Premiere Opération. Diviser un nombre simple par un nombre simple.

Exemple.

```
A. 135088          Q. 504  16
B.   268                   ---
    1340                   268
   ------
     1088
      268
     1072
   ------
       16
```

Explication. Pour diviser le nombre A par le nombre B, je mets 268 sous 1350, & je me demande à moi-même; 2 combien de fois est-il dans 13? il y est 6 fois, mais comme en multipliant 268 par 6, la soustraction ne pourroit pas se faire, je mets seulement 5 au *quotient* Q; je multiplie ensuite 268 par 5, le *produit* est 1340; enfin je soustrais 1340 de 1350, le *restant* est 10, & voilà la premiere opération faite.

Pour faire la seconde opération, je descens 8 à côté du restant 10, & comme je vois que le *dividende* 108 est plus petit que le diviseur 268, je mets o au *quotient Q*, & je descens encore 8 à côté de 108 pour pouvoir faire la troisieme opération dans laquelle je me comporte précisément comme dans la premiere. En effet je mets le *diviseur* 268 sous le *dividende* 1088; je vois que 2 est 5 fois dans 10, je ne mets cependant que 4 au quotient Q, pour pouvoir faire la soustraction. Je multiplie 268 par 4, le *produit* est 1072. Je soustrais 1072 de 1088, le restant est 16 que je mets à côté du *quotient* Q, & le *diviseur* 268 par-deſſous, en les ſéparant l'un de l'autre par une petite ligne.

Démonſtration. L'on a dans le cas préſent la proportion ſuivante ; $1 : 504\frac{16}{268} : 268 : 135088$, c'eſt-à-dire, *l'unité* eſt au *quotient*, comme le *diviſeur* eſt au *dividende*. En effet multipliez d'un côté 135088 par 1, le *produit* eſt 135088. Multipliez de l'autre côté 504 par 268, le produit eſt 135072 ; ajoutez à cette ſomme le nombre 16 qui étoit reſté de la derniere ſouſtraction, vous aurez préciſément 135088 ; donc l'on a dans le préſent cas la proportion que nous venons d'énoncer.

Cela ſuppoſé, voici comment je raiſonne ; la diviſion eſt une opération dans laquelle le *diviſeur* eſt contenu autant de fois dans le *dividende*, qu'il y a *d'unités* dans le *quotient* ; donc la diviſion eſt une opération dans laquelle *l'unité* eſt au *quotient* comme le *diviſeur* eſt au *dividende* : mais dans l'exemple ſupérieur nous avons cette proportion ; donc dans l'exemple ſupérieur nous avons une vraie diviſion.

Pratique. Lorſque vous voulez ſçavoir ſi une diviſion a été bien faite, multipliez le *diviſeur* par le *quotient* ; & ſi le *produit* eſt égal au *dividende*, concluez qu'il ne s'eſt gliſſé aucune faute dans votre opération.

Seconde opération. Abréger les opérations d'une diviſion dont le *diviſeur* eſt terminé par des zero.

Premier Exemple.

```
A.  324755              Q.  1082 155
B.  300                          ---
   -------                       300
     2475
      300
     2400
    ------
       755
       300
       600
    -------
       155
```

Second Exemple.

A. 3247|55 Q. 1082 $\frac{155}{300}$

B 3'00

024

3

24

007

3

6

1

Explication. Lorſque le *diviſeur* eſt terminé par des zero, l'on abrége la diviſion en effaçant à la fin du *dividende* autant de chiffres qu'il y a de zero à la fin du *diviſeur*. C'eſt-là ce que nous avons fait dans le ſecond des exemples ſupérieurs. Comme le *diviſeur* B eſt terminé par deux zero, nous avons ſéparé 55 à la fin du *dividende* A. Ces chiffres ſéparés ne doivent pas cependant être négligés ; on les met en fraction à côté du *quotient* Q. Ainſi lorſqu'il s'agira d'opérer ſur deux nombres ſemblables au *dividende* A & au *diviſeur* B, le ſecond des deux exemples précédens doit être votre modèle, & non pas le premier.

Troiſieme opération. Abréger les opérations d'une diviſion dont le *diviſeur* & le *dividende* ſont terminés par des zero.

Explication. L'on doit dans cette occaſion effacer autant de zero dans le *dividende*, que dans le *diviſeur*, & opérer enſuite à l'ordinaire. C'eſt-là ce que nous avons fait dans le ſecond des exemples ſuivans.

Premier Exemple.

A. 417000

B. 2500 Q. 166 $\frac{2000}{2500}$

16700

2500

15000

17000

2500

15000

2000

Second Exemple.

```
A. 4170          Q. 166 20/25
B. 25
   ----
   167
    25
   150
   ----
    170
     25
    150
    ----
     20
```

Quatrieme opération. Divifer un nombre complexe par un nombre fimple.

Exemple.

```
A. 34 l. 18 f. 9 d.      Q. 2096. 1/4
B.    4
           ou bien
C. 8385   deniers
B. 4
   8
   ---
    38
     4
    36
   ---
    25
     4
    24
   ---
     1
```

Explication. L'on me donne à divifer par 4, c'eft-à-dire, à partager entre 4 perfonnes 34 liv. 18 f. 9 deniers: pour en venir à bout, je réduis tout en deniers, & j'ai 8385 deniers que je divife par 4 fuivant les régles ordinairee. J'ai pour *quotient* Q. 2096 deniers & $\frac{1}{4}$, c'eft-à-dire, pour chaque perfonne 8 liv. 14 fols, 8 deniers, & $\frac{1}{4}$ de denier. Mais comment peut-on réduire les livres en deniers & les deniers en livres? C'eft ce que nous allons apprendre en peu de mots.

DE LA REDUCTION.

La réduction est une opération par laquelle on change tantôt une espèce supérieure en une espèce inférieure, & tantôt une espèce inférieure en une espèce supérieure, sans rien changer à la valeur équivalente de la somme sur laquelle on opére. La premiere de ces réductions se fait par la multiplication & se nomme *réduction descendante*; la seconde se fait par la division & s'appelle *réduction ascendante*. Pour n'avoir aucune peine dans ces sortes d'opérations, ayez toujours présens à l'esprit les principes suivans.

1°. Une *livre* vaut 20 *sols*; & puisqu'un *sol* vaut 12 *deniers*, une *livre* vaut 240 *deniers*.

2°. Lorsqu'il s'agit de poids, une *livre* vaut 16 *onces*, & puisqu'un *marc* vaut 8 *onces*, une *livre* vaut 2 *marcs*.

3°. Une *once* vaut 8 *gros* ou *dragmes*, & par conséquent un *marc* vaut 64 *gros* & une *livre* en vaut 128.

4°. Un *gros* vaut 3 *deniers*, & par conséquent une *once* vaut 24 *deniers*, un *marc* en vaut 192, & une *livre* 384.

5°. Un *denier* vaut 24 *grains*, & par conséquent un *gros* vaut 72 *grains*, une *once* en vaut 576, un *marc* 4608, & une livre 9216.

6°. La *toise* vaut 6 *pieds*, & puisque le *pied* vaut 12 *pouces*, la *toise* vaut 72 *pouces*.

7°. Le *pouce* vaut 12 *lignes*, & par conséquent le *pied* vaut 144 *lignes*, & la *toise* en vaut 864.

8°. La *ligne* vaut 12 *points*, & par conséquent le *pouce* vaut 144 *points*, le *pied* en vaut 1728, & la *toise* 10368.

9°. Le jour est de 24 *heures*, & puisque l'*heure* est de 60 *minutes*, le jour est de 1440 *minutes*.

10°. La *minute* contient 60 *secondes*, & par conséquent l'*heure* contient 3600 *secondes*, & le jour en contient 86400. Ces connoissances supposées, l'on n'aura point de peine à faire les réductions suivantes.

Premiere Opération. Réduire 5786 livres en sols.

Exemple.

A.	5786	livres.
B.	20	sols.
P.	115720	sols.

Explication. Pour réduire le nombre A en sols, je le multiplie par le nombre B, parce qu'une livre vaut 20 sols, & j'ai pour produit le nombre P.

Seconde Opération. Réduire 5786 livres en deniers.

Exemple.

```
A.   5786  livres.
B.    240  deniers.
-----------------
     23144
    11572
-----------------
P. 1388640  deniers.
```

Explication. Pour réduire le nombre A en *deniers*, je le multiplie par le nombre B, parce qu'une livre vaut 240 *deniers*, & j'ai pour produit le nombre P.

Troisième Opération. Réduire en livres 272122 grains.

Exemple.

```
A. 272122 grains      Q. 29 l. 4858
B.   9216 grains               ----
   18432                       9216
   -----
    87802
     9216
    82944
    -----
     4858
```

Explication. Pour réduire le nombre A en *livres*, je le divise par le nombre B, parce que la livre vaut 9216 *grains*, & j'ai le Quotient Q, c'est-à-dire, 29 livres & 4858 *grains*.

Quatrième Opération. Réduire en *onces* 4858 grains.

Exemple,

```
A.  4858 gr.      Q. 8 onces 250
B.   576 gr.                 ---
    4608                     576
    ----
     250
```

Explication. Pour réduire le nombre A en onces, il n'y a qu'à sçavoir qu'une *once* vaut 576 grains, & l'on trouvera que ce nombre contient 8 *onces* & 250 *grains*.

Cinquième Opération. Réduire en gros 250 *grains*.

Exemple.

A. 250 grains
B. 72 grains
216
———
34

Q. 3 gros $\frac{34}{72}$

Explication. Puiſque le *gros* vaut 72 *grains*, diviſez le nombre A par le nombre B, & vous aurez pour *quotient* 3 gros & 34 *grains*.

Sixième Opération. Réduire en *deniers* 34 *grains*.

Exemple.

A. 34 grains
B. 24
———
10

Q. 1 denier $\frac{10}{24}$

Explication. Un *denier* vaut 24 *grains*, donc 34 *grains* doivent me donner pour *quotient* 1 *denier* 10 *grains*, donc le nombre propoſé dans le Problême 3e contient 29 *livres*, 8 *onces*, 3 *gros*, 1 *denier*, & 10 *grains*.

Quelque néceſſaire que ſoit à un Phyſicien la connoiſſance de ces régles, il ne doit pas s'en tenir à ces premiers Elémens. Il doit encore ſçavoir la *régle de trois*, la maniere dont on extrait les racines *quarrée* & *cubique*, & la maniere dont on opére ſur les *fractions décimales* & *non décimales*. L'on trouvera toutes ces différentes régles dans les articles qui commencent par les mots *proportion*, *racine*, *logarithme* & *fractions*.

ARITHMETIQUE Algébrique. C'eſt l'art de faire ſur les lettres de l'alphabet les mêmes opérations que ſur les nombres. Comme un Phyſicien ne doit pas en ignorer les régles, nous allons les lui mettre ſous les yeux le plus briévement, mais cependant le plus clairement qu'il nous ſera poſſible. Faiſons auparavant quelques remarques que l'on doit regarder comme autant de Principes inconteſtables.

1°. Les ſignes dont on ſe ſert en algébre, ſont contenus dans la table ſuivante.

$+$	ſignifie	plus
$-$	. . . .	moins
$=$	. . . .	égal
$\pm$	. . . .	plus ou moins
$\times$	. . . .	multipliant
$>$	. . . .	plus grand
$<$	. . . .	moindre
$\sqrt{\ }$ ou $\sqrt[2]{\ }$	. . . . . .	racine quarrée
$\sqrt[3]{\ }$	. . . .	racine cubique

2°. Une quantité qui n'a devant elle aucun ſigne, eſt ſuppoſée avoir le ſigne $+$. Ainſi $a = + a$.

3°. Les grandeurs algébriques qui n'ont qu'un des deux ſignes $+$ ou $-$, ſont ſimples ou incomplexes. Elles ſont compoſées, ou complexes, lorſqu'elles ſont jointes par $+$, ou ſéparées par $-$. La grandeur $+ a$, de même que la grandeur $- d$, ſont donc des grandeurs ſimples, tandis que $a + b$ & $c - d$ ſont des grandeurs compoſées.

4°. Toute grandeur ſimple ſe nomme *Monome*, & toute grandeur compoſée s'appelle *Polynome*. Le Polynome prend le nom de *Binome*, lorſqu'il a deux termes ; de *Trinome*, lorſqu'il en a trois ; de *Quadrinome*, lorſqu'il en a quatre &c. $+ a$ eſt un *monome* ; $a - d$ un *binome* ; $a - d + c$ un *trinome* ; $a - b + c + d$ un *quadrinome*, &c.

5°. Toute grandeur qui n'eſt affectée d'aucun ſigne radical, eſt *commenſurable* ou *rationnelle* ; elle eſt *incommenſurable* ou *irrationnelle*, lorſqu'elle eſt affectée de quelqu'un des ſignes radicaux. *Exemples.* $a - d$ eſt une grandeur *rationnelle* ; $\sqrt{a} - d$ eſt une grandeur *irrationnelle*.

6°. Le chiffre qui précéde un terme algébrique, s'appelle *coéfficient*, & le chiffre qu'on met au-deſſus de lui, ſe nomme *expoſant*. La grandeur $3\,b$ aura 3 pour *coéfficient*, & la grandeur b^3 aura 3 pour *expoſant*. Les quantités qui ne ſont précédées d'aucun chiffre, ont 1 pour *coéfficient*, & ce même chiffre 1 eſt l'*expoſant* des termes au-deſſus deſquels on n'en marque aucun.

7°. Le *coéfficient* eſt la marque de l'addition, & l'*expoſant* de la multiplication. Ainſi $2\,a = 1\,a + 1\,a$; mais $a^2 = 1\,a \times 1\,a$. Ces connoiſſances ſuppoſées, venons-en aux principales opérations de l'algébre.

DE LA REDUCTION.

Réduire une grandeur algébrique, c'eſt faire garder l'ordre alphabétique aux lettres qui la repréſentent; joindre en un ſeul les termes compoſés des mêmes lettres & précédés des mêmes ſignes; effacer totalement ou en partie ceux qui ſont compoſés des mêmes lettres, mais qui ſont précédés de ſignes différens. La grandeur $4f + 2f - 6c + 6c + 4a - 2a$, devient, lorſqu'elle eſt réduite, $2a + 6f$.

DE L'ADDITION.

Additionner des grandeurs algébriques, c'eſt en prendre la ſomme; & cette ſomme on l'aura infailliblement, ſi l'on écrit tout de ſuite les termes donnés avec leurs ſignes, & que l'on faſſe d'abord après la réduction à l'ordinaire.

Exemple.

Termes donnés	$2a + 6f - 10c + 2b$
Termes donnés	$3a - 3f - 2c - 2b$
Somme	$2a + 3a + 2b - 2b - 10c - 2c + 6f - 3f$
Somme réduite	$5a - 12c + 3f$

Les deux premieres lignes de cet exemple contiennent les quantités qu'il faut additionner; la troiſieme ligne contient ces quantités additionnées, & la quatrieme repréſente ces mêmes quantités réduites.

DE LA SOUSTRACTION.

Pour ſouſtraire une grandeur algébrique d'une autre, il faut changer les ſignes de la quantité qui doit être ſouſtraite, la mettre à la ſuite de celle dont on doit faire la ſouſtraction, & réduire le tout ſuivant les régles ordinaires.

Exemple.

On doit	$+ 4b + 6a - 2c$
On paye	$- 2b + 2a + 4m$
Reſte	$6a - 2a + 4b + 2b - 2c - 4m$
Reſte réduit	$4a + 6b - 2c - 4m$

La premiere ligne de cet exemple représente la grandeur dont on doit faire la soustraction ; la seconde donne la grandeur qui doit être soustraite ; la troisieme représente la soustraction faite ; & la quatrieme la soustraction réduite aux termes les plus simples.

DE LA MULTIPLICATION.

Dans la grandeur algébrique $+ 3 a^2$, je distingue 4 choses, le *signe* $+$, le *coéfficient* 3, la *lettre a* & l'*exposant* 2. Ainsi pour multiplier $+ 3 a^2$ par $+ 2 a^3$, il faut opérer sur 4 choses, sur les *signes*, sur les *coéfficiens*, sur les *lettres* & sur les *exposans*.

1°. Lorsque les mêmes signes se multiplient, leur produit est $+$, & lorsque différens signes se multiplient, leur produit est $-$. Ainsi

$+ \times +$ donne $+$
$- \times -$ donne $+$
$+ \times -$ donne $-$
$- \times +$ donne $-$

Que l'on doive en agir ainsi dans la multiplication des signes, cela est évident par le résultat suivant. L'on me donne à multiplier $+ 8 - 3$ par $+ 4 - 2$, le produit ne doit être que 10, parce que c'est comme si l'on me donnoit à multiplier 5 par 2. Or je n'aurai un pareil produit, que lorsque $+ \times +$ donnera $+$, $- \times -$ donnera $+$, $+ \times -$ donnera $-$, & $- \times +$ donnera $-$; comme il est aisé de s'en convaincre en jettant les yeux sur les opérations suivantes.

Multiplicande		$+ 8$	$- 3$	
Multiplicateur		$+ 4$	$- 2$	
Opérations		$- 16$	$+ 6$	
	$+ 32$	$- 12$		
Produit	$+ 32$	$- 28$	$+ 6$	
Réduction	38	$- 28$	$= 10$	

2°. Les coéfficiens se multiplient comme dans l'arithmétique ordinaire.

3°. L'on multiplie les lettres, en les mettant les unes

après les autres suivant l'ordre alphabétique. Ainsi $a\,b$ est le produit de a multiplié par b.

4°. Les exposans des mêmes lettres ne se multiplient pas l'un par l'autre, mais s'ajoutent l'un à l'autre. Ainsi a^5 est le produit de a^3 multiplié par a^2. Les 4 exemples suivans ne sont que l'application de ces 4 régles.

Premier.

$$+2a^4 \times +3a^2 = +6a^6$$

Second.

$$-3a^2 \times -3b^3 = +9a^2b^3$$

Troisieme.

$$+2ab \times -2ab = -4aabb = -4a^2b^2$$

Quatrieme.

$$-10mr \times +10bs = -100bmrs$$

5°. Lorsque le *multiplicande* & le *multiplicateur* ont plusieurs termes, il faut que chaque terme du *multiplicateur* multiplie tous les termes du *multiplicande*, comme dans l'arithmétique ordinaire, avec cette différence cependant qu'on peut commencer les opérations par la gauche ou par la droite à sa fantaisie.

Exemple.

Multiplicande	$+2ab - 4m$
Multiplicateur	$+3ac - 6r$
Produit	$+6aabc - 12acm - 12abr + 24mr.$

DE LA DIVISION.

Il y a dans tout *dividende*, comme dans tout *multiplicande*, 4 choses à distinguer, le *signe*, le *coéfficient*, les *lettres*, & l'*exposant*. Il en est de même du *diviseur* qu'on sépare toujours du *dividende* par une ligne, pour en former une espèce de fraction. Il faut dans la division, comme dans la multiplication, opérer sur les *signes*, les *coéfficiens*, les *lettres* & les *exposants*.

1°. L'on suit pour les *signes* les régles de la multiplication. + divisé par + donne +. — divisé par — donne

+. + divisé par — donne —. — divisé par + donne —.

2°. Les *coëfficients* se divisent comme dans l'arithmétique ordinaire.

3°. L'on ôte les *lettres* qui sont communes au *dividende* & au *diviseur*; l'on met les autres dans la fraction qui forme le *quotient*, celles du *dividende* dans le *numérateur*, & celles du *diviseur* dans le *dénominateur*.

4°. Lorsque la même *lettre* se trouve dans le *dividende* & dans le *diviseur* avec des *exposants* différents, l'on efface l'*exposant* le plus petit avec la lettre correspondante, & l'on met leur différence à la place de l'*exposant* le plus grand.

5°. Lorsque la même *lettre* se trouve dans le *dividende* & dans le *diviseur* avec le même *exposant*, l'on efface absolument & la *lettre* & l'*exposant* de part & d'autre. L'on ne met même 1 à leur place, que lorsqu'il n'y a pas d'autres *lettres* dans les termes qui doivent former le *quotient*.

Exemple. *Premier.*

Dividende $+ 6 a^4 b m$ / *Diviseur* $+ 2 a^2 b s$ — *Quotient* $+ \dfrac{3 a^2 m}{s}$

Second.

Dividende $- 4 a^3 b f$ / *Diviseur* $- 12 a^3 r s$ — *Quotient* $+ \dfrac{b f}{3 r s}$

Troisieme.

Dividende $+ 8 b^4 d f$ / *Diviseur* $- 2 b^2 d f$ — *Quotient* $- 4 b^2$

Quatrieme.

Dividende $- 2 b^3 m n$ / *Diviseur* $+ 2 b^3 m^2 n^2$ — *Quotient* $- \dfrac{1}{m n}$

Ce qui prouve que toutes ces opérations sont exactes, c'est que dans ces 4 différens exemples l'on aura le *dividende*, si l'on multiplie le *diviseur* par le *quotient*.

6°. Pour diviser une grandeur complexe par une grandeur complexe, il faut appliquer à chaque terme les régles de la division des grandeurs incomplexes.

Exemple.

$$\text{Dividende } \frac{+12abc - 4mrs}{+6adf + 2mrt} \text{ Diviseur} \quad \text{Quotien } \frac{+2bc - 2s}{+df + t}$$

De la composition des Puissances Algébriques.

1°. L'*exposant* de la premiere puissance est 1 ; celui de la seconde, 2 ; celui de la troisieme, 3 &c. Ainsi a^1 est une quantité du premier, a^2 du second, a^3 du troisieme degré, &c.

2°. Pour élever une quantité à une puissance donnée, il faut la multiplier par elle-même autant de fois, moins une, que l'*exposant* de la puissance contient d'unités. Pour élever b à sa seconde puissance, ou à son quarré, il faut le multiplier une fois ; pour l'élever à sa troisieme puissance, ou à son cube, il faut le multiplier 2 fois par lui-même, &c. En effet $b \times b$ donne le quarré de b, & $b \times b \times b$ donne son cube.

3°. Lorsque la grandeur que l'on veut élever à une puissance quelconque, a un *exposant* différent de l'unité, il faut multiplier cet *exposant* par celui de la puissance demandée. Ainsi la seconde puissance de b^3 sera $b^{3 \times 2} = b^6$.

4°. Ces mêmes régles se gardent, lorsqu'il s'agit d'élever une grandeur composée à quelqu'une de ses puissances. En effet pour avoir le quarré de $a + b$, il faut multiplier $a + b$ par $a + b$, suivant les régles ordinaires : pour avoir son cube, il faut multiplier, suivant les mêmes régles le quarré de $a + b$ par $a + b$. Aussi le quarré de $a + b$ est-il $aa + 2ab + bb$, & son cube $a^3 + 3aab + 3abb + b^3$.

Il suit évidemment de-là que le quarré d'un binome quelconque $a + b$ est composé du quarré du premier terme, + du quarré du second terme, + du produit du double du premier terme par le second terme.

Il suit encore que le cube d'un binome quelconque $a + b$ est composé du cube du premier terme, + du cube du second terme, + de deux produits dont l'un est composé de trois fois le quarré du premier terme multiplié par le second, & l'autre de trois fois le quarré du second terme multiplié par le premier.

5°. Pour élever une quantité algébrique quelconque à une puissance quelconque m, on lui donne m pour *exposant*. Ainsi a^m n'est autre que a élevé à la puissance m. De même $a^{\frac{m}{n}}$ est a élevé à la puissance fractionnaire $\frac{m}{n}$; a^{-m} est a élevé à la puissance négative $-m$; enfin a^0 est a élevé à la puissance o. Nous verrons bientôt que $a^{\frac{m}{n}} = \sqrt[n]{a^m}$; que $a^{-m} = a^{\frac{1}{m}}$; que $a^0 = 1$.

6°. Pour élever a^m à la puissance n, il faut multiplier l'*exposant* m par l'*exposant* n; donc a^{mn} est a^m élevé à la puissance n.

De la décomposition des Puissances Algébriques.

Décomposer une puissance algébrique, c'est en extraire la racine quarrée, cubique, &c. Cette extraction est fondée sur les principes suivants.

1°. Lorsque la quantité a un *coëfficient*, il faut en extraire la racine demandée, suivant les régles de l'arithmétique ordinaire.

2°. Il faut diviser l'*exposant* de cette quantité par 2, 3, 4, &c. suivant qu'on demande la racine quarrée, cubique, quatrieme, &c.

Exemple.

La racine quarrée de $25\, a^2\, b^2$ est $5\, a^{\frac{2}{2}}\, b^{\frac{2}{2}} = 5\, a^1\, b^1 = 5\, a\, b$.

La racine quarrée de a ou a^1 est $a^{\frac{1}{2}}$. Mais la racine quarrée de a^1 est $\sqrt[2]{a^1}$, donc $a^{\frac{1}{2}} = \sqrt[2]{a^1}$; donc en général une quantité quelconque élevée à une puissance fractionnaire, n'est autre chose que la racine d'une puissance dont l'exposant est le numérateur de la fraction, & le dénominateur est l'exposant de la racine.

La racine cubique de $27\, a^3\, b^3$ est $3\, a^{\frac{3}{3}}\, b^{\frac{3}{3}} = 3\, a^1\, b^1 = 3\, a\, b$.

La racine cubique de a^2 est $a^{\frac{2}{3}} = \sqrt[3]{a^2}$; celle de a^m est $a^{\frac{m}{3}} = \sqrt[3]{a^m}$; la racine n de la grandeur a élevée à la puissance m est $a^{\frac{m}{n}} = \sqrt[n]{a^m}$; enfin la racine cubique de $a^{\frac{2}{3}}$ est $a^{\frac{2}{9}} = \sqrt[9]{a^2}$.

REMARQUE.

Il n'est pas plus difficile d'extraire la racine quarrée ou cubique d'un quarré, ou d'un cube parfait dont la racine n'est qu'un binome. Pour avoir la racine quarrée du quarré parfait $aa + 2ab + bb$, j'extrais la racine quarrée du monome aa & du monome bb, & j'ai d'un côté la lettre a, & de l'autre la lettre b ; ces deux lettres formeront les deux termes de la racine que je cherche. L'état de la question me déterminera à mettre $+ a + b$, ou $- a - b$; car il ne faut pas oublier que $+ a + b \times + a + b$ donne pour produit $aa + 2ab + bb$, & que $- a - b \times - a - b$ donne le même produit. De même s'il falloit extraire la racine quarrée du quarré parfait $aa - 2ab + bb$, l'état de la question me détermineroit à prendre pour racine $+ a - b$, ou $- a + b$.

Pour avoir la racine cubique du cube parfait $a^3 + 3aab + 3abb + b^3$, j'extrais la racine cubique du monome a^3, & celle du monome b^3, & j'ai $+ a + b$ pour la racine demandée. En effet le cube de $a + b$ est $a^3 + 3aab + 3abb + b^3$. Par la même raison $-a-b$ sera la racine cubique du cube parfait $-a^3 - 3aab - 3abb - b^3$.

Si le Polynome proposé étoit un quarré, ou un cube imparfait, sa racine seroit ce même Polynome affecté d'un radical, ou d'un exposant fractionnaire. Ainsi la racine quarrée de $aa + bb$ est $\sqrt[2]{aa + bb}$, ou $\overline{aa + bb}^{\frac{1}{2}}$, ou $(aa + bb)^{\frac{1}{2}}$; sa racine cubique est $\sqrt[3]{aa + bb}$, ou $\overline{aa + bb}^{\frac{1}{3}}$, ou $(aa + bb)^{\frac{1}{3}}$.

Du calcul des Puissances par leurs exposants.

1°. Pour additionner 2 quantités composées des mêmes lettres, mais affectées de différens *exposans*, il faut les joindre avec leurs signes. Ainsi $a^3 + a^2$ est une somme composée du cube de a & du quarré de a.

2°. Pour les soustraire, il faut changer le signe de celle qui doit être soustraite. *Exemples* $a^3 - a^2$ marque

que l'on a soustrait $+ a^2$ de $+ a^3$. Par la même raison $b^3 + b^2$ marquera que l'on a soustrait $- b^2$ de $+ b^3$.

3°. Pour les multiplier, il faut ajouter leurs exposants. Exemples. S'il faut multiplier a^3 par a^2, je mets $a^{3+2} = a^5$. De même a^{m+n} est le produit de a^m par a^n ; *enfin* a^m est le produit de a^{-m} par a^{2m}, puisque $a^{2m-m} = a^m$.

REMARQUE.

Le *multiplicande* est toujours égal au *produit* divisé par le *multiplicateur* ; donc $a^{-m} = \frac{a^m}{a^{2m}}$. Mais $\frac{a^m}{a^{2m}} = \frac{1}{a^m}$; donc $a^{-m} = \frac{1}{a^m}$; donc en général une quantité élevée à une puissance dont l'*exposant* est un nombre entier négatif, n'est autre chose que l'unité divisée par la puissance positive de cette quantité. C'est pour cela que $a^{-2} = \frac{1}{a^2}$.

Il suit encore de la régle énoncée, *num.* 3, que a^1 est le *produit* a^1 par a^0. En effet $a^0 \times a^1 = a^{0+1} = a^1$; donc a^0 est un *multiplicateur* qui n'augmente, ni ne diminue le *multiplicande*, ce qui ne convient qu'à l'unité ; donc $a^0 = 1$; donc en général une quantité quelconque élevée à la puissance zero, n'est autre chose que l'unité.

4°. Pour diviser 2 quantités qui ont les mêmes lettres & différens *exposants*, il faut soustraire l'*exposant* du *diviseur* de celui du *dividende*. Ainsi a^2 est le *quotient* de a^5 divisé par a^3, puisque $a^{5-3} = a^2$.

5°. Pour élever une quantité affectée d'un *exposant* à une *puissance* quelconque, il faut multiplier l'*exposant* de la quantité par l'*exposant* de la *puissance*. Exemple. a^{mp} n'est autre chose que a^m élevé à la *puissance p*.

6°. Pour tirer une racine quelconque d'une quantité affectée d'un *exposant*, il faut diviser l'*exposant* de la quantité par l'*exposant* de la racine. Ainsi $a^{\frac{m}{q}}$ n'est autre chose que a^m d'où l'on a extrait la racine q. Cette lettre marque une racine quelconque.

Du calcul des radicaux.

S'il faut additionner, soustraire, multiplier, ou diviser deux radicaux, il sera bon de commencer par les délivrer de leur signe radical, en leur donnant un *exposant* fractionnaire ; cette opération une fois faite, l'on observera à leur égard les regles de l'article précédent. L'on me donne, par exemple, les deux radicaux $\sqrt[2]{a^3}$ & $\sqrt[3]{a^2}$; avant que de faire sur eux aucune opération, je fais $\sqrt[2]{a^3} = a^{\frac{3}{2}}$; & $\sqrt[3]{a^2} = a^{\frac{2}{3}}$, comme nous l'avons remarqué dans l'article de la *décomposition des puissances*. Cela supposé, je vois au premier coup d'œil que $a^{\frac{3}{2}} + a^{\frac{2}{3}}$ est la *somme* des radicaux en question; leur *différence* est $a^{\frac{3}{2}} - a^{\frac{2}{3}}$; leur *produit*, $a^{\frac{3}{2} + \frac{2}{3}}$; leur *quotient*, $a^{\frac{3}{2} - \frac{2}{3}}$. L'on trouvera cette matiere traitée plus au long dans les Elémens des Mathématiques de M. l'Abbé de la Caille, *pages* 66, 67, 68 & 69, & dans le commentaire de ces mêmes élémens intitulé : le Guide des jeunes Mathématiciens sur les leçons de Monsieur l'Abbé de la Caille, *pages* 18, 19, 20, 21 & 22. Il s'agit maintenant d'appliquer à l'Analyse les connoissances élémentaires que nous venons de donner de l'Arithmétique algébrique.

Arithmetique algébrique appliquée à l'Analyse. Pour appliquer facilement l'Arithmétique algébrique à l'Analyse, il faut poser quelques principes sur lesquels sont fondées les regles qu'on a coutume d'employer dans la solution des problêmes. Ces principes sont au nombre de sept.

1°. On entend par *équation* deux expressions différentes de la même quantité; comme lorsqu'on dit $8 + 2 = 12 - 2$.

2°. Une *équation* du premier, second, troisieme degré &c. est celle où l'*inconnue* est élevée à la premiere, seconde, troisieme puissance, &c.

3°. Trouver la valeur d'une *inconnue* contenue dans une équation, c'est tellement manier cette équation, que l'*inconnue* se trouve seule dans un membre, & toutes les *connues* dans l'autre.

4°. Proposer un problême, c'est demander que l'on trouve la valeur d'une, ou de plusieurs *inconnues*, à cause du rapport qu'elles ont avec des quantités *connues*.

5°. Resoudre un problême possible, c'est trouver la valeur de toutes les inconnues proposées.

6°. Resoudre un problême impossible c'est démontrer que les rapports donnés impliquent contradiction.

7°. Tout problême possible est ou *déterminé* ou *indéterminé*, c'est-à-dire, est susceptible d'une ou de plusieurs solutions. Le problême est *déterminé*, lorsque le nombre des équations données est égal à celui des quantités réquises ; il est *indéterminé*, lorsque le nombre des quantités réquises surpasse celui des équations données. C'est sur ces principes que sont fondées les régles suivantes.

Régle 1. Ayez une espèce de régître dans lequel vous exprimiez les quantités *connues* de votre problême par les premieres lettres de l'alphabet, & les quantités *inconnues* par les dernieres.

Regle 2, Concevez bien l'état de la question, & pour le saisir plus infailliblement, examinez avec attention quelles sont les conditions du problême, combien il y a de quantités *connues* & combien il y en a *d'inconnues* ; voyez surtout si le problême est *déterminé* ou *indéterminé*. Dans ce dernier cas, ne vous servez des regles suivantes, qu'après avoir donné à quelqu'une des *inconnues* une certaine valeur dont les bornes seront fixées par l'état de la question.

Regle 3. Exprimez en *lettres* votre problême avec le plus de précision que vous pourrez.

Regle 4. Méditez sur les conditions de votre problême, & formez ensuite différentes équations dont ces mêmes conditions feront comme la matiere ; ces équations vous fourniront de nouvelles expressions de vos quantités *inconnues* que vous transporterez dans le régître pour vous en servir dans l'occasion.

Regle 5. Lorsque vous serez parvenu à n'avoir qu'une *inconnue*, travaillez alors à former une équation qui renferme ou toutes, ou du moins une des principales conditions de votre problême. Réduisez ensuite cette équation aux termes les plus simples par l'addition, la soustraction, la multiplication, la division, l'extraction des racines, &c. Mettez enfin l'*inconnue* seule d'un côté avec le signe + & toutes les autres *connues* dans l'autre membre avec leurs signes correspondants ; & votre problême sera résolu. Suposons, *par ex.* que l'équation $\frac{a - 3x}{5} = \frac{b - 5x}{7}$ contienne toutes les conditions du problême proposé ; voici comment il faut la manier, pour mettre d'un côté l'*inconnue* x & de l'autre les *connues* a & b

1°. Réduisez à un même dénominateur les deux fractions qui forment cette équation, vous aurez $\frac{7a - 21x}{35} = \frac{5b - 25x}{35}$,

2°. Effacez le dénominateur de ces deux fractions, il vous restera $7a - 21x = 5b - 25x$. En voici la preuve : si

$\frac{40 - 10}{2} = \frac{50 - 20}{2}$; je pourrai assurer que $40 - 10 = 50 - 20$: de même si $\frac{7a - 21x}{35} = \frac{5b - 25x}{35}$, j'aurai évidemment $7a - 21x = 5b - 25x$; donc en général, lorsqu'une équation est composée de deux fractions réduites à une même dénomination, on peut, sans ôter l'égalité, effacer de part & d'autre le dénominateur commun.

3°. Dans l'équation $7a - 21x = 5b - 25x$, ajoutez $21x$ de part & d'autre, vous aurez $7a - 21x + 21x = 5b - 25x + 21x$; ce qui donne *par la réduction* $7a = 5b - 4x$; donc l'on peut, sans ôter l'égalité, effacer deux quantités égales qui se trouvent dans les deux membres d'une équation.

4°. Dans l'équation $7a = 5b - 4x$, ajoutez $4x$ de part & d'autre, vous aurez $7a + 4x = 5b - 4x + 4x$, & par *réduction* $7a + 4x = 5b$; donc lorsque l'on veut faire disparoitre d'un membre d'une équation une quantité qui a le signe $-$, l'on doit le transporter dans l'autre membre avec le signe $+$.

5°. Dans l'équation $7a + 4x = 5b$, ôtez de part & d'autre $7a$, vous aurez $7a - 7a + 4x = 5b - 7a$, & par *réduction* $4x = 5b - 7a$; donc lorsque l'on veut faire disparoître d'un membre d'une équation une quantité qui a le signe $+$, l'on doit la transporter dans l'autre membre avec le signe $-$.

6°. Dans l'équation $4x = 5b - 7a$, divisez l'un & l'autre membre par 4, vous aurez $\frac{4x}{4} = \frac{5b - 7a}{4}$, & par *réduction* $x = \frac{5b - 7a}{4}$; donc lorsque l'on veut faire disparoître un *coéfficient*, l'on doit l'éffacer de l'endroit où il est, & diviser les autres termes par ce même *coéfficient*.

L'équation donnée $\frac{a - 3x}{5} = \frac{b - 5x}{7}$, devient donc après avoir été maniée dans les regles $x = \frac{5b - 7a}{4}$. Mais a & b sont supposés des quantités *connues*, donc par toutes ces opérations x a passé de l'état *d'inconnue* à celui *de connue*.

7°. Si vous aviez eu pour équation $\frac{xx}{4} = a + b$, vous auriez eu, en multipliant par 4 les deux membres de votre équation, $\frac{4\,xx}{4} = 4\,a + 4\,b$, & par *réduction*, $xx = 4\,a + 4\,b$; donc l'on fait disparoître le dénominateur d'une fraction, en l'effaçant de l'endroit où il est, & en le mettant dans tous les autres où il n'est pas.

8°. Enfin l'extraction de la racine quarrée vous changera l'équation $xx = 4\,a + 4\,b$ en celle-ci, $x = \sqrt{4a + 4b}$ puisqu'il est évident que les deux racines de deux quantités égales doivent être égales entre elles.

Regle 6. Si le membre de l'équation où se trouve l'*inconnue*, n'est pas un quarré parfait, il faut le compléter en ajoutant à chaque membre de votre équation le quarré de la moitié de la quantité *connue* qui multiplie l'*inconnue*. Supposons, *par exemple*, que j'aye $xx - 2\,bx = a$; je completerai le quarré imparfait $xx - 2\,bx$, en ajoutant le quarré de la moitié de la quantité *connue* $2\,b$ qui multiplie l'*inconnue* x & j'aurai $xx - 2\,bx + bb = a + bb$; donc $x - b = \sqrt{a + bb}$; donc $x = b + \sqrt{a + bb}$; & voila le problême résolu. Mais il en est des regles de l'Analyse comme de celles de toutes les sciences; on ne les posséde, que lorsqu'on en a fait l'application à une infinité d'exemples. Proposons-en donc quelques-uns qui puissent servir de modéle à un commençant.

PROBLÉME I.

Un Orfevre achête 318 livres une masse de métal composée de 3 onces d'or & de 5 onces d'argent. Il achete 522 livres une autre masse composée de 5 onces d'or & de 7 onces d'argent. On demande la valeur de l'once d'or & celle de l'once d'argent.

Régître.

$318 = a$

$522 = b$

Once d'or $x = \frac{5\,b - 7\,a}{4} = 96$

Once d'argent $y = \frac{a - 3\,x}{5} = 6$

RÉSOLUTION.

Premiere Opération.

$$3x + 5y = a$$
$$5y = a - 3x$$
$$y = \frac{a - 3x}{5}$$

Seconde Opération.

$$5x + 7y = b$$
$$7y = b - 5x$$
$$y = \frac{b - 5x}{7}$$

Troisieme Operation.

$$\frac{a - 3x}{5} = \frac{b - 5x}{7}$$
$$\frac{7a - 21x}{35} = \frac{5b - 25x}{35}$$
$$7a - 21x = 5b - 25x$$
$$7a = 5b - 4x$$
$$7a + 4x = 5b$$
$$4x = 5b - 7a$$
$$x = \frac{5b - 7a}{4}$$

$$x = \frac{2610 - 2226}{4}$$

$$x = \frac{384}{4}$$
$$x = 96$$

Quatrieme Opération.

$$y = \frac{a - 3x}{5}$$

$$y = \frac{318 - 288}{5}$$

$$y = \frac{30}{5} = 6$$

Explication des Opérations précédentes.

1°. Le problême proposé est évidemment du premier dégré, puisque dans l'équation principale $\frac{a-3x}{5}=\frac{b-5x}{7}$, l'*inconnue* x n'est élevée qu'à la premiere puissance.

2°. Ce même problême est dans la classe de ceux qu'on appelle *déterminés*, puisqu'il contient deux *connues* & deux *inconnues*.

3°. La premiere condition du problême m'a donné l'équation $3x+5y=a$, laquelle maniée suivant la méthode indiquée dans la *Regle* 5e, m'a fourni pour premiere valeur de y la fraction $\frac{a-3x}{5}$.

4°. La seconde condition du problême m'a fait former l'équation $5x+7y=b$; & cette équation m'a donné pour seconde valeur de y la fraction $\frac{b-5x}{7}$.

5°. De la premiere & de la seconde valeur de y, j'ai formé l'équation principale $\frac{a-3x}{5}=\frac{b-5x}{7}$, qui a été maniée dans l'explication de la *cinquieme Regle* de l'analyse; & j'ai trouvé $x=\frac{5b-7a}{4}$.

6°. Depuis que x est devenue une quantité *connue*, la valeur de y s'est présentée comme d'elle-même, parce que $y=\frac{a-3x}{5}$, *par la troisieme équation de la premiere opération.*

7°. Ce qui prouve en effet que dans la premiere masse de métal, l'once d'or a couté à l'Orfevre 96 ₶, & l'once d'argent 6 ₶; c'est que 288 ₶, *valeur de* 3 *onces d'or*, + 30 ₶, *valeur de* 5 *onces d'argent*, = 318 ₶, *prix donné par l'Orfévre.*

De même dans la seconde masse de métal, 480 ₶, *valeur de* 5 *onces d'or* + 42 ₶, *valeur de* 7 *onces d'argent*, = 522 ₶, *prix donné par l'Orfevre.*

PROBLÉME II.

Trouver 3 nombres dont la somme soit 105, & qui ayent entre eux une même différence, c'est-à-dire, qui soient en proportion arithmétique.

Régître.

$105 = a$

Premier nombre u arbitraire $= 5$.

Second nombre $x = \frac{a}{3} = 35$.

Troisieme nombre $y = 2x - u = 65$.

Premiere Opération.

$u + x + y = a$
$x = a - u - y$

Seconde Opération.

$u \,.\, x : x \,.\, y$
$u + y = 2x$
$y = 2x - u$

Troisieme Opération.

$x = a - u - y$
$x = a - u - 2x + u$
$x = a - 2x$
$3x = a$
$3x = 105$
$x = \frac{105}{3} = 35$

Quatrieme Opération.

$y = 2x - u$
$y = 70 - 5 = 65$

Explication de ces Opérations.

Puisque ce problême du premier degré contient 2 connues & 3 inconnues, il est indéterminé; aussi ai-je supposé que la quantité arbitraire u valoit 5. Cette supposition une fois faite, voici comment j'ai raisonné.

1°. Toutes les parties prises ensemble sont égales au *tout*, donc $u + x + y = a$; donc $x = a - u - y$, *premiere valeur de* x.

2°. Les trois inconnues u, x, y, sont, *par supposition*, en proportion arithmétique continue; donc $y + u = 2x$; donc $y = 2x - u$, *premiere valeur de* y.

3°. Je reprends l'équation de *num.* 1, $x = a - u - y$; je substitue à la quantité y sa valeur de *num.* 2, & j'ai $x = a - u - 2x + u$: cette équation maniée suivant les observations de la *regle cinquieme* m'a donné $x = \frac{a}{3} = 35$.

4°. $y = 2x - u$, *num.* 2. donc $y = 70 - 5 = 65$.

Preuve.

$u = 5$. $x = 35$. $y = 65$.
$5 + 35 + 65 = 105$.
$5 \,.\, 35 : 35 \,.\, 65$; donc le problême proposé a été résolu.

PROBLÉME III.

Trouver trois nombres en proportion géométrique continue, dont la ſomme des extrêmes ſoit 156 & le moyen 72.

Régître.

$156 = a.$

$72 = b.$

premier nombre. $x = \frac{1}{2} a + \sqrt{\frac{1}{4} aa - bb} = 108.$

Second nombre b.

Troiſieme nombre $y = a - x = 48.$

Premiere Opération.

$$x + y = a.$$
$$y = a - x.$$

Seconde Opération.

$$x : b :: b : a - x$$
$$bb = ax - xx$$
$$xx - ax = -bb$$
$$xx - ax + \frac{1}{4} aa = \frac{1}{4} aa - bb$$
$$x - \frac{1}{2} a = \sqrt{\frac{1}{4} aa - bb}$$
$$x = \frac{1}{2} a + \sqrt{\frac{1}{4} aa - bb}$$
$$x = 78 + \sqrt{\frac{1}{4} 24336 - 5184}$$
$$x = 78 + \sqrt{900}$$
$$x = 78 + 30 = 108$$

Troiſieme Opération.

$$y = a - x$$
$$y = 156 - 108$$
$$y = 48$$

Explication.

1°. Le problême propoſé eſt un problême du ſecond degré, puiſque l'*inconnue* x eſt élevée au quarré ; c'eſt encore un problême *déterminé*, puiſqu'il contient deux *connues* & deux *inconnues*.

2°.

2°. La premiere opération est fondée sur ce Principe, *Toutes les parties prises ensemble sont égales au tout.*

3°. La nature de la proportion géométrique m'a donné l'équation $bb = ax - xx$, qui devient par *la regle* 5ᵉ, $xx - ax = - bb$.

4°. $xx - ax$ est un quarré imparfait qu'on compléte en ajoutant de part & d'autre $\frac{1}{4} aa$, c'est-à-dire le quarré de la moitié de la *connue* a, qui multiplie l'*inconnue* x *par la régle* 6ᵉ.

5°. J'opére suivant les regles ordinaires sur l'équation $xx - ax + \frac{1}{4} aa = \frac{1}{4} aa - bb$, & je trouve enfin $x = \frac{1}{2} a + \sqrt{\frac{1}{4} aa - bb}$; c'est ainsi que x passe de l'état d'*inconnue* à celui de *connue*.

6°. x une fois connu, $y = a - x$ l'est aussi.

Preuve.

$x = 108$. $b = 72$, $y = 48$

108 : 72 :: 72 : 48

108 + 48 = 156; donc le problême proposé a été résolu.

REMARQUE.

Il n'est pas possible de donner avec plus d'étendue l'article de l'Analyse dans un Dictionnaire portatif; ceux qui voudront voir cette matiere traitée plus au long, consulteront notre grand Dictionnaire de Physique, à l'article *Arithmétique algébrique appliquée à l'analyse*; ils consulteront encore les Élémens des Mathématiques de M. l'Abbé de la Caille, depuis la *page* 69 jusqu'à la *page* 91; ils consulteront enfin le Guide des jeunes Mathématiciens dans l'étude de ces mêmes élémens, depuis la *page* 22 jusqu'à la *page* 37.

ARITHMETIQUE sublime. On donne ce nom à l'Arithmétique des grandeurs infinies, soit qu'elles soient infiniment grandes, soit qu'elles soient infiniment petites. Cet article ne sera qu'une introduction au calcul différentiel & intégral dont nous parlerons en son temps, & dont on ne sçauroit gueres se passer en Physique. Ici nous ne voulons apprendre qu'à réduire, additionner, ſouſtraire, multiplier & diviſer les quantités infiniment grandes & les quantités infiniment petites. Pour en venir à bout, il eſt néceſſaire de poſer auparavant quelques eſpèces de principes.

1°. Toute grandeur infinie ſe marque par le carractere ∞.

2°. Il y a des grandeurs infinies de tous les ordres ∞, ∞^2, ∞^3, &c. ſont trois caracteres dont le premier repréſente un infini du premier ordre, le ſecond un infini du ſecond ordre, le troiſieme un infini du troiſieme ordre, &c.

3°. Un infini du ſecond ordre eſt infiniment plus grand qu'un infini du premier ordre, & ainſi d'un infini du troiſieme ordre par rapport à un infini du ſecond.

4°. Une quantité infinie ne peut pas être augmentée par l'addition d'aucune quantité finie, ni diminuée par la ſouſtraction d'aucune quantité finie. Ainſi $\infty + 1 = \infty$; de même $\infty - 2 = \infty$.

5°. Toute grandeur infiniment petite eſt repréſentée par une fraction dont le numérateur eſt un fini & le dénominateur un infini. Ainſi $\frac{1}{\infty}$, $\frac{1}{\infty^2}$, $\frac{1}{\infty^3}$, &c. ſont des fractions qui repréſentent des grandeurs infiniment petites du premier, du ſecond & du troiſieme ordre. Une grandeur infiniment petite eſt encore repréſentée par une fraction dont le numérateur eſt un infini d'un ordre inférieur à celui du dénominateur. Ainſi $\frac{\infty}{\infty^2}$ repréſente une grandeur infiniment petite.

6°. Un infiniment petit du ſecond ordre repréſente une grandeur infiniment plus petite qu'un infiniment petit du premier ordre, & ainſi des autres à l'infini.

7°. Une quantité infiniment petite n'eſt rien par rapport à une quantité finie. Ainſi $1 + \frac{1}{\infty} = 1$; de même $2 - \frac{1}{\infty} = 2$. C'eſt ſur ces principes que ſont fondées les opérations ſuivantes.

DE LA RÉDUCTION.

La Réduction ſe fait dans l'Arithmétique ſublime, comme dans l'Arithmétique algébrique ordinaire; l'on joint en un ſeul terme les grandeurs ſemblables qui ſont précédées du même ſigne, & l'on efface totalement ou en partie celles qui ſont précédées de différens ſignes. Pour les grandeurs qui ne ſont pas ſemblables, on n'y fait aucun changement.

Exemple.

$$+3\infty+2\infty+4\infty^2-2\infty^2+\frac{2}{\infty}-\frac{1}{\infty}$$

Par Réduction.

$$+5\infty+2\infty^2+\frac{1}{\infty}.$$

DE L'ADDITION.

Pour avoir la ſomme de pluſieurs grandeurs ou infinies ou infiniment petites, l'on doit les écrire tout de ſuite avec leurs ſignes, & faire enſuite la réduction ſuivant les regles ordinaires.

Exemple.

Grandeurs à addition-ner.	$6\infty+3\infty^2+\frac{3}{\infty}$ $3\infty-2\infty^2-\frac{1}{\infty}$

Somme.

$$6\infty+3\infty+3\infty^2-2\infty^2+\frac{3}{\infty}-\frac{1}{\infty}$$

Par Réduction.

$$9\infty+\infty^2+\frac{2}{\infty}$$

DE LA SOUSTRACTION.

Pour ſouſtraire des quantités ou infiniment grandes, ou infiniment petites, il faut d'abord changer le ſigne de la quantité qui doit être ſouſtraite & la mettre à la ſuite de celle dont on doit faire la ſouſtraction ; il faut enſuite faire la réduction ſuivant les regles ordinaires.

Exemple.

On doit	$6\infty+3\infty^2+\frac{3}{\infty}$
On paye	$3\infty-2\infty^2-\frac{1}{\infty}$

Reſte

$$6\infty-3\infty+3\infty^2+2\infty^2+\frac{3}{\infty}+\frac{1}{\infty}$$

Par Réduction.

$$3\infty + 5\infty^2 + \frac{4}{\infty}$$

DE LA MULTIPLICATION.

Les regles de la multiplication algébrique ordinaire se gardent dans l'Arithmétique sublime, soit pour les *signes*, soit pour les *coéfficients*, soit pour les *exposants*. Donc

$$1^\circ.\ +2\infty \times +3\infty = +6\infty^2$$
$$2^\circ.\ -2\infty \times -3\infty = +6\infty^2$$
$$3^\circ.\ +3\infty^2 \times -3\infty^3 = -9\infty^5$$
$$4^\circ.\ -4\infty^3 \times +b\infty = -4b\infty^4$$

Les exemples suivans regardent les grandeurs infiniment petites ; elles se multiplient comme les fractions ordinaires. Donc

$$1^\circ.\ +\frac{1}{\infty} \times +\frac{1}{\infty} = +\frac{1}{\infty^2}$$
$$2^\circ.\ -\frac{1}{\infty} \times -\frac{1}{\infty} = +\frac{1}{\infty^2}$$
$$3^\circ.\ +\frac{2}{\infty^2} \times -\frac{4}{\infty^3} = -\frac{8}{\infty^5}$$
$$4^\circ.\ -\frac{b}{\infty} \times +\frac{c}{\infty} = -\frac{bc}{\infty^2}$$
$$5^\circ.\ +\infty \times +\frac{1}{\infty} = +\frac{\infty}{\infty} = 1$$

Il suit évidemment de ce dernier exemple qu'une quantité infiniment grande multipliant une quantité infiniment petite donne pour produit une quantité finie.

DE LA DIVISION.

Les regles de la division sont les mêmes pour l'arithmétique sublime & pour l'arithmétique algébrique. Donc

1°. $\frac{+\infty}{+\infty} = +1$

2°. $\frac{+\infty}{+\infty} = -1$

3°. $\frac{+\infty}{-\infty^2} = +\frac{1}{\infty}$

4°. $\frac{-\infty}{-\infty^2} = +\frac{1}{\infty}$

5°. $\frac{+\infty^2}{+\infty} = +\infty$

6°. $\frac{+a\infty}{-b\infty} = -\frac{a}{b}$

Les quantités infiniment petites se divisent comme les fractions. Donc

1°. $\frac{1}{\infty}$ divisé par $\frac{1}{\infty} = \frac{1\infty}{1\infty} = 1$

2°. $\frac{1}{\infty^3}$ divisé par $\frac{1}{\infty^2} = \frac{1\infty^2}{1\infty^3} = \frac{1}{\infty}$

3°. $\frac{1}{\infty^2}$ divisé par $\frac{1}{\infty^3} = \frac{-\infty^3}{-\infty^2} = \infty$

Il suit de ces différens exemples qu'une quantité infiniment grande divisée par une quantité infiniment grande du même ordre, donne pour *quotient* une quantité finie. Il en est de même d'une quantité infiniment petite divisée par une quantité infiniment petite du même ordre. Il suit encore qu'une quantité infiniment grande divisée par une quantité infiniment grande d'un ordre supérieur, donne pour *quotient* une quantité infiniment petite d'un ordre représenté par la différence des *exposants* il en est de même d'une quantité infiniment petite divisée par une quantité infiniment petite d'un ordre supérieur.

Il suit enfin qu'une quantité infiniment grande divisée par une quantité infiniment grande d'un ordre inférieur, donne pour *quotient* un infini d'un ordre égal à la différence des *exposants*. Il en est de même d'une quantité infiniment petite divisée par une quantité infiniment petite d'un ordre inférieur. Voilà ce qu'on peut appeller les premiers élémens du calcul infinitéſimal. Voyez-en la ſuite aux articles *Calcul différentiel* & *intégral*.

ARPENT. C'eſt un compas de bois dont les jambes longues de 5 à 6 pieds s'ouvrent à volonté. Cette ouverture repréſente une meſure connue, comme un certain nombre de pieds, toiſes, &c.

ARPENTAGE. C'eſt une ſcience qui apprend à meſurer les ſurfaces. Cherchez *Géométrie pratique* & *Planimétrie*. Les Inſtruments néceſſaires pour arpenter ſont 1°. un arpent; 2°. Des piquets ou ſignaux pour s'aligner, & pour former les côtés des figures que l'on veut meſurer; 3°. Un cercle diviſé en 4 parties égales, avec une pinule à chaque diviſion : cet inſtrument ſert ſurtout à former les angles droits des rectangles que l'on trace dans le champ que l'on va arpenter; 4°. Une chaîne dont on connoit la longueur. Lorſqu'on vous donne un champ à arpenter, il faut commencer par le parcourir, afin de voir en gros quelles ſont les figures que l'on peut y tracer. Dans ce métier, comme dans preſque tous les autres, la théorie ne ſuffit pas; il faut beaucoup de pratique; les plus ſçavans Géométres ne ſont pas toujours les meilleurs arpenteurs.

ARROSEMENT. Ce que la boiſſon eſt pour les animaux, l'arroſement l'eſt pour les végétaux. C'eſt ſur-tout pendant les chaleurs de l'été, que les plantes ont beſoin d'être arroſées; & c'eſt le matin & le ſoir qu'il faut faire cette opération. L'arroſement du matin empêchera, & celui du ſoir reparera les ravages de la chaleur.

ARSENIC. C'eſt une eſpèce de ſoufre que l'on trouve ordinairement dans les mines de cuivre. Ce minéral a une propriété ſinguliere. Mêlé, même en aſſez petite quantité, avec quelque métal, il le rend friable & il lui ôte ſa malléabilité. M. Groſſe a trouvé le ſecret de l'en ſéparer. Il ajoute un peu de fer au mêlange; l'arſenic s'y attache, & le premier métal redevient malléable comme auparavant.

ARTERES. Les artéres ſont des conduits cylindriques qui tirent leur origine de l'aorte ſoit aſcendante, ſoit deſcendante, & qui ſont deſtinés à porter le ſang depuis le cœur juſqu'aux extrêmités du corps. Les Anatomiſtes remarquent qu'ils ſont formés par trois enveloppes qu'ils appellent *tuniques*, & ils ajoutent qu'ils ont une grande élaſticité.

ASCENDANT. Cet adjectif est très usité en Physique. En voici quelques exemples.

1°. Le nœud *ascendant* est celui des deux nœuds par lequel passe une Planéte quelconque, lorsqu'elle va de la partie méridionale dans la partie boréale de la sphére. Tout le monde sçait qu'on donne le nom de *nœuds* aux deux points où l'orbite d'une planéte coupe l'écliptique.

2°. La latitude *ascendante* d'une planéte est sa latitude septentrionale.

3°. Les signes *ascendants* sont le *Belier*, le *Taureau*, les *Gemeaux*, le *Cancer*, le *Lion* & la *Vierge*; ils ne sont ascendants que pour les lieux où le Pole boréal est plus élevé sur l'horizon, que le Pole méridional : il en est de même de la latitude *ascendante*.

4°. L'adjectif *ascendant* est encore un terme d'Anatomie. On dit l'Aorte *ascendante*, la veine cave *ascendante*. Cherchez *Aorte* & *veine cave*.

ASCENSION *droite*. L'arc de l'équateur intercepté entre le cercle de déclinaison d'une Etoile quelconque, & le point où l'équateur concourt avec l'écliptique, qui est le premier degré du signe du *Belier*, marque l'ascension droite de cette Etoile. Cherchez *Etoile*.

ASCENSION *oblique*. L'arc de l'ascension oblique d'un astre est l'arc de l'équateur compris entre le premier point du signe du *Belier*, & le point de l'équateur qui dans la sphére oblique se léve en même-temps que l'astre dont il s'agit. On la compte, comme l'ascension droite, d'occident en orient.

ASTRE. Il y a des astres qui ont une lumiere propre, telles que sont les étoiles & le soleil, & il y en a qui n'ont qu'une lumiere réfléchie, telles que sont les planétes & les cométes. Nous parlerons fort au long des uns & des autres dans leurs articles rélatifs.

ASTROLOGIE. C'est une science qui apprend à prédire les événemens futurs qui sont liés avec les mouvemens des astres. Les principaux sont les éclipses de soleil, de lune, des planétes, &c. Nous en parlerons dans l'article de l'*Astronomie* & ailleurs. Pour l'Astrologie judiciaire, ce n'est qu'un amas de principes imposteurs tirés de l'aspect des planétes, & de la connoissance de leurs prétendues influences, par lesquels on s'engage à prédire des événemens moraux, ou deviner ce qui s'est passé. Voyez l'origine & les progrès de cet art ridicule dans le premier tome de l'Hiſtoire du Ciel par M. Pluche, depuis la page 453 juſqu'à la page 464.

ASTRONOME. On donne ce nom à ceux qui s'addonnent à la ſcience des Aſtres. Les principaux Aſtronomes ſont *Thalés*, *Anaximandre*, *Pythagore*, *Méton*, *Eudoxe*, *Ariſtote*, *Archiméde*, *Erathoſténe*, *Hipparque*, *Ptolomée*, *St. Anatole*, *le Califе Almamoun*, *Alſonſe*, *Bacon*, *Maria*, *Régiomontan*, *Copernic*, *Apiano*, *Tychon*, *Galilée*, *Képler*, *Clavius*, *Scheiner*, *Gaſſendi*, *Deſcartes*, *Merſenne*, *Neper*, *Bayer*, *Riccioli*, *Grimaldy*, *Hévélius*, *Caſſini*, *Huygens*, *Newton*, *Roëmer*, *Flamſtéed*, *Halley*, *Auzout*, *Tacquet*, *de Chales*, *Wolfius*, *Leibnitz*, *de la Hire*, *Bradley*, *Molyneux*, *de la Caille*, &c. Nous ne parlons que des Aſtronomes que la mort nous a enlevés; nous allons faire connoitre combien ces grands hommes ont contribué au progrès de l'Aſtronomie.

ASTRONOMIE. C'eſt la ſcience des aſtres. L'on trouvera dans les articles de ce Dictionnaire qui commencent par les mots *Sphére*, *Képler*, *Copernic*, *Eclipſes*, *Etoiles*, *Planétes* & *Cométes* ce qu'il y a de plus intéreſſant dans la partie phyſique de l'Aſtronomie : auſſi nous bornerons-nous dans cet article à en faire connoitre les progrès. Pour ne pas fatiguer le lecteur, & pour ne pas le faire revenir pluſieurs fois ſur ſes pas, nous avons préféré la méthode chronologique à la méthode géographique.

Année 640 avant J. C.

Environ ce temps-là naquit à Milet, Ville d'Ionie dans la Gréce le fameux Thalés. On le regarde comme le premier qui ait prédit les éclipſes. Il fixa les points des ſolſtices, & il trouva en quelle raiſon eſt le diamétre du ſoleil au cercle qu'il paroit décrire autour de la Terre.

Année 547 avant J. C.

On ſçavoit en ce temps-là que la lune n'a qu'une lumiere empruntée ; que le ſoleil eſt plus grand que la terre ; que cet aſtre n'eſt qu'une maſſe de feu. On conſtruiſoit des ſphéres. On traçoit des cadrans ſolaires. On dreſſoit des cartes géographiques. On connoiſſoit l'obliquité de l'écliptique. On doit toutes ces connoiſſances à Anaximandre natif de Milet & diſciple de Thalés.

Année 530 avant J. C.

Pythagore enseigna environ ce temps-là que la Terre tourne autour du soleil immobile au centre du monde.

Année 439 avant J. C.

Cette année là même Méton célébre Astronome d'Athénes publia son fameux cycle lunaire, dont il est parlé dans l'article du Calendrier *num.* 6.

Année 370 avant J. C.

Ce fut à peu-près alors qu'Eudoxe de Cnide regla l'année solaire à 365 jours 6 heures. Cet Astronome eut encore la gloire de déterminer le temps précis que mettent les planétes à tourner périodiquement autour du soleil.

Année 340 avant J. C

A peu-près en ce temps-là Aristote observa une cométe & une éclipse de Mars par la lune.

Année 200 avant J. C.

Alors florissoit à Syracuse le grand Archimède qui s'addonna à l'Astronomie avec une espéce de fureur. Il fit une sphére de verre dont les cercles suivoient les mouvements des cieux avec beaucoup d'exactitude. Dans ce temps-là même vivoit Erathosténe qui fixa la distance de la terre au soleil & à la lune.

Année 140 avant J. C.

Hipparque, le plus grand Astronome de l'antiquité, composa ses Ouvrages entre l'an 168 & 129 avant J. C. Il prédit les éclipses & il calcula toutes celles qu'il devoit y avoir de soleil & de lune dans l'espace de 600 ans. Il compta les étoiles & il marqua la situation & la grandeur des principales. Il fit plus; il s'apperçut que les étoiles avoient un mouvement d'occident en orient autour des poles de l'écliptique.

Année 138 de J. C.

En ce temps-là florissoit à Alexandrie Claude Ptolomée dont nous ferons connoitre le systême astronomique en son lieu. C'est ce grand homme qui rangea les étoiles les plus considérables sous 48 constellations dont on trouvera l'énumération à l'article des *Etoiles*.

Année 269 de J. C.

Cette année là même fut fait Evêque de Laodicée St. Anatole. Le Traité qu'il composa sur la *Pâque* est une preuve incontestable des grands progrès qu'il avoit fait dans l'Astronomie.

Année 813 de J. C.

Le Calife Almamoun, Prince Mahométan, commença cette année là son empire. Il s'addonna à l'Astronomie avec tant de soin, qu'on dressa sur ses observations des Tables Astronomiques qui portent son nom.

Année 1252 de J. C.

Le 1er. Juin de cette année monta sur le trône de Léon & de Castille Alfonse, surnommé l'Astronome. Ce Prince dépensa quatre cent mille ducats à la construction des Tables Astronomiques, nommées *Alfonsiennes*. Ces Tables furent dressées en 1270.

Année 1267 de J. C.

Roger Bacon Cordelier proposa cette année là au Pape Clement IV la correction du calendrier, dans lequel il avoit découvert une erreur très-considérable. Elle ne fut exécutée qu'en l'année 1580 sous le Pontificat de Grégoire XIII.

Année 1440 de J. C.

Dominique Maria, Bolonois, travailla en ce temps-là avec beaucoup de soin au rétablissement de l'Astronomie. Il donna du gout pour cette science au fameux Copernic dont il fut Précepteur.

Année 1460 de J. C.

Alors florissoit en Allemagne Jean Muller, connu sous le nom de *Régiomontan*. Il publia le premier des éphémerides pour plusieurs années. Il donna l'abrégé de l'*Almageste* de Ptolomée, & il observa avec beaucoup de soin la cométe de 1472.

Année 1473 de J. C.

Le 19 Février 1473 naquit à Thorn le célébre Nicolas Copernic. Il publia en 1530 le vrai systême du Ciel dont il trouva le fond dans les écrits de Pythagore, & dont nous avons rendu compte à l'article *Copernic*.

Année 1531 *de J. C.*

Cette année est fameuse par l'apparition de la cométe que l'on a vu revenir en l'année 1607, en l'année 1682 & en l'année 1759. Elle fut observée la premiere fois par Pierre Apiano de Leipsick, Astronome de l'Empereur.

Année 1546 *de J. C.*

Le 19 Décembre 1546 naquit à Knudstrup le grand Astronome Tycho-brahé. Il fit bâtir dans son château d'Uranibourg un fameux observatoire, d'où il détermina les vrais lieux de 777 étoiles fixes. Il fit un systême dont nous avons rendu compte à l'article *Tychon*.

Année 1564 *de J. C.*

Cette année là même naquit l'inventeur des Télescopes astronomiques, le célébre Galilée. A l'aide de ces instruments il découvrit les 4 Satellites de Jupiter.

Année 1571 *de J. C.*

Le 22 Décembre 1571 naquit à Wiel Jean Képler. Les deux loix qu'il a trouvées, & dont nous avons rendu compte à l'article *Képler*, l'ont fait surnommer le *Pere de l'Astronomie*.

Année 1582 *de J. C.*

Cette année fut publié le Calendrier réformé par l'ordre de Grégoire XIII. Ce fut le P. Clavius Jésuite qui eut la principale part à cette réformation, si nécessaire à l'Astronomie.

Année 1583 *de J. C.*

Cette année naquit Christophle Scheiner de la Compagnie de Jesus. C'est à cet Astronome que nous devons la découverte des taches du soleil. Voyez-en l'histoire à l'article *Taches du Soleil*.

Année 1592 *de J. C.*

Cette année est célébre par la naissance de Gassendi. Il nous a laissé dans ses *Œuvres Astronomiques* des observations de la derniere exactitude. Il nous a encore laissé dans ſes commentaires ſur le dixieme livre de *Diogéne Laerce* la deſcription de l'aurore boréale de 1621.

Année 1596 de J. C.

Voici encore une époque pour la Phyſique en général & pour l'Aſtronomie en particulier; c'eſt la naiſſance de Deſcartes dont le nom ſeul fait l'éloge. Son intime ami Merſenne étoit venu au monde quelques années auparavant.

Année 1598 de J. C.

A la fin du 16e. ſiecle Jean Neper, Baron de Merchiſton, s'immortaliſa par l'invention des *Logarithmes*. Il n'eſt qu'un Aſtronome qui ſçache combien grand eſt le ſervice que ce Géométre à rendu aux ſciences. Voyez l'article des *Logarithmes*.

A peu-près en ce temps-là floriſſoit Jean Bayer. C'eſt à cet Aſtronome que nous devons la diviſion des principales étoiles en 60 conſtellations. Cherchez *Etoiles*.

Cette année eſt encore célébre par la naiſſance de Jean-Baptiſte Riccioli de la Compagnie de Jeſus connu par pluſieurs Ouvrages aſtronomiques, & ſur-tout par ſon nouvel Almageſte & par ſa *Sélénographie*. Il s'aſſocia dans ſes obſervations le P. Grimaldy de la même Compagnie, auſſi grand Aſtronome que lui. Ils augmenterent de 305 étoiles le catalogue de Képler.

Année 1611 de J. C.

Le 28 Janvier 1611 naquit à Dantzick l'infatigable Aſtronome Hévélius. Il calcula les poſitions de 1553 étoiles fixes. Il découvrit le premier une eſpèce de libration dans le mouvement de la lune, & il fit ſur les autres planétes pluſieurs obſervations importantes que l'on trouve dans ſes Ouvrages.

Année 1625 de J. C.

Le grand Aſtronome Jean Dominique Caſſini naquit dans la Comté de Nice le 8 Juin 1625. La principale découverte qu'il ait faite eſt celle de 4 Satellites de Saturne. Il obſerva pluſieurs cométes, celle en particulier de 1682, dont il annonça le retour pour l'année 1759. L'événement a prouvé combien ſurs étoient ſes principes, lorſqu'il fit cette prédiction.

Année 1629 de J. C.

La Hollande n'eut rien à envier à la Comté de Nice ; le 14 Avril 1629 elle vit naitre dans son sein Huygens qui découvrit le premier l'*anneau* de Saturne & le quatrieme satellite de cette planéte. Il inventa les pendules astronomiques & il perfectionna les Télescopes dioptriques.

Année 1642 de J. C.

Cette année naquit à Volstrope en Angleterre, le plus grand sçavant que le monde ait encore eu, c'est l'immortel Newton. L'on verra dans tout le cours de cet Ouvrage combien il a contribué à mettre l'Astronomie dans l'état brillant où nous la voyons aujourd'hui.

Année 1644 de J. C.

Olaus Roëmer qui naquit à Arhus dans le Dannemark le 25 Septembre 1644, nous apprit que la lumiere du soleil parcourt chaque minute environ quatre millions de lieües. Consultez l'article de la *Lumiere*.

Année 1646 de J. C.

Flamstéed Auteur d'un Catalogue astronomique de 3000 étoiles, naquit à Derby en Angleterre le 19 Août 1646.

Année 1656 de J. C.

L'Angleterre produisit encore le 8 Novembre 1656 un célébre Astronome, c'est Edmond Halley Il a déterminé la position de 373 étoiles australes, & les orbites de 24 Cométes.

Année 1666 de J. C.

M. Auzout, l'un des premiers membres de l'Académie royale des sciences de Paris, fit cette année la découverte du Micrométre, Instrument qui a tant contribué à la perfection de l'Astronomie. Quelques-uns prétendent que cette invention est commune à MM. Auzout & Picard.

Année 1669 de J. C.

Cette année on imprima à Anvers l'excellente Astronomie du P. Tacquet, Jésuite.

Année 1680 *de J. C.*

La meilleure édition du cours de Mathématique du P. de Chales Jésuite parut cette année. On sçait combien ce précieux recueil a contribué au progrès de l'Astronomie. Ç'a été l'Ouvrage le plus complet en ce genre, jusqu'en l'année 1713 que parurent les deux premiers volumes du cours de Mathématique de Wolf dont la meilleure édition est en 5 volumes *in-quarto.*

Année 1683 *de J. C.*

L'existence de la lumiere zodiacale fut constatée cette année par M. Cassini. Cherchez *Lumiere zodiacale.*

Année 1684 *de J. C.*

Leibnitz publia cette année dans les actes de Leipsick les regles du calcul différentiel, dont les Astronomes qui ne s'en tiennent pas aux pures observations, font un si grand usage. Cherchez *Calcul différentiel.*

Année 1702 *de J. C.*

Cette année M. de la Hire donna au public ses tables astronomiques. Nous devons encore à ce Sçavant la continuation de la fameuse Méridienne commencée par M. Picard.

Année 1713 *de J. C.*

Le 15 du mois de Mars de l'année 1713 naquit à Rumigni, Village près de Reims, Nicolas Louis de la Caille, l'un des plus fameux Astronomes de l'Europe, dans le siécle peut-être le plus fécond en grands hommes de cette espèce. Si la partie méridionale du Ciel nous est maintenant aussi connue, que sa partie septentrionale, c'est à cet infatigable Astronome que nous le devons. Il observa au Cap de bonne espérance plus de dix mille étoiles dont la plûpart nous étoient inconnues. Ce fut là qu'il s'apperçut que les cercles paralléles boréaux n'étoient pas exactement égaux aux cercles paralléles méridionaux correspondants. Ce fut là enfin qu'il fixa les parallaxes de la lune, du soleil, de Mars & de Vénus. Les Ouvrages qu'il a donnés pour la perfection de l'Astronomie sont :

Leçons élémentaires d'Astronomie géométrique & physique.
Table des réfractions.

Table du soleil.

Astronomiæ fundamenta.

Cælum australe stelliferum.

Des Ephémérides avec un très-beau discours sur les progrès que l'Astronomie a faits depuis une trentaine d'années.

Ce grand homme a composé plusieurs autres Ouvrages Physico-mathématiques dont il ne nous est pas permis de faire ici l'énumération. Quel malheur pour le monde sçavant que la mort l'ait enlevé à l'âge de 49 ans !

Année 1726 de J. C.

Le 19 Octobre 1726 parut la plus fameuse aurore boréale dont il soit fait mention dans les histoires. M. de Mairan s'en est servi pour démontrer que Lathmosphére terrestre a plus de 266 lieues de hauteur.

Année 1727.

Cette année Bradley & Molineux découvrirent la cause physique de l'aberration des étoiles fixes. Voyez l'explication de ce phénoméne à la fin de l'article des *Etoiles fixes.*

Année 1734.

Cette année partirent par l'ordre de Louis XV pour le Nord MM. de Maupertuis, Clairaut, le Camus, le Monnier, l'Abbé Outhier & Celsius, & pour le Pérou MM. Bouguer, de la Condamine & Godin. Les opérations qu'ils ont faites dans ces deux parties du monde démontrent évidemment que la terre est un sphéroïde applati vers les poles & élevé vers l'équateur. Voyez-en la démonstration dans l'article de la *figure de la terre.*

Année 1748.

M. Bouguer publia cette année dans les Mémoires de l'Académie des Sciences de Paris la maniere de construire le Micrométre objectif. Ce ne fut que 5 ans après que les Anglois l'appliquerent au Télescope de Newton. Cherchez l'article du *Micrométre objectif.*

Année 1749.

M. Dollond, célébre Opticien de Londres, trouva cette année les lunettes achromatiques. Cet Instrument admirable ne parut que quelques années après dans toute ſa perfection. Cherchez *Lunettes achromatiques.*

Année 1759.

Il n'eſt plus permis de révoquer en doute que les cométes ſoient de véritables planétes qui tournent périodiquement autour du ſoleil. Celle qui parut au mois d'Avril 1759 en eſt une preuve ſans réplique. Liſez l'article des *Cométes.*

Année 1762.

Enfin les longitudes ſur mer ont été trouvées cette année par M. Harrizon fameux Horloger de Londres. Cherchez *Longitudes ſur mer.* Tels ont été les progrès de l'Aſtronomie. Cet article auroit été beaucoup plus long, ſi nous ne nous euſſions pas fait une loi de ne faire l'éloge que des Aſtronomes que la mort nous a ravis.

ATHÉES. Ce ſont des impies qui nient l'exiſtence de l'Etre ſuprême. Nous les avons attaqué directement dans l'article qui commence par le mot *Dieu.* C'eſt là que nous avons démontré qu'il n'eſt que la débauche & la ſtupidité qui ayent pû produire l'athéiſme.

ATHMOSPHERE. Des particules très-déliées dont un corps eſt environné, forment ſon athmoſphére; tels ſont les corpuſcules magnétiques qui entourent une pierre d'aiman; telles ſont encore les particules odoriférantes qui viennent s'inſinuer dans l'organe de l'odorat, lors même que nous ſommes aſſez éloignés de certaines herbes ou de certaines fleurs. Nous connoiſſons en Phyſique peu de corps qui ne ſoient entourés d'une athmoſphére plus ou moins étendue, & plus ou moins ſenſible; ceux cependant dont l'athmoſphére nous intéreſſe le plus, c'eſt le ſoleil & la terre; auſſi croyons-nous devoir traiter cette matiere dans deux articles particuliers.

ATHMOSPHERE SOLAIRE. Le ſoleil eſt environné d'une athmoſphére qui nous éclaire, puiſqu'elle eſt la cauſe phyſique de la lumiere zodiacale. Eſt-ce par ſa propre nature que la matiere de l'athmoſphére ſolaire eſt lumineuſe? Eſt-ce, parce qu'étant très-inflammable, elle eſt actuellement enflammée par les rayons du ſoleil? Eſt-ce enfin parce que conſiſtant en des particules beaucoup plus groſſiéres que celles de la lumiere, elle les réfléchit vers nous? Ce ſont-là autant de points de Phyſique dont l'éclairciſſement ne nous paroît pas néceſſaire, quand même il nous paroîtroit poſſible.

possible. Mr. de Mairan s'arrête au troisieme de ces sentimens. On peut, sans craindre de se tromper, marcher après un si bon guide. Ce qu'il y a de sûr, c'est que, lorsque les particules de l'athmosphere solaire ne sont pas éloignées de la terre d'environ 60 mille lieues, elles sont plus attirées par la terre que par le soleil, & par conséquent elles doivent tomber dans l'athmosphere terrestre. Cette regle est fondée sur la démonstration de Newton qui a trouvé que la force attractive du soleil n'étoit que de deux cent vingt-sept mille cinq cent douze fois plus grande, que celle de la terre. Ce qu'il y a encore de sûr, c'est que l'athmosphére solaire est tantôt plus, tantôt moins étendue; elle s'étend souvent jusqu'à plus de trente millions de lieues au-delà du soleil. Ne soyons pas surpris de tous ces changemens; il est probable qu'il regne de temps en temps dans l'athmosphere solaire une fermentation étonnante, un bouillonnement prodigieux, qui doivent soulever les unes au-dessus des autres les particules dont elle est composée, & qui par conséquent doivent augmenter son volume de plusieurs millions de lieues. Il est encore probable que les cométes qui dans leur périhélie passent dans l'athmosphere solaire, attirent, suivant les loix de la gravitation mutuelle, une partie de cette athmosphere, dont se forme ce que l'on nomme la *queue*, la *barbe* & la *chevelure* des cométes. Toutes ces causes physiques jointes à une infinité d'autres que nous ignorons, doivent apporter de grands changemens dans l'athmosphere solaire.

ATHMOSPHERE TERRESTRE. Par l'athmosphere terrestre les Physiciens entendent tout le fluide qui entoure notre globe, qui pése sur sa surface, & qui participe à tous les mouvemens que les Coperniciens donnent à la terre, je veux dire, au mouvement diurne sur son axe, & au mouvement annuel autour du Soleil. L'on s'est trompé grossierement, lorsqu'on a fixé la hauteur de l'athmosphere terrestre à une vingtaine de lieues. Il est sûr que la matiere des aurores boréales se trouve dans l'athmosphere terrestre; il est encore sûr que la fameuse aurore boréale du 19 Octobre 1726, fut apperçue en même temps à Warsovie, à Moscow, à Petersbourg, à Rome, à Paris, à Naples, à Madrid, à Lisbonne & à Cadix; ce phénoméne étoit donc élevé de plus de vingt lieues au-dessus de la surface de la terre; sans cela il n'auroit pas été vu, à la même heure, en tant de Villes différentes aussi éloignées les unes des autres, que le font celles que l'on vient de nommer. Mr. de Mairan place cette aurore boréale à environ 266 lieues au-dessus de la surface de la terre; sa proposition n'est rien moins que hazardée; elle est fondée sur les opérations de la plus simple Trigonométrie, & ces opérations sont fondées elles-mêmes sur la parallaxe de ce phénoméne qui parut à Paris élevé de 37 degrés au-dessus de l'horison, & de 20 seulement à Rome. L'athmosphere terrestre a donc plus de 266 lieues de hauteur. Quelle est sa hauteur réelle ? c'est-là un point de Physique qu'on ne pourra peut-être jamais déterminer.

ATLAS. On donne le nom d'*Atlas terrestre* à une collection de Cartes géographiques de toutes les parties connues du monde. Cette maniere de parler vient de ce que les cartes paroissent porter le monde, à-peu-près comme la sphére dont Atlas est regardé par plusieurs Astronomes comme le premier inventeur, paroît le porter. L'Atlas de Blaew a été long-temps très-estimé. Il est bien inférieur à ceux de Messieurs *Sanson*, de *l'Isle*, &c. dont nous nous servons maintenant.

On appelle *Atlas céleste* une collection de Cartes qui donnent la position des étoiles. L'Atlas de Flamstéed a fait tomber tous ceux que l'on avoit fait avant lui.

ATOME. Epicure prétend qu'il y a eu de toute éternité un nombre infini d'atomes, c'est-à-dire, de corpuscules durs, crochus, quarrés, oblongs, de toute figure, tous graves, & tous en mouvement dans l'espace immense du vuide. Il prétend encore que quelques-uns de ces atomes allant un peu de côté, se sont accrochés & ont formé un ciel, un soleil, une mer, des terres, des plantes, des hommes. Il prétend enfin que de même que tout s'est fait par hazard, tout doit un jour se dissoudre par hazard. Tel est en deux mots le systême de l'impie Epicure, systême plus propre, dit Mr. Pluche, à nous faire éclater de rire, qu'à nous scandaliser; car on n'est jamais scandalisé d'entendre les systêmes qui se font aux petites maisons.

ATTRACTION. L'attraction est comme le fondement du systême de Newton. Pour nous former une idée nette de ce que le Newtoniens appellent *attraction*, divisons-la en active, passive, & mutuelle.

ATTRACTION ACTIVE. Exercer une attraction active sur un corps, c'est être cause du mouvement accéléré de ce corps abandonné à lui-même. Les Newtoniens assurent, par exemple, que la terre exerce une attraction active sur une pierre jettée en l'air, parce qu'elle est cause de la chûte accélérée de cette pierre. Aussi nomment-ils la terre un corps attirant.

ATTRACTION PASSIVE. Souffrir une attraction passive de la part d'un corps, c'est être obligé de tomber vers ce corps; c'est tendre vers ce corps, quelle que soit la cause de cette tendance. Dans le systême de Newton, une pierre jettée en l'air souffre une attraction passive de la part de la terre, parce qu'elle est obligée de tomber vers la terre. Il en est de même non-seulement de tous les corps sublunaires par rapport au globe terrestre, mais encore de tous les corps qui tournent autour du soleil par rapport à cet astre. Les premiers, sans en excepter même la lune, abandonnés à eux-mêmes, tomberoient sur la terre, & les seconds se précipiteroient dans le soleil.

ATTRACTION MUTUELLE. Deux corps s'attirent mutuellement, ou exercent l'un sur l'autre une attraction mutuelle, lorsqu'ils tendent à se joindre l'un avec l'autre, & lorsque pour en venir à bout, ils sont obligés de faire chacun une partie du chemin qui les sépare. Les Newtoniens sont persuadés qu'il regne une attraction, ou une gravitation mutuelle entre tous les corps qui composent l'univers; ils en apportent bien des preuves; celles qui sont tirées du flux de la mer & des irrégularités que l'on observe dans le mouvement des corps célestes, peuvent passer pour les meilleures. Ces notions une fois supposées, voici comment ils raisonnent. La même force qui fait retomber sur la terre une pierre jettée en l'air, précipiteroit les planétes & les cométes dans le sein du soleil, si elles étoient abandonnées à leur force centripéte, c'est-à-dire, à leur gravité; les cométes & les planétes sont donc des corps graves. Quelle est la cause de ce phénoméne dont aucun Physicien avant Newton n'avoit donné une explication raisonnable? Voici quelle est à peu-près la pensée de ce Philosophe. La gravité d'un corps ne peut avoir pour cause que l'essence de ce corps, ou une matiere environnant ce corps, ou enfin une loi générale de la nature que le Créateur a établie volontairement en tirant ce monde du néant. L'on ne peut pas dire que la gravité des planétes leur soit essentielle; ce seroit-là faire revivre les qualités occultes de l'ancienne école, qui ont fait pendant si long-temps le deshonneur de la Philosophie & la honte de l'esprit humain : l'on peut encore moins donner pour cause de la gravité des planétes, une matiere environnant ces corps ; c'est là une des chiméres produites par l'imagination féconde de l'ingénieux Descartes, comme il est démontré dans l'article des *tourbillons*. L'on doit donc reconnoître une loi générale du Créateur comme la cause immédiate de la gravité des corps, & par conséquent l'on doit dire que les corps s'attirent mutuellement & sont portés les uns vers les autres en vertu d'une loi générale de la nature. Est-il rien de plus naturel que cette conséquence, & a-t-on raison de dire que Newton n'est pas Physicien, parce qu'il soumet le monde à des loix générales ? Il faut, pour avancer une pareille proposition, avoir aussi peu d'idée de la saine Physique, que des ouvrages de Newton. Cette loi générale du monde se divise en des loix particulieres qui renferment tout le systême de l'attraction ; elles se réduisent à deux.

Premiere Règle. L'attraction est toujours proportionnelle à la masse, ou bien l'attraction se fait toujours en raison directe des masses, c'est-à-dire, si le corps A a quatre fois plus de matiere que le corps B, le corps A attirera quatre fois plus le corps B, qu'il n'en sera attiré. Aussi si ces deux corps étoient abandonnés à leur attraction mutuelle, & qu'ils fussent éloignés l'un de l'autre d'un certain nombre de lieues, ils feroient sans doute chacun une partie du chemin pour se réunir ; mais le chemin que feroit le corps B, l'emporteroit autant sur le chemin que feroit le corps A, que la masse de celui-ci l'emporte sur la masse de celui-là. Ce qui prouve la justesse de cette loi, c'est que nous voyons les petits corps tomber vers les gros, ou tourner autour des gros.

Seconde Règle. L'attraction suit toujours la raison inverse des quarrés des distances, c'est-à-dire, le corps A éloigné d'une lieue du corps B, plus gros que lui, en sera quatre fois plus attiré, que s'il en étoit éloigné de deux lieues. Cette loi n'est pas imaginée à plaisir : Newton démontre que la lune éloignée du centre de la terre seulement d'un rayon terrestre, c'est-à-dire, d'environ 1500 lieues, seroit trois mille six cent fois plus attirée par notre globe, que maintenant qu'elle en est éloignée d'environ 60 rayons terrestres. Voyez-en la démonstration dans l'article de la *lune*. Voyez aussi l'explication de ces mots, *raison directe*, *raison inverse*, en cherchant *raison*.

On oppose aux Newtoniens 1°, que le système de l'attraction est un système très-obscur, & tout-à-fait propre à faire revivre les qualités occultes de l'ancienne école.

Mais est-ce sérieusement que les Cartésiens proposent une pareille difficulté ? Ne voient-ils pas que l'*impulsion* est un principe pour le moins aussi obscur que celui de l'*attraction* ? En effet comment & par qui la matiere est-elle mise en mouvement ? Pourquoi le mouvement de tourbillon imprimé à la matiere éthérée, dès le premier instant de sa création, doit-il persévérer jusqu'à la fin du monde, sans augmentation, sans diminution, sans altération quelconque ? Je le demande à tout Physicien impartial ; ce méchanisme est-il plus facile à comprendre, que celui des Newtoniens qui soutiennent que les corps tendent les uns vers les autres en telle & telle raison, en vertu de certaines loix générales établies librement par le Créateur ? L'attraction une fois admise comme l'effet immédiat de ces loix, ne peut avoir aucun rapport direct ou indirect avec les qualités occultes de l'ancienne école, pourquoi ? Parce que celles-ci étoient inhérentes & essentielles aux corps, & que celle-là leur est entiérement extrinséque. En un mot que les Cartésiens apportent aux Newtoniens, non pas une cause imaginaire & romanesque, mais une cause seconde, immédiate & méchanique de la gravitation mutuelle des corps, & l'on verra avec quelle ardeur ils en prendront la défense.

On leur oppose 2°, que dans le récipient de la machine pneumatique, exactement purgé d'air, un pied cubique de plomb devroit tomber plus vite qu'un pied cubique de liége, puisque celui-là ayant plus de matiere que celui-ci, la terre doit avoir plus d'action sur le premier que sur le second.

Mais que l'on prenne garde à la cause qui fait tomber sur la terre le pied cubique de plomb & le pied cubique de liége, & l'on verra combien vaine est la difficulté que l'on propose. C'est l'attraction active que la terre exerce sur le plomb & sur le liége, ou plutôt c'est la vitesse que la terre communique au plomb & au liége, que l'on doit regarder comme la cause de la descente de l'un & de l'autre. Si cette vitesse est égale dans le plomb & dans le liége, celui-là ne doit pas tomber plus vite que celui-ci. Mais y a-t-il une parfaite égalité entre la vitesse que reçoit le plomb & celle que reçoit le liége ? Il me paroît que l'on ne peut pas le révoquer en doute. En effet comment connoit-on la vitesse communiquée à un corps qui tombe ? L'on divise la masse du corps attirant par le quarré de la distance du corps attiré, & le *quotient* marque la vitesse que l'on cherche. Dans cette occasion le corps attirant est le même pour le plomb & pour le liége, puisque ces deux corps tombent sur la terre ; le quarré de la distance des corps attirés au corps attirant est le même, puisque le plomb & le liége sont supposés à égale distance de la terre ; donc le *quotient* qui représente la vitesse que la terre leur communique, est le même ; donc dans un récipient exactement purgé d'air le liége doit tomber aussi vite que le plomb.

Tout le monde voit que lorsque les Newtoniens parlent de la vitesse que la terre communique aux corps qui tombent sur sa surface, ils ne prétendent pas désigner une action physique, mais une action purement occasionnelle. Les Cartésiens qui soutiennent que Dieu seul est la cause physique du mouvement des corps, disent néanmoins que le corps A meut le corps B.

On leur oppose 3°, que le créateur n'a eu aucun motif pour faire agir l'attraction plutôt en raison inverse des quarrés des distances, qu'en raison inverse des simples distances, ou des cubes des distances.

Mais que l'on prenne garde que le Créateur a voulu que les planétes décrivissent des ellipses autour du soleil, & l'on verra tout le foible de cette objection. Cherchez l'article du mouvement elliptique ; il y est démontré que les Planétes doivent être animées de deux forces, l'une de projection constante & uniforme, l'autre centripéte en raison inverse des quarrés de leurs différentes distances au soleil ; donc la loi de la force centripéte, & par conséquent la loi de l'attraction n'est pas une loi purement arbitraire.

On leur oppose 4°, qu'il devroit être très-difficile de lever un corps, *par exemple*, une pierre de dessus la terre, puisque cette pierre ne peut pas toucher la surface de notre globe, sans en être comme infiniment attirée.

Mais que l'on examine avec attention ce raisonnement, & l'on verra qu'il est fondé sur une fausse supposition. En effet pour que la force attractive de la terre fut comme infinie par rapport aux corps particuliers qui sont placés sur sa surface, il faudroit que sa masse fut comme infinie, puisque l'attraction se fait en raison directe des masses ; mais cela n'est pas : donc la force attractive de la terre n'est jamais comme infinie par rapport aux corps qui sont placés sur sa surface. Elle n'est pas même aussi grande que l'on pourroit se l'imaginer ; tout son effet consiste à communiquer à un corps posé sur sa surface un degré de vitesse capable de lui faire parcourir 15 pieds dans la premiere seconde de temps ; donc dans le système de l'attraction il ne doit pas être plus difficile, que dans celui de l'impulsion, de lever un corps de dessus la terre.

On leur oppose 5°, que la lune étant plus attirée par le soleil, que par la terre, devroit plutôt tourner autour de celui-là que de celle-ci.

Mais que l'on se rappelle que les Newtoniens sont tous nécessairement Coperniciens, c'est-à-dire, qu'ils soutiennent tous le mouvement annuel de la terre autour du soleil ; ils soutiennent donc que la lune ne peut pas tourner autour de la terre, sans tourner en même-temps autour du soleil, & par conséquent l'attraction que le soleil & la terre exercent sur la lune, bien loin de former une difficulté réelle contre le Newtonianisme, en devient une preuve très-sensible. Telles sont les principales objections qu'on a coutume de faire contre l'attraction ; je ne crois pas qu'elles soient capables de détacher personne du parti de Newton.

AURORE. C'est une lumiere qui paroît, lorsque le soleil est à 18 degrés sous l'horison avant son lever. Cherchez Crépuscule.

AURORE BOREALE. Deux ou trois heures après le coucher du soleil, l'on apperçoit quelquefois du côté du nord un brouillard assez obscur fait en segment de cercle, dont la partie occidentale commence à paroître éclairée. De ce segment de cercle, l'on voit d'abord sortir des arcs lumineux, des jets & des rayons de lumiere ; l'on apperçoit ensuite un mouvement général & une espèce de trouble dans toute la masse du phénoméne, causé sans doute par les vibrations de lumiere & par les éclairs réitérés qui se succédent presque sans interruption les uns aux autres ; l'on voit enfin, lorsque le phénoméne est dans sa plus grande magnificence, une espèce de couronne lumineuse se former vers le zénith : voilà ce que l'on a coutume de nommer *aurore boréale*. Telle fut à peu-près celle qui parut le 19 Octobre de l'année 1726, dont on voit la description dans la plûpart des ouvrages de Physique. Ceux qui regardent l'aurore boréale comme l'effet de l'inflammation des particules nitreuses, sulphureuses, salines, huileuses, & bitumineuses qui de la terre s'élévent dans l'athmosphére, n'ont pas sans doute fait attention aux circonstances qui ne manquent jamais d'accompagner ce phénoméne. En effet si c'est-là la cause physique des aurores boréales, pourquoi ne sont-elles pas plus fréquentes ? Pourquoi paroissent-elles plus souvent en hyver qu'en été ? Pourquoi les voyons-nous constamment du côté du pole nord ; le mouvement diurne de la terre sur son axe ne devroit-il pas, suivant les loix des forces centrifuges, porter vers l'équateur ces parties inflammables ? Pourquoi enfin ce phénoméne est-il quelquefois élevé de plus de 260 lieues au-dessus de la surface de la terre, comme l'a démontré Mr. de Mairan dans son excellent traité des *aurores boréales* ? Ne sçavons-nous pas que les météores dont la terre fournit la matiere, ne sont tout au plus qu'à deux lieues de nous ? Toutes ces raisons & quantité d'autres qu'il n'est pas nécessaire de rapporter, nous engagent à renoncer à une pareille explication, & à adopter celle que nous a donnée Mr. de Mairan. Il est difficile d'expliquer les choses d'une maniere plus claire, plus savante & plus physique que lui. Voici en peu de mots quel est son systême: 1°. Le soleil est environné d'une athmosphére qui nous éclaire & qui s'étend quelquefois jusqu'à plus de 30 millions de lieues. 2°. Il est probable que la matiere de cette athmosphére ne nous éclaire, que parce qu'elle consiste en des particules ou inflammables par les rayons du soleil, ou assez grossieres pour réfléchir la lumiere. 3°. Lorsque les dernieres couches de l'athmosphére solaire ne sont pas éloignées de plus de 60 mille lieues de la terre, elles doivent, suivant les loix de la gravitation mutuelle des corps, tomber vers notre globe ; voyez-en la raison dans l'article de l'athmosphére solaire. 4°. Lorsque la matiere de l'athmosphére solaire se précipite en assez grande quantité dans l'athmosphére terrestre, elle doit nécessairement y causer des aurores boréales. Ce qui nous engage à adopter avec plaisir ce systême, c'est la facilité avec laquelle on explique toutes les circonstances qui accompagnent ce phénoméne.

En effet demande-t-on pourquoi ce phénoméne va se ranger du côté des poles ; car il est probable que les habitans des plages méridionales voient autant d'aurores australes, que les habitans des pays septentrionaux en voient de boréales ? La raison en est évidente, le partie de l'athmosphére terrestre qui répond à l'équateur de la terre ou à la zone torride, a beaucoup plus de force centrifuge que la partie qui répond aux poles ou aux zones glaciales, comme il est démontré dans l'article de la *figure de la terre* ; donc la matiere des aurores boréales tombant dans l'athmosphére terrestre doit pénétrer plus difficilement la partie de cette athmosphére qui répond à la zone torride, qu'elle ne pénétre la partie qui répond aux zones glaciales ; donc elle doit être rejetée vers les poles ; donc ce phénoméne doit être boréal pour les habitans des pays septentrionaux ; & austral pour les habitans des pays méridionaux.

Demande-t-on pourquoi le milieu de l'aurore boréale ne répond jamais exactement au-dessous du pole, & pourquoi toute la masse décline ordinairement de 10 à 12 degrés vers le couchant ? L'on doit répondre que le couchant étant à la fin du jour la derniere portion de notre athmosphére qui a rencontré l'athmosphére solaire & qui s'est imprégné de la matiere qui la compose, il n'est pas extraordinaire que cette matiere se trouve en plus grande quantité vers l'occident, & que par conséquent l'aurore boréale dont elle est la cause physique, ait coutume de décliner de ce côté-là.

Demande-t-on d'où viennent ces colonnes de feu, ces jets de lumiere, ces éclairs, ces vibrations, ces ondulations que l'on remarque dans les aurores boréales ? L'on peut assurer que la matiere de l'athmosphere solaire tombant tantôt en colonnes, tantôt en pelotons, tantôt en traînées, en un mot tombant en cent manieres différentes dans l'athmosphére terrestre, y cause tous ces phénoménes capables d'effrayer les personnes qui n'ont aucune idée de Physique.

Demande-t-on d'où vient la couronne lumineuse que l'on apperçoit près du zénith dans les grandes aurores boréales ? L'on peut dire que ce n'est-là qu'un objet purement optique. En effet imaginons-nous la matiere du phénoméne tombant dans notre athmosphére en forme de colonnes perpendiculaires à la surface de la terre ; si ces colonnes sont en grand nombre, elles produiront dans l'œil du spectateur l'apparence d'une couronne placée près du zénith. Cette couronne nous paroîtra permanente, parce qu'aux premieres colonnes poussées vers les poles par le mouvement diurne de la terre, il en succéde d'autres qui tombent perpendiculairement dans l'athmosphére terrestre.

Demande-t-on enfin s'il est démontré que la matiere des aurores boréales se trouve dans l'athmosphére terrestre? L'on doit assurer qu'elle s'y trouve; elle auroit sans cela un mouvement journalier apparent d'orient en occident; ce qu'aucun astronome n'a encore observé.

Le Lecteur trouvera ici volontiers la table abrégée des aurores boréales; elle est de Mr. de Mairan.

TABLE ABRÉGÉE

Des aurores boréales qui ont paru

de 394 à 500.	quelques-unes
de 500 à 1550.	27
de 1550 à 1622. . . .	28
de 1622 à 1707. . . .	4
de 1707 à 1716. . . .	7
en 1716	7
en 1717	5
en 1718	8
en 1719	8
en 1720	10
en 1721	8
en 1722	15
en 1723	10
en 1724	2
en 1725	4
en 1726	7
en 1727	8
en 1728	30
en 1729	8
en 1730	16
en 1731	17
en 1732	65
en 1733	53
en 1734	52
en 1735	15
en 1736	42

en 1737	40
en 1738	9
en 1739	16
en 1740	2
en 1741	21
en 1742	14
en 1743	9
en 1744	3
en 1745	3
en 1746	1
en 1747	7
en 1748	3
en 1749	3
en 1750	12
en 1751	2
en 1762	1

J'obſervai cette derniere aurore boréale à Gromelles, maiſon de campagne du Collége d'Avignon, le 5 du mois de Septembre à 10 heures $\frac{3}{4}$ du ſoir. Tout-à-coup la partie occidentale du Ciel parut rougeatre, & probablement le rouge auroit été couleur de feu, ſans la clarté de la lune qui étoit alors à ſon 16e jour. Toute la matiere ſe rangea bientôt du côté du pole; elle couvrit toutes les étoiles qui ſont de ce côté là, juſqu'à l'étoile polaire incluſivement. Je ne vis à travers que la belle étoile de la conſtellation de la chevre. L'aurore boréale ne fut belle que juſqu'à environ 11 heures $\frac{1}{4}$; elle diſparut peu-à-peu; & à minuit il n'en reſta dans le Ciel aucun veſtige ſenſible. Il me paroît qu'il faut la ranger dans la claſſe des aurores paiſibles; je n'apperçus aucun mouvement particulier dans la matiere qui la compoſoit, tout le temps que le phénoméne dura.

AURORE MERIDIONALE. Phénoméne qui paroît du côté du pole méridional de la même maniere, & ſouvent dans le même temps que l'aurore boréale ſe montre du côté du Nord. Dom Antoine de Vlloa Capitaine de Vaiſſeau du Roi d'Eſpagne, aſſure dans une lettre qu'il écrit à M. de Mairan, qu'après avoir doublé le Cap de Horn qui ſe trouve à environ 57 degrés de latitude méridionale, il vit ſouvent du côté du pole auſtral une grande clarté dans le Ciel, qui montoit quelquefois jusqu'à 30 degrés au-dessus de l'horison, à-peu-près comme quand la lune est prête à se lever, quelquefois plus rougeatre, & quelquefois plus brillante, ou plus blanche. Il ajoute que ces entrevues ne duroient gueres au-delà de 3 à 4 minutes, parce que dans ce pays-là des brouillards fort épais se succédent presque continuellement les uns aux autres. Cette lettre dattée du 28 Avril 1750, se trouve dans la seconde édition de l'Aurore boréale de M. de Mairan, *pag.* 439.

M. Frézier qui doubla le même Cap en 1712, rapporte dans sa rélation de la mer du Sud, qu'à une heure & demie après minuit une grande partie de l'équipage vit un météore inconnu aux plus anciens navigateurs qui étoient présens; c'étoit une lueur différente du feu St. Elme & d'un éclair, qui dura une demi minute. Tout cela nous prouve qu'il y a non seulement des aurores boréales, mais encore des aurores méridionales. Si la partie australe de la terre avoit autant d'observateurs que la partie septentrionale, & que les brouillards y fussent moins fréquents, nous aurions des tables très exactes des aurores méridionales.

AUTOMATE. C'est une machine qui a en soi le principe de son mouvement. Nos montres & nos horloges sont donc des Automates ordinaires. L'on doit regarder comme *Automates extraordinaires* le coq de l'horloge de Lyon, celui de l'horloge de Strasbourg, & surtout les trois machines de Mr. Vaucanson. Le premier Automate de ce célébre Académicien est une figure humaine de 5 pieds & demi de hauteur, qui joue de la flute avec toute la délicatesse possible. Son second Automate est un canard qui avance son col pour prendre du grain, l'avale, le digére, & le rend par les voyes ordinaires tout digéré. Ce canard boit, croasse & barbote dans l'eau, comme les animaux ordinaires. Son troisieme Automate est un joueur de tambourin qui joue une vingtaine d'airs, menuets, rigodons & contredanses. Tous ces Automates gardent inviolablement les loix de la Méchanique, & ne donnent aucune marque de connoissance; ils ne sçauroient donc servir à prouver que les Bêtes sont de pures machines. cherchez *Animaux*.

AUTOMNE. L'automne dure trois mois. Cette saison commence le jour que le soleil paroît sous le premier degré du signe de la *balance*, c'est-à-dire, environ le 22 Septembre, & elle dure tout le temps que le soleil paroît sous les signes de la *balance*, du *scorpion* & du *sagittaire*.

AXE. Une ligne qui partage un corps en 2 parties géométriquement égales, & sur laquelle ce corps se meut, a le nom *d'axe*. L'axe du monde, l'axe de la terre, & l'axe d'une ellipse sont les principaux axes dont la connoissance est nécessaire à un Physicien. Nous en parlerons dans leurs articles rélatifs.

AXIOME. Toute vérité connue de tout le monde, s'appelle *axiome*. Voici les principaux.

Tout ce qui est renfermé dans l'idée claire & distincte d'une chose, lui convient nécessairement.

Il est impossible qu'une même chose soit & ne soit pas en même temps.

Le Tout est plus grand qu'aucune de ses parties.

Deux grandeurs égales à une troisieme, sont égales entre elles.

Si on augmente, ou si on diminue également deux choses égales, elles resteront égales; mais si on les augmente, ou si on les diminue inégalement, elles deviendront inégales.

Les quantités doubles, triples, quadruples de quantités égales, sont égales entre elles.

Tout effet a une cause.

Ni l'art ni la nature ne peuvent faire une chose de rien. &c.

AZIMUT. Tout grand cercle de la sphére qui passe par le zénith & le nadir, & qui coupe l'horison en 2 points diamétralement opposés, est un cercle azimutal ou vertical. Le premier vertical doit passer par le zénith & le nadir, & couper l'horison dans les deux points du vrai orient & du vrai occident. Ceux à qui cette définition paroitroit obscure, n'ont qu'a jetter un coup d'œil sur l'article de la *Sphére*.

B

BAAILLEMENT. C'est une ouverture involontaire de la bouche qui marque l'ennui, ou l'envie de dormir. Boerrhaave nous assure que le Baaillement se fait en dilatant presque en même-temps tous les muscles qui servent à la respiration; en donnant au poumon une très grande expansion; en inspirant beaucoup d'air lentement & peu à peu: ensuite après l'avoir retenu quelque temps, & lorsqu'il a été raréfié lentement, on le rend insensiblement par l'expiration; & enfin les muscles reprennent leur état naturel.

BAINS. Les bains les plus sains sont ceux que l'on prend pendant l'été dans une eau courante, telles que sont les eaux de fontaine, ou de riviere. Les Médecins conseillent de se faire saigner & purger, avant que de commencer à prendre les bains; de les prendre ensuite pendant un certain nombre de jours, ou le matin, ou quatre heures après le dîner; de se reposer après les avoir pris; & de ne se permettre, pendant tout le temps qu'on les prend, aucun exercice violent. Négliger toutes ces précautions, c'est prendre les bains en *Ecolier*. L'expérience ne nous apprend que trop combien de jeunes imprudens trouvent la mort dans le lieu même où ils auroient dû trouver le moyen de prolonger leur vie.

BAINS *de Mer*. Les bains réitérés dans l'eau de la mer sont un rémede des plus efficaces contre la rage; pourquoi ? parceque ces sortes de bains causent des évacuations qui emportent le poison.

BAINS *de Chymie*. Les principaux bains dont on fasse usage en Chymie, sont les bains de sable, de limailles de fer, de cendres, de fumier, de marc de raisin, de vapeur & le bain-marie. En voici l'explication.

1°. Une matiere contenue dans un vaisseau qu'on ne présente au feu, qu'après l'avoir entouré de sable, de limailles de fer ou de cendres, est une matiere qui s'échauffe aux bains de sable, de limailles de fer ou de cendres.

2°. Un vaisseau qu'on enterre dans un tas de fumier chaud, contient une matiere qui s'échauffe aux bains de fumier, ou de *ventre de cheval*.

3°. Si l'on enterroit ce vaisseau dans un tas de marc de raisin; ce qu'il renferme seroit mis aux bains de marcs de raisin.

4°. Echauffez un vaisseau par la vapeur de l'eau; ce sera là un bain de vapeur.

5°. Mettez du feu sous un vaisseau rempli d'eau; mettez ensuite un second vaisseau dans cette eau; cequ'il contient s'echauffera au bain-marie.

BALANCE. La Balance ordinaire est expliquée dans le Corollaire I de la Méchanique, & la balance hydrostatique dans le quatrieme usage de la premiere partie de l'hydrostatique.

BAROMÉTRE. Le Barométre, destiné à nous indiquer les variations qui arrivent à la pesanteur & au ressort de l'air, doit être composé d'un tube de verre bien net, purgé d'air, & dont le diamétre soit d'environ deux lignes; l'extrêmité supérieure de ce tube doit être fermée hermétiquement; & son extrêmité inférieure doit être plongée dans un petit vase rempli de mercure, ſur la ſurface duquel l'air que nous reſpirons ait la facilité de graviter. C'eſt l'action de l'air extérieur ſur la ſurface du mercure contenu dans ce vaſe, qui fait monter & qui ſoutient dans le tube du barométre la colonne de vif argent tantôt à 26, tantôt à 27 $\frac{1}{2}$ & tantôt à 29 pouces de hauteur. Toricelli à qui nous devons cet Inſtrument météorologique, n'a pas été le ſeul à s'en ſervir pour démontrer la peſanteur de l'air que nous reſpirons : Deſcartes mit cette vérité dans le plus grand jour par l'expérience qu'il fit faire en Auvergne; la voici en peu de mots. Mr. Du Perier ſon ami plaça deux barométres parfaitement égaux, l'un au pied & l'autre au ſommet de la montagne du *Puy de dome*, & il s'apperçût que le mercure monta plus haut dans le tube du premier, que dans le tube du ſecond; il conclut delà que le mercure n'étoit ſoutenu dans le barométre que par l'action de la colonne d'air, puiſque plus la colonne étoit longue, & plus le mercure montoit dans le tube du barométre. Les expériences ſuivantes nous apprendront quels ſont les principaux uſages de cet Inſtrument.

Premiere Expérience. Sommes-nous ménacés de mauvais temps, par exemple de pluie? Le barométre baiſſera au deſſous de ſa hauteur moyenne, c'eſt-à-dire au deſſous de 27 pouces $\frac{1}{2}$.

Explication. La plûpart des Phyſiciens ſe ſervent non ſeulement de la peſanteur, mais encore du reſſort de l'air pour expliquer les variations du barométre; l'on en trouve même d'un vrai mérite qui ne s'attachent qu'à la derniere de ces deux cauſes. Ce principe une fois ſuppoſé, voici comment on doit raiſonner : dans un temps pluvieux l'air perd beaucoup de ſon élaſticité, puiſque l'humidité qui regne alors dans la région inférieure de l'athmoſphére, doit communiquer une trop grande flexibilité aux particules dont il eſt compoſé; le barométre doit donc dans un temps de pluie baiſſer au deſſous de ſa hauteur moyenne.

Seconde Expérience. Le temps calme & ſec doit-il ſuccéder à un temps pluvieux? L'on voit monter le barométre au deſſus de ſa hauteur moyenne.

Explication. Dans un temps calme & ſec l'air eſt très élaſtique, puiſque ſes particules perdent cette trop grande flexibilité que la pluie leur avoit communiquée; le barométre doit donc monter dans ce temps-là au deſſus de ſa hauteur moyenne.

Troisieme Expérience. Prenez deux barométres parfaitement égaux, & placez l'un au pied & l'autre au sommet d'une montagne dont la hauteur perpendiculaire soit de 96 toises; vous verrez que le barométre placé au sommet de la montagne sera plus bas de 8 lignes, que celui que vous aurez placé au pied.

Explication. C'est-là la même expérience que celle du *Puy de dome* dont nous avons déja donné l'explication; aussi ne l'avons-nous rapportée, que pour faire connoître que l'on peut se servir du barométre pour déterminer la hauteur perpendiculaire d'un édifice, d'une tour, d'une montagne, &c. On doit supposer pour cela qu'une élévation perpendiculaire de 12 toises produit dans le barométre un abaissement d'une ligne.

BAROMETRE PHOSPHORE. On donne ce nom aux barométres qui, sécoués dans l'obscurité, causent de la lumiere. Ce phénoméne extraordinaire fut apperçu pour la premiere fois en 1675 par M. Picard qui transportoit par hazard son barométre d'un lieu à un autre dans une grande obscurité. M. Bernoulli nous a laissé la maniere de construire très facilement ces sortes d'Instruments. Voici comment il s'exprime dans une lettre que l'on trouve dans les Mémoires de l'Académie des sciences, *année* 1700, *pag.* 178.

Je pris un tuyau de verre d'euviron trois pieds & demi de long, ouvert par les deux bouts, que j'eus soin de bien dégraisser & néttoyer par dedans. J'en plongeai un bout dans le vif argent contenu dans un vase, de telle sorte que l'angle que le tuyau faisoit avec l'horison, ne comprenoit que 18 à 20 degrés. J'appliquai ma bouche à l'autre extrêmité du tuyau. Je commençai à sucer, & je continuai d'un seul trait jusqu'à ce que j'eusse attiré dans ma bouche quelques gouttes de mercure. Alors je fis signe à un de mes écoliers de boucher promptement avec le doigt le bout d'en bas enfoncé dans le vif argent. Il le fit, & je fermai celui d'en haut avec du ciment dont je me sers pour consolider les verres cassés ou fendus. Après l'avoit bien fermé, je dis à cet écolier d'ôter son doigt de dessous le bout qui trempoit toujours dans le vif argent. J'érigeai ensuite le tuyau perpendiculairement, & le vif argent descendit à son équilibre ordinaire. J'ôtai le tuyau hors de ce vase large, tenant le bout d'en bas fermé avec le doigt, & je le mis dans un vase plus étroit & plus profond, à moitié rempli de vif argent. Tout étant achevé, je je pris mon barométre ainsi préparé, le tuyau à la main gauche & le vase à la main droite. Aussi-tôt que je fus dans l'obscurité, voila que j'apperçus déja des éclairs fort vifs causés par le petit balancement que le mouvement de transport avoit imprimé au mercure. Mais quand je commençai, quoique fort doucement, à balancer le barométre pour donner au vif-argent une réciprocation un peu plus considérable, que celle qu'il avoit par le seul mouvement de transport, il sortoit à chaque descente une lumiere si brillante, que je pouvois assez bien discerner les lettres d'une médiocre écriture à la distance d'un pied.

M. Bernoulli n'a pas été aussi heureux dans l'explication de ce phénoméne, que dans la fabrique des barométres lumineux. S'il avoit vécu de nos jours, il auroit sçu que le verre est un corps qui s'électrise très-facilement; & je suis persuadé qu'il auroit regardé cette lumiere comme l'effet des particules ignées que les secousses faisoient sortir du mercure électrisé. Cherchez *Électricité*.

Ce qui me confirme dans cette pensée, c'est ce que dit M. Bernoulli à la fin de sa lettre. Il raconte qu'il versa un peu d'eau dans le vase d'en bas d'un barométre lumineux. Il éleva le tuyau tout doucement, jusqu'à ce que son extrêmité inférieure sortant du vif-argent contenu dans le vase, parvînt à l'eau. Aussi-tôt que quelques gouttes furent entrées dans le tuyau, il le replongea dans le vif-argent; & ces gouttes montant en haut couvrirent le sommet de la colonne de mercure. Ce peu d'eau empêcha si bien l'apparition de la lumiere, qu'avec les plus violents balancements, il n'en parut pas la moindre trace. Je le répéte, cette expérience me confirme dans ma premiere pensée; nous sçavons que le verre ne donne aucune marque d'électricité, lorsqu'il est frotté par une main humide.

BASE. S'agit-il d'un solide? On nomme *Base* ce qui lui sert d'appui & de soutien, ce sur quoi il porte. S'agit-il d'une figure plane? On prend pour Base la partie la plus basse. Dans un triangle cependant on prend communément pour Base le côté opposé au plus grand angle.

BASILIC. Animal fabuleux sur lequel les Anciens ont fait mille contes puériles. Ils ont débité qu'il étoit produit par les œufs des vieux coqs; que s'il lançoit le premier ses regards sur l'homme, il lui donnoit la mort; mais qu'il périssoit aussi, si l'homme lançoit le premier ses regards sur lui.

BAS VENTRE. Cherchez *Abdomen*.

BEGUE. On donne ce nom à ceux qui prononcent avec difficulté, qui répétent plusieurs fois les mêmes mots & les mêmes syllabes. Ce défaut vient sur-tout de leur glotte qui ne change pas aussi facilement de figure, qu'il est nécessaire pour parler avec facilité. Cherchez *Parole* & *Son articulé*.

BIERRE. Cette boisson est trop en usage dans les païs même où il y a des vignes, & elle sert trop à la digestion, pour ne pas en donner l'analyse. Les matieres qui entrent dans la composition de la Bierre, sont l'eau, l'orge, le houblon & la levure.

L'eau doit être légere & pénétrante; elle est telle, lorsqu'elle mousse facilement avec le savon.

L'orge doit être germée & ensuite moulue. Toute orge portée au cellier, ne manque jamais d'y germer, lorsqu'elle a trempé auparavant pendant vingt-quatre heures. Le moulin dont on se sert pour la moudre, ne doit la briser que grossierement, de façon cependant que la farine se détache du son.

Le houblon est une plante dont la fleur donne à la Bierre sa force & son principal agrément.

La levure est l'écume que la Bierre jette hors du tonneau; on la recueille pour faire fermenter la nouvelle. La Bierre n'est donc qu'une eau dans laquelle, à force de pelle & de bras, l'on a fait passer ce qu'il y a de meilleur dans le houblon & dans la farine d'orge. Ce qu'il faut bien remarquer, c'est que sur le fond volant de la cuve où l'on doit *brasser* la Bierre, l'on étend du houblon à la hauteur d'un pouce; & sur ce houblon, de la farine d'orge, à raison d'un septier pour un muid d'eau. Ce qu'il faut encore remarquer, c'est qu'un muid de Bierre demande un seau de levure. Un muid d'eau sur lequel on ne jetteroit que la moitié, ou le tiers des matiéres dont nout venons de faire l'énumération, ne donneroit que de la Bierre simple, ou de la petite Bierre, & non pas de la Bierre double.

BILE. C'est une liqueur jaunâtre séparée de la substance du sang, surtout par le moyen du foie. Les Anatomistes la regardent avec raison comme un des principaux agents de la digestion qui se fait des alimens dans le *Duodenum*. Aussi est-ce dans cet intestin qu'elle tombe sans cesse goutte à goutte par des conduits que l'on appelle *biliaires*. Cherchez *Digestion*.

BINOME. On appelle ainsi toute grandeur algébrique composée de deux termes unis par le signe +, ou séparés par le signe —. Les grandeurs $a + b$ & $a - b$ sont donc deux Binomes.

BIQUADRATIQUE. C'est la quatrieme puissance, c'est le quarré du quarré. a^4 est donc la puissance Biquadratique de a, & 16 celle de 2.

BISE. C'est le vent du Nord. L'on assure communément en Physique que ce vent se charge de particules de nitre & de glace, fort communes dans les plages boréales, & que c'est-là ce qui le rend froid. Cherchez *Vent*.

BISSECTION. Division d'une étendue quelconque en deux parties égales.

BISSEXTILE. L'année bissextile contient 366 jours. Cherchez *Calendrier*.

BITUME. Le bitume est un mixte qui contient beaucoup de feu, beaucoup d'huile, peu d'eau & très-peu de terre. Le bitume a communément une couleur noire; l'on en voit cependant de blanc & de jaune. Je le nommerois volontiers un mixte amphibie, puisqu'on le trouve aussi bien sur les eaux que dans la terre. Les rivages de la mer baltique nous fournissent cette espéce de bitume que l'on nomme *ambre*; on le regarde comme un assez bon remede contre les douleurs de la goutte, si on en croit les gens du pays; ce qu'il y a de sûr, c'est que l'eau de bitume est excellente contre la plûpart des maladies qui attaquent les nerfs.

BIVALVE. On appelle ainsi toute coquille composée de deux parties qui s'ouvrent à peu-près comme une porte à deux battans. Cherchez *Coquille*.

BLANC. Le mélange de toutes les couleurs primitives forme le blanc; comme nous l'avons expliqué dans l'article des *couleurs*.

BLED. Grain dont on fait le pain. Comme il n'est rien de plus nécessaire, que de conserver ce qui fait la principale nourriture de l'homme: nous ne nous contenterons pas d'examiner ce qui peut altérer une denrée si précieuse, nous apprendrons encore à prévenir ou à réparer ce malheur. Les deux plus grands obstacles à la conservation du bled, sont sans contredit la fermentation qui l'altére & les insectes qui le rongent. La fermentation dans le grain n'est autre chose qu'un commencement de végétation & de développement du germe. L'expérience nous a appris qu'un bled étuvé est incapable de germer. En effet lorsqu'on aura retiré le pain du four, mettez-y quelques livres de bled, & laiſſez-les y juſqu'à ce que le four ait perdu ſa chaleur. Semez enſuite quelques-uns de ces grains dans un vaſe, & pareil nombre de ceux qui n'auront pas été au four, dans un autre vaſe. Arroſez-les également tous les deux. Expoſez-les au même ſoleil. Au bout de 7 à 8 jours les grains non étuvés pouſſeront des tiges, tandis qu'un mois après vous trouverez en terre les grains étuvés, tels qu'ils étoient, lorſqu'on les a ſemés.

Mais non-ſeulement la chaleur de l'étuve tue le germe du grain, elle tue encore les charanſons & les autres petits animaux de cette eſpèce qui pourroient s'y être formés. En un mot c'eſt maintenant un fait confirmé par des expériences ſans nombre, qu'on peut entaſſer, comme on voudra, un bled étuvé; & que, pourvû qu'on le garantiſſe de l'humidité extérieure qui pourroit le pourrir, on eſt diſpenſé de tout autre ſoin à ſon égard. L'on trouvera dans les Mémoires de Phyſique & de Mathématique que les Jéſuites chargés de l'Obſervatoire royal de Marſeille, donnerent en l'année 1756, la maniere de conſtruire ces ſortes d'étuves. Mais comme les étuves ne ſont pas en uſage dans tous les pays, voici quelques autres moyens de conſerver infailliblement le bled.

Le grenier où on l'enferme, doit être bien propre, avoir des ouvertures au ſeptentrion ou à l'orient & des ſoupiraux en haut. Le bled qu'on y met, doit être bien ſec & bien net. Il faut pendant les ſix premiers mois le remuer de 15 en 15 jours, & les 18 mois ſuivans le remuer tous les mois. Il n'eſt plus à craindre qu'après ce temps-là il s'échauffe. A Chalons on remue & on crible bien le bled que l'on veut conſerver. On en fait des tas auſſi gros que le plancher peut le permettre. On met enſuite ſur chaque tas un lit de chaux vive en poudre, de 4 pouces d'épaiſſeur; puis avec des arroſoirs on humecte cette chaux qui forme avec le bled une croute. Les grains de la ſuperficie germent & pouſſent une tige d'environ un pied & demi de haut, que l'hyver fait mourir. C'eſt ſans doute ce dernier moyen qui a fait conſerver juſqu'en l'année 1707 dans la Citadelle de Metz de grands amas de bled que le Duc d'Epernon y fit faire environ l'année 1550. La croute dont il étoit couvert, étoit ſi forte, qu'on s'y promenoit deſſus, ſans qu'elle obéit.

BLEU. Nous avons prouvé, en expliquant le ſiſtême

de Newton sur les couleurs, que le bleu étoit la cinquieme des 7 couleurs primitives.

BOIS. Nous entendons par *bois* un grand terrein planté d'arbres qui ne sont pas fruitiers. Mr. Pluche a très-bien traité cette matiere dans le 15e, & le 16e Entretiens du tome second du Spectacle de la Nature. Voici ce qu'il dit de plus intéressant. Animé d'un esprit de religion inconnu aux prétendus Philosophes de nos jours, il nous fait d'abord remarquer que ce n'est point l'homme qui a été chargé de planter & d'entretenir les arbres des forêts. Dieu s'est réservé ce soin : lui seul les a plantés : lui seul les entretient. C'est lui qui en disperse les petites graines sur toute une large contrée. C'est lui qui a donné des ailes à la plûpart de ces graines, pour être plus aisément emportées par l'air, & répandues en plus de lieux : il suffit, pour s'en convaincre, de jetter les yeux sur la graine du tilleul, de l'érable & de l'orme. C'est lui qui en tire ensuite ces vastes corps qui s'élevent si majestueusement dans les airs. Lui seul les affermit par de fortes attaches & les maintient dans la durée de plusieurs siécles, contre les efforts des vents qu'il envoie sur la terre. Lui seul tire de ses trésors des rosées & des pluyes suffisantes pour leur rendre tous les ans une verdure nouvelle, & pour y entretenir une espèce d'immortalité.

M. Pluche en vient ensuite aux différents avantages que nous procurent les forêts. Il examine l'usage des feuilles, des graines, de l'écorce, des racines & du bois des arbres. Les feuilles, *dit-il*, sont utiles sur l'arbre, & le sont encore plus après leur chute. Sur l'arbre elles sont une des grandes beautés de la nature. Elles procurent à l'homme & aux animaux une fraicheur aussi salutaire, que délicieuse. Elles fournissent la vie aux arbres même, puisque ceux-ci reçoivent une grande partie de leur séve par les soupiraux & les conduits dont leur feuilles sont garnies. Lorsqu'ensuite ces mêmes feuilles ne reçoivent plus du corps de l'arbre une nourriture suffisante, elles jaunissent & se dissipent à la moindre secousse des vents, auxquels elles servent de jouet. La terre en est bientôt couverte ; elles se pourrissent au bas des arbres & sous les pieds des animaux. C'est un fumier dont les racines tirent pendant l'hyver la nourriture la plus délicieuse.

Les graines que les vents dispersent pour perpétuer nos forêts, nous servent encore à une infinité d'usages ;

témoins les glands, l'aveline, la noisette, la noix ordinaire & muscade, les chataignes, le café, le cocos &c.

Pour les écorces des arbres, on s'en sert en cent occasions. Les écorces de chênes pulvérisées sont utiles pour façonner le cuir, & lui procurer la fermeté & la souplesse nécessaire. Le liége n'est que l'écorce d'une espèce de grand chêne-verd que l'on voit en Espagne, en Gascogne & en Italie. Le canelier & le quinquina nous fournissent les écorces les plus précieuses & les plus salutaires.

Quelque grands & variés que soient les avantages que nous tirons des moindres parties des arbres, ils ne sont pas comparables à ceux que nous tirons du bois même. Ne nous contentons pas, pour le prouver, d'inviter le lecteur à jetter un coup d'œil sur les ouvrages des Menuisiers, Charpentiers, Tourneurs, Sculpteurs &c; rappellons-lui que le bois est l'aliment naturel du feu, & par conséquent le soutien de notre vie. Mais comment faudroit-il s'y prendre, si l'on vouloit commencer un bois, voilà ce que nous allons détailler en suivant toujours notre même guide.

1°. Environnez d'un fossé profond tout le terrein que vous destinez à votre bois.

2°. Ayez de jeunes plants un peu forts, bien garnis de racines & nouvellement arrachés. Mettez-les dans une terre bien labourée, assez près les uns des autres ; on peut en mettre quatorze mille dans un arpent contenant cent perches de 22 pieds chacune.

3°. Si, au lieu de jeunes plants, vous employez la graine des arbres dont vous voulez composer votre bois, vous vous souviendrez encore d'éclaircir le bois, lorsque les arbrisseaux s'affameront, & d'en faire arracher dans les commencemens toutes les mauvaises herbes.

4°. La plus grande faute que l'on puisse faire, lorsque l'on commence un bois, c'est de mettre les arbres dans les terres qui ne leur conviennent pas. Prenez donc garde à l'énumération suivante ; elle est des plus intéressantes.

Le chêne demande ou l'argile ou une terre pierreuse ; le frêne une terre légère & peu profonde ; le cormier une terre froide, mais cependant substantielle & nourrissante ; le hêtre & le charme une terre dure ; le noyer une terre forte ; le coudrier une terre sabloneuse ; le tilleul une terre grasse ; le saule une terre marécageuse ; le peuplier, le tremble, le plane, l'aune & l'osier une terre humide ; le buis, le pin, le cyprès, le mélese, le sapin, & le chêne viennent à merveilles dans les pays les plus froids ; le cornouillier, le bouleau & l'orme viennent presque par tout. Il en est de même du chataignier ; il s'accommode de tout, pourvu qu'il soit loin des eaux & des marécages.

BOISSEAU. Mesure qui doit avoir à Paris huit pouces deux lignes & demi de haut sur dix de diamétre, d'un fût à l'autre.

BOISSON. C'est un des principaux agens de la digestion. Les boissons les plus ordinaires sont l'eau, le vin, la bierre & le cidre. Nous en avons parlé dans leurs articles rélatifs.

BORAX. Le borax se divise en naturel & en artificiel. Le premier est une humeur qui se congéle l'hyver dans les mines. Il y en a de noir, de jaune & de blanc. Le noir se trouve dans les mines de plomb, le jaune dans les mines d'or, & le blanc dans les mines d'argent. Le borax blanc est celui dont on fait le plus d'usage. Après qu'il a été tiré de la terre, on le rafine à peu-près comme les autres sels, & après cette opération, il est dur, sec & transparent. Mr. Lemery qui en a fait l'analise, assure qu'il est composé d'eau, de sel & d'une substance huileuse ou bitumineuse. On se sert de borax blanc pour souder quelques métaux & principalement l'or : on l'emploie aussi quelquefois dans la Médecine. Mr. Lemery nous assure qu'il fit dissoudre dans l'eau le verre de borax, qu'il fit prendre un peu de cette dissolution à un malade rempli d'obstructions, & que ses urines furent plus abondantes qu'à l'ordinaire ; il conclut de-là que cette dissolution pourroit bien être un reméde pour la gravelle.

Le borax artificiel est un composé de nitre, de rouille d'airain & d'urine ; on prend celle des jeunes gens qui boivent du vin. Bien des personnes préférent le borax artificiel au borax naturel.

BORÉAL. On donne ce nom à tout ce qui est plus près du pole arctique, que du pole antarctique.

BOTAL. On appelle canal ou trou *botal* une ouverture, ou plutôt un conduit dans le cœur du *fœtus*, par lequel le sang va de la veine cave dans l'aorte sans passer par les poumons. Ce canal demeure ouvert tout le temps que l'enfant est dans le sein de sa mere, parce que par ce moyen son sang peut avoir, & a en effet un vrai mouvement de circulation, ſans que l'enfant ait beſoin de reſpirer. Cherchez *Sang*.

BOTANIQUE. C'eſt la ſcience des plantes. La Botanique générale dont il s'agit uniquement dans cet article, traite des qualités communes à ces eſpèces de ſubſtances qui ſont capables de végétation & non pas de ſenſation ; car c'eſt là l'idée que l'on doit ſe former de toute plante. Les parties principales de la plante ſont la racine, le tronc ou la tige, les branches, les feuilles, les fleurs, les fruits & la graine.

La racine eſt compoſée de parties chevelues qui s'attachent comme d'elles mêmes à la terre.

Le tronc ou la tige eſt la partie qui s'éleve pour l'ordinaire en forme de cylindre depuis les racines juſqu'aux branches ; c'eſt comme le corps de la plante.

Les branches ſont des eſpèces de rejettons, ou pour mieux dire, de petites plantes qui naiſſent de la tige. En effet combien de branches enfoncées dans la terre ne voit-on pas devenir des arbres auſſi gros que ceux dont elles faiſoient auparavant partie. Elles ont donc des racines qui ne ſe développent, que lorſque la branche eſt coupée, & miſe en terre avec de certaines conditions.

Les feuilles ſont des productions des branches. Elles ont, comme les autres parties de la plante, une infinité de conduits dont nous aurons occaſion de parler dans la ſuite de cet article.

Les fleurs que l'on ne regarde communément que comme l'ornement de la plante, préſentent à des yeux phyſiciens bien des choſes à contempler. Elles ont leur *piſtile*, leurs *étamines* & leurs *feuilles*. Du centre de la fleur s'éleve le piſtile, c'eſt une eſpèce de tuyau creux qui renferme la graine. Autour du piſtile ſont rangés des filets aſſez déliés, terminés par des extrêmités faites en forme de *capſules* : les filets ſont les *étamines*, & les capſules les *ſommets*. Autour des étamines ſe trouvent les feuilles qui défendent des injures de l'air les parties eſſentielles de la fleur. Lorſque les ſommets des étamines ſont dans leur maturité, ils s'entrouvrent, & ils verſent dans l'intérieur du piſtile une pouſſiere qui féconde les graines. C'eſt pour cela ſans doute qu'à côté du palmier femelle qui ne porte que les fruits, on ne manque jamais de planter un palmier mâle qui ne porte que les fleurs ; les pouſſieres de celui-ci portées par l'agitation de l'air ſur les piſtiles de celui-là, le rendent fécond. Jovinianus Pontanus raconte que l'on vit de son temps deux palmiers, l'un mâle cultivé à Brindes, l'autre femelle élevé dans le bois d'Otrante, éloigné de Brindes de plus de 15 lieues. Le palmier femelle ne porta des fruits que, lorsque s'étant élevé au-dessus des autres arbres de la forêt, il put appercevoir le palmier mâle, & recevoir sur ses pistiles la poussiere des étamines que le vent enlevoit de dessus le palmier mâle par-dessus les autres arbres.

Le fruit qui nait pour l'ordinaire au milieu de la fleur, est la partie de la plante destinée à contenir & à conserver la graine. La pulpe, c'est-à-dire, la chair du fruit est formée par ce qu'il y a de plus délicat & de plus délié dans les sucs nourriciers; aussi ces sucs passent-ils par des fibres & des canaux très-étroits que l'on n'apperçoit qu'à l'aide des meilleurs microscopes.

La graine contient la plante en petit & comme en miniature. Outre plusieurs enveloppes extérieures, chaque graine a encore une peau dans laquelle sont renfermés la pulpe & le germe. Otez la robe qui enveloppe une féve, il vous reste à la main deux piéces qui se détachent, & qu'on appelle les deux lobes de la graine. Ces lobes ne sont autre chose qu'un amas de farine qui étant mêlée avec le suc nourricier, ou les sucs terrestres, forme une bouillie, ou un lait propre à nourrir le germe. Au haut des lobes est le germe planté & enfoncé comme un petit clou. Il est composé d'un corps de tige & d'un pedicule. La tige est un peu enfoncée dans l'intérieur de la graine; elle est comme empaquetée dans deux feuilles qui la couvrent en entier : on les nomme *feuilles seminales*. Le pedicule ou la petite racine est cette pointe qu'on voit disposée à sortir la premiere. Il tient aux lobes par deux tuyaux branchus dont les rameaux se dispersent dans les lobes où ils sont destinés à aller chercher les premiers sucs nécessaires à la petite plante.

Ces connoissances générales une fois supposées, il est temps d'examiner avec attention la naissance, la vie, l'accroissement, les maladies & la mort des plantes. C'est-là ce que nous allons faire dans les questions suivantes.

Premiere Question. Une plante peut-elle naître sans sémence.

Résolution. Il est aussi impossible à la terre de produire une plante sans sémence, qu'à la pourriture d'engendrer un insecte sans œuf. Pour vous en convaincre, faites un creux très-profond; du fond de ce creux tirez-en une certaine quantité de terre, où il soit sûr que les vents n'ont apporté aucune espèce de sémence; fermez cette terre dans un vase de verre avec lequel l'air extérieur n'ait aucune communication: quelque précaution que l'on prenne, de quelque maniere qu'on le présente au soleil, on n'y verra jamais un brin d'herbe; donc aucune plante ne peut naître sans sémence; donc la fougère, le champignon, & plusieurs autres plantes qui paroissent pulluler comme par hazard, ont des graines que les vents emportent ça & là, & qui ne naissent que dans les terreins où elles trouvent des sucs qui leur sont favorables. Mais comment se fait cette naissance ? le voici.

Les sucs nourriciers, je veux dire, les parties aqueuses, huileuses, sulphureuses, nitreuses, salines &c., mises en mouvement par la chaleur benigne qui regne dans le sein de la terre., entrent dans les lobes de la graine, réduisent ces lobes en une espèce de bouillie, se couvrent d'une pellicule de cette pâte, s'insinuent dans la radicule & dans la tige, développent les fibres de l'une & de l'autre; & voilà ce qu'on peut nommer la naissance des plantes. Les mêmes sucs passant bientôt en plus grande abondance par les fibres de la racine & de la tige, font que celle-là s'étend dans la terre, & celle-ci s'élance dans les airs.

Mais, *dira-t-on*, lorsque l'on séme, l'on jette les grains à l'aventure; il peut donc arriver très-facilement que de 100 grains que l'on ensemence, il y en ait 50 qui tombent tellement, que la partie d'où doit sortir la racine se trouve en haut, & celle d'où doit sortir la tige se trouve en bas. Que deviendront ces 50 grains ?

Les racines ayant des conduits plus larges que la tige, reçoivent des sucs plus pesans, que ceux que reçoit la tige; le poids de la partie de la graine où se trouve la racine doit, quelque temps après qu'elle a été mise en terre, l'emporter sur le poids de la partie de la graine où se trouve la tige. C'est sans doute à cet excès de poids que nous devons attribuer les mouvemens que font les racines de toutes les plantes, pour reprendre le bas, lorsque leurs graines ont été semées à contre-sens. M. Dodart nous raconte dans les Mémoires de l'Académie des Sciences (*année* 1700, *pag.* 47) qu'il planta dans un pot à œillets

6 glands à contre-sens. Il couvrit ces glands de deux bons doigts de terre médiocrement refoulée. Deux mois après il les déterra, & il trouva que les racines avoient fait un coude pour reprendre le bas.

Seconde Question. Les plantes digérent-elles les sucs nourriciers ?

Résolution. L'on remarque dans la racine des plantes non-seulement des conduits très-ouverts & très nombreux, mais encore une infinité de tours & de retours dont elle s'entortille. Aussi les Botanistes sont-ils persuadés qu'elle sert aux plantes & d'estomac & d'intestins. C'est-là que se fait la digestion des différens sucs. La chaleur qui se trouve dans le sein de la terre, échauffe la racine de la plante & dilate l'air renfermé dans les sucs nourriciers. Cet air dilaté sort de sa prison, brise les sucs en des particules très-subtiles, & voilà une espèce de digestion à peu-près semblable à celle qui se fait dans l'estomac de l'homme & dans celui des animaux.

Troisieme Question. Les plantes respirent-elles ?

Résolution. Les plantes sont tellement assujetties à l'impulsion de l'air, qu'elles en suivent fidelement toutes les variations. Elles périssent faute d'air : elles languissent, quand elles en ont peu : elles s'engourdissent, quand il se resserre : elles se raniment, quand il redevient agissant ; donc les plantes respirent. C'est-là le raisonnement de l'élégant Auteur du Spectacle de la Nature. C'est sans doute par les *trachées* que se fait cette respiration ; on appelle ainsi les canaux de la tige composés de fibres tournées en forme de vis ou de ligne spirale, qui d'une part aboutissent à l'air extérieur, & de l'autre s'étendent en s'élargissant jusqu'aux racines.

Quatrieme Question. La séve a-t-elle dans les plantes un mouvement de circulation, c'est-à-dire, les sucs nourriciers montent-ils continuellement de la racine aux branches & descendent-ils continuellement des branches à la racine ?

Résolution. Les Botanistes, pour prouver cette circulation de la séve, apportent un très-grand nombre d'expériences. Voici celle qui m'a paru la plus frappante & la plus décisive.

Prenez deux charmes dont les deux tiges joignent ensemble leurs écorces à 2 ou 3 pieds de distance de la terre, à peu-près comme les deux côtés d'un triangle vont se rencontrer à son sommet. Sciez à un pied de hauteur la tige qui est à droite, & faites couler entre les deux parties divisées une pierre plate, de telle sorte que la partie supérieure de la tige coupée n'ait plus de communication avec sa racine. Vous verrez l'année suivante une branche sortir de cette partie supérieure de la tige, un peu au-dessus de la pierre plate.

Ce ne sont pas les sucs montés par la racine du charme scié qui ont donné naissance à la branche nouvelle, puisque cette racine n'a plus de communication avec la partie supérieure de la tige divisée; il faut donc dire que les sucs montés par les fibres du bois depuis la racine du charme qu'on n'a pas divisé, & descendus par les fibres de l'écorce jusqu'à la pierre plate, ont donné naissance à la branche en question; donc la séve monte de la racine jusqu'au sommet de la plante par les fibres du bois, & descend du sommet jusqu'à la racine par les fibres de l'écorce; donc dans les plantes la séve a un véritable mouvement de circulation. La chaleur qui regne dans le sein de la terre, l'introduction d'un nouveau suc dans la racine, la figure capillaire des fibres ligneuses, & l'action de l'air sont autant de causes qui font monter la séve jusqu'au sommet des arbres les plus élevés. Tout ce qui dans la séve n'a pas servi à la nourriture de l'arbre, ou qui ne s'est pas évaporé, descend vers la racine, non-seulement par sa gravité, mais encore par l'impulsion des sucs ascendans. La séve en circulant, laisse dans les différentes parties du corps de la plante les alimens propres à sa nourriture; aussi regardons-nous cette circulation comme la cause physique de son accroissement.

Cinquieme Question. Quelles sont les maladies des plantes que l'on doit regarder comme curables.

Résolution. L'excès de sucs, le manque de sucs & certains accidents extérieurs causent dans les plantes des maladies ausquelles il est facile de trouver le remede. Et d'abord l'excès de sucs peut ou les suffoquer, ou briser leurs fibres; aussi, pour prévenir ces accidents, fait-on à la plante différentes incisions par où puisse s'écouler ce qu'il y a de trop dans les sucs nourriciers.

Le manque de sucs seroit encore plus préjudiciable aux plantes que l'excès. Bientôt on les verroit languir, se faner, jaunir & mourir. Cultivez, arrosez, fumez ces sortes de plantes; vous les verrez prendre de nouvelles forces & ſortir de leur état de langueur. Enfin le froid, le chaud, la gelée, la piquure des inſectes, certaines bleſſures ſont autant d'accidents extérieurs dont la plûpart n'ont d'autre remede que la patience.

Sixieme Queſtion. Quelles ſont les maladies des plantes que l'on doit regarder comme incurables ?

Réſolution La malignité des ſucs & la vieilleſſe ſont dans les plantes deux ſources de maladies incurables. la premiere déchire & la ſeconde carie leurs fibres.

REMARQUE.

Quoique ce que nous avons dit juſqu'à preſent regarde directement les plantes terreſtres, on peut cependant en appliquer l'eſſentiel aux plantes marines. Il faut ſeulement bien remarquer que celles-ci ſe nourriſſent d'une maniere bien différente de celles-là. Les plantes terreſtres ont des racines qui reçoivent le ſuc nourricier; il ſemble au contraire que le fond de la mer ne fait que ſoutenir les plantes marines; elles ſont fortement attachées contre les rochers; elles naiſſent ſur des cailloux très durs, ſur des coquilles & ſur tous les corps qui ſe rencontrent au fond des eaux. La partie qui les y attache, n'en ſçauroit recevoir aucune nourriture; auſſi ces eſpéces de racines ne ſont-elles ni fibreuſes, ni chevelues, mais le plus ſouvent étendues en maniere de plaque qui par une ſurface aſſez large, embraſſe fortement les corps ſur leſquels ces plantes ont pris naiſſance. Le limon qui ſe trouve au fond de la mer, fournit aux plantes marines leur principale nourriture, & cette nourriture ne peut entrer que par dehors; elles ne ſont qu'un amas de glandules qui filtrent l'eau de la mer, & en ſéparent les ſucs laiteux & glutineux pour s'en nourrir. Cherchez *Corail*; vous trouverez dans cet article des choſes que l'on peut appliquer à toute ſorte de plantes marines.

BOUSSOLE. Inſtrument abſolument néceſſaire aux Marins pour les diriger dans leurs courſes. Rien n'eſt plus ſinple que la conſtruction de la bouſſole. Diviſez un cercle de carton en 32 parties égales, où vous marquerez les noms des différents vents. Vous conſulterez pour cela l'article *Vent*. Suſpendez ce cercle dans une boëte ſur un ſtyle perpendiculaire. Faites lui porter horizontalement une aiguille d'acier aimantée ſuivant les régles que nous avons données dans l'article de l'Aiman; vous aurez une très bonne *Bouſſole*.

BOYAUX. Les boyaux ou les inteſtins ſont des corps

longs, ronds & creux que l'on trouve répandus sur le mésentére, & que l'on divise en grêles & en gros. Les intestins grêlés sont au nombre de trois, le *duodenum*, ainsi nommé parcequ'il a environ 12 travers de doigt de longueur; le *jejunum*, ainsi appellé, parcequ'on le trouve presque toujours vuide, & l'*ileon* qui tire son nom des tours & des retours dont il s'entortille. Les intestins gros sont aussi au nombre de trois, le *cæcum*, le *colon*, & le *rectum*. Le premier n'a qu'une ouverture; les douleurs que l'on sent dans le second se nomment *coliques*: enfin le troisieme qui nous représente une ligne droite, a environ un pied de longueur & trois doigts de largeur.

BRONZE. Le bronze est un mélange de cuivre & d'étain; il peut entrer absolument un quart d'étain dans ce mélange; il en entre communément un peu moins; c'est la calamine qui procure au bronze sa couleur jaune.

BROUILLARD. C'est un nuage que le soleil n'a pas eu la force d'élever assez haut, & qui contient beaucoup moins de parties aqueuses que les nuages ordinaires. Cherchez *Météores*.

BRUINE. C'est la matiere même du brouillard laquelle plus pésante qu'un pareil volume d'air, tombe sur la terre par les loix de l'*Hydrostatique*.

BRUIT. C'est un son considérable; cherchez *son*.

C

CABESTAN. Cette machine est expliquée dans la Méchanique.

CADRAN. C'est la projection que l'on fait sur un plan des principaux cercles de la sphére, & surtout des cercles horaires. Les cadrans le plus en usage se divisent en horizontaux & verticaux, & ceux-ci se subdivisent en méridionaux & septentrionaux, orientaux & occidentaux. Nous allons en donner la pratique & la démonstration, en supposant que ceux qui liront cette espéce de Traité de Gnomonique, ont lu auparavant les articles de ce Dictionnaire qui commencent par les mots *Sphére*, *Méridienne*, *Géométrie*, *Latitude & Longitude*.

1°. Le style ou l'axe est une verge de fer insérée dans le plan du cadran; & ce point dans lequel elle est insérée, se nomme le *centre*. C'est l'ombre du sommet du style qui marque les heures.

2°. la hauteur de style est une ligne perpendiculaire que l'on tire de son sommet sur le plan du cadran; & le point du plan sur lequel tombe cette perpendiculaire, s'appelle le pied du style. l'équerre suffit pour faire avec justesse une pareille opération. Consultez en tout cas *num.* 12.

3°. Le style doit toujours être parallele à l'axe du monde, parcequ'il en est l'image la plus naturelle.

4°. La soustilaire est la ligne à laquelle correspond le style par le pied duquel elle passe nécessairement, de même que par le centre du cadran. Elle n'est pas distinguée de la ligne de midi dans les cadrans horizontaux, & dans les cadrans méridionaux & septentrionaux non déclinans. Il n'en est pas ainsi dans les cadrans méridionaux & septentrionaux déclinans, comme on le verra dans la suite & sur-tout *n.* 10.

5°. La ligne méridienne est l'intersection du plan du cadran avec le méridien du lieu; c'est toujours la ligne de midi dans toute sorte de cadrans.

6°. La ligne équinoxiale est l'intersection du plan du cadran avec l'équateur; & le rayon équinoxial est une ligne droite menée du sommet du style au point où l'équinoxiale rencontre la soustilaire.

7°. Les cadrans sont horizontaux ou verticaux, suivant qu'ils sont tracés sur un plan parallele ou perpendiculaire à l'horizon.

8°. Les lignes droites qui représentent les grands cercles de la sphére perpendiculaires au plan du cadran passent toujours par le pied du style. En voici la raison. Tous les grands cercles de la sphére passent par le sommet du style, puisque ce sommet est considéré comme le centre du monde; donc les grands cercles de la sphére perpendiculaires au plan du cadran, doivent passer par le pied du style, parceque c'est le point du plan sur lequel tombe une perpendiculaire tirée du sommet du style. Par une raison contraire les lignes droites qui représentent les grands cercles de la sphére qui sont obliques sur le plan du cadran, ne passent pas par le pied du style; elles en sont même d'autant plus éloignées, que les cercles qu'elles représentent ont plus d'obliquité.

Il s'ensuit delà que dans les cadrans verticaux la ligne horizontale, c'est-à-dire, l'intersection du plan du cadran par un plan horizontal que l'on imagine passer par le sommet du style passe nécessairement par le pied du même style, puisque le plan horizontal est toujours perpendiculaire au plan vertical.

9°. Le faux style est une verge de fer dont on ne se sert que pour trouver la soustilaire, & non pas pour indiquer les heures. Il a communément deux pieds & demi de long, & il fait avec le plan du mur où il est inséré, un angle quelconque aigu.

10°. Pour trouver par le moyen du faux style la soustilaire d'un cadran vertical méridional, vous pourrez employer la méthode suivante. Par le pied du faux style, comme centre, décrivez plusieurs cercles concentriques. Vers le temps des solstices, examinez avant midi quel est le point de quelqu'une de ces circonférences où va tomber l'extrêmité de l'ombre du faux style, & marquez-le avec exactitude. Marquez le même jour après midi, lorsque cette ombre tombera sur quelqu'un des points de la même circonférence. Divisez en deux parties égales l'arc de cercle compris entre ces deux marques. Par le point du milieu & par le pied du faux style tirez une ligne droite; ce sera là la soustilaire. Si elle est perpendiculaire à l'horizon, votre muraille ne déclinera pas, c'est-à-dire, sera directement exposée au midi; mais elle déclinera d'autant plus ou d'autant moins, que la soustilaire coupera plus ou moins obliquement l'horizon. Cette méthode est fondée sur les mêmes principes que celle qui apprend à tirer une ligne méridienne sur un plan parfaitement horizontal. Cherchez *Méridienne*.

11°. Si la soustilaire se trouve du côté où se marquent les heures avant midi, le plan vertical décline à l'orient; & il décline à l'occident, si la soustilaire se trouve du même côté que les heures après midi.

12°. Si vous n'aviez point d'équerre pour trouver à l'instant le pied du faux ou du vrai style, servez-vous de la méthode suivante; elle est très géométrique. Prenez avec un compas sur le plan vertical trois points A, B, C, qui soient tous les trois également éloignés du sommet du style. Tirez ensuite deux lignes droites dont la premiere passe par tous les points également éloignés de A & de B, & la seconde par tous les points également éloignés de B & de C; le point d'intersection de ces deux lignes sera précisément le pied du style.

13°. La hauteur du pole sur l'horizon est toujours égale à la latitude du lieu, & l'élévation de l'équateur au complement de cette latitude, c'est-à-dire, à ce qui manque à cette latitude pour valoir 90 dégrés. Cherchez *latitude*.

CADRAN HORIZONTAL. C'est un cadran que l'on décrit sur un plan parfaitement horizontal, & qui dans toutes les saisons de l'année marque toutes les heures du jour. Ce cadran préférable

préférable par-là même à tous les autres dont nous parlerons dans la suite, a coutume d'être mobile, c'est-à-dire, qu'on peut le transporter à son gré de côté & d'autre.

PROBLÉME.

Connoissant la hauteur du pole, tracer un cadran horizontal.

Résolution. 1°. Tirez la ligne indéfinie C N E, *Fig.* 3 *Pl.* I qui passera par le centre C du cadran, & qui en sera la ligne de midi, lorsqu'elle sera placée sur une ligne méridienne horizontale.

2°. Par le centre C tirez la ligne H T perpendiculaire à C N; ce sera la ligne de 6 heures.

3°. Par le point N, c'est-à-dire par l'extrêmité de la ligne de midi, tirez la ligne F G qui représentera la ligne équinoxiale.

4°. Du centre C tirez la ligne C M qui fasse avec la ligne C N l'angle de la hauteur du pole; ce sera là le style du cadran, lorsqu'au lieu d'être couché, il sera élevé sur le plan horizontal, de telle maniere que l'angle M C N continue à représenter l'élévation du pole sur l'horizon.

5°. Du point N tirez sur la ligne C M la perpendiculaire N M qui fera avec la ligne C N un angle C N M égal à celui qui marque l'élévation de l'équateur sur l'horizon; cette ligne représentera le rayon de l'équateur.

6°. Sur la ligne indéfinie C N E, prenez N E égal à N M, & du point E comme centre, à l'intervalle E N décrivez le demi cercle R N S qui sera le demi-équateur.

7°. Divisez le demi-équateur R N S de 15 en 15 degrés, & du centre E tirez par chaque point de division des lignes ponctuées qui aboutissent à l'équinoxiale F G; les différents points de rencontre vous donneront les différentes heures du jour, depuis 7 heures du matin jusqu'à midi, & depuis midi jusqu'à 5 heures du soir; & les lignes horaires seront des lignes qui partiront du centre du cadran & qui iront aboutir aux points où sont marquées les différentes heures du jour.

8°. Les lignes de 7 & de 8 heures du matin prolongées en delà du centre C, vous donneront les lignes de 7 & de 8 heures du soir. Par la même raison la prolongation des lignes de 5 & de 4 du soir vous donneront les lignes de 5 & de 4 heures du matin.

9°. Votre cadran une fois fait, posez-le tellement que la ligne C N soit placée sur la méridienne, & que le point C regarde le midi, & le point N le nord. Je dis que vous aurez un bon cadran horizontal.

Démonstration. 1°. La ligne CN est supposée sur la méridienne, donc elle doit marquer midi lorsqu'elle reçoit l'ombre du style.

2°. Le cercle de 6 heures & le méridien se coupent à angles droits ; donc, si CN est la ligne de midi, HT qui lui est perpendiculaire sera la ligne de 6 heures.

3°. L'équateur est perpendiculaire au méridien ; donc, si CN marque la ligne méridienne, FG qui lui est perpendiculaire sera la ligne équinoxiale.

4°. Le style du cadran doit être parallele à l'axe du monde; donc, si CM fait avec le plan du cadran horizontal l'angle de l'élévation du pole, ce sera le style du cadran.

5°. Le rayon de l'équateur est perpendiculaire à l'axe du monde, & fait avec l'horizon du lieu un angle égal à l'angle complément de l'élévation du pole ; donc la ligne NM qui fait avec le style du cadran, image de l'axe du monde, un angle droit, & avec l'horizon un angle égal à l'angle complément de l'élévation du pole, doit représenter le rayon de l'équateur ; donc si NE est égal à NM, le demi-cercle RNS représentera le demi-équateur.

6°. Les différentes lignes horaires marquent les différens méridiens des différens endroits ; la ligne CI, *par exemple*, marque le méridien d'un lieu plus occidental de 15 degrés que celui qui a pour sa ligne méridienne la ligne CXII. Par une raison contraire la ligne CXI marque le méridien d'un lieu plus oriental de 15 degrés que celui qui a pour sa ligne méridienne la ligne CXII ; donc la ligne CI doit être la ligne d'une heure, & la ligne CXI la ligne de onze heures pour le lieu qui a CXII pour ligne méridienne. Il en sera de même des autres lignes horaires.

7°. Le Soleil passe deux fois par jour par chaque cercle horaire ; donc si CVII marque d'un côté 7 heures du matin, elle marquera de l'autre 7 heures du soir ; il en sera de même de CIV & CV &c. Donc le cadran en question a été tracé suivant toutes les regles de l'Astronomie & de la Géométrie.

Corollaire I. Comme sur le cadran horizontal que l'on trace sur la pierre, l'ardoise, ou le métal, il seroit inutile de marquer le demi-équateur RNS & les lignes ponctuées qui le divisent en 12 parties égales, de même que la ligne NM; il faudra commencer par en faire un sur le papier qui soit semblable à celui de la *Figure* 3 de la *Planche* 1. Rien ne sera ensuite plus aisé que d'en transporter ailleurs les parties que l'on voudra. Il ne s'agira pour cela que d'appliquer le cadran en papier sur le plan horizontal que l'on aura choisi.

Corollaire II. Si l'on veut marquer les demi-heures sur le cadran horizontal, il faudra diviser en 24 parties égales le demi-équateur R N S, & tirer par le centre E & par chaque point de division des lignes ponctuées qui aillent aboutir à l'équinoxiale F G.

Corollaire III. Au lieu d'élever sur le plan du cadran le style C M qui fasse avec la ligne de midi C N l'angle de l'élévation du pole M C N, il sera mieux d'élever une lame triangulaire C X M, dont le côté M X soit perpendiculaire sur la méridienne C N & dont le côté C M fasse avec la même méridienne l'angle de l'élévation du pole M C X ou M C N.

Corollaire IV. S l'on n'a point de méridienne horizontale fixe sur laquelle on puisse placer la ligne C N, il faudra tourner le cadran horizontal, jusqu'à ce que l'ombre du style tombe à midi sur la ligne C N. Il est facile d'avoir midi par le moyen d'une bonne montre ou d'une bonne pendule reglée au Soleil.

Corollaire V. Dans un cadran horizontal les heures avant midi se marquent à l'occident, & les heures après midi à l'orient de la ligne méridienne, parceque l'ombre du style est toujours opposée à l'endroit où se trouve le Soleil. Il en est de même dans les cadrans verticaux méridionaux & septentrionaux dont nous allons donner la théorie & la pratique.

CADRAN MERIDIONAL VERTICAL. C'est celui que l'on décrit sur une muraille plane perpendiculaire à l'horizon & tournée vers le midi. Pour en comprendre la construction, il faut lire avec attention les remarques suivantes.

1°. Le premier vertical est un grand cercle de la sphére qui passe par les points du vrai orient & du vrai occident, & par le zénith & le nadir d'un lieu quelconque.

2°. Le méridien est un grand cercle de la sphére qui passe par les poles du monde, & par le zénith & le nadir d'un lieu quelconque.

3°. Le méridien est toujours perpendiculaire au premier vertical.

4°. Une muraille qui ne décline pas du midi, c'est-à-dire, qui est directement tournée vers le midi, est une muraille dont le plan se trouve dans le plan du premier vertical, & à laquelle par conséquent le cercle méridien est perpendiculaire.

5°. Une muraille qui décline du midi, est une muraille

dont le plan fait un angle avec le plan du premier vertical ; & à laquelle par conséquent le cercle méridien est oblique.

6°. Pour trouver si une muraille décline ou ne décline pas du midi, tracez au pied de cette muraille une ligne méridienne horizontale par la méthode que vous trouverez en cherchant *méridienne.* Si cette ligne est perpendiculaire à la muraille, elle ne déclinera pas ; si elle lui est oblique, elle déclinera du côté de l'angle obtus ; & ce que cet angle aura par dessus 90 degrés sera précisément la quantité de la déclinaison du plan en question. Votre muraille déclinera donc de 20 degrés du midi à l'occident, si la méridienne horizontale forme du côté de l'occident avec la muraille un angle obtus de 110 degrés.

PROBLÉME I.

Connoissant la hauteur du pole sur l'horizon, tracer un cadran méridional vertical non déclinant.

Résolution. 1°. Prenez le cadran horizontal mobile dont il est parlé dans l'article précédent, & placez-le ou au pied de la muraille, ou sur l'échafaud que vous avez dressé pour tracer un cadran méridional.

2°. Faites ensorte que la ligne FG touche la muraille sur laquelle vous devez faire votre cadran, & que la ligne de midi CN soit perpendiculaire à cette même muraille.

3°. Prolongez mentalement le style CM jusques sur la muraille ; le point où il iroit aboutir sera le centre de votre cadran que vous marquerez avec la derniere exactitude par une lettre quelconque, *par exemple*, par la lettre O.

4°. Prolongez mentalement jusques sur la muraille les différentes lignes CVII, CVIII &c. & marquez les points où elles iront aboutir. Les lignes que vous tirerez par ces différents points au centre O seront les lignes horaires de votre cadran méridional.

5°. Attachez au centre O un style qui fasse avec le plan de la muraille un angle égal au complément de l'élévation du pole sur l'horizon, & qui ait pour soustilaire la ligne de midi ; vous aurez un très bon cadran méridional vertical non déclinant.

Démonstration. 1°. Le cadran vertical méridional ne différe du cadran horizontal, que par sa position ; donc la méthode que nous venons de donner est sûre.

2°. L'angle du style du cadran méridional avec le plan de la muraille sur laquelle il est tracé, doit être égal à l'angle

M du triangle rectangle CXM qui sert de style au cadran horizontal. Mais l'angle M est égal au complément de l'élévation du pole sur l'horizon, puisque l'angle C du même triangle est égal à l'élévation du pole ; donc l'angle du style du cadran méridional avec le plan de la muraille doit être égal au complément de l'élévation du pole sur l'horizon.

Corollaire I. Un cadran méridional vertical non déclinant doit marquer tout au plus, par-exemple, au temps des équinoxes, 6 heures du matin & 6 heures du soir, parceque la ligne de 6 heures TH étant paralléle à la muraille, les autres lignes ne peuvent pas aller la couper à quelque distance qu'on les prolonge. Il faut entendre par autres lignes celles de V & de IV heures du matin, & celles de VII & VIII heures du soir.

Corollaire II. Le cadran vertical septentrional non déclinant se trace sur une muraille tournée directement vers le nord, à peu-près comme le cadran vertical méridional non déclinant sur une muraille tournée vers le midi. Je dis à *peu-près*, parceque 1°. l'extrêmité de son style doit regarder en haut, en faisant cependant toujours avec le plan de la muraille un angle égal au complément de l'élévation du pole sur l'horizon; parceque 2°. Après avoir tracé la ligne de 6 heures du matin & du soir, laquelle doit passer par le centre du cadran & être paralléle à l'horizon, vous ne devez prolonger sur la muraille que les lignes de V & IV heures du matin & de VII & VIII heures du soir. Il n'est pas nécessaire d'avertir que la ligne des heures FG du cadran horizontal qui doit servir à tracer le cadran septentrional, ne doit pas toucher la muraille tournée vers le nord, mais lui être paralléle.

PROBLEME II.

Connoissant l'élévation du pole sur l'horizon, tracer un cadran vertical méridional déclinant.

Résolution. 1°. Prenez votre cadran horizontal mobile, & placez-le, comme dans le Probléme précédent, ou au pied de la muraille ou sur l'échafaud dressé pour tracer le cadran méridional.

2°. Si vous avez une méridienne horizontale, tirée au pied de votre muraille, placez-y votre cadran horizontal, comme il est marqué *num. 9 de la résolution du probléme de l'article précédent*, & si vous n'avez point de méridienne horizontale, servez-vous, pour placer la ligne CN, de la méthode du corollaire 4 du même Probléme.

3°. Prolongez mentalement le ſtyle C M juſques ſur la muraille : le point où il iroit aboutir ſera le centre de votre cadran que vous marquerez avec exactitude, & auquel vous attacherez un ſtyle qui ne donnera les heures, que lorſqu'il fera avec la ſouſtilaire l'angle déterminé par le Probléme ſuivant.

4°. Prolongez mentalement toutes les lignes horaires du cadran horizontal, & marquez les points de celles qui iront aboutir à la muraille ; ce ſeront là les ſeules heures que donnera votre cadran méridional déclinant.

5°. Pour tirer les lignes horaires de votre cadran méridional déclinant, vous employerez la méthode de *num.* 4 *de la réſolution du probléme précédent.*

Démonſtration. C'eſt la même que celle du cadran méridional non déclinant.

Corollaire I. Le cadran vertical ſeptentrional déclinant ſe trace à peu près comme le cadran vertical ſeptentrional non déclinant, lorſqu'une fois on a eu ſoin de placer exactement ſur la méridienne la ligne CN du cadran horizontal portatif. Je dis, à peu prés, parceque la ſouſtilaire y eſt diſtinguée de la ligne de midi, & que l'angle du ſtyle avec la ſouſtilaire varie ſuivant la déclinaiſon du plan vertical. Voyez pour cela le Probléme ſuivant.

Corollaire II. Dans les cadrans méridionaux & ſeptentrionaux déclinants, la ligne de midi eſt toujours perpendiculaire à l'horizon, comme dans les cadrans de même eſpèce qui ne déclinent pas ; & l'interſection de cette perpendiculaire avec la ſouſtilaire en eſt le centre.

Ainſi au lieu de chercher le centre de ces ſortes de cadrans par la prolongation de l'axe du cadran horizontal portatif, vous ferez mieux de chercher d'abord la ſouſtilaire par la méthode que nous avons déja donnée. La ſouſtilaire une fois trouvée & prolongée à volonté, vous tirerez ſur le plan deſtiné à recevoir votre cadran une ligne perpendiculaire à l'horizon, laquelle ne puiſſe pas être prolongée ſans couper la ſouſtilaire ; & vous prendrez pour centre de votre cadran méridional ou ſeptentrional l'interſection de ces deux lignes.

Corollaire III. Ce n'eſt pas ſeulement pour les cadrans horizontaux, c'eſt encore pour les cadrans méridionaux & ſeptentrionaux, qu'il vaut mieux une lame triangulaire, qu'un ſtyle ſimple. Non-ſeulement la lame triangulaire eſt plus difficile à ſe déranger, que le ſtyle ; mais encore en travaillant une lame triangulaire l'on trouve plus aiſément l'angle du ſtyle avec la ſouſtilaire, qu'en enfonçant une verge de fer dans la muraille. Reliſez le corollaire 3 qui ſuit la démonſtration des cadrans horizontaux, & vous aurez une idée juſte de ce que j'appelle lame triangulaire.

Corollaire IV. Dans la lame triangulaire le côté oppoſé à l'angle droit ſert de ſtyle, ou plutôt d'axe. La longueur de ce côté doit être proportionnée à la grandeur du cadran; elle ſera telle, ſi au ſolſtice d'hyver ſon ombre couvre à peu près toute la méridienne.

PROBLEME III.

Connoiſſant l'élévation du pole ſur l'horizon & la déclinaiſon du plan vertical méridional, trouver l'angle de l'axe avec la ſouſtilaire.

Explication. La ligne ſouſtilaire, conſidérée géométriquement dans les cadrans méridionaux verticaux déclinants, eſt l'interſection du plan par un méridien qui lui eſt perpendiculaire. Il ne s'agiroit donc ici que de connoitre l'élévation du pole ſur l'horizon du lieu qui a pour méridien celui qui coupe à angles droits le plan vertical où l'on doit tracer le cadran, & le probléme ſeroit réſolu. L'angle de la ſouſtilaire avec l'axe ſeroit le complément de cette même élévation du pole. Mais comme cette recherche ſeroit un peu longue, on ſe ſervira de l'analogie ſuivante pour réſoudre le probléme propoſé.

Réſolution. Le ſinus total : au ſinus du complément de la hauteur du pole ſur l'horizon : : le ſinus du complément de la déclinaiſon du plan : au ſinus de l'angle de l'axe avec la ſouſtilaire.

Démonſtration. 1°. Un cadran vertical méridional non déclinant peut être regardé ſans erreur ſenſible comme déclinant infiniment peu. Dans cette eſpèce de cadran l'analogie précédente n'a pas beſoin de preuve, parceque le complément de la déclinaiſon du plan étant de 90 degrés, & l'angle de l'axe avec la ſouſtilaire étant égal au complément de la hauteur du pole ſur l'horizon, il s'enſuit évidemment que le troiſieme terme de cette analogie devient le même que le premier, & le quatrieme le même que le ſecond.

2°. L'Analogie précédente ne peut pas être évidente dans les cadrans verticaux méridionaux déclinants infiniment peu, ſans être vraie dans les cadrans de même eſpèce qui déclinent ſenſiblement. Mais elle eſt évidente dans les premiers, *num.* 1; donc elle eſt vraie dans les ſeconds.

Remarque. Nous sentons que cette démonstration n'est pas rigoureuse; mais cependant nous ne la regardons pas comme suffisante dans un Ouvrage de cette espèce. Ceux qui souhaiteront la démonstration géométrique de l'analogie précédente, la trouveront dans tous les Traités complets de Gnomonique.

Corollaire I. La même analogie vous donnera l'angle de l'axe avec la soustilaire pour les cadrans verticaux septentrionaux déclinants.

Corollaire II. Plus la déclinaison du plan vertical est grande, plus l'angle de l'axe avec la soustilaire est petit, parceque plus la déclinaison du plan augmente, plus son complément diminue.

Cadran Oriental Vertical. C'est celui que l'on décrit sur une muraille plane perpendiculaire à l'horizon, & tournée directement vers l'orient. Le plan de cette muraille est parallèle au plan du méridien du lieu, & coupe par conséquent à angles droits le plan du premier vertical. Cette définition sera obscure pour ceux qui n'auroient pas saisi les remarques qui précédent la construction du cadran méridional vertical non déclinant.

PROBLEME.

Connoissant la hauteur du pole sur l'horizon, tracer un cadran oriental vertical.

Résolution. 1°. Sur le plan destiné à recevoir votre cadran tirez la ligne horizontale HPR (*fig. 4. pl. 1.*) sur laquelle vous choisirez un point quelconque P, que vous regarderez comme le pied du style.

2°. Sur l'horizontale HPR tirez par le point P la ligne EN qui fasse l'angle HPE égal à la hauteur de l'équateur sur l'horizon, & qui par conséquent vous représentera la ligne équinoxiale.

3°. Sur l'horizontale HPR tirez encore par le point P la ligne CA qui fasse l'angle CPR égal à la hauteur du pole sur l'horizon; ce sera là le cercle de 6 heures du matin & la ligne soustilaire, pourvû que l'angle CPR soit tourné du côté du pole élevé.

4°. Par le point A comme centre, avec le rayon AP décrivez un demi-cercle, de telle sorte que à la droite & à la gauche de la ligne AP il y ait un quart de cercle parfait.

5°. Divisez ce demi-cercle en 12 parties égales.

6°. Par le centre A & par chacun des points de division,

menez à l'équinoxiale E N des lignes ponctuées ; les différens points d'intersection de ces lignes avec l'équinoxiale vous donneront les différens endroits où vous devez marquer les heures avant midi sur votre cadran oriental. Cinq & quatre heures du matin se marqueront au dessus de la ligne de 6 heures C A ; sept, huit, neuf, dix & onze heures se mettront au dessous de la même ligne.

7°. Par chacun des points où vous avez marqué les heures, tirez des lignes paralléles à la ligne C A ; ce seront là les lignes horaires de votre cadran oriental.

8°. Prenez deux barres de fer d'une grosseur convenable, & enfoncez-les dans deux points quelconques de la ligne C A, de telle sorte qu'elles soient perpendiculaires au plan du cadran, & que les parties extérieures de ces deux barres, c'est-à-dire, les parties qui ne sont pas enfoncées dans le mur soient égales à la ligne A P.

9°. Aux extrêmités de ces deux barres en question attachez une verge de fer qui soit paralléle à la ligne C A ; ce sera là l'axe de votre cadran dont l'ombre marquera les heures depuis le lever du Soleil jusqu'à onze.

Démonstration. 1°. La ligne E N passe par le pied du style P & fait avec l'horizontale H P R l'angle H P E égal à la hauteur de l'équateur sur l'horizon ; donc la ligne EN représente la ligne équinoxiale, pourvu cependant que l'angle H P E soit tourné du côté du pole abbaissé.

2°. Le cercle de 6 heures est un grand cercle de la sphére qui passe par les points du vrai orient & du vrai occident, & par les deux poles du monde ; donc il fait avec l'horizon les mêmes angles que l'axe du monde ; donc il a par rapport à l'horizon la même élévation que le pole ; donc si la ligne C A fait avec l'horizontale H P R l'angle de la hauteur du pole, elle représentera le cercle de 6 heures ; ce sera encore la soustilaire, parce qu'elle sera paralléle à l'axe du monde.

3°. Les autres heures ont été marquées sur l'équinoxiale par la division du demi-équateur en 12 parties égales, comme l'on a fait auparavant pour les cadrans horizontaux ; donc on les a mises à leur place naturelle. La division du même demi-équateur en 24 parties égales auroit donné les demi-heures avec la même exactitude.

4°. L'axe du cadran oriental a été tellement posé, qu'il est paralléle à l'axe du monde, puisqu'il fait avec l'horizontale l'angle C P R de la hauteur du pole sur l'horizon ; donc le cadran oriental en question a été tracé suivant toutes les regles de l'Astronomie.

Corollaire I. Un véritable cadran oriental ne peut pas se faire sur un plan vertical oriental déclinant; un plan de cette espèce demande un cadran méridional ou septentrional déclinant.

Corollaire II. Un véritable cadran oriental n'a point de centre. S'il en avoit un, il seroit impossible que son axe fut paralléle à l'axe du monde.

Corollaire III. Le cadran occidental se décrit sur un mur vertical directement opposé à l'occident par les mêmes principes que le cadran oriental, comme il est aisé de s'en convaincre en jettant les yeux sur la *Figure* 5. de la *Planche* 1. Nous remarquerons seulement que l'angle C P H de la ligne de 6 heures du soir avec l'horizontale H P R est égal à la hauteur du pole sur l'horizon, & doit par conséquent regarder le pole élevé.

Corollaire IV. Un véritable cadran occidental ne peut pas plus se faire sur un plan vertical occidental déclinant, qu'un véritable cadran oriental sur un plan vertical oriental déclinant.

Corollaire général. Tout cadran horizontal ou vertical éclairé par la lune indique l'heure qu'il est actuellement au Soleil à quiconque sçait précisément l'âge de la lune. Il suffit pour cela d'ajouter à l'heure lunaire autant de fois 48 minutes, qu'il y a de jours écoulés depuis la nouvelle lune. Lorsque, *par-exemple*, l'ombre du style éclairé par la pleine lune tombe sur la ligne de 4 heures du soir; il faut ajouter à 4 heures du soir 14 fois 48 minutes, c'est-à-dire 11 heures $\frac{1}{2}$, & l'on aura l'heure qu'il est au Soleil, c'est-à-dire 3 heures $\frac{1}{2}$ du matin. Un homme tant soit peu au fait de l'Astronomie ne demande pas la démonstration de cette méthode; il sçait que la lune, après s'être levée le premier jour de son mois avec le Soleil, retarde chaque jour son lever de 48 minutes.

CAFÉ. Le café est le fruit d'un arbre qu'on pourroit nommer *cafier*, & que les Botanistes appellent *jasmin d'arabie*. Les feuilles de cet arbre ont beaucoup de ressemblance avec celles de nos lauriers ordinaires. Le cafier qui fut planté dans le Jardin Royal de Marly en l'année 1714, n'avoit qu'environ 5 pieds de hauteur & un pouce de grosseur. Dans les pays chauds & sur-tout à *Moka*, on voit ces sortes d'arbres s'élever jusqu'à 40 pieds, avec un tronc dont le diamétre est d'environ 5 pouces. Ils fournissent deux à trois fois l'année une récolte très-abondante : & dès qu'on les cultive avec soin, on y voit en toutes les saisons des fruits & des fleurs. Faciliter la digestion, précipiter les alimens, empêcher les rapports des viandes, & éteindre les aigreurs, tels sont les principaux avantages que procure le café à presque toute sorte de tempéramens, mais sur-tout aux personnes grasses, repletes, pituiteuses & à celles qui sont sujettes aux migraines. N'en soyons pas surpris; l'excellent café, tel qu'est celui du levant & sur-tout celui de Moka, contient des sels, des soufres & des huiles capables de raccommoder l'estomac le plus dérangé.

CALAMINE. La calamine est une terre fossile, tirant sur le jaune, purifiée au feu; elle s'allie très facilement avec le cuivre, dont elle augmente considérablement la masse, & auquel elle donne une couleur jaune.

CALCINATION. Opération qui met un corps en état d'être réduit en poudre. Le feu usuel & le feu solaire sont les seuls agents de la calcination. L'on comprend sans peine qu'ils doivent enlever aux corps qu'on soumet à leur action, tout ce qu'ils avoient de particules humides, ou du moins une grande partie de ces particules. Dans cet état les corps deviennent friables & se réduisent par-là même facilement en poudre. Ce qu'il est difficile d'expliquer dans cette matiere, c'est le phénoméne que nous offre l'expérience suivante.

Mettez 20 livres de plomb dans un plat de terre qui ne soit pas verni; exposez ce plat à un feu violent; remuez avec une espatule le plomb qu'il contient, jusqu'à ce qu'il soit réduit en poussiere; vous aurez une poudre ou une chaux de plomb dont le poids sera de 25 livres. On demande comment le feu qui dissipe les parties des corps qu'il calcine, augmente considérablement le poids du plomb, de l'étain, & de la plûpart des métaux. les Physiciens ont imaginé trois sistêmes pour expliquer ce fait d'une maniere probable. Les voici.

Les uns prétendent que la matiere ignée condensée prodigieusement dans les pores des corps dont nous venons de parler, augmente leur poids, en les calcinant. C'est le célébre Boyle que nous regardons comme l'inventeur de cette conjecture.

Les autres assurent que cet effet est produit par l'air introduit dans les mêmes matieres. Ils font remarquer que les creusets où se calcinent les metaux, sont pleins d'air; que la calcination ne se fait qu'en remuant continuellement le métal, & qu'en introduisant beaucoup d'air dans la matiere qui se fond; que plus on remue & plus on introduit d'air, mieux la calcination se fait, & plus le poids du métal en est augmenté. Ils concluent delà, d'après M. Hales, que l'air dans le tems de la calcination; entre dans le métal qui se fond comme partie élémentaire & composante, sous une forme de *condensation*, de *constipation*, qui va jusqu'à lui faire perdre sa rareté, sa transparence, sa liquidité, son volume, son élasticité, & par conséquent sa légéreté spécifique; peut-il dans cet état ne pas augmenter le poids des matieres auxquelles il se mêle?

Le troisieme sentiment est celui des Physiciens qui pensent que l'augmentation du poids dans les métaux calcinés procéde de quelques molécules pesantes contenues dans l'air, qui viennent se joindre à eux. Voici comment ils raisonnent, d'après M. Privat de Molieres. L'air est non-seulement pesant, mais il contient encore dans ses pores des molécules aqueuses, huileuses, salines, sulphureuses qui sont très-pesantes. Lorsqu'on calcine vingt livres de plomb, l'ardeur du feu échauffe l'air voisin du vase qui renferme la matiere, le raréfie, le rend incapable de soutenir les molécules hétérogénes qu'il contient; & c'est alors qu'une grande partie de ces molécules tombe sur la superficie du plomb, pour s'incorporer avec lui. Ce premier volume d'air raréfié devient plus léger que celui qui est au-dessus; il monte donc & il céde sa place à un nouvel air qui dépose sur le plomb en fusion de nouvelles molécules, & ainsi de suite jusqu'à ce que la calcination soit faite. La meilleure preuve que l'on apporte de la bonté de ce sentiment est celle-ci: l'expérience journaliere nous apprend que l'air fournit facilement en peu de tems vingt livres d'eau à vingt livres de sel de Tartre qu'on lui expose; pourquoi ne fournira-t-il pas à vingt livres de plomb dans le tems de la calcination cinq livres de particules pesantes qu'il n'aura pas pu soutenir, & que l'action du feu n'aura pas éloignées?

Pour moi, je serois tenté de hazarder une conjecture. Aucun des trois sentimens isolés ne me paroit suffisant. Réunissons-les ensemble. L'on convient maintenant que toute matiere a de la gravité; l'on n'en exempte pas même le feu & la lumiere. Pourquoi donc ne soutiendroit-on pas que le feu, l'air & plusieurs particules hétérogénes concourent à produire l'augmentation du poids dans les métaux calcinés?

CALCUL. Ce terme ſignifie *Supputation*. Nous avons donné les régles du Calcul ordinaire aux articles qui commencent par les mots *Arithmétique*, *Arithmétique algébrique*, *Arithmétique algébrique appliquée à l'Analyſe* & *Fractions*. Nous avons même commencé à donner une idée du grand Calcul à l'article qui commence par les mots *Arithmétique ſublime*. Il eſt tems d'approfondir cette importante matiere ; nous allons y conſacrer les deux articles ſuivans.

CALCUL DIFFÉRENTIEL. C'eſt un Calcul qui apprend à trouver une quantité infiniment petite qu'on nomme *différentielle*, laquelle étant priſe un nombre infini de fois ſera égale à une quantité donnée. Ce Calcul eſt fondé ſur les notions & les principes ſuivants.

1°. Les quantités ſe diviſent en variables & invariables. Les premieres peuvent augmenter ou diminuer continuellement ; les ſecondes demeurent conſtamment les mêmes. Dans un cercle les cordes ſont des quantités variables, & les diamétres des quantités conſtantes.

2°. Dans le Calcul différentiel les quantités variables ſont déſignées par les dernieres lettres de l'alphabet t, u, x, y, &c. ; les invariables par les premieres a, b, c, &c.

3°. La différence, ou l'élément différentiel d'une quantité variable eſt une quantité infiniment petite dont on conçoit que la quantité variable augmente, ou diminue à chaque inſtant.

4°. Une quantité ſimple eſt une quantité qui n'eſt multipliée, ni diviſée par aucune autre.

5°. La différence infiniment petite d'une quantité variable ſimple s'exprime par la lettre d que l'on met devant la quantité variable dont il s'agit ; dx eſt donc la différence de x, & $-dy$ celle de $-y$.

6°. Les quantités variables ont des différences, les invariables n'en ont point.

7°. Les différences de deux quantités égales ſont égales.

8°. Une quantité augmentée ou diminuée de ſa différence, eſt ſenſiblement la même. Ainſi $x + dx = x$; de même que $x - dx = x$.

9°. Deux quantités qui ne différent que d'une quantité infiniment petite, ſont ſenſiblement égales entre elles, & l'on peut ſans erreur ſenſible les prendre indifféremment l'une pour l'autre.

10°. L'on peut ſans erreur ſenſible négliger dans le Calcul une quantité infiniment petite.

REMARQUE.

Les Commençans n'accordent qu'avec peine ces trois derniers principes. S'il s'en trouvoit quelqu'un de ce caractére qui lût cet article de mon Dictionnaire, je lui ferois remarquer, d'après Wolf, que l'on regarde comme infiniment exactes les opérations des Géométres & des Astronomes qui cependant font tous les jours des omissions beaucoup plus considérables. Lorsqu'on prend, *par exemple*, la hauteur d'une montagne, fait-on attention à un grain de sable que le vent peut enlever de dessus son sommet ? Lorsqu'on calcule une éclipse de lune, ne regarde-t-on pas la terre comme sphérique, & par conséquent a-t-on égard aux maisons, aux tours, aux montagnes qui se trouvent sur sa surface ? Or tout cela est beaucoup moins à négliger que dx, puisqu'il faut un nombre infini de dx pour faire x; donc le Calcul différentiel est dans le fond le plus sûr des Calculs. L'on en trouvera les régles les plus usuelles dans les Problêmes suivants.

PROBLÉME I.

Trouver la différence d'un polynome composé de quantités simples ajoutées & soustraites, dont les unes sont variables & les autres invariables, tel que le polynome $a + x - y$.

Résolution. Le polynome proposé a pour différence $+ dx - dy$; ce qui n'a pas besoin de démonstration.

PROBLÉME II.

Trouver la différence d'un produit composé de deux quantités, *par exemple*, de xy.

Résolution. Le produit de xy a pour différence $ydx + xdy$.

Démonstration. 1°. x augmenté d'une quantité infiniment petite $= x + dx$; de même y augmenté d'une quantité infiniment petite $= y + dy$.

2°. $x + dx \times y + dy = xy + ydx + xdy + dxdy$; donc la différence du produit xy est $ydx + xdy + dxdy$; & négligeant $dxdy$ comme une quantité infiniment plus petite que les deux autres, il restera $ydx + xdy$ pour différence du produit xy; donc en général la différence d'un produit composé de deux quantités sera la différence de la premiere quantité multipliée par la seconde, + la différence de la seconde quantité multipliée par la premiere.

Corollaire. La différence de xx sera $xdx + xdx = 2\,xdx$. La différence de axx sera $2\,axdx$. La différence de ax sera adx. Enfin la différence de axy sera $aydx + axdy$.

PROBLÉME. III.

Trouver la différence d'un produit composé de trois quantités, *par exemple*, du produit uxy.

Résolution. Le produit en question a pour différence $xydu + uydx + uxdy$. Pour le démontrer, faites $ux = t$, & cherchez la différence du produit ty.

Démonstration. 1°. $t = ux$, donc la différence de t est la même que celle de ux, donc $dt = xdu + udx$.

2°. $t = ux$, donc $ty = uxy$; donc la différence de l'un est la même que celle de l'autre; donc uxy a pour différence $ydt + tdy$.

3°. $t = ux$, & $dt = xdu + udx$ *num.* 1, donc en substituant l'on aura $ydt + tdy = xydu + uydx + uxdy$; donc si uxy a pour différence $ydt + tdy$, il aura aussi pour différence $xydu + uydx + uxdy$; donc en général la différence d'un produit composé de trois quantités se trouve en multipliant le produit des quantités posées de deux en deux par la différence de la troisiéme. Si le produit étoit composé de 4 quantités, l'on trouveroit sa différence en multipliant le produit des quantités posées de trois en trois par la différence de la quatriéme.

Corollaire. La différence de x^3 ou xxx sera $xxdx + xxdx + xxdx = 3\,x^2\,dx$, & en général la différence de x^m sera $m\,x^{m-1}\,dx$, puisque celle de x^3 est $3\,x^{3-1}\,dx$. Par-là même la différence de x^{-m} sera $-mx^{-m-1}\,dx$, & celle de $x^{\frac{m}{n}}$ sera $\frac{m}{n}\,x^{\frac{m}{n}-1}\,dx = \frac{m}{n}\,x^{\frac{m-n}{n}}\,dx$.

PROBLEME. IV.

Trouver la différence d'une fraction quelconque $\frac{x}{y}$.

Résolution. La différence demandée est $\frac{ydx - xdy}{yy}$. Pour le démontrer, supposons $\frac{x}{y} = t$, & par conséquent cherchons la différence de t pour avoir celle de $\frac{x}{y}$. Si nous trouvons que dans cette supposition $dt = \frac{ydx - xdy}{yy}$, nous conclurons que c'est là la différence de la fraction $\frac{x}{y}$.

Démonstration. Les opérations suivantes vont démontrer à quiconque sçait les premiers élémens d'Algebre que $dt = \frac{ydx - xdy}{yy}$, dans la supposition que $\frac{x}{y} = t$.

1. $\frac{x}{y} = t$
2. $x = ty$
3. $dx = ydt + tdy$
4. $ydt = dx - tdy$
5. $dt = \frac{dx}{y} - \frac{tdy}{y}$
6. $dt = \frac{dx}{y} - td$
7. $dt = \frac{dx}{y} - \frac{xd}{y}$
8. $dt = \frac{ydx}{yy} - \frac{xdy}{yy}$
9. $dt = \frac{ydx - xdy}{yy}$

Corollaire I. En général la différence d'une fraction est égale au produit de la différence du numérateur par le dénominateur — au produit de la différence du dénominateur par le numérateur, le tout divisé par le quarré du dénominateur.

Corollaire II. La différence de $\frac{y}{a} = \frac{ady}{aa} = \frac{dy}{a}$, & celle de $\frac{a}{x} = \frac{-adx}{xx}$, & celle de $\frac{ay}{x} = \frac{axdy - aydx}{xx}$, parce-que la grandeur a n'a point de différence.

PROBLÊME V.

PROBLÉME V.

Trouver la différence de $\frac{1}{x^m}$.

Résolution. La différence demandée est $-mx^{-m-1}dx$, parce que $\frac{1}{x^m} = x^{-m}$. Cherchez *Arithmétique algébrique.*

PROBLÉME VI.

Trouver la différence du radical $\sqrt[n]{x^m}$.

Résolution. La différence demandée est $\frac{m}{n}x^{\frac{m}{n}-1}dx = \frac{m}{n}x^{\frac{m-n}{n}}dx$, parce que $\sqrt[n]{x^m} = x^{\frac{m}{n}}$. Cherchez *Arithmétique algébrique.*

PROBLÉME VII.

Trouver la différence de $\frac{1}{\sqrt[n]{x^m}}$.

Résolution. La différence est $-\frac{m}{n}x^{-\frac{m}{n}-1}dx$ $= -\frac{m}{n}x^{\frac{-m-n}{n}}dx$, & cela parce que

$\frac{1}{\sqrt[n]{x^m}} = \frac{1}{x^{\frac{m}{n}}} = x^{-\frac{m}{n}}$. Cherchez *Arithm. algébrique.*

PROBLÉME VIII.

Trouver la différence de $\frac{ax^{m+1}}{m+1}$.

Résolution. La différence demandée est $ax^m dx$, parce qu'elle est évidemment $\frac{m+1\, ax^{m+1-1}dx}{m+1} = \frac{m+1\, ax^m dx}{m+1} = ax^m dx$.

PROBLÉME IX.

Trouver la différence de $\sqrt{(xy + yy)}$.

Résolution. La différence demandée est $\frac{ydx + xdy + 2ydy}{2\sqrt{(xy + yy)}}$.

Comme cette différence ne se présente pas d'elle-même, nous allons en donner la démonstration dans toutes les formes. Pour en venir à bout, faisons $\sqrt{(xy + yy)} = u$, & cherchons quelle est dans cette hypothése la différence de u. Le probléme n'aura été bien résolu, qu'autant que nous trouverons $du = \frac{ydx + xdy + 2ydy}{2\sqrt{(xy + yy)}}$.

Démonstration. Les équations suivantes donneront cette démonstration. Elles sont à la portée de quiconque a compris ce qui précéde.

$$u = \sqrt{(xy + yy)}$$
$$uu = xy + yy$$
$$2udu = ydx + xdy + 2ydy.$$
$$du = \frac{ydx + xdy + 2y\,dy}{2u}$$
$$du = \frac{ydx + xdy + 2ydy}{2\sqrt{(xy + yy)}}.$$

REMARQUE.

Les problémes suivants servent à trouver les différences secondes, ou les différences des différences. Ils présentent en même-temps les régles de cette espèce de calcul qui s'étend, pour ainsi dire, au delà de l'infini.

PROBLÉME I.

Trouver la différence seconde de ax, ou la différence de adx.

Résolution. La différence demandée est $addx$, parce que a n'a point de différence, & que dx est une quantité simple, & non pas le produit de d par x.

PROBLÉME II.

Trouver la différence seconde de xy, ou la différence de $ydx + xdy$.

Résolution. La différence demandée est $yddx + xddy + 2dxdy$.

Démonstration. 1°. La différence du produit ydx est $dxdy + yddx$, *prob.* 2 *précédent.*

2°. La différence du produit xdy eſt $dxdy + xddy$, même problême. Donc la différence du binome $ydx + xdy$ ſera $dxdy + yddx + dxdy + xddy = yddx + xddy + 2dxdy$.

PROBLÊME III.

Trouver la différence ſeconde de x^{m}, ou la différence de $mx^{m-1}dx$.

Réſolution. La différence demandée eſt $\overline{mm - m}\,x^{m-2}dx^2 + mx^{m-1}ddx$. Pour le démontrer, faiſons $x^{m-1} = y$ & $dx = z$, en nous rappellant continuellement que dx étant une quantité ſimple, ſon quarré eſt dx^2, & non pas $dxdx$ ou $ddxx$.

Démonſtration. 1°. Puiſque $x^{m-1} = y$, l'on aura la différence de x^{m-1} égale à la différence de y; donc $\overline{m - 1}\,x^{m-2}dx = dy$.

2°. Puiſque $dx = z$, & $x^{m-1} = y$; donc $x^{m-1}dx = yz$; donc $mx^{m-1}dx = myz$; donc la différence de $mx^{m-1}dx$ eſt égale à la différence du produit myz, dans lequel m eſt une quantité conſtante qui n'a point de différence.

3°. La différence de myz eſt $mzdy + mydz$.

4°. Mettons à la place de z ſa valeur dx, à la place de dy ſa valeur $\overline{m - 1}\,x^{m-2}dx$, & à la place de y ſa valeur x^{m-1}; nous aurons $mzdy = mdx \times \overline{m - 1}\,x^{m-2}dx = \overline{mm - m}\,x^{m-2}dx^2$, parce que $m \times \overline{m - 1} = mm - m$, & que $dx \times dx = dx^2$; nous aurons encore $mydz = mx^{m-1}ddx$; donc $mzdy + mydz = \overline{mm - m}\,x^{m-2}dx^2 + mx^{m-1}ddx$. Mais le premier membre de cette derniere équation eſt évidemment la différence du produit myz, donc le ſecond membre de la même équation ſera évidemment la différence de $mx^{m-1}dx$, ou la différence ſeconde de x^{m}.

REMARQUE.

La différence seconde de x^m eſt une véritable formule pour quiconque prend garde que m vaut 2, lorſque la grandeur qu'on veut différencier, eſt élevée au quarré; que m vaut 3, lorſqu'il s'agit du cube. Par là je trouve à l'inſtant que la différence ſeconde de $x^3 = 9 - 3x^{3-2} dx^2 + 3x^{3-1} ddx = 6xdx^2 + 3xxddx$; par là je trouve encore que la différence ſeconde de $x^2 = 4 - 2x^{2-2} dx^2 + 2x^{2-1} ddx = 2x^0 dx^2 + 2xddx = 2dx^2 + 2xddx$, parceque $x^0 = 1$. Cherchez *Arithmétique algébrique.*

PROBLÉME IV.

Trouver la différence 2e de $\frac{a}{y}$, ou la différence de $\frac{-ady}{yy}$.

Réſolution. La différence demandée eſt $\frac{-ayddy + 2ady^2}{y^3}$.

Démonſtration. 1°. La différence du numérateur $-ady$ eſt $-addy$, & celle du dénominateur yy eſt $2ydy$.

2°. La différence d'une fraction eſt composée de la différence du numérateur multipliée par le dénominateur — la différence du dénominateur multipliée par le numérateur, le tout diviſé par le quarré du dénominateur; donc la différence de la fraction $\frac{-ady}{yy}$

$$= \frac{+yy \times -addy - ady \times -2ydy}{y^4} =$$

$$\frac{-ayyddy + 2aydy^2}{y^4} = \frac{-ayddy + 2ady^2}{y^3}.$$

Corollaire. Si dans la fraction $\frac{ydy}{dx}$, l'on prend dx pour une quantité conſtante, ſa différence ſera

$$\frac{dx \times dy^2 + dx \times yddy}{dx \times dx} = \frac{dy^2 + yddy}{dx}.$$

CALCUL INTÉGRAL. C'eſt l'inverſe du calcul différentiel. En effet le calcul différentiel conſiſte à trouver une quantité infiniment petite, laquelle étant priſe un nombre infini de fois, ſoit égale à une quantité donnée. Le calcul intégral au contraire conſiſte à trouver la quantité à laquelle appartient la différence infiniment petite qu'on vous donne. Dans l'un l'on connoît la ſomme & l'on cherche la différence infiniment petite ; dans l'autre l'on connoît la différence infiniment petite & l'on cherche la ſomme. Cette ſomme ou cette intégrale eſt déſignée dans le calcul intégral par la lettre *s*. Ainſi *sadx* ſignifie que l'on vous donne à intégrer la quantité *adx*. Tout homme qui ſera parfaitement au fait du calcul différentiel, intégrera ſans beaucoup de peine les quantités différentiées qu'on lui préſentera, ſur-tout s'il fait de l'un & de l'autre calcul un fréquent uſage. Voici une regle générale qui ſuppoſe qu'il n'y a qu'une variable dans une expreſſion différentiée qu'on donne à intégrer.

Pour intégrer, il faut effacer la différentielle, augmenter d'une unité l'expoſant de la variable, & diviſer le tout par cet expoſant ainſi augmenté.

PROBLÉME I.

Intégrer la différentielle $3x^2 dx$.

Réſolution. L'intégrale de $3x^2 dx$ eſt x .

Démonſtration. Par la régle générale, l'intégrale de $3x^2 dx$ eſt $\frac{3x^{2+1}}{3} = x^3$.

En effet nous avons déja prouvé que la différentielle de x^3 étoit $3x^2 dx$. Reliſez l'article précédent.

PROBLÉME II.

Intégrer la différentielle $mx^{m-1} dx$.

Réſolution. L'intégrale de $mx^{m-1} dx$ eſt x^m.

Démonſtration. L'intégrale de $mx^{m-1} dx$ eſt, par la régle générale, $\frac{mx^m}{m} = x^m$. En effet x^m a pour différentielle $mx^{m-1} dx$. Reliſez l'article précédent. Voila les régles générales du calcul différentiel & intégral. C'eſt ſur-tout dans les articles qui commencent par les mots *quadrature*, *maxima & minima*, qu'on apprendra à en faire l'application d'une maniere toujours analogue à la Phyſique.

CALENDES. Ce terme a trop de rélation avec le suivant, pour ne pas en donner une légère idée. Le premier jour de chaque mois étoit chez les Romains le jour des *Calendes*, parceque ce jour-là on annonçoit au peuple si les *Nones* tomboient le 5 ou le 7, & les *Ides* le 13 ou le 15 de ce mois. Les *Nones* tomboient le 5 aux mois de Janvier, Février, Avril, Juin, Août, Septembre, Novembre & Décembre; elles tomboient le 7 aux mois de Mars, Mai, Juillet & Octobre. Lorsque les *Nones* tomboient le 5, les *Ides* se trouvoient le 13; & lorsque les *Nones* tomboient le 7, l'on n'avoit les *Ides* que le 15.

CALENDRIER. Le Calendrier que l'on a toujours regardé comme une partie de l'Astronomie, est une distribution de temps que les hommes ont accommodée à leurs usages. Pour comprendre toute l'étendue de cette définition, il faut sçavoir ce que l'on entend par *jour*, *mois*, *année*, *lettres dominicales*, *cycle solaire*, *cycle lunaire*, *indiction*, *période victorienne*, *période julienne*, *épactes*. C'est-là ce que nous prétendons expliquer dans cet article.

1°. Le temps que la terre employe à faire un tour sur elle-même, c'est-à-dire, le temps qui s'écoule, lorsque le soleil fait sa révolution apparente d'orient en occident, est appellé *jour* par les Astronomes. Il se divise en 24 parties que l'on appelle *heures*.

2°. Le mois est environ la douzieme partie de l'année. Il y a des mois solaires & des mois lunaires. Les mois solaires ont tous 30 ou 31 jours, excepté le mois de Fevrier qui n'a que 28 jours dans les années communes, & 29 dans les années bissextiles.

Il y a deux sortes de mois lunaires, l'un *périodique* & l'autre *sinodique*. Le mois périodique est le temps que la lune employe à parcourir d'occident en orient les 12 signes du zodiaque. Sa durée est de 27 jours, 7 heures, 43 minutes.

Le mois *sinodique* est le temps qu'il y a depuis une nouvelle Lune, jusqu'à la nouvelle Lune suivante. Ce temps est de 29 jours, 12 heures & environ 44 minutes. Dans l'usage civil on néglige pendant un temps ces minutes, & on fait les mois sinodiques alternativement de 30 & de 29 jours; les premiers se nomment *pleins*, & les seconds *caves*.

3°. De même qu'il y a des mois solaires & des mois lunaires, il y a aussi des années solaires & des années lunaires. L'année solaire astronomique est le temps qui s'écoule, pendant que le soleil nous paroit parcourir les 12 signes du zodiaque. Ce temps est de 365 jours & environ 6 heures. Mais comme il seroit très incommode de ne pas faire commencer l'année avec le commencement du jour, on néglige ces 6 heures pendant 3 ans, & on ajoute un jour au mois de Février de chaque quatrieme année; c'est cette quatrieme année composée de 366 jours que l'on nomme année *bissextile*. Les années bissextiles de chaque siécle sont la quatrieme, la huitieme, la douzieme, & ainsi de 4 en 4 jusqu'à 100. Rien n'est plus facile que de trouver si une année est bissextile ou non. Divisez par 4 le nombre qui exprime l'année proposée; si la division peut se faire sans reste, l'année est bissextile; mais s'il y a un reste, elle ne l'est pas. L'année 1758, par exemple, n'est pas bissextile, parce qu'il reste 2 après la derniere division de 1758 par 4. L'on assure que cet arrangement a été fait par *Jules César*, qui par cette raison regardoit comme bissextile chaque centieme année, c'est-à-dire, la derniere année de chaque siécle; cette remarque est nécessaire pour la suite.

L'année lunaire composée de 12 mois lunaires qui sont alternativement de 30 & de 29 jours, ne contient que 354 jours, & par conséquent elle est plus courte que l'année solaire de 11 jours. Ces 11 jours font dans 19 ans 209 jours; nous en verrons l'usage, lorsque nous parlerons du *Cycle lunaire*.

4°. Les 7 premieres lettres de l'alphabet A, B, C, D, E, F, G, sont appellées dans le Calendrier *Lettres dominicales*, parce qu'elles servent tour-à-tour à marquer tous les Dimanches de l'année: voici comment se fait cet arrangement. A se met toujours dans le Calendrier à côté du premier jour de Janvier, G à côté du 7 Janvier. A revient ensuite à côté du 8 Janvier, & ainsi des autres jusqu'à G qui se trouve toujours à côté du 14 du même mois. Si le premier jour de Janvier a été un Dimanche, la Lettre dominicale de cette année sera A, & par conséquent tous les jours de l'année à côté desquels la lettre A se trouvera dans le Calendrier, seront des Dimanches. Il en seroit de même de la lettre B, si le second de Janvier avoit été un Dimanche, &c.

Remarquez. Que lorsque A est la Lettre dominicale d'une année, comme elle l'étoit en effet de l'année 1758, l'année ſuivante 1759 a eu néceſſairement G pour Lettre dominicale. La raiſon en eſt évidente ; puiſque le premier jour de Janvier de l'année 1758 a eté un Dimanche, le premier jour de Janvier de l'année 1759 a été un Lundi ; & par conſéquent le 7 de Janvier a été un Dimanche ; mais G eſt toujours affecté au 7 de Janvier ; donc la lettre G a été affectée en l'année 1759 au premier Dimanche de Janvier, & par conſéquent à tous les Dimanches de l'année.

Remarquez encore que dans les années biſſextiles, il y a toujours deux lettres dominicales, dont la premiere ſert depuis le commencement de l'année juſqu'à la fête de ſaint Mathias, & la ſeconde depuis le jour de cette fête incluſivement juſqu'à la fin de l'année. Si l'année 1758 avoit été biſſextile, nous aurions eu pour lettres dominicales A, G.

Il ſuit delà que les lettres ne deviennent pas dominicales ſuivant le rang qu'elles tiennent dans l'alphabet, mais dans un ordre renverſé. L'année 1758 a eu pour lettre dominicale A, l'année 1759 a eu G, & l'année biſſextile 1760, a eu F, E.

5°. Les Dimanches ne tombent pas tous les ans le même quantieme du mois. L'expérience nous apprend que ce n'eſt que dans 28 ans que l'arrangement des Dimanches & des fêtes de l'année ſera parfaitement ſemblable à celui que nous avons eu en 1758 ; auſſi les Aſtronomes ont-ils nommé *Cycle ſolaire* une révolution de 28 ans. Pour trouver l'année du Cycle ſolaire pour une année propoſée, par exemple, pour 1758, il faut ajouter 9 à 1758, & diviſer le total 1767 par 28 ; le chiffre 3 qui reſtera après la derniere diviſion, vous indiquera que l'année 1758 a été la troiſieme du Cycle ſolaire courant.

Remarquez 1°. que lorſqu'il ne reſte rien après la derniere diviſion, l'année propoſée eſt la derniere ou la vingt-huitieme du Cycle ſolaire.

Remarquez 2°. que l'on ajoute 9 à l'année propoſée, parce que le commencement du Cycle ſolaire dans lequel JESUS-CHRIST eſt né, a précédé cette naiſſance de 9 ans.

Remarquez 3°. que les réformateurs du Calendrier ont inventé un Cycle ſolaire de 400 ans. Si vous diviſez 1758 par 400, vous aurez pour reſtant 158 ; ce qui prouve que l'année 1758 a été la 158e de ce nouveau Cycle ſolaire.

6°. Méton célébre Aſtronome d'Athénes trouva, 439 ans avant la naiſſance de JESUS-CHRIST, qu'au bout de 19 années ſolaires, les nouvelles Lunes tomboient aux mêmes jours auxquels elles étoient arrivées 19 ans auparavant ; aussi appella-t-il *Cycle lunaire* une révolution de 19 années solaires. Pendant ces 19 ans, il y a eu 12 années de 12 mois, & 7 années lunaires de 13 mois chacune. La raison en est claire ; 19 années lunaires de 12 mois chacune sont plus courtes de 209 jours que 19 années solaires ; 209 jours font précisément 6 mois de 30 jours & un mois de 29 ; il a donc fallu, pour ramener le commencement de l'année lunaire vers le commencement de l'année solaire, former dans l'espace de 19 ans, 7 années lunaires de 13 mois chacune. Ces 7 années sont la troisieme, la sixieme, la neuvieme, l'onzieme, la quatorzieme, la dix-septieme & la dix-neuvieme du Cycle lunaire. Les 6 premieres ont 384 jours, & la derniere n'en a que 383, parce que le septieme des mois intercalaires que les Astronomes appellent *embolismiques*, n'est que de 29 jours. L'année 1758, par exemple, a été de 13 mois, parce qu'elle étoit l'onzieme du Cycle lunaire. Pour trouver l'année du Cycle lunaire pour une année proposée, par exemple, pour 1758 ; il faut ajouter le chiffre 1 à 1758, & diviser 1759 par 19 ; le chiffre 11 qui restera après la derniere division vous indiquera que l'année 1758 a été l'onzieme du Cycle lunaire courant.

Remarquez 1°. que l'on ajoute 1 à l'année proposée, parce que le temps de la naissance de JESUS-CHRIST étoit la seconde année du Cycle lunaire.

Remarquez 2°. que le chiffre qui marque l'année du Cycle lunaire est appellé *nombre d'or*, parce qu'à Athénes on marquoit dans la place publique ces sortes de chiffres en or.

Remarquez 3°. qu'il n'est pas exactement vrai, comme l'a cru Méton, que les nouvelles Lunes reviennent au même moment après 19 années passées ; elles arrivent environ une heure & demie plutôt, & par conséquent 2 jours plutôt après 625 ans. Cette remarque est nécessaire pour la suite.

7°. Le Cycle de l'*Indiction romaine* composé de 15 ans est un Cycle purement arbitraire : on suppose qu'il a commencé 3 ans avant la naissance de JESUS-CHRIST, & par conséquent il faut ajouter 3 à 1758, diviser le total 1761 par 15 ; & comme il reste 6 après la derniere division, l'on peut assurer que l'année 1758 a été la sixieme année du Cycle de l'*Indiction romaine*. S'il ne fut rien resté, l'indiction auroit été 15.

8°. La *Période victorienne* qui fut trouvée par un nommé *Victorius*, est une révolution de 532 années. On la trouve en multipliant les années qui composent un Cycle solaire, c'est-à-dire, 28, par les années qui composent un Cycle lunaire, c'est à-dire, 19.

9°. La *Période julienne* qui fut trouvée par *Joseph Scaliger* est une révolution de 7980 années; c'est le produit des trois Cycles solaire, lunaire & de l'indiction. En effet multipliez 28 par 19, & vous aurez 532; multipliez ensuite 532 par 15, & vous aurez 7980 années. Nous ne parlerons pas de l'usage de ces 2 périodes; elles sont devenues parfaitement inutiles depuis la réformation du Calendrier.

10°. Tel est le Calendrier ancien que l'on appelloit le Calendrier *de Jules César*; il contenoit deux défauts considérables. 1°. Il faisoit l'année de 365 jours 6 heures, & elle n'est que de 365 jours 5 heures & 49 minutes. Cette erreur de 12 minutes avoit produit sous le Pontificat de Gregoire XIII. vers l'an 1580, une erreur de 10 jours, c'est-à-dire, que l'équinoxe du printems ne tomboit pas au 21 Mars, comme en l'année 325, tems auquel fut célébré le Concile de Nicée, mais au 11 du même mois. Gregoire XIII. pour ôter cette erreur, fit retrancher dix jours du mois d'Octobre de l'année 1582, & ordonna pour empêcher que l'on ne tombât dans la suite dans le même inconvénient, que sur 400 ans, les dernieres années des trois premiers siécles ne seroient pas *bissextiles*, comme le vouloit *Jules Cesar*, & qu'il n'y auroit que la derniere année du quatrieme siécle qui le seroit. Cet arrangement a déja eu lieu; l'an 1700, par exemple, n'a pas été *bissextile*, les années 1800 & 1900 ne le seront pas, mais l'année 2000 le sera.

Le second défaut du Calendrier ancien étoit que les nouvelles Lunes précédoient de 4 jours, celui auquel elles étoient marquées par le nombre d'or; la nouvelle Lune, par exemple, qui étoit marquée au 5 de Janvier arrivoit le premier de ce mois. Nous avons indiqué la cause de cette erreur dans la troisieme remarque du n°. 6. Tous les Astronomes convinrent donc qu'il falloit renoncer au cycle de Méton pour fixer dans le Calendrier le jour des nouvelles Lunes, & ce fut alors que le sçavant *Aloysius Lilius* proposa les *Epactes* dont nous allons faire connoître l'usage.

11°. Le nombre des jours dont la nouvelle Lune précede le commencement de l'année, se nomme *épacte*. Lorsque l'on dit, par exemple, que l'année 1758 a eu 20 d'*épacte*, cela signifie que la Lune avoit 20 jours, lorsque l'année commenca. L'*épacte* vient donc de l'excès de l'année solaire sur l'année lunaire ; nous avons déja averti que cet excès étoit de 11 jours.

Les épactes se marquent en chiffres romains à côté des jours du mois, comme il est aisé de le remarquer en jettant les yeux sur la table que nous avons mise à la fin de cet article ; ces chiffres sont au nombre de 30, & c'est toujours dans un ordre rétrograde que l'on doit les placer, c'est-à-dire, que XXX ou *l'astérisme* * qui signifie XXX, se trouve toujours à côté du premier Janvier ; le chiffre romain XXIX à côté du second du même mois, & ainsi des autres jusqu'au 30 Janvier qui a le chiffre 1 pour épacte. Lorsque le mois a plus de 30 jours, le trente-unieme jour a pour épacte le chiffre XXX *ou l'astérisme* *, & par conséquent le premier jour du mois suivant a pour épacte XXIX, comme on peut s'en convaincre en jettant les yeux sur le premier jour du mois de Février dans la table des épactes. Toutes ces remarques sont nécessaires à ceux qui veulent déchiffrer ces sortes de tables. L'on doit encore sçavoir qu'on a mis ensemble les épactes XXV & XXIV, ensorte qu'elles répondent à un même jour dans six différents mois de l'année; sçavoir, au 5 Février, au 5 Avril, au 3 Juin, au 1 Août, au 29 Septembre & au 27 Novembre. Cela vient sans doute de ce qu'il y a 30 épactes, & de ce que l'année lunaire contient six mois de 29 jours ; ce sont les six que nous venons de nommer.

Les épactes sont d'un secours infini pour connoître les nouvelles Lunes. L'année 1758, par-exemple, a eu XX d'épacte, & je sçai par ma table des épactes que XX se trouve toujours à côté du 11 Janvier, du 9 Février, du 11 Mars, du 9 Avril, du 9 Mai, du 7 Juin, du 7 Juillet, du 5 Août, du 4 Septembre, du 3 Octobre, du 2 Novembre, du premier Décembre ; aussi les nouvelles Lunes sont-elles arrivées en 1758 environ ces jours-là. Je dis *environ ces jours-là*, parceque la nouvelle Lune arrive quelquefois 1, quelquefois 2 jours avant celui qui est marqué par l'épacte ; c'est même-là un des défauts que l'on trouve dans le Calendrier Grégorien ; mais c'est un défaut inévitable, auquel il ne seroit pas aisé d'obvier.

Lorsque l'on connoit l'épacte d'une année, rien n'est plus facile que de connoitre l'épacte de l'année suivante.

Pour avoir, par-exemple, l'épacte de 1759, j'ajoute 11 à l'épacte 20 de l'année 1758 ; j'ôte 30 de la somme 31 pour en former un mois *embolismique*, & je conclus que l'année 1759 a eu 1 d'épacte. Si la somme des deux épactes n'avoit pas excédé 30, ç'auroit été l'épacte cherchée.

Cette méthode souffre cependant une exception, la voici. Si l'année dont on cherche l'épacte a pour nombre d'or 1, il faut ajouter 12 & non pas 11 à l'épacte qu'on connoit, parce que le septieme des mois *embolismiques*, n'est que de 29 jours, & non pas de 30 comme les six autres.

12°. Comme l'on n'a pas toujours avec soi la table des épactes pour connoître l'âge de la Lune, voici une méthode plus commune, indépendante du Calendrier. Veut-on sçavoir, par-exemple, l'âge de la Lune pour le 15 Mai de l'année 1758 ? Pour le trouver, je prends d'abord l'épacte de l'année 1758 qui est 20 : je prends ensuite le nombre des jours écoulés depuis le commencement du mois proposé qui est 15 ; je prends enfin le nombre des mois qui ont passé depuis le mois de Mars exclusivement, qui est 2, & comme ces trois nombres additionnés ensemble font 37, j'ôte 30, & je conclus que le quinzieme Mai de l'année 1758, a dû être le septieme jour de la Lune.

Remarquez 1°. que les mois de Janvier & de Février pris ensemble, sont précisément égaux à la durée de deux mois lunaires.

Remarquez 2°. que depuis le mois de Mars, les mois solaires excédent les mois lunaires d'un jour ; c'est pour cela sans doute que lorsqu'on cherche l'âge de la Lune pour les mois de Janvier & de Mars, il suffit d'ajouter l'épacte au nombre des jours du mois ; mais depuis le mois de Mars il faut ajouter à l'épacte & au nombre des jours du mois autant d'unités qu'il y a de mois passés depuis le mois de Mars, comme nous l'avons fait dans l'exemple précédent.

Remarquez 3°. que si l'on me demande l'âge de la Lune pour le 8 Février de l'année 1758, je prends 20 qui marque l'épacte de cette année, je prends ensuite 8 qui marque combien des jours se sont écoulés depuis le commencement de Février ; enfin j'ajoute 1, parce que le mois de Janvier a 31 jours, & je conclus que le 8 Février est le vingt-neuvieme de la Lune.

13°. Le principal usage du Calendrier consiste à nous

faire connoître le jour auquel on doit célébrer la fête de Pâques. Me demande-t-on, par-exemple, dans quel mois & quel jour on a dû célébrer Pâques en l'année 1758, voici comment j'opére. 1° Je sçais que l'équinoxe du printems est fixé au 21 Mars, & que le Concile de Nicée a ordonné qu'on célébreroit la fête de Pâques le premier Dimanche d'après la pleine Lune qui tombe au 21 ou après le 21 Mars. 2°. Je sçais que XX a été l'épacte, & que A a été la lettre dominicale de l'année 1758. 3°. Je regarde dans le Calendrier quel est le premier jour après le 7 Mars auquel répond l'épacte XX, & je trouve que la nouvelle Lune de Mars a été le 11. 4°. J'ajoute 14 jours au 11 Mars, & je conclus que la pleine Lune Paschale a été le 25 du même mois. 5°. Je cherche le quantieme du mois tombé le premier Dimanche après la pleine Lune paschale, & comme il tomba le 26, je conclus que l'on a dû célébrer Pâques le 26 Mars en l'année 1758. Avec ces connoissances l'on comprendra sans peine le Calendrier suivant.

CALENDRIER corrigé par Grégoire XIII.

JANVIER.			FÉVRIER.		
CYCLE des Epactes.	*JOURS du Mois.*	*Lettres Dominicales.*	*CYCLE des Epactes.*	*JOURS du mois.*	*Lettres Dominicales.*
*	1	A	XXIX	1	D
XXIX	2	B	XXVIII	2	E
XXVIII	3	C	XXVII	3	F
XXVII	4	D	XXVI 25	4	G
XXVI	5	E	XXV. XXIV	5	A
XXV 25	6	F	XXIII	6	B
XXIV	7	G	XXII	7	C
XXIII	8	A	XXI	8	D
XXII	9	B	XX	9	E
XXI	10	C	XIX	10	F
XX	11	D	XVIII	11	G
XIX	12	E	XVII	12	A
XVIII	13	F	XVI	13	B
XVII	14	G	XV	14	C
XVI	15	A	XIV	15	D
XV	16	B	XIII	16	E
XIV	17	C	XII	17	F
XIII	18	D	XI	18	G
XII	19	E	X	19	A
XI	20	F	IX	20	B
X	21	G	VIII	21	C
IX	22	A	VII	22	D
VIII	23	B	VI	23	E
VII	24	C	V	24	F
VI	25	D	IV	25	G
V	26	E	III	26	A
IV	27	F	II	27	B
III	28	G	I	28	C
II	29	A			
I	30	B			
*	31	C			

CALENDRIER corrigé par Grégoire XIII.

MARS.			AVRIL.		
CYCLE des Epactes.	*JOURS du Mois.*	*Lettres Dominicales.*	*CYCLE des Epactes.*	*JOURS du Mois.*	*Lettres Dominicales.*
*	1	D	XXIX	1	G
XXIX	2	E	XXVIII	2	A
XXVIII	3	F	XXVII	3	B
XXVII	4	G	XXVI 25	4	C
XXVI	5	A	XXV. XXIV	5	D
XXV 25	6	B	XXIII	6	E
XXIV	7	C	XXII	7	F
XXIII	8	D	XXI	8	G
XXII	9	E	XX	9	A
XXI	10	F	XIX	10	B
XX	11	G	XVIII	11	C
XIX	12	A	XVII	12	D
XVIII	13	B	XVI	13	E
XVII	14	C	XV	14	F
XVI	15	D	XIV	15	G
XV	16	E	XIII	16	A
XIV	17	F	XII	17	B
XIII	18	G	XI	18	C
XII	19	A	X	19	D
XI	20	B	IX	20	E
X	21	C	VIII	21	F
IX	22	D	VII	22	G
VIII	23	E	VI	23	A
VII	24	F	V	24	B
VI	25	G	IV	25	C
V	26	A	III	26	D
IV	27	B	II	27	E
III	28	C	I	28	F
II	29	D	*	29	G
I	30	E	XXIX	30	A
*	31	F			

CALENDRIER corrigé par Grégoire XIII.

MAI.			JUIN.		
CYCLE des Epactes.	JOURS du Mois.		CYCLE des Epactes.	JOURS du Mois.	
XXVIII	1	B	XXVII	1	E
XXVII	2	C	XXVI 25	2	F
XXVI	3	D	XXV. XXIV	3	G
XXV 25	4	E	XXIII	4	A
XXIV	5	F	XXII	5	B
XXIII	6	G	XXI	6	C
XXII	7	A	XX	7	D
XXI	8	B	XIX	8	E
XX	9	C	XVIII	9	F
XIX	10	D	XVII	10	G
XVIII	11	E	XVI	11	A
XVII	12	F	XV	12	B
XVI	13	G	XIV	13	C
XV	14	A	XIII	14	D
XIV	15	B	XII	15	E
XIII	16	C	XI	16	F
XII	17	D	X	17	G
XI	18	E	IX	18	A
X	19	F	VIII	19	B
IX	20	G	VII	20	C
VIII	21	A	VI	21	D
VII	22	B	V	22	E
VI	23	C	IV	23	F
V	24	D	III	24	G
IV	25	E	II	25	A
III	26	F	I	26	B
II	27	G	*	27	C
I	28	A	XXIX	28	D
*	29	B	XXVIII	29	E
XXIX	30	C	XXVII	30	F
XXVIII	31	D			

Lettres Dominicales. (Mai)

Lettres Dominicales. (Juin)

CALENDRIER

CALENDRIER corrigé par Grégoire XIII.

JUILLET.			AOUST.		
CYCLE des Epactes.	JOURS du Mois.		CYCLE des Epactes.	JOURS du Mois.	
XXVI	1	G	XXV. XXIV	1	C
XXV 25	2	A	XXIII	2	D
XXIV	3	B	XXII	3	E
XXIII	4	C	XXI	4	F
XXII	5	D	XX	5	G
XXI	6	E	XIX	6	A
XX	7	F	XVIII	7	B
XIX	8	G	XVII	8	C
XVIII	9	A	XVI	9	D
XVII	10	B	XV	10	E
XVI	11	C	XIV	11	F
XV	12	D	XIII	12	G
XIV	13	E	XII	13	A
XIII	14	F	XI	14	B
XII	15	G	X	15	C
XI	16	A	IX	16	D
X	17	B	VIII	17	E
IX	18	C	VII	18	F
VIII	19	D	VI	19	G
VII	20	E	V	20	A
VI	21	F	IV	21	B
V	22	G	III	22	C
IV	23	A	II	23	D
III	24	B	I	24	E
II	25	C	*	25	F
I	26	D	XXIX	26	G
*	27	E	XXVIII	27	A
XXIX	28	F	XXVII	28	B
XXVIII	29	G	XXVI	29	C
XXVII	30	A	XXV 25	30	D
XXVI 25	31	B	XXIV	31	E

Lettres Dominicales. (Juillet)

Lettres Dominicales. (Aoust)

CALENDRIER corrigé par Grégoire XIII.

SEPTEMBRE.			OCTOBRE.		
CYCLE des Epactes.	JOURS du Mois.	Lettres Dominicales.	CYCLE des Epactes.	JOURS du Mois.	Lettres Dominicales.
XXIII	1	F	XXII	1	A
XXII	2	G	XXI	2	B
XXI	3	A	XX	3	C
XX	4	B	XIX	4	D
XIX	5	C	XVIII	5	E
XVIII	6	D	XVII	6	F
XVII	7	E	XVI	7	G
XVI	8	F	XV	8	A
XV	9	G	XIV	9	B
XIV	10	A	XIII	10	C
XIII	11	B	XII	11	D
XII	12	C	XI	12	E
XI	13	D	X	13	F
X	14	E	IX	14	G
IX	15	F	VIII	15	A
VIII	16	G	VII	16	B
VII	17	A	VI	17	C
VI	18	B	V	18	D
V	19	C	IV	19	E
IV	20	D	III	20	F
III	21	E	II	21	G
II	22	F	I	22	A
I	23	G	*	23	B
*	24	A	XXIX	24	C
XXIX	25	B	XXVIII	25	D
XXVIII	26	C	XXVII	26	E
XXVII	27	D	XXVI	27	F
XXVI 25	28	E	XXV 25	28	G
XXV. XXIV	29	F	XXIV	29	A
XXIII	30	G	XXIII	30	B
			XXII	31	C

CALENDRIER corrigé par Grégoire XIII.

NOVEMBRE.			DECEMBRE.		
CYCLE des Epactes.	*JOURS du Mois.*	*Lettres Dominicales.*	*CYCLE des Epactes.*	*JOURS du Mois.*	*Lettres Dominicales.*
XXI	1	D	XX	1	F
XX	2	E	XIX	2	G
XIX	3	F	XVIII	3	A
XVIII	4	G	XVII	4	B
XVII	5	A	XVI	5	C
XVI	6	B	XV	6	D
XV	7	C	XIV	7	E
XIV	8	D	XIII	8	F
XIII	9	E	XII	9	G
XII	10	F	XI	10	A
XI	11	G	X	11	B
X	12	A	IX	12	C
IX	13	B	VIII	13	D
VIII	14	C	VII	14	E
VII	15	D	VI	15	F
VI	16	E	V	16	G
V	17	F	IV	17	A
IV	18	G	III	18	B
III	19	A	II	19	C
II	20	B	I	20	D
I	21	C	*	21	E
*	22	D	XXIX	22	F
XXIX	23	E	XXVIII	23	G
XXVIII	24	F	XXVII	24	A
XXVII	25	G	XXVI	25	B
XXVI 25	26	A	XXV	26	C
XXV. XXIV	27	B	XXIV	27	D
XXIII	28	C	XXIII	28	E
XXII	29	D	XXII	29	F
XXI	30	E	XXI	30	G
			XX 19	31	A

Remarquez 1°. que lorsque le nombre d'or est plus grand que XI, si l'année a XXV d'épacte, il faut prendre dans le Calendrier le chiffre 25 pour marquer les nouvelles Lunes ; c'est pourquoi vous trouvez dans la table le chiffre 25 toujours marqué à côté de XXVI ou de XXV.

Remarquez 2°. que lorsque le nombre d'or n'est pas plus grand que XI, le chiffre 25 devient inutile pour marquer les nouvelles Lunes.

Remarquez 3°. que lorsque la même année a pour nombre d'or XXI & pour épacte XIX, alors il y a deux nouvelles Lunes dans le mois de Décembre, la premiere qui tombe le 2 Décembre, est marquée par l'épacte XIX, & la seconde qui tombe le 31 Décembre est marquée par l'épacte 19 mise à côté de XX. Consultez pour avoir une connoissance parfaite du Calendrier les tables que nous avons mises à la fin de ce volume.

CARTÉSIANISME. Le pur cartésianisme, systême de Physique proposé par René Descartes, est expliqué dans l'article des *tourbillons simples* ; & le cartésianisme mitigé, systême encore soutenu par plusieurs Physiciens de réputation, est expliqué dans l'article des *tourbillons composés*.

CARTILAGE. Dans le corps humain le cartilage tient le milieu entre les os & la chair ; il est plus dur que la chair & moins dur que les os. Les oreilles, le nez, &c. sont de vrais cartilages.

CATHETE. *Voyez* la *seconde vérité* de *l'article suivant*.

CATOPTRIQUE. La lumiere réfléchie à nos yeux est l'objet de la Catoptrique ; aussi cette science examine-t-elle les propriétés des corps les plus propres à la réfléchir, tels que sont les miroirs plans, convexes & concaves. Voici quelles sont les principales vérités que l'on doit supposer, si l'on veut se former une idée de la Catoptrique.

Premiere Vérité. De quelque maniere qu'un rayon de lumiere tombe sur un miroir, il fait toujours un angle de réflexion égal à celui d'incidence. N'en soyons pas surpris ; tout miroir est un plan fort poli, & tout rayon de lumiere est un corps très-élastique ; il doit donc y avoir égalité entre les angles de réflexion & d'incidence, comme il est démontré dans l'article des *corps élastiques*. Ainsi le corps A, *Fig*. 1 *Pl*. 2, envoye-t-il le rayon de lumiere A F perpendiculaire sur le miroir F E ? ce rayon sera réfléchi sur lui même. Le corps A au contraire envoye-t-il le rayon oblique A G sur le même miroir F E ? ce rayon sera réfléchi en D, & l'angle de réflexion DGE sera égal à celui d'incidence AGF.

Seconde Vérité. L'on nomme en Catoptrique *cathéte d'incidence* une ligne qui part du corps qui envoye des rayons de lumiere sur le miroir, & qui va aboutir perpendiculairement à ce même miroir. La ligne A F, par-exemple, représente la cathéte d'incidence du corps A. La cathéte de réflexion du même corps A sera représentée par une ligne tirée du point D perpendiculairement sur le même miroir FE.

Troisieme Vérité. Continuez mentalement la cathéte d'incidence A F; continuez aussi mentalement le rayon réfléchi D G, jusqu'à ce que ces deux lignes concourent au point B; il se formera derrière le miroir F E un triangle idéal FBG égal au triangle réel FAG qui se forme devant le même miroir F E. Ceux qui n'ont aucune teinture de Géométrie doivent supposer la démonstration de cette vérité; pour ceux qui en ont la moindre teinture, ils ne sçauroient manquer de voir au premier coup d'œil que les triangles FAG & FBG ont leurs angles égaux & le côté FG commun. Ce que nous avons dit d'un rayon de lumiere, on doit le dire de tous les autres.

Quatrieme Vérité. L'image d'un objet vû par le moyen d'un miroir, paroît toujours dans quelqu'un des points de la cathéte d'incidence. Supposons que l'objet A envoye deux rayons de lumiere sur le miroir F E, l'un AG à l'œil droit D & l'autre AH à l'œil gauche C; le rayon réfléchi DG concourra avec la cathéte d'incidence A F au point B, comme nous venons de le remarquer; de même le rayon réfléchi CH ne peut concourir avec la même cathéte d'incidence, qu'au même point B; sans cela le triangle idéal FBH ne feroit pas égal au triangle réel FAH. Cela supposé voici comment on doit raisonner. L'image de l'objet A doit paroître nécessairement au point de concours des deux rayons réfléchis DG & CH, afin que l'objet A ne paroisse pas double; donc l'image de l'objet A paroit au point B: mais le point B est un des points de la cathéte d'incidence AF prolongée mentalement jusqu'en B; donc l'image de l'objet A vû par le moyen du miroir FE, paroît dans un des points de la cathéte d'incidence A F.

Cinquieme Vérité. L'image d'un objet vû par le moyen d'un miroir, paroît toujours au point de concours de la cathéte d'incidence & du rayon réfléchi. En effet nous venons de prouver que cette image paroissoit toujours dans un des points de la cathéte d'incidence ; la raison nous apprend qu'elle doit toujours paroître dans un des points du rayon réfléchi ; donc l'image d'un objet vû par le moyen d'un miroir, se trouve en même tems & dans la cathéte d'incidence & dans le rayon réfléchi ; donc elle paroît au point de concours de la cathéte d'incidence & du rayon réfléchi. Ces 5 vérités vont nous servir à rendre raison des phénoménes les plus intéressans de la Catoptrique : appliquons-les d'abord aux miroirs plans.

DES MIROIRS PLANS.

1°. L'image d'un objet paroît toujours aussi enfoncée en de-là du miroir plan, que l'objet est lui-même éloigné du miroir. L'explication de ce phénoméne se tire évidemment du 4e & 5e axiomes que nous avons posés comme les fondemens de la Catoptrique. En effet, suivant ces axiomes, l'image de l'objet A *Fig.* 1 *Pl.* 2. doit paroître au point B ; or le point B est aussi enfoncé en de-là du miroir F E, que l'objet A est éloigné du même miroir ; puisque les triangles FAG & FBG étant égaux entre eux, le côté F B est nécessairement égal au côté F A ; donc l'image d'un objet doit paroître aussi enfoncée en de-là du miroir plan, que l'objet est éloigné du miroir.

Ne soyons donc pas surpris que, lorsque nous nous avançons vers un miroir plan, notre image s'avance vers nous, & que, lorsque nous nous en écartons, notre image s'enfonce.

Ne soyons pas aussi surpris qu'un homme qui se trouve debout, & qui se regarde dans un miroir placé horizontalement à ses pieds, se voie dans une situation renversée; pourquoi ? Parce que sa tête étant plus eloignée du miroir que ses pieds, l'image de sa tête doit être plus enfoncée en de-là du miroir, que celle de ses pieds ; aussi voyons-nous renversée l'image de tous les arbres qui sont plantés au bord de quelque riviere.

Ne soyons pas enfin surpris que l'on ait coutume d'assurer qu'un homme qui se regarde dans un miroir, voie le côté droit de son corps à la gauche de son image ; cela signifie seulement que si cet homme occupoit la même place qu'occupe son image, sa main droite seroit dans l'endroit où est actuellement représentée sa main gauche.

La même chose arrive à deux personnes qui se présentent face-à-face l'une de l'autre.

2°. Lorsque l'objet & l'œil sont à égale distance d'un miroir plan, l'œil n'apperçoit tout l'objet, que lorsque la hauteur du miroir est au moins la moitié de celle de l'objet. Supposons donc l'objet KL & l'œil E à un pied du miroir plan AB, *Fig.* 2 *Pl.* 2. Supposons encore que la hauteur de l'objet KL soit de deux pieds ; je dis que si l'œil E voit tout l'objet, la hauteur du miroir A B sera au moins d'un pied. Pour en avoir une démonstration plus claire que celle qu'on trouve dans le commun des livres de Catoptrique, prolongez mentalement les deux rayons directs K M, L N jusqu'au point J situé derriere le miroir A B ; prolongez encore les deux rayons réfléchis E M, E N jusqu'à l'image idéale *k l*.

Le triangle K J L est égal au triangle *k* E *l*. En effet la base K L du premier est égale à la base *k l* du second, car dans les miroirs plans l'image est toujours égale à l'objet : de plus les angles en K & en L sont égaux aux angles en *k* & en *l*, car l'inclinaison des rayons directs par rapport à l'objet est la même que celle des rayons réfléchis par rapport à l'image ; donc les triangles K J L & *k* E *l* ont un côté égal & les angles sur ce côté égaux entre eux ; donc ces deux triangles sont égaux ; donc le miroir A B se trouve aussi éloigné du point J que de l'objet K L, & de l'œil E que de l'image *k l* ; donc le point J, de même que l'image *k l* sont chacun à un pied du miroir A B, puisque l'objet K L & l'œil E sont supposés chacun à un pied du même miroir. Cela une fois démontré, voici comment je raisonne.

L'œil E ne verra pas tout l'objet K L, si les deux rayons extrêmes K M & L N ne tombent pas sur le miroir A B ; mais les rayons extrêmes KM & LN ne tomberont pas sur le miroir A B, si la hauteur de celui-ci n'est pas d'un pied. En effet les rayons K J & L J que l'on conçoit réunis au point J, sont écartés d'un pied, lorsqu'ils arrivent sur le miroir AB, puisque nous venons de démontrer que ce miroir est aussi éloigné des points K & L où ces rayons sont supposés écartés de deux pieds, que du point J où ces rayons sont regardés comme réunis.

Si les rayons K J & L J sont écartés d'un pied, lorsqu'ils arrivent sur le miroir A B, ils exigent évidemment que le miroir qui les reçoit, ait au moins un pied de hauteur ;

donc lorſque l'objet & l'œil ſont à égale diſtance d'un miroir plan, l'œil n'apperçoit tout l'objet, que lorſque la hauteur du miroir eſt au moins la moitié de celle de l'objet.

Mais, *dira-t-on*, des points K & L il tombe des rayons de lumiere ſur toute la ſurface du miroir A B, quelle que ſoit ſa hauteur, donc il n'eſt pas néceſſaire que ce miroir ait un pied de hauteur, pour recevoir des rayons partis des extrêmités de l'objet K L.

Quand même des points K & L il tomberoit des rayons de lumiere ſur toute la ſurface du miroir A B (ce qu'il ne ſeroit pas facile de prouver), s'enſuivroit-il que l'œil placé au point E vit tout l'objet K L? non ſans doute. Il faudroit pour cela que ces rayons fuſſent réfléchis à l'œil E; ce qui n'arrivera, qu'autant que leurs points de réflexion ſeront M & N, que nous avons deja démontrés être écartés d'un pied l'un de l'autre.

Il ſuit de cette importante démonſtration qu'un homme debout devant un miroir qui n'a pas la moitié de ſa hauteur, ne peut pas s'y voir tout entier.

Il ſuit encore que ce même homme verra d'avantage un homme de ſa taille qui ſera placé plus loin que lui de ce miroir; pourquoi? Parce que les rayons extrêmes venant d'un endroit plus éloigné, ſont moins écartés, lorſqu'ils arrivent ſur la ſurface du miroir. Par une raiſon contraire il verra moins ce qui ſera dans un moindre éloignement.

3°. Si l'inclinaiſon d'un miroir plan change d'une quantité quelconque, le rayon réfléchi changera d'une quantité double. *Exemple.* Suppoſons que le miroir A B, *Fig.* 3 *Pl.* 2. ſoit horizontal, & que le rayon du ſoleil D C tombe ſur ce miroir, en faiſant l'angle d'incidence A C D de 45 degrés; je dis que ſi l'on incline le miroir A B à l'horizon, en faiſant monter le point A au point *a*, & en faiſant deſcendre le point B au point *b*, de telle ſorte que l'angle A C *a* ſoit de 10 degrés, je dis que le rayon réfléchi C E deſcendra de 20 degrés. En voici la Démonſtration.

Puiſque l'angle d'incidence A C D eſt de 45 degrés, l'angle de réflexion B C E ſera auſſi de 45 degrés. Qu'a-t-on fait en faiſant monter le point A du miroir A B au point *a*, & en faiſant deſcendre le point B au point *b*? L'on a reduit l'angle d'incidence à 35 degrés, & l'on a fait l'angle de réflexion de 55 degrés ; donc, pour que l'égalité subsiste entre ces deux angles, le rayon réfléchi C E, doit descendre jusqu'au point H, c'est-à-dire doit descendre de 20 degres ; mais l'inclinaison du miroir A B n'a été que de 10 degrés, donc si l'inclinaison d'un miroir plan change d'une quantité quelconque, le rayon réfléchi changera d'une quantité double. C'est par cette démonstration que l'on explique les faits suivans.

Un miroir plan incliné à l'horizon de 45 degrés, représente comme horizontales les grandeurs perpendiculaires, & comme perpendiculaires les grandeurs horizontales.

Lorsque l'on reçoit l'image du soleil sur un miroir plan & qu'on remue ce miroir avec rapidité, l'image du soleil paroît faire un chemin étonnant.

Un homme verroit son image parcourir un demi-cercle, si se tenant debout, au bord d'un miroir placé horizontalement, il le faisoit relever entiérement devant lui, de telle sorte que le miroir parcourut un quart de cercle. L'explication de ces trois faits, & d'une infinité d'autres de la même espèce se présente d'elle-même à quiconque a saisi la démonstration du dernier théoréme.

4°. Si un œil est placé au dedans d'un angle aigu quelconque formé par deux miroirs plans, il verra autant d'images d'un objet placé aussi en dedans de cet angle, qu'on pourra abbaisser successivement de l'objet & de chacune de ses images, de perpendiculaires sur chaque miroir en deça de l'angle qu'ils forment. *Explication*. Je suppose les deux miroirs plans A B, B C formant un angle aigu quelconque A B C, *Fig.* 4 *Pl.* 2 ; je suppose un œil I & un objet O placés au dedans de l'angle A B C. Je dis que l'œil I verra quatre images de l'objet O, & cela parce que de l'objet O on peut tirer d'abord deux perpendiculaires OD, OH, l'une sur le miroir B C & l'autre sur le miroir AB pour déterminer le lieu des deux images D & H, & qu'ensuite des deux images D & H on peut tirer deux autres perpendiculaires DE & HF, la premiere sur le miroir AB & la seconde sur le miroir BC. Pour le démontrer, je tire de l'objet O sur le miroir BC les rayons directs O*g* & O*f*, dont le premier se réfléchit du point *g* à l'œil I, & le second du point *f* au point *t*, & du point *t* à l'œil I. Si je ne tire pas encore du même objet O sur le miroir A B deux autres rayons directs, c'est pour pour ne pas rendre la figure trop obscure. Cela fait, voici comment je procéde dans ma démonstration.

Les lignes OD, OH, DE, & HF représentent 4 cathétes d'incidence, puisqu'elles sont tirées de l'objet réel, ou de deux de ses images qui tiennent lieu d'objet, perpendiculairement sur les deux miroirs plans BC & AB; donc elles sont coupées en deux parties égales aux points N, *r*, *n*, *p*; car l'image d'un objet paroît toujours aussi enfoncée en delà du miroir plan, que l'objet est lui-même éloigné du miroir; donc ON = DN, O*r* = *r*H, D*n* = *n*E, H*p* = pF.

Le point D est le lieu d'une image de l'objet O; car le triangle rectangle ON*g* étant évidemment égal au triangle rectangle DN*g*, il se forme derriere le miroir BC un triangle idéal DN*g* égal au triangle réel ON*g*; & c'est dans ce triangle idéal que se trouve une image de l'objet O, *par l'axiome 3e de cet article.*

Par la même raison le point H est le lieu d'une seconde image de l'objet O.

Prenons maintenant l'image D pour objet, nous trouverons que cette image donne au point E une troisieme image de l'objet O; car il se forme derriere le miroir AB un triangle rectangle idéal *tn*E égal au triangle rectangle *tn*D qui se forme devant le même miroir.

Par la même raison l'image H donnera lieu au point F à une quatrieme image de l'objet O. L'égalité des triangles rectangles dont nous venons de parler est fondée sur cette proposition de géométrie : *deux triangles sont égaux, lorsqu'ils ont deux côtés égaux, & l'angle compris par ces deux côtés égal dans chaçun.*

L'œil I ne verra que quatre images de l'objet O, parce que les perpendiculaires EK & FG tirées des deux dernieres images E & F, tombent en delà de l'angle B formé par les deux miroirs AB & BC. On peut tirer de ce quatrieme théoréme une infinité de conséquences, pratiques pour la plûpart. Voici les principales.

L'image D est vûe par un seul rayon réfléchi de *g* en I; il en est de même de l'image H. Pour les deux images E & F, elles sont vûes par deux rayons réfléchis; l'image E est vûe par le rayon réfléchi de *f* en *t*, & de *t* en I; l'image F est vûe par deux autres rayons réfléchis, que nous n'avons pas marqués, pour ne pas rendre inintelligible une figure qui n'est déja que trop chargée.

Les images D & H doivent être & sont en effet plus claires que les images E & F.

Plus l'angle formé par les deux miroirs plans est aigu & plus grand est le nombre des images que voit l'œil placé au dedans de cet angle.

Si l'œil & l'objet sont dans une même perpendiculaire au plan de deux miroirs parallèles ; il verra une infinité d'images qui iront toujours en s'affoiblissant & en s'éloignant.

DES MIROIRS CONVEXES.

Le miroir convexe C, *Fig.* 5 *Pl.* 2, a son centre au point C ; la ligne BD représente un rayon de lumiere réfléchi au point A, en faisant l'angle de réflexion égal à celui d'incidence ; la ligne BC passant par le centre C, & par conséquent perpendiculaire au miroir convexe, représente la cathéte d'incidence, & la ligne AC la cathéte de réflexion ; enfin le point F est le point de concours de la cathéte d'incidence BC & du rayon réfléchi AD, & par conséquent c'est au point F que doit paroître l'image de l'objet B.

Ce qui distingue les miroirs convexes des miroirs plans, c'est que deux rayons de lumiere, après avoir été réfléchis par une surface convexe, sont plus divergens, c'est-à-dire, sont plus écartés l'un de l'autre, qu'après avoir été réfléchis par une surface plane. En effet supposons qu'il tombe deux rayons paralléles BC & DH sur le miroir plan FAK, *Fig.* 6 *Pl.* 2. ces deux rayons de lumiere seront réfléchis sur eux-mêmes, & après la réflexion ils seront écartés de la quantité BD. Transformons maintenant le miroir plan FAK en une portion de miroir convexe FAM, & envoyons sur cette convexité les deux rayons de lumiere BC & DH prolongé jusqu'en E ; qu'arrivera-t-il ? Le rayon BC sera à la vérité réfléchi sur lui-même, parce qu'il continuera d'être perpendiculaire au côté FA ; mais le rayon DHE qui n'est pas perpendiculaire au côté AM, comme il l'étoit au côté AK, sera réfléchi au point O, afin de faire un angle de réflexion OEM égal à l'angle d'incidence DEA ; donc deux rayons de lumiere, après avoir été réfléchis par une surface convexe, sont plus divergens qu'après avoir été réfléchis par une surface plane.

Cette propriété des miroirs couvexes une fois bien constatée, l'on comprend 1°. qu'ils doivent nous représenter l'image toujours plus petite, que son objet ; pourquoi ?

parce que les rayons partis des extrêmités de l'objet, & devenus après la réflexion plus divergens, qu'ils ne l'auroient été s'ils avoient été réfléchis par un miroir plan, se réunissent plus tard, & nous représentent l'objet sous un angle plus petit.

L'on comprend 2°. que plus la sphére d'où le miroir est tiré, est petite, & plus aussi le miroir est convexe & par conséquent plus il diminue l'image de l'objet.

L'on comprend 3°. que les miroirs convexes ont le même effet que les verres concaves, & qu'ils sont par conséquent bons pour les myopes.

L'on comprend 4°. qu'un miroir convexe bien loin d'augmenter, doit diminuer la chaleur qui vient des rayons du soleil. Ne soyons donc pas surpris que la lumiere du soleil qui nous est réfléchie par les planétes, soit si affoiblie; nous sçavons qu'elles ont toutes la figure sphérique. Mr. Bouguer prétend que la lumiere de la pleine lune à sa moyenne distance de la terre, est trois cent mille fois plus rare que celle du soleil.

L'on comprend 5°. que l'image d'un objet paroit moins enfoncée en delà d'un miroir convexe, qu'en delà d'un miroir plan. Pour mettre cette proposition dans tout son jour, je suppose que l'objet A, *Fig.* 1 *Pl.* 2. envoye deux rayons obliques sur le miroir plan FGE, l'un AG qui soit réfléchi à l'œil D, & l'autre AH qui soit réfléchi à l'œil C; l'image de l'objet A paroîtra au point B, parceque c'est à ce point que les deux rayons DG & CH iroient se réunir, s'ils étoient prolongés en delà du miroir. Je dis que si le miroir FGE étoit convexe, l'image de l'objet A ne paroîtroit pas aussi enfoncée que le point B. En effet si le miroir FGE étoit convexe, les deux rayons réfléchis DG & CH seroient plus divergents, qu'ils ne le sont; ils seroient renvoyés, par exemple, l'un au point *d* & l'autre au point *c*; donc prolongés mentalement en delà du miroir, ils se réuniroient au point *b*, ou en tout autre point quelconque avant le point B. Mais ce seroit à leur point de réunion que paroîtroit l'image de l'objet A; donc si le miroir FGE étoit convexe, l'image de l'objet A ne paroîtroit pas aussi enfoncée que le point B; donc l'image d'un objet paroit moins enfoncée en delà d'un miroir convexe, qu'en delà d'un miroir plan. Telles sont les principales propriétés des miroirs convexes; examinons maintenant celles des miroirs concaves.

DES MIROIRS CONCAVES.

Le miroir concave NSO, *Fig.* 7 *Pl.* 2. a ſon centre au point C, & ſon foyer, c'eſt-à-dire, l'endroit où vont ſe réunir les rayons de lumiere, au point F; la ligne MS qui paſſe par le centre C, eſt perpendiculaire à la concavité NSO; il en eſt de même de toutes les lignes qui paſſeroient par ce centre & qui iroient aboutir à la même concavité; la ligne *a*R repréſente un rayon de lumiere envoyé obliquement ſur le miroir par l'extrêmité *a* de l'objet *ab*; la ligne RA repréſente le même rayon de lumiere réfléchi, en faiſant l'angle de réflexion ORA égal à celui d'incidence NR*a*; il en eſt de même du rayon d'incidence *b*T & du rayon réfléchi TB; les deux lignes *a*A & *b*B qui paſſent par le centre C, repréſentent deux cathétes, l'une appartenant au rayon incident *a*R, & l'autre au rayon incident *b*T; enfin le rayon réfléchi RA concourt en A avec la cathéte d'incidence *a*A, & le rayon réfléchi TB concour au point B avec la cathéte d'incidence *b*B, & par conſéquent l'objet *ab* placé entre le centre C & le foyer F, aura ſon image au deſſus du centre C.

Si l'objet *ab* étoit placé au deſſus du centre C du miroir concave NSO, l'on appercevroit ſon image entre le centre C & le foyer F, parce que ce ſeroit là que ſe feroit le concours des cathétes d'incidence & des rayons réfléchis.

Pour peu que l'on ait examiné la fig. 7e, l'on n'aura pas de la peine à conclure que dans les miroirs concaves non ſeulement les images des objets paroiſſent hors du miroir, mais encore qu'elles paroiſſent renverſées, parce que les rayons réfléchis ne concourent avec les cathétes d'incidence, qu'après s'être croiſés au foyer F. Si cependant l'on plaçoit l'objet plus bas que le foyer, l'image ne ſeroit pas renverſée, & elle paroîtroit en delà du miroir, parce que les rayons réfléchis n'ayant pas pû ſe croiſer au foyer, concouroient avec les cathétes d'incidence en delà du miroir.

La figure 8e. de la même planche apprendra que le foyer F du miroir concave ABN, c'eſt-à-dire, l'endroit où vont ſe réunir les rayons paralléles DA & NM eſt plus près de la concavité AN, que du centre C & que par conſéquent l'on a raiſon d'aſſurer en Catoptrique que le foyer des miroirs concaves ſe trouve un peu plus bas que le quart du diamétre de la même concavité. Ceux qui n'ont aucune teinture de Géométrie ſuppoſeront cete vérité ; ceux qui en ont quelque teinture, feront attention aux démonſtrations ſuivantes.

1°. Le triangle AFC eſt iſoſcéle. En effet l'angle ACF eſt égal à l'angle alterne DAC, puiſque la ligne AC joint les deux rayons paralléles DA & CB. L'angle CAF eſt égal au même angle DAC, puiſque par *conſtruction* on a dû tirer la ligne AC de telle ſorte qu'elle partageât l'angle DAF en deux parties égales ; donc l'angle ACF eſt égal à l'angle CAF ; donc les deux angles placés ſur la baſe AC du triangle AFC ſont égaux entre eux ; donc le triangle AFC eſt iſoſcéle ; donc le côté CF eſt égal au côté AF.

2°. Pour démontrer que le côté CF eſt plus grand que le côté FB, voici comment je procéde. 1°. La ligne AC & la ligne CB ſont égales, puiſque ce ſont deux rayons du même arc ABN. 2°. La ligne AF & la ligne FC priſes enſemble ſont plus grandes que la ligne AC, puiſque deux côtés d'un triangle ſont toujours plus grands que le troiſieme. 3°. La ligne AF & la ligne FC priſes enſemble ſont plus grandes que la ligne CB, puiſqu'elles ſont plus grandes que ſon égale AC. 4°. Nous avons déja démontré que la ligne AF étoit égale à la ligne FC ; donc la ligne AF eſt plus grande que la ligne FB, puiſque ſans cela les deux lignes AF & CF priſes enſemble ne ſeroient pas plus grandes que la ligne CB.

3°. La ligne CF eſt plus grande que la ligne FB ; donc le foyer F eſt plus près de la concavité ABN, que du centre C ; donc le foyer des miroirs concaves ſe trouve un peu plus bas que le quart du diamétre de la même concavité.

Concluez de là qu'un flambeau allumé placé au foyer d'un miroir concave, doit envoyer ſur ce miroir des rayons de lumiere qui, après la réflexion, ſeront paralléles entre eux. La raiſon en eſt évidente ; un corps lumineux, le ſoleil par-exemple, ne peut envoyer des rayons paralléles ſur un miroir concave, ſans que ces rayons aillent ſe réunir au foyer ; donc l'on ne peut pas placer un corps lumineux au foyer, ſans que ſes rayons de lumiere ſoient, après la réflexion, paralléles entre eux.

Si le flambeau étoit placé plus bas que le foyer, ſes rayons réfléchis ſeroient divergens, & s'il étoit placé plus haut, ils ſeroient convergens.

Outre ces différentes propriétés des miroirs concaves, il y en a une qu'on peut regarder comme la principale; la voici : deux rayons de lumiere, après avoir été réfléchis par une surface concave sont plus convergens, c'est-à-dire, sont moins écartés l'un de l'autre, qu'après avoir été réfléchis par un miroir plan. En effet supposons qu'il tombe deux rayons de lumiere paralléles BI & HF sur le miroir plan ACE, *Fig.* 9. *Pl.* 2. ces deux rayons seront réfléchis sur eux-mêmes; supposons maintenant que ces deux mêmes rayons tombent sur le miroir concave ACD (car tout le monde sçait qu'une concavité est formée par un assemblage de lignes droites inclinées les unes aux autres, comme il est expliqué dans l'article du *mouvement en ligne courbe*) le rayon de lumiere BI sera à la vérité réfléchi sur lui-même, parce qu'il continuera d'être perpendiculaire au côté AC de la concavité ACD; mais le rayon de lumiere HG n'étant pas perpendiculaire sur le côté CD de la même concavité, sera réfléchi au point K; donc deux rayons de lumiere, après avoir été réfléchis par une surface concave, sont plus convergens qu'après avoir été réfléchis par un miroir plan.

De ce principe concluez 1°. que les miroirs concaves ont les mêmes effets que les verres convexes. Or nous sçavons que ceux-ci, en accélérant la réunion des rayons de lumiere & en rassemblant ces mêmes rayons à leur foyer, grossissent & brulent les objets; les miroirs concaves doivent donc, lorsqu'ils sont bien faits, non-seulement représenter l'image plus grande que l'objet, mais encore réduire en cendre les corps que l'on a placés à leur foyer.

Concluez 2°. que les Presbites, c'est-à-dire, les gens âgés qui ont coutume de se servir de lunettes convexes, pourroient avec le même avantage se servir d'un miroir concave.

Concluez 3°. que plus la sphére d'où le miroir concave est tiré, est petite, plus aussi le miroir est brûlant; pourquoi? Parce qu'un segment ou une portion d'une petite sphére est plus concave, qu'un segment d'une grande sphére.

Concluez 4°. qu'avec un miroir concave on ne peut pas bruler un corps qui se trouve à une certaine distance, par-exemple, à 150 pieds; pourquoi? parcequ'une sphére d'environ 600 pieds de diamétre, telle que devroit être celle d'où l'on tireroit un semblable miroir, n'auroit pas une courbure assez sensible, pour rendre les rayons du soleil convergens, de paralléles qu'ils sont.

Ce que l'on ne peut pas faire avec un miroir concave, on peut le faire avec plusieurs miroirs plans inclinés les uns aux autres. M. de Buffon en a fait l'expérience. Voici ce qu'il dit dans les Mémoires de l'Académie des sciences, *Année* 1747. *Pag.* 91, 92, &c.

Mon miroir brulant est composé de 168 glaces étamées, de 6 pouces sur 8 pouces chacune, éloignées les unes des autres d'environ 4 lignes. Chacune de ces glaces se peut mouvoir en tout sens & indépendamment de toutes les autres; & les 4 lignes d'intervalle qui sont entre elles, servent non-seulement à la liberté de ce mouvement, mais aussi à laisser voir à celui qui opére l'endroit, où il faut conduire les images du soleil. Au moyen de cette construction l'on peut faire tomber sur le même point les 168 images, & par conséquent bruler à une très grande distance.

Le 10 Avril 1747 après midi, par un soleil assez net, M. de Buffon mit publiquement le feu à une planche de sapin goudronnée, à 150 pieds avec 128 glaces seulement; l'inflammation fut très subite, & elle se fit dans toute l'étendue du foyer qui avoit environ 16 pouces de diamétre à cette distance. Il a fait au Jardin Royal avec le même miroir plusieurs autres expériences de la même espèce qu'il seroit inutile de rapporter. Nous nous contenterons seulement de remarquer avec lui que le pere Kircher Jésuite doit être regardé comme l'inventeur de ce miroir. Qu'on lise, pour s'en convaincre, le probléme 4 de la 3e partie de son Traité intitulé *Magia Catoptrica.*

Corollaire général. Les principes que nous avons posés dans ce Traité, nous serviront à expliquer le mécanisme des miroirs *mixtes*, c'est-à-dire des miroirs qui sont droits dans un sens & courbes dans l'autre, soit que leur courbure se présente par la convexité, soit qu'elle se présente par la concavité. Le miroir cylindrique, *par-exemple*, considéré dans sa hauteur n'est qu'un composé de lignes droites; aussi ce miroir considéré suivant cette dimension, a-t-il tous les effets des miroirs plans qui ne sont qu'un composé des lignes droites. Mais ces sortes de lignes placées dans des plans differens, forment une surface courbe dans sa largeur; aussi la surface extérieure du miroir cylindrique

lindrique considéré dans sa largeur, a-t-elle tous les effets des miroirs convexes, & sa surface intérieure tous ceux des miroirs concaves. C'est pour cela sans doute qu'une figure bien proportionnée qui se présente devant un tel miroir, doit produire une image tout-à-fait difforme. En effet si sa hauteur est représentée au naturel, sa largeur sera augmentée ou diminuée, renversée ou redressée, suivant que la surface du miroir sera ou concave ou convexe. Par la même raison une figure méconnoissable sur le carton paroît très réguliere, lorsqu'on la présente à quelque miroir de cette espéce.

CAUSE. On nomme *cause* en Physique tout ce qui produit un effet. Celle qui le produit réellement, se nomme *cause physique*, & celle qui n'est que l'occasion de l'existence de cet effet, se nomme *cause occasionnelle*. On donne au Créateur le nom de *cause premiere*, & aux créatures celui de *causes secondes*.

CELERITÉ. *Cherchez* Vitesse.

CENTRE. Nous ne parlerons pas ici du centre du cercle & de l'ellipse, nous en avons parlé ailleurs. Les centres de *figure*, de *gravité*, de *gravitation*, & le *centre ovale* dont la connoissance est absolument nécessaire en Physique, vont faire le sujet des quatre articles suivans.

CENTRE DE FIGURE. Le centre de figure ou de grandeur est un point par lequel un corps quelconque est divisé en deux parties égales, c'est-à-dire, en deux parties qui occupent chacune un espace égal. Vous présente-t-on un bâton de 8 pieds de longueur dont la moitié est de bois & l'autre de fer? Vous pouvez assurer que son centre de grandeur se trouve dans l'endroit où le fer est joint avec le bois.

CENTRE DE GRAVITÉ. Le centre de gravité est un point par lequel un corps quelconque est divisé en deux parties aussi pesantes l'une que l'autre. Suspendez-vous un corps par son centre de gravité? vous le verrez dans un parfait équilibre. Les Physiciens, accoutumés à prendre le centre de gravité pour tout le corps grave, c'est-à-dire, accoutumés à considérer le centre de gravité comme un point dans lequel réside toute la pesanteur du corps, supposent les vérités suivantes, comme autant de principes incontestables.

Premiere Vérité. La ligne de direction des corps graves sublunaires est une ligne droite tirée de leur centre de gravité au centre de la terre.

Seconde Vérité. Lorſqu'un corps grave deſcend, ſon centre de gravité deſcend avec lui.

Troiſieme Vérité. Un corps grave qui deſcend librement, ne quitte jamais la ligne de direction.

Quatrieme Vérité. Le centre de gravité des corps ſublunaires tend toujours à s'approcher du centre de la terre, & par conſéquent toutes les fois que le centre de gravité d'un corps ſublunaire s'écarte de la terre, le corps eſt regardé comme étant dans un mouvement violent.

Cinquieme Vérité. Un corps grave ne peut pas tomber, lorſque la ligne de direction paſſe par ſa baſe; mais il tombe néceſſairement, lorſque la ligne de direction paſſe hors de ſa baſe.

Sixieme Vérité. Les hommes & les animaux ont leur centre de gravité vers le milieu de leur corps. Ces ſix principes nous fourniſſent l'explication d'une infinité de problêmes très-amuſans. Nous ne rapporterons que les principaux.

Si les portefaix & toutes les perſonnes dont le dos eſt chargé d'un poids conſidérable, ne ſe courboient pas en avant; ſi les perſonnes de beaucoup d'embonpoint & tous ceux qui portent pardevant quelque peſant fardeau, ne ſe courboient pas en arriere; ſi ceux qui par politeſſe inclinent la partie ſupérieure de leur corps & panchent la tête, n'avançoient pas un pied; ſi quelqu'un vouloit tenir ſes pieds appuyés contre une muraille, & ramaſſer une piéce de monnoie que l'on auroit jettée à terre, toutes ces perſonnes, dis-je, feroient des chûtes auſſi ridicules que dangereuſes, parce que leur ligne de direction ne paſſeroit pas par leur baſe.

Il ne ſera pas plus difficile d'expliquer pourquoi, ſans une adreſſe infinie, on ne ſçauroit marcher ou ſur une corde, ou ſur une planche très-étroite; tout le monde voit qu'il eſt alors très-aiſé que la ligne de direction paſſe hors de la baſe.

De ce même principe nous devons conclure qu'un cheval qui galope, doit lever en même tems un pied de devant & un pied de derriere; qu'un vieillard courbé ſous le poids des années, doit ſe ſervir d'un bâton; qu'un enfant qui ſautille ſur un pied, doit être extrêmement ſur ſes gardes; ſans cela leur ligne de direction paſſeroit hors de leur baſe, & l'on verroit le cheval s'abattre, le vieillard donner du nez en terre, & l'enfant payer ſa ſottiſe par une chûte inévitable.

Tout le jeu du pendule dépend des principes que nous avons posés au commencement de cet article. Le pendule transporté à droite, est-il abandonné à lui-même ? la pesanteur fait descendre son centre de gravité dans la ligne de direction, c'est-à-dire, dans la ligne perpendiculaire à la surface de la terre. Est-il arrivé à cette ligne ? les degrés d'accélération qu'il a acquis en descendant, lui font décrire à gauche un arc semblable à celui qu'il vient de parcourir à droite. Cet arc est-il décrit ? la pesanteur fait descendre le pendule dans la ligne perpendiculaire, & les degrés d'accélération le font remonter à droite par un arc semblable à celui par lequel il vient de descendre. Telle est la cause physique d'un mouvement qui seroit perpétuel, s'il se faisoit dans un espace parfaitement vuide.

Il suffit enfin d'avoir présentes à l'esprit les régles que nous venons de donner, pour voir que la tour de Pise dont la base est prodigieuse en largeur, doit braver les vents & les tempêtes, quoique sa cime panchée semble menacer ruine.

Centre de Gravitation. Ne confondons pas le centre de gravité d'un corps particulier avec le centre de gravitation, c'est-à-dire, avec le centre commun de gravité de plusieurs corps qui s'attirent mutuellement les uns les autres; celui-là est toujours en dedans du corps grave, celui-ci se trouve communément hors des corps qui gravitent les uns vers les autres. Appliquez, par exemple, deux corps à un levier de la premiere espèce; mettez ces corps en équilibre; le point d'appui du levier sera leur centre commun de gravité; en un mot dans le systême de Newton, le centre commun de gravité de plusieurs corps qui s'attirent mutuellement, n'est autre chose que le point où tous ces corps iroient se réunir, s'ils étoient abandonnés à leur force centripéte. Le centre commun de gravité du sistême solaire est donc le point du monde où les cométes & les planétes iroient se réunir avec le soleil, si tous ces corps étoient abandonnés à leur force attractive. Ce point ne sçauroit se trouver ni hors du soleil, ni au centre même de cet astre : il ne peut pas être hors du soleil, parce qu'alors les planétes & les cométes, au lieu de tourner autour de cet astre, tourneroient autour de leur centre commun de gravité : il ne sçauroit non plus se trouver au centre même du soleil, parce qu'alors il faudroit dire que le soleil attire tous les corps qui tournent autour de lui, & qu'il n'en est aucunement attiré ; ce centre de gravitation ſe trouve donc dans un point ſitué entre le centre & la circonférence du ſoleil. De combien de lieues ce point eſt-il enfoncé dans le ſoleil ? Voilà ce que la plus ſubtile Géométrie ne pourra jamais nous dire exactement. Les Phyſiciens ne ſont pas ſi ſcrupuleux dans leur marche ; ils ſe contentent de quelques *à-peu-près* ; auſſi emploirons-nous leur méthode pour réſoudre ce problême ; commençons pour cela par déterminer quelle eſt la groſſeur des planétes par rapport au ſoleil.

1°. En nommant avec les Aſtronomes le diamétre du Soleil 100, celui de Saturne ſera environ 9, celui de Jupiter environ 11, celui de Mars $\frac{3}{5}$, celui de la Terre 1, celui de Vénus 2, celui de Mercure $\frac{1}{3}$.

2°. Les Aſtronomes conviennent aſſez communément que les 4 Satellites de Jupiter, de même que les 5 Satellites de Saturne, ſont chacun auſſi gros que notre Terre, & par conſéquent leur diamétre eſt 1, comparé avec celui du Soleil.

3°. Comme il y a des planétes qui ſont moins denſes que le Soleil, telles que Saturne & Jupiter ; & qu'il y en a qui ſont plus denſes, comme la Terre, Vénus & Mercure, il s'enſuit que dans notre calcul, nous pouvons ſans erreur ſuppoſer le Soleil & les planétes comme ayant une égale denſité.

4°. Pour déterminer quelle eſt la groſſeur des planétes par rapport au Soleil, voici comment j'opére ; le Soleil & les planétes ſont des corps ſenſiblement ſphériques ; deux ſphéres homogénes ſont comme les cubes de leurs diamétres ; le cube du diamétre du Soleil, eſt 1000000 ; le cube du diamétre de Saturne eſt 980 ; le cube du diamétre de Jupiter eſt 1170 ; le cube du diamétre de Mars eſt $\frac{1}{5}$; le cube du diamétre de la Terre eſt 1 ; le cube du diamétre de Venus eſt 8, & le cube du diamétre de Mercure eſt $\frac{1}{27}$; donc la maſſe du Soleil eſt à la maſſe des planétes priſes enſemble, comme 1000000, eſt à environ 2159, c'eſt-à-dire, qu'autant qu'un million l'emporte ſur environ deux mille cent cinquante-neuf, autant la maſſe du Soleil l'emporte ſur la maſſe de toutes les planétes priſes enſemble.

5°. Pour ne donner dans aucune erreur favorable au ſyſtême de Newton, & pour mettre les choſes encore plus haut que les Aſtronomes qui ont donné le plus de maſſe à Jupiter & à Saturne, ſuppoſons que les maſſes de tous les corps qui tournent autour du Soleil valent 2400 ; je dis que dans ce cas-là même le centre de gravité du systême solaire doit se trouver dans le Soleil ; en voici la démonstration.

Je rassemble mentalement tous les corps qui tournent autour du Soleil, & je les place à soixante millions de lieues de cet astre, afin de prendre une distance moyenne ; cela fait, voici comment je raisonne : lorsque deux corps de différente masse sont abandonnés à leur attraction mutuelle, le chemin qu'ils font pour aller se joindre, est en raison inverse de leur masse, comme nous l'avons remarqué dans l'article de l'*attraction* ; donc pour trouver le point où tous les corps du systême solaire se réuniroient avec le Soleil, je dois dire : la masse du Soleil qui est 1000000, est à la masse de toutes les planétes & de toutes les cométes, que nous avons évalué 2400, comme soixante millions de lieues, sont à cent quarante-quatre mille lieues ; donc en supposant que toutes les planétes & les cométes abandonnées à leur attraction mutuelle fissent soixante millions de lieues pour aller trouver le Soleil, le Soleil de son côté ne feroit que cent quarante-quatre mille lieues pour se réunir avec elles ; donc le centre de gravité du systême solaire se trouve éloigné du centre du Soleil de cent quarante-quatre mille lieues ; mais la surface du Soleil est éloignée de son centre de cent cinquante mille lieues, puisque le diamétre du Soleil est de trois cent mille lieues ; donc le centre de gravité du systême solaire doit se trouver dans le Soleil même ; donc quand même tous les corps qui tournent autour du Soleil se trouveroient sur la même ligne & du même côté, ils ne devroient pas opérer sur le Soleil un dérangement sensible.

Ce n'est pas sans raison que nous avons assuré que le diamétre du Soleil est de trois cent mille lieues ; nous sçavons que le diamétre de cet astre est cent fois plus grand que celui de la terre, & nous sçavons que le diamétre de la terre est de trois mille lieues ; donc le diamétre du Soleil doit être de trois cent mille lieues.

Nous avons avancé dans cet article que le soleil & les planétes étoient de telle & telle grosseur, de telle & telle densité ; c'est maintenant le tems d'en apporter la preuve ; elle ne sera difficile que pour ceux qui n'ont aucune teinture d'algébre.

Premiere Proposition. Pour connoître la vitesse initiale ou la force centripéte d'un corps qui tombe vers un autre ; l'on doit diviser la masse du corps attirant par le quarré de la diſtance du corps attiré, & le *quotient* donnera ce que l'on cherche.

Démonſtration. Suppoſons le corps A tombant vers le corps M. L'attraction que le corps M exerce ſur le corps A, ou ce qui revient au même, la viteſſe initiale que le corps M communiquera au corps A ſera d'autant plus grande que le corps M ſera plus gros ; & d'autant plus petite que le quarré de la diſtance du corps A ſera plus conſidérable, parce que l'attraction ſe fait en raiſon directe des maſſes & inverſe des quarrés des diſtances, comme il eſt aiſé de s'en convaincre en liſant l'article *attraction ;* donc pour avoir la viteſſe initiale du corps A, il faut diviſer la maſſe du corps M par le quarré de la diſtance du corps A; donc en général pour connoître la viteſſe initiale ou la force centripéte d'un corps qui tombe vers un autre, l'on doit diviſer la maſſe du corps attirant par le quarré de la diſtance du corps attiré, & le *quotient* donnera ce que l'on cherche.

Corollaire I. Si le corps A tombe vers la terre, & que je nomme ſa force centripéte p, la maſſe de la terre m, & la diſtance du corps A à la terre d, j'aurai l'équation $p = \frac{m}{dd}$.

Corollaire II. Si le corps A circuloit autour de la terre, l'équation précédente ſe changeroit en celle-ci $p = \frac{m}{rr}$, parce que dans ce cas la diſtance ſe confondroit avec le rayon r du cercle parcouru par le corps A.

Seconde Propoſition. Pour avoir la force centripéte d'un corps qui circule autour d'un autre, il faut diviſer le rayon du cercle parcouru par le quarré du tems employé à le parcourir, & par conſéquent en nommant p la force centripéte du corps qui circule, r le rayon du cercle parcouru, t le tems employé à le parcourir, l'on aura l'équation $p = \frac{r}{tt}$.

Démonſtration. 1°. La force centripéte d'un corps qui circule autour d'un autre eſt proportionnelle au quarré de ſa viteſſe u, diviſé par le rayon r du cercle parcouru. Voyez l'article des *Forces ;* donc $p = \frac{uu}{r}$.

2°. La viteſſe u eſt égale à l'eſpace e diviſé par le tems t ; donc $u = \frac{e}{t}$.

3°. Dans le cas propoſé les eſpaces parcourus ſont des circonférences de cercles, & ces circonférences ſont proportionnelles à leurs rayons ; donc l'on pourra prendre le rayon r pour l'eſpace parcouru ; donc l'équation $u = \frac{e}{t}$ ſe transformera en celle-ci $u = \frac{r}{t}$; donc $uu = \frac{rr}{tt}$; donc ſi, *num.* 1. $p = \frac{uu}{r}$, l'on aura $p = \frac{rr}{rtt} = \frac{r}{tt}$.

Corollaire I. $p = \frac{m}{rr}$, *par le Corollaire II. de la prop.* 1. De plus $p = \frac{r}{tt}$; donc $\frac{m}{rr} = \frac{r}{tt}$; donc $m = \frac{rrr}{tt}$. Mais m marque le corps attirant ; r le rayon du cercle parcouru, ou la diſtance du corps attiré ; t le tems qu'employe le corps attiré à circuler autour du corps attirant ; donc ſi un corps circule autour d'un autre, la maſſe du corps attirant eſt comme le cube de la diſtance qui eſt entre les deux corps, diviſé par le quarré du tems périodique de celui qui circule.

Corollaire II. On ne peut pas connoître la maſſe d'un corps céleſte, lorſque ce corps n'a aucun ſatellite qui tourne autour de lui ; on ne peut donc connoître ni la maſſe de Mercure, ni celle de Mars.

Corollaire III. Pour trouver le rapport qu'il y a entre la maſſe du Soleil & celle de la Terre, je conſidére le Soleil comme un corps central autour duquel tourne Vénus ou toute autre planéte principale, & je trouve ſa maſſe $M = \frac{R^3}{TT}$, c'eſt-à-dire, je trouve que la maſſe du Soleil eſt proportionnelle au cube de la diſtance de Vénus, ou de toute autre planéte principale, diviſé par le quarré de ſon tems périodique. Je conſidére enſuite la Terre comme un corps central autour duquel tourne la Lune, & je trouve ſa maſſe $m = \frac{r^3}{tt}$, c'eſt-à-dire, je trouve que la maſſe de la Terre eſt proportionnelle au cube de la diſtance de la

Lune, divisé par le quarré de son tems périodique; & comme dans ces deux équations les distances & les tems périodiques sont des quantités connues, je conclus, par les régles de la plus simple Arithmétique, que la masse du Soleil : à la masse de la Terre :: 1 : $\frac{1}{207194}$, ou :: 207194 : 1, ou environ.

Corollaire IV. En considérant toujours le Soleil comme un corps central autour duquel tourne Vénus, ou tout autre planéte principale, & Jupiter comme un autre corps central autour duquel tourne l'un de ses quatre satellites, l'on trouvera que la masse du Soleil : à la masse de Jupiter :: 1 : $\frac{1}{949}$, ou :: 949 : 1, ou environ.

L'on trouvera par la même méthode que la masse du Soleil : à la masse de Saturne :: 1 : $\frac{1}{1092}$, ou :: 1092 : 1, ou environ.

Corollaire V. S'il est vrai que Vénus ait un satellite dont la distance soit d'environ 90000 lieues, & le tems périodique de 223 heures; l'on trouvera par la même méthode que la masse du Soleil : à la masse de Vénus :: 1 : $\frac{1}{23946}$, ou :: 23946; 1 : ce qui donne à Vénus 8 à 9 fois plus de masse qu'à la Terre.

REMARQUE.

Quoique l'éloignement réel de la Terre au Soleil soit d'environ trente millions de lieues; cependant, pour abréger les opérations, l'on a coutume de faire cette distance, ou le rayon du grand orbe, de 1000 parties égales. Dans cette hypothése la distance de Vénus au Soleil sera de 723 de ces parties égales. Par la même raison les distances de la Lune, du quatrieme satellite de Jupiter & du quatrieme Satellite de Saturne, à l'égard de leurs planétes respectives, seront représentées par 3, 13 & 12 ou environ. La distance du satellite de Vénus sera aussi représentée par 3.

Corollaire VI. Connoissant les masses des corps célestes, il sera très-facile de connoître le rapport des poids de deux corps égaux transportés sur les surfaces de deux de ces astres. En voici la preuve,

L'on me donne les deux corps A & B égaux en masse. L'on suppose le corps A placé sur la surface du Soleil, & le corps B sur la surface de la Terre; l'on demande le rapport qu'il y a entre le poids du corps A & le poids du corps B, c'est-à-dire, l'on demande la différence qu'il y a entre la maniere dont le corps A est attiré par le Soleil, & la maniere dont le corps B est attiré par la Terre.

Pour résoudre ce Problême, je nomme M la masse du Soleil, *m* la masse de la Terre, R la distance du corps A au centre du Soleil, *r* la distance du corps B au centre de la Terre, P la force centripéte du corps A, & *p* la force centripéte du corps B.

Par le Cor. 2 *de la prop.* 1. $P = \frac{M}{RR}$ & $p = \frac{m}{rr}$; mais M & *m*, R & *r* sont des quantités connues, puisque $M = 207194$, $m = 1$, $R = 150000$ lieues, & $r = 1500$ lieues; donc P & *p* deviennent par-là même des quantités connues; donc connoissant, &c.

Corollaire VII. Dans l'hypothése que le Soleil & la Terre fussent de même densité, l'on auroit la proportion suivante $P : p :: R : r$. En effet le Soleil & la Terre sont deux corps sphériques; donc leurs masses sont comme les cubes de leurs rayons; donc $M = R^3$ & $m = r^3$. Mais $P = \frac{M}{RR}$, & $p = \frac{m}{rr}$ *par le Corollaire précédent*; donc $P = \frac{R^3}{R^2}$ & $p = \frac{r^3}{r^2}$; donc $P = R$, & $p = r$; donc $P : p :: R : r$.

Corollaire VIII. Le rayon du Soleil est de 150000, & le rayon de la Terre de 1500 lieues; donc le rayon du Soleil est cent fois plus grand que celui de la Terre; donc le corps A placé sur la surface du Soleil péseroit 100 fois plus que le corps B placé sur la surface de la Terre, si le Soleil étoit aussi dense que la Terre.

Corollaire IX. Par le Cor. 6, le poids du corps A posé sur la surface du Soleil : au poids du corps B posé sur la surface de la Terre :: la masse du Soleil divisée par le quarré de son rayon, c'est-à-dire, $\frac{207194}{10000}$: à la masse de la Terre divisée par le quarré de son rayon, c'est-à-dire, $\frac{1}{1} = 1$. Mais $\frac{207194}{10000} : 1 ::$ environ 21 : 1; donc si le corps A & le corps B égaux en maſſe étoient poſés, l'un ſur la ſurface du Soleil, & l'autre ſur la ſurface de la Terre, celui-là peſeroit environ 21 fois plus que celui-ci. Il n'eſt pas néceſſaire de faire remarquer que puiſque le nombre de 150000 lieues, *valeur du rayon du Soleil*, eſt cent fois plus grand que 1500 lieues, *valeur du rayon de la Terre*; l'on a droit de repréſenter dans le calcul ces deux rayons, l'un par 100 & l'autre par 1, & leurs deux quarrés par 10000 & par 1.

Corollaire X. Le poids du corps A poſé ſur la ſurface du Soleil : au poids du corps B poſé ſur la ſurface de Jupiter :: la maſſe du Soleil diviſée par le quarré de ſon rayon, c'eſt-à-dire, $\frac{949}{81}$: à la maſſe de Jupiter diviſée par le quarré de ſon rayon, c'eſt-à-dire, $\frac{1}{1} = 1$. Mais $\frac{949}{81}$: 1 :: environ 12 : 1; donc ſi le corps A & le corps B égaux en maſſe étoient poſés, l'un ſur la ſurface du Soleil & l'autre ſur la ſurface de Jupiter, celui-là péſeroit environ 12 fois plus que celui-ci. Nous n'avons repréſenté le quarré du rayon du Soleil par 81, & celui du rayon de Jupiter par 1, que parce que les Aſtronomes conviennent que le rayon du Soleil eſt neuf fois plus grand que le rayon de Jupiter.

Corollaire XI. Le poids du corps A poſé ſur la ſurface du Soleil : au poids du corps B poſé ſur la ſurface de Saturne :: la maſſe du Soleil diviſée par le quarré de ſon rayon, c'eſt-à-dire, $\frac{1092}{100}$: à la maſſe de Saturne diviſée par le quarré de ſon rayon, c'eſt-à-dire, $\frac{1}{1} = 1$. Mais $\frac{1092}{100}$: 1 :: environ 11 : 1; donc ſi le corps A & le corps B égaux en maſſe étoient poſés, l'un ſur la ſurface du Soleil, & l'autre ſur la ſurface de Saturne, celui-là péſeroit environ 11 fois plus que celui-ci. Ce calcul n'eſt exact, qu'autant qu'il eſt vrai que le rayon du Soleil eſt environ 10 fois plus grand que celui de Saturne.

Corollaire XII. Le poids du corps A poſé ſur la ſurface du Soleil : au poids du corps B poſé ſur la ſurface de Vénus :: la maſſe du Soleil diviſée par le quarré de ſon rayon, c'eſt-à-dire, $\frac{23946}{2500}$: à la maſſe de Vénus diviſée par le quarré de ſon rayon, c'eſt-à-dire $\frac{1}{1} = 1$. Mais $\frac{23946}{2500}$: 1 :: environ 9 : 1 ; donc ſi le corps A & le corps B égaux en maſſe étoient poſés, l'un ſur la ſurface du Soleil, & l'autre ſur la ſurface de Vénus, celui-là péſeroit environ 9 fois plus que celui-ci. Comme Vénus a huit à neuf fois plus de matiere que la Terre, ſon rayon doit être à peu près double de celui de la Terre, & par conſéquent 50 fois moindre que celui du Soleil. Auſſi avons-nous ſuppoſé dans ce calcul que le rayon du Soleil : au rayon de Vénus :: 50 : 1 ; car le quarré de 50 = 2500, & le quarré de 1 = 1.

Corollaire XIII. Plus un corps eſt denſe, plus il a de force attractive ; donc ſi dans les ſphéres homogénes les poids ou les forces centripétes de deux corps égaux ſont comme les rayons des ſphéres ſur leſquelles on les place, *Coroll.* 7 ; dans les ſphéres hétérogénes les forces centripétes de deux corps égaux ſeront en raiſon compoſée des rayons & des denſités des ſphéres ſur la ſurface deſquelles ils ſe trouvent. Nommons donc P la force centripéte du corps A, p la force centripéte du corps B, R le rayon du Soleil, r le rayon de la Terre, D la denſité du Soleil, & d la denſité de la Terre ; l'on aura la proportion ſuivante P : p :: RD : rd ; donc P = RD & $p = rd$.

Corollaire XIV. La denſité d'une planéte eſt proportionnelle au poids d'une maſſe quelconque tranſportée ſur la ſurface de cette planéte, diviſé par le rayon de cette même planéte. En effet P = RD ; *Coroll. précédent* ; donc $D = \frac{P}{R}$; donc la denſité, &c.

Corollaire XV. La denſité du Soleil : à la denſité de Vénus :: $\frac{9}{50}$: $\frac{1}{1} = 1$. Mais $\frac{9}{50}$: 1 :: environ $\frac{1}{6}$: 1 ; donc la denſité du Soleil eſt environ 6 fois moindre que celle de Vénus.

Corollaire XVI. La denſité du Soleil : à la denſité de la Terre :: $\frac{21}{100}$: $\frac{1}{1} = 1$. Mais $\frac{21}{100}$: 1 :: environ $\frac{1}{5}$: 1 ; donc la denſité du Soleil eſt environ cinq fois moindre que celle de la Terre.

Corollaire XVII. La denſité du Soleil : à la denſité de

Jupiter :: $\frac{12}{9}$: $\frac{1}{1}$ = 1. Mais $\frac{12}{9}$: 1 :: 1 + $\frac{1}{3}$: 1 ; donc le Soleil eſt un peu plus denſe que Jupiter.

Corollaire XVIII. La denſité du Soleil : à la denſité de Saturne :: $\frac{11}{10}$: $\frac{1}{1}$ = 1. Mais $\frac{11}{10}$: 1 :: 1 + $\frac{1}{10}$: 1 ; donc le Soleil eſt un peu plus denſe que Saturne.

CENTRE OVALE. Le centre ovale eſt un eſpace dans le cerveau à-peu-près elliptique, dont la circonférence eſt formée par les dix paires de nerfs que les Anatomiſtes appellent *les dix conjugaiſons* ; il commence à la baſe du grand cerveau, à-peu-près dans l'endroit d'où les nerfs de la premiere conjugaiſon tirent leur origine, & il s'étend juſqu'à la partie du cervelet d'où ſortent les nerfs de la 10ᵉ conjugaiſon. Les Phyſiciens le regardent comme l'organe du ſens commun, parce que l'impreſſion que font les objets corporels ſur les ſens internes & externes, ne manque jamais de paſſer juſqu'au centre ovale. C'eſt ſans doute pour la même raiſon qu'ils regardent ce centre comme le vrai ſiége d'où l'ame préſide à toutes les opérations d'un corps avec lequel elle eſt phyſiquement unie. Il n'eſt en effet point de place dans le corps humain, qui lui convienne auſſi bien que celle-là.

CERCLE. Le cercle eſt une figure dont toutes les extrêmités ſont également éloignées d'un de ſes points que l'on nomme *le centre*. Nous avons enſeigné dans l'article du *mouvement en ligne circulaire* quelle étoit la formation phyſique du cercle.

CERVEAU. Le cerveau que l'on regarde avec raiſon comme la partie principale du corps humain, & qui eſt contenu dans la cavité de l'os auquel nous donnons le nom de *crâne*, ſe diviſe d'abord en deux parties, l'une ſupérieure que l'on nomme *le grand cerveau*, & l'autre inférieure que l'on appelle le *cervelet* ; c'eſt la membrane que les Anatomiſtes nomment *la faucille* qui ſepare ces deux parties l'une de l'autre. Dans le grand comme dans le petit cerveau, l'on diſtingue deux ſubſtances & deux membranes : ces ſubſtances ſont la partie *cendrée* & la partie *calleuſe* ; la premiere eſt molle, ſpongieuſe & de couleur de cendre ; la ſeconde eſt blanche & beaucoup plus ferme, on ne la connoit guères que ſous le nom de *moëlle*. Les deux membranes que l'on trouve dans le cerveau sont la *dure* & la *pie-mere* ; la *dure-mere* tapisse intérieurement le crâne contre lequel elle est étroitement collée ; la *pie-mere* est beaucoup plus déliée, aussi sert-elle d'enveloppe à la moëlle. On remarque encore dans le cerveau quatre cavités que l'on nomme *ventricules*; les deux premiers se trouvent assez près de l'origine des nerfs de la premiere conjugaison ; le troisieme est un peu plus bas que les deux premiers, il est séparé d'eux par la partie du cerveau à laquelle les Anatomistes ont donné le nom de *voute;* enfin le quatrieme ventricule se trouve dans le *cervelet*, il est séparé du troisieme par la glande pinéale dont nous parlerons en son lieu.

CHALEUR. Des particules de feu agitées d'un mouvement très-violent en tout sens, sont la vraie cause de la chaleur. En effet exposez-vous au feu un vase rempli d'eau ? vous ne verrez cette eau s'échauffer & bouillir, que lorsqu'un nombre presque infini de particules ignées auront communiqué à ses globules sensibles & insensibles le mouvement dont elles sont animées. Veut-on faire fondre les métaux les plus durs ? Qu'on les plonge dans quelqu'une de ces liqueurs où le feu se trouve en grande abondance, telles que sont l'eau forte, l'eau régale, &c. Enfin veut-on communiquer de la chaleur aux corps solides les plus froids de leur nature ; qu'on les jette dans le feu, & qu'on attende que leurs pores soient remplis de particules ignées. Toutes ces différentes expériences & une infinité d'autres que nous ne rapportons pas ici, ont donné lieu aux Physiciens de conclure que l'on devoit regarder le feu comme la vraie cause de la chaleur.

Premiere Question. Pourquoi, la terre étant plus près du soleil pendant l'hyver que pendant l'été de plus d'un million de lieues, ne fait-il pas plus chaud pendant la premiere que pendant la seconde de ces deux saisons ?

Résolution. La terre est plus près du soleil pendant l'hyver que pendant l'été de plus d'un million de lieues, j'en conviens ; mais pendant l'hyver nous recevons les rayons de cet Astre beaucoup moins perpendiculairement que pendant l'été. Or la position oblique d'un pays par rapport au soleil est la principale cause du froid qui y regne, comme nous l'expliquerons en son lieu ; donc &c.

On expliquera par le même principe pourquoi la chaleur est si forte dans la zone torride, & le froid si rigoureux dans les zones glaciales, quoique toutes ces zones soient à la même distance du soleil.

Seconde Queſtion. Pourquoi, la poſition de Rome & de Pekin étant à peu près la même par rapport au ſoleil, fait-il beaucoup plus chaud dans la premiere que dans la ſeconde de ces deux villes?

Réſolution. l'air eſt impregné de nitre à Pekin, & il ne l'eſt pas à Rome, donc il doit faire plus chaud à Rome qu'à Pekin. Nous verrons en parlant du froid combien cette conſéquence eſt directe.

CHAMBRE OBSCURE. Ayez une chambre dans laquelle il n'entre du jour que par un petit trou pratiqué à la fenêtre; mettez à ce trou un verre lenticulaire; les objets de dehors, par tous les principes que nous avons établis dans la Dioptrique, ſe peindront renverſés ſur un un carton blanc que vous placerez au foyer du verre lenticulaire; c'eſt-là ce que l'on appelle la chambre obſcure. On la rend portative en mettant au lieu de chambre une boëtte; & on redreſſe les images, en plaçant au-deſſus du verre lenticulaire un miroir plan extérieur incliné de 45 degrés ſur la boëtte; l'expérience nous apprend qu'un miroir plan incliné de 45 degrés repréſente un objet horizontal dans une ſituation perpendiculaire.

CHOROIDE. La partie de l'*uvée* qui s'enfonce dans le globe de l'œil, a le nom de *choroïde*, comme nous l'avons remarqué dans l'article de l'*œil*.

CHYLE. La partie la plus déliée des alimens digérés dans l'eſtomac & dans les inteſtins, forme un ſuc blanchâtre que les Phyſiciens nomment *chyle*. Ce ſuc paſſe des inteſtins dans les veines lactées répandues ſur le méſentére; des veines lactées du méſentére il monte dans le réſervoir de *pecquet*; du réſervoir de *pecquet* il va dans le canal thorachique; du canal thorachique dans la veine ſou-claviere gauche; de la veine ſou-claviere gauche daus la veine cave & de la veine cave dans le ventricule droit du cœur. Bien des cauſes concourent à faire monter le chyle du méſentere juſques dans le cœur; les principales ſont celles qui obligent les liquides à s'élever dans les tubes capillaires au-deſſus de leur niveau; tout le monde ſçait que la plupart des conduits par où paſſe le chyle pour arriver juſqu'au cœur, ont un diamétre plus petit que celui de nos tubes capillaires ordinaires.

CHYMIE. La Chymie eſt une ſcience qui apprend à réſoudre les corps naturels dans leurs premiers principes. Trouver quelles ſont les matieres primordiales dont l'or eſt compoſé, c'eſt-là ce que les Chymiſtes appellent *le grand œuvre*; en eſt-il quelqu'un parmi eux qui ait fait une découverte auſſi utile au genre humain ? Voilà ce que nous examinerons, lorſque nous parlerons des métaux & de la pierre philoſophale.

A parler en général il ne faut pas ſe fier aux Chymiſtes lorſqu'ils promettent des choſes extraordinaires. En voici des exemples bien frappans. Dans le voiſinage de Paris on a vû dans ce ſiécle ſe former une manufacture qui promettoit de changer le fer en cuivre. On donnoit à ce prétendu cuivre le nom de *tranſmétal*. Tout Paris regarda la métamorphoſe comme réelle. On n'avoit pas tout-à-fait tort. On ne voyoit en effet employer dans l'opération que de l'eau forte & des lames de fer ; & on vous préſentoit un compoſé qui paroiſſoit être en dehors & en dedans un cuivre d'une très bonne qualité. Mais on ſçut dans la ſuite que l'on y faiſoit entrer ſourdement beaucoup de particules de cuivre mêlées avec le vitriol bleu. L'entrepreneur après avoir amaſſé des ſommes conſidérables que lui donnerent un grand nombre d'actionnaires qui vouloient avoir part au profit de la tranſmutation, diſparut avec l'argent de ceux qu'il avoit fait dupes.

M. Homberg raconte dans les Mémoires de l'Académie des ſciences, *Année* 1711, qu'une perſonne de la plus haute naiſſance l'aſſura qu'on pouvoit tirer de la matiere fécale une huile blanche & non fétide, un puiſſant extrait capable de réduire le mercure en argent fin. Il eut aſſez de crédulité & de patience pour travailler pendant longtems ſur une matiere d'une odeur ſi déſagréable. Pour ne pas manquer ſon coup & pour opérer ſur un ſujet dont il connut les ingrédients, il loua 4 portefaix robuſtes, jeunes & en bonne ſanté. Il s'enferma avec eux pendant trois mois dans une maiſon de campagne qui avoit un grand jardin pour les faire promener ; & pour être aſſuré de la nourriture qu'ils prenoient, il convint avec eux qu'ils ne mangeroient que du meilleur pain de goneſſe qu'il leur fourniroit frais tous les jours, & qu'ils boiroient du meilleur vin de champagne. Il eut de la matiere louable plus qu'il n'en voulut, il la diſtilla, il la fit cuire & recuire pendant un an, & il n'en retira qu'une allumette philoſophique qui porte le nom de phoſphore de Mr. Homberg.

CIDRE. Comme tout ce qui ſert de boiſſon ordinaire à l'homme eſt un des principaux agens de la digeſtion dont nous parlerons assez au long en son lieu ; il ne sera pas inutile de dire ici deux mots sur le Cidre. C'est le jus de pommes douces. Voici comment se prépare cette liqueur. On cueille les pommes. On les laisse exposées à l'air pendant un certain tems. On sépare celles qui sont pourries ou qui ne sont pas mûres. On brise dans un mortier ou dans un moulin les pommes triées. On met la pâte qu'elles donnent sous un pressoir ordinaire. On renferme dans des tonneaux le jus qu'on en exprime. Lorsqu'il s'y est fait, on le tire en bouteilles ; & l'on a alors une liqueur très agréable qui mousse, à peu-près comme l'excellent vin de Champagne.

CIRCONFERENCE. On donne ce nom à une ligne courbe qui renferme un espace circulaire ou elliptique. La circonférence d'un cercle est à son diamétre, à peu-près comme 3 est à 1.

CISEAUX. Les ciseaux forment un double levier de la premiere espèce, comme il est démontré dans le Corollaire troisieme de la Méchanique.

CLAVICULES. L'on donne ce nom à deux os qui ferment en haut la poitrine, dont ils sont comme la clef.

COAGULATION. Il y a coagulation entre deux liqueurs mêlées ensemble, lorsque leurs molécules s'embarrassant & s'accrochant mutuellement, le mêlange acquiert une consistance que ses parties n'auroient pas, si elles étoient prises séparément. Mettez dans le même verre de l'huile de chaux avec de l'huile de tartre par défaillance ; remuez ce mêlange avec une espatule : il se changera en une masse blanche à-peu près semblable à la cire molle. Il n'est pas nécessaire de faire remarquer qu'il n'y a coagulation entre deux liqueurs, que lorsque l'une se mêle avec l'autre, à-peu-près comme un *acide* se joint à son *alkali*, & lorsque le *tout* a des molécules trop massives pour recevoir de la part de la matiere ignée un mouvement en tout sens.

CŒCUM. C'est le premier des intestins gros.

CŒUR. Le cœur est un muscle ferme & solide, placé à peu-près au milieu de la poitrine, la base en haut & la pointe en bas. La membrane dans laquelle il est renfermé, se nomme *péricarde*. Les Anatomistes nous parlent beaucoup de deux cavités qui se trouvent à la base du cœur, l'une à droite & l'autre à gauche, ils les appellent *ventricules ;* le ventricule gauche est un peu plus long que le ventricule droit ; chacun d'eux est comme muni de son *oreil-*

lette.

lette. Ils nous font encore remarquer dans le cœur quatre vaisseaux considérables, la veine cave & l'artère pulmonaire au côté droit, la veine pulmonaire & l'aorte au côté gauche. Enfin ils nous disent que le cœur a deux mouvemens, l'un de *diastole* ou de dilatation, & l'autre de *systole* ou de contraction. Le cœur est-il en *diastole ?* ses ventricules se remplissent de sang. Le cœur au contraire est-il en *systole ?* Ces mêmes ventricules rendent le sang qu'ils viennent de recevoir. Les oreillettes ont aussi leurs mouvemens de dilatation & de contraction, mais dans un tems différent, c'est-à-dire, elles sont en *diastole*, lorsque le cœur est en *systole ;* & elles sont en *systole*, lorsque le cœur est en *diastole.* La cause physique de tous ces mouvemens est indiquée dans l'article qui commence par ce mot, *muscle.*

Cette cause qui n'est autre que l'introduction & la sortie des esprits vitaux, n'est pas admise par tous les Physiciens. Plusieurs sont persuadés que l'on doit attribuer ces sortes de mouvemens au ressort de l'air renfermé entre les fibrilles du cœur. Voici comment ils expliquent leur pensée. Le sang, *disent-ils*, entrant avec une espèce d'impétuosité dans le ventricule droit du cœur, comprime l'air qui s'y trouve renfermé, & met ce muscle dans l'état de diastole. Cet air, doué d'un ressort prodigieux, se dilate, reprend son premier état, chasse le sang dans l'artère pulmonaire, & remet le cœur dans l'état de systole. Le même jeu recommence l'instant d'après, & par-là le cœur passe alternativement de l'état de diastole à celui de systole.

Ce que l'on dit du ventricule droit par rapport au sang qui vient de la veine cave, on doit le dire du ventricule gauche par rapport à celui qui vient de la veine pulmonaire.

Pour nous qui ne voyons rien dans ces deux opinions que de très-conforme aux loix de la saine Physique, nous sommes persuadés que l'action des esprits vitaux se joint au ressort de l'air pour conserver au cœur son mouvement continuel de diastole & de systole.

REMARQUE.

Il y a dans le cœur 11 valvules, 5 sont destinées à y laisser entrer le sang, & à l'empêcher d'en sortir par le même chemin; 6 laissent sortir le sang du cœur, & empêchent qu'il n'y revienne par la même voie. Les 5 valvules de la premiere espèce, à peu-près semblables à des languettes, ſont appellées *tricuſpides* ; elles s'ouvrent de dehors en dedans ; on peut les appeller en général *valvules veineuſes*, puiſque le ſang n'entre dans le cœur que par les veines. Pour les 6 valvules de la ſeconde eſpèce que j'appelle volontiers *valvules artérielles*, puiſqu'elles ſervent à faire paſſer le ſang des ventricules du cœur dans les artéres, elles ſont faites en forme de croiſſant ; auſſi leur a-t-on donné le nom de valvules *ſemi-lunaires* ; elles s'ouvrent de dedans en dehors. Toutes ces remarques nous ſeront abſolument néceſſaires dans l'article de la circulation du ſang.

COIN. Le coin eſt un priſme triangulaire de fer, de bois ou de quelque autre matiere ſolide, dont le ſommet va en pointe. La hauteur du coin eſt toujours repréſentée par une ligne perpendiculaire tirée du ſommet ſur la baſe. L'expérience nous apprend que l'on doit ſe ſervir de cette machine, lorſque l'on veut fendre facilement quelque matiere dont les parties ont de la ténacité & de l'adhérence ; & la conſéquence que l'on doit tirer des principes que nous avons établis dans la méchanique, c'eſt que la viteſſe de la Puiſſance qui ſe ſert du coin l'emporte autant ſur la viteſſe de la réſiſtance, ou des parties qu'il faut diviſer, que la hauteur du coin l'emporte ſur la baſe ; pourquoi ? parce que le coin pouſſé par la Puiſſance, ne peut pas s'enſoncer de toute ſa hauteur dans un morceau de bois, ſans en ſéparer les parties de toute la longueur de ſa baſe. C'eſt pour cela ſans doute que les coins aigus qui ont beaucoup de hauteur & peu de baſe, augmentent conſidérablement la viteſſe de la Puiſſance.

COLON. C'eſt le ſecond des inteſtins gros.

COLURES. Ce ſont deux grands cercles dont nous avons parlé dans l'article de la *Sphère*, *num.* 11.

COMÉTES. Pour ſe mettre au fait des cométes, l'on n'a qu'à ſe rappeller les différens ſyſtêmes qui ont eu cours ſur cet article dans les différens âges de la Philoſophie. Demandoit-on autrefois aux Péripatéticiens quelle idée on devoit ſe former des cométes ? Ils répondoient avec leur Chef Ariſtote que ce n'étoient-là que des vapeurs & des exhalaiſons élevées juſqu'à la région ſupérieure de l'atmoſphère terreſtre, & enflammées par l'action des vents contraires ; telle eſt à-peu-près la deſcription qu'en fait Ariſtote au livre I. des Météores, chap. 7. Les Péripatéticiens ne s'en ſont pas tenus à l'idée de leur Chef, & c'eſt dans leurs commentaires sur les livres d'Aristote, qu'ils ont débité les plus grandes extravagances sur les cométes. Ils les ont regardées comme autant de présages funestes de quelque grand malheur dont le monde étoit menacé. Attentifs à en observer la couleur, ils effrayoient le peuple par les prédictions les plus ridicules. La comére tiroit-elle sur le blanc ? l'année devoit être féconde en létargies, pleurésies & péripnéumonies. Avoit-elle une couleur rougeatre ? les fiévres chaudes devoient être fréquentes. Sa couleur approchoit-elle de celle de l'or ? c'étoit-là un pronostic infaillible de la mort de quelque Potentat. Etoit-elle bleüatre ? elle annonçoit la sécheresse la plus cruelle, la famine la plus terrible & la peste la plus affreuse. Que sçais-je ? L'assassinat de Jules-César, les guerres de Mahomet, le schisme d'Henri VIII, Roi d'Angleterre, tous ces tristes événemens & une infinité d'autres avoient été annoncés par autant de cométes.

Un pareil systême ne mérite pas sans doute une réfutation dans les formes. Tout le monde sçait que les cométes paroissent les 4, 5, & 6 mois de suite ; qu'elles sont beaucoup plus éloignées de la terre, que n'en est la lune ; & qu'elles ont un mouvement périodique autour du soleil, aussi bien réglé que celui des planétes ordinaires ; l'on ne peut pas donc, suivant les régles de la saine Physique, confondre les cométes avec un amas de vapeurs & d'exhalaisons, comme l'a pensé l'Ecole Péripatéticienne.

Le systême de Descartes sur les cométes, quoique plus ingénieux que celui d'Aristote, n'en est pas plus conforme aux loix de la Physique. Ce grand homme ne craint pas de nous dire que les cométes ont d'abord été autant de soleils placés chacun au centre d'un tourbillon particulier. Métamorphosées en planétes par je ne sçais quel accident fâcheux, elles sont devenues incapables de conserver leur tourbillon, & elles ont eu la douleur de s'en voir dépouiller par quelque voisin ambitieux. Errantes & vagabondes, elles vont de tourbillon en tourbillon rendre visite aux differens astres qui les occupent, & elles ne nous paroissent visibles que lorsque le soleil, touché de leur état, leur accorde pour quelques mois seulement un logement dans le sien. Cette description paroîtra d'abord faite à plaisir ; mais qu'on lise la troisième partie de la Philosophie de Descartes depuis l'article 126 jusqu'à l'article 140, & l'on verra combien peu je me suis écarté des idées de l'Auteur. Bien des raisons nous engagent à ne pas embrasser ce systême. Voici les principales. 1°. Quand même le systême de Descartes sur les cométes n'auroit pas un air de fable & de roman, il suppose l'existence des tourbillons. 2°. Il suppose que les corps lumineux se changent naturellement en corps opaques. 3°. Il suppose que les cométes qui n'ont d'elles-mêmes aucun mouvement & qui ne sont emportées par aucun tourbillon particulier, se trouvent les mois entiers dans le tourbillon solaire avec un mouvement souvent contraire, souvent même directement opposé à celui de ce tourbillon, puisque le tourbillon solaire se meut d'occident en orient, & que parmi les cométes les unes se meuvent du midi au nord, les autres du nord au midi, les autres d'orient en occident ; mais ces trois suppositions sont contraires aux loix de la saine Physique, comme il est démontré dans tout le cours de ce livre, & sur-tout dans l'article des *tourbillons* ; donc le systême de Descartes sur les cométes est contraire au loix de la saine Physique.

Il étoit réservé à Newton de parler des cométes d'une manière vraie, sçavante & physique ; son systême est expliqué dans le livre troisieme de ses principes depuis la proposition 39, jusqu'à la fin de la proposition 42 ; en voici l'abrégé. Les cométes créées au commencement du monde comme les autres planétes, tirent leur lumière du soleil, & parcourent dans le vuide, autour de cet astre, des ellipses fort excentriques, c'est-à-dire, des ellipses dont le centre C est fort éloigné du foyer F. *Fig.* 10, *Pl.* 2. Elles parcourent ces ellipses en vertu de deux forces, dont l'une centripéte est en raison inverse de quarrés des différentes distances où elles sont du soleil S, & l'autre de projection est constante & uniforme. La premiere de ces forces, si elle étoit seule, précipiteroit la cométe dans le sein du soleil, en lui faisant parcourir quelqu'un des rayons vecteurs A S, B S, &c. La seconde la feroit échapper par quelqu'une des tangentes A P, B P, &c. Lorsque la cométe se trouve à l'aphélie A, c'est-à-dire, dans sa plus grande distance du soleil, ou au périhélie H, c'est à-dire, dans sa plus petite distance du même astre, alors les lignes de direction A S, H S de sa force centripéte, forment un angle droit avec les lignes de direction A P, H P de sa force de projection. Lorsque la cométe descend de l'aphélie A au périhélie H, l'angle formé par les directions des deux forces est aigu. Enfin les directions de ces deux mêmes forces forment un angle obtus, lorsque la cométe monte du périhélie H à l'aphélie A, comme nous l'avons expliqué dans l'article du *mouvement* en ligne elliptique, sur lequel on fera bien de jetter un coup d'œil, de même que sur les articles de *la force de projection* & de *la force centripéte.* Rien n'est plus satisfaisant que les preuves que les Newtoniens apportent de leur systême sur le mouvement des cométes. Voici les plus sensibles.

1°. Les cométes ne décrivent pas autour du soleil des orbites circulaires, puisqu'elles se trouvent tantôt plus & tantôt moins éloignées de cet astre.

2°. Les cométes décrivent autour du soleil de vraies ellipses, puisque nous les voyons reparoître après un certain nombre d'années. La cométe, par exemple, qui parut le 13 Novembre de l'année 1577 a une période de 103 ans, puisqu'elle reparut le 22 Décembre de l'année 1680, & qu'elle sera encore observée vers l'année 1783. Celle de 1759 dont nous parlerons dans l'article suivant, a une période d'environ 76 ans. Ce que nous avons dit de ces deux cométes, nous pouvons le dire de plusieurs autres dont Mr. Cassini nous a tracé le cours dans les Mémoires de l'Académie des sciences, *année* 1731.

3°. Les cométes parcourent des ellipses fort excentriques, puisqu'elles ne sont visibles, que lorsqu'elles sont près de leur périhélie, & que la vitesse qu'elles ont alors, est incomparablement plus grande que celle qu'elles ont à leur aphélie. Toutes ces raisons, & plusieurs autres que l'on trouvera dans les ouvrages des Newtoniens, nous font conclure que les cométes sont de vraies planétes qui se meuvent périodiquement autour du soleil dans des ellipses fort excentriques & fort allongées. Les réponses suivantes confirmeront cette vérité.

Premiere Question. Pourquoi la même cométe nous paroitelle tantôt avec une queue, tantôt avec une barbe & tantôt avec une chevelure ?

Il est impossible, *répond Mr. de Mairan*, que les cométes passent aussi près du globe du soleil, qu'elles le font, sans qu'elles se chargent d'une partie de l'atmosphére solaire qu'elles traversent. C'est comme un fort aiman qu'on traîneroit au travers de la limaille de fer. En effet, si toute cométe est une planéte, comme on ne sçauroit en douter ; & si les loix de l'attraction y ont lieu comme nous avons droit de le ſuppoſer, ne faut-il pas que la partie de l'atmoſphére ſolaire qui ſe trouve renfermée dans la ſphére d'activité de la peſanteur particulière qui agit vers le centre de la cométe, s'aſſemble autour de ſon globe, comme les particules élaſtiques de notre air s'aſſemblent autour de la terre, & y forme une atmoſphére lumineuſe, ou groſſiſſe celle qu'elle avoit déja ? Cela ſuppoſé, voici comment nous raiſonnons avec le même Phyſicien. La cométe ſuit-elle le ſoleil ? elle doit nous paroître avec une queue ; pourquoi ? parce que les rayons de lumière qui ſont envoyés avec une viteſſe inconcevable, ont aſſez de force pour jetter derrière la cométe la plus grande partie de ſon atmoſphére qui ſe trouve entr'elle & le ſoleil. La cométe au contraire précéde-t-elle le ſoleil ? elle doit nous paroître avec une barbe ; pourquoi ? parce que les mêmes rayons de lumière envoyés ſur la cométe chaſſent la plus grande partie de ſon atmoſphére qui ſe trouve entr'elle & le ſoleil ; ces particules ainſi chaſſées doivent néceſſairement précéder la cométe dans ſa marche & nous la repréſenter avec une eſpéce de barbe lumineuſe. La cométe enfin eſt-elle tellement placée, que l'œil de l'obſervateur ſe trouve entr'elle & le ſoleil ? elle doit lui paroître entourée d'une atmoſphére lumineuſe, ou pour parler dans les termes de l'art, elle doit lui paroître avec une chevelure.

Seconde Queſtion. Pourquoi les cométes perdent-elles leur atmoſphére lumineuſe ?

Nous répondons toujours avec Mr. de Mairan qu'elles la perdent ou totalement ou en grande partie par voie de diſſipation dans les eſpaces céleſtes, & par voie de précipitation ou de chûte dans l'atmoſphére propre & immédiate du globe de la cométe, comme il arrive à la matière de nos aurores boréales qui ſe précipite dans l'atmoſphére terreſtre.

Troiſieme Queſtion. Pourquoi les cométes n'ont-elles pas toutes, comme les planétes, un mouvement périodique d'occident en orient ?

Nous répondons avec les Newtoniens qu'elles n'ont pas toutes reçu au commencement du monde, comme les planétes, un mouvement de projection dirigé de l'occident à l'orient.

COMÉTO-GRAPHIE. C'eſt le catalogue des cométes

que l'on doit regarder comme les principales. Il ne peut guéres commencer qu'en l'année 1472 ; on ne fait pas grand fond sur les observations antérieures. Pour lire sans peine cette partie intéressante de l'histoire du Ciel, rappellez-vous les notions suivantes.

1°. Une cométe est directe, lorsque par son mouvement périodique elle va de l'occident à l'orient, en suivant l'ordre naturel des signes célestes.

2°. Une cométe est rétrograde, lorsque par son mouvement périodique elle va de l'orient à l'occident, contre l'ordre naturel des signes célestes.

3°. Le mouvement de la terre peut faire paroître rétrograde une planéte directe, & directe une planéte rétrograde. Voyez-en la cause optique dans l'explication du 10ᵉ, 11ᵉ & 12ᵉ phénoménes de l'article de *Copernic*.

4°. La latitude d'une cométe est marquée par la distance où elle se trouve de l'écliptique. Elle est septentrionale ou méridionale, suivant que la cométe se trouve dans la partie septentrionale ou méridionale de la sphére.

5°. Le cercle de latitude d'une cométe est un cercle qui passe par les poles de l'écliptique, & par le centre de la cométe dont on cherche la latitude.

6°. L'arc de l'écliptique intercepté entre le premier degré du *Belier*, & le cercle de latitude d'une cométe quelconque, marque la longitude de cette cométe. Les autres notions nécessaires pour lire sans peine notre *Cométographie*, se trouvent d'abord après l'histoire de la cométe de 1472.

COMÉTE de 1472.

Régiomontan Astronome du XVᵉ siécle, fameux par l'abrégé qu'il donna de l'Almageste de Ptolomée, observa le 13 Janvier 1472 une Cométe dans le signe de la *Balance*. Elle fut par un mouvement rétrograde jusques dans le signe du *Belier*. Ce mouvement fut d'abord très-lent, mais il devint ensuite si rapide, qu'elle parcourut dans un mois six signes ; & dans l'espace d'un jour on lui vit une fois décrire 40 degrés d'un grand cercle. Il se rallentit ensuite jusqu'au moment de la disparition qui fut le 14 Février. Voici ce qu'assurent les plus grands Astronomes.

Passage de la Cométe par le périhélie, le 28 Février à 22 heures, 33 minutes, tems moyen réduit au méridien de l'Observatoire de Paris.

Lieu du périhélie . . .	1^s	15°	$33'$	$30''$.
Distance périhélie . . .	5427.			
Lieu du nœud ascendant .	9^s	11°	$46'$	$20''$.
Inclinaison de l'orbite . . .		5°	$20'$	$0''$.

Tout lecteur qui n'est pas Astronome, a besoin des questions suivantes, pour comprendre ces observations.

Premiere Question. Que signifient les mots suivans, *le 28 Février à 22 heures, 33 minutes ?*

Résolution. Cette maniere de parler signifie que la Cométe de 1472 passa par le périhélie le 29 Février à 10 heures, 33 minutes du matin. Les Astronomes comptent les jours, non pas d'un minuit à l'autre, mais d'un midi à l'autre, sans les partager en 12 heures du soir & 12 heures du matin. Ils attribuent les 12 heures du matin au jour précédent ; donc le 28 Février, à 22 heures, 33 minutes, signifie dans les années bissextiles le 29 Février à 10 heures, 33 minutes du matin, & dans les années non bissextiles, le 1 Mars à 10 heures, 33 minutes du matin.

Seconde Question. Qu'est-ce que le tems moyen ?

Résolution. A cause du mouvement inégal du Soleil qui parcourt dans un jour tantôt 1 degré, 2 minutes, 6 secondes ; tantôt 59 minutes, 8 secondes ; tantôt 57 minutes, 13 secondes, &c. Les Astronomes ont imaginé comme un second soleil, lequel commençant & finissant l'année avec le vrai Soleil, & faisant le même nombre de révolutions que lui, iroit d'un mouvement toujours égal. Ce second soleil, nous donneroit des jours astronomiques de 24 heures chacun ; & voilà ce que les Astronomes appellent, *tems moyen* ou *jour moyen.* L'on trouve dans la plupart des livres d'Astronomie, & sur-tout dans la *Connoissance des Tems*, des méthodes pour réduire le tems vrai en tems moyen. Cherchez *Tems.*

Troisieme Question. Comment peut-on réduire le tems moyen au méridien de l'Observatoire de Paris.

Résolution. Lorsqu'une ville est plus orientale que Paris, il est plutôt midi dans cette ville, qu'à Paris ; & lorsqu'elle est plus occidentale, il est plutôt midi à Paris que dans cette ville. Ayez donc sous les yeux la *Connoissance des Tems ;* cherchez dans ce livre de combien une ville est plus ou moins orientale de Paris, & votre problême sera bientôt résolu. Je sçais, *par exemple*, qu'Avignon est plus oriental que Paris de 9 minutes &

54 secondes de tems ; donc il sera midi à Avignon, lorsqu'il ne sera à Paris que 11 heures, 50 minutes, 6 secondes ; donc à Avignon il faudra ôter de l'heure présente 9 minutes, 54 secondes pour réduire le tems moyen au méridien de Paris. Je sçais au contraire qu'Angers est plus occidental que Paris de 11 min. 35 sec. de tems ; donc il sera à Paris midi, 11 min. 35 sec. lorsqu'il ne sera que midi à Angers ; donc à Angers il faudra ajouter à l'heure présente 11 min. 35 sec. pour réduire le tems moyen au méridien de l'Observatoire de Paris.

Quatrieme Question. Que signifie 1^s 15° $33'$ $30''$.

Résolution. 1^s signifie le signe du *Taureau*, parce que le signe du Belier est exprimé par 0, celui du Taureau par 1, celui des Gemeaux par 2, &c.

15° $33'$ $30''$, signifient 15 degrés, 33 minutes, 30 secondes, c'est-à-dire que la Cométe de 1472 fut à son périhélie, lorsqu'elle parvint à la 30e seconde de la 33e minute du 15e degré du signe du *Taureau*.

Cinquieme Question. Quelle distance répond au nombre 5427 ?

Résolution. Pour comprendre cette maniere de compter, il faut sçavoir que la distance de trente millions de lieues qui se trouve entre la Terre est le Soleil, s'appelle le *rayon du grand orbe.* Les Astronomes divisent ce rayon en 10000 parties égales ; donc 10000 représentent 30000000 lieues. Pour sçavoir quelle distance répond à 5427, faites la proportion suivante.

10000 : 30000000 :: 5427 : à un quatrieme terme qui exprimera le nombre de lieues que vous cherchez. Ce quatrieme terme sera 16281000 ; donc la Cométe de 1472 arrivée à son périhélie, ne fut éloignée du Soleil, que d'environ 16 à 17 millions de lieues.

Sixieme Question. Qu'est-ce que le nœud ascendant de l'orbite d'une Cométe ?

Résolution. Les deux points où l'orbite d'une Cométe coupe l'écliptique, s'appellent *nœuds.* C'est par le *nœud* ascendant que la Cométe passe dans la partie boréale, & c'est par le *nœud* descendant qu'elle passe dans la partie méridionale du Ciel. Le *nœud* ascendant de la Cométe de 1472 a correspondu à la 20e seconde de la 46e minute du 11e degré du signe 9, c'est-à-dire, du signe du *Capricorne.* Cette orbite étoit inclinée à l'écliptique, je veux dire, formoit avec l'écliptique un angle de 5 degrés & 20 minutes.

Remarque. Avant que de donner la table des Cométes, qui ont paru depuis l'année 1472 jusqu'en l'année 1761, je crois devoir faire l'histoire abrégée de celles qu'on regarde comme les principales.

COMÉTE de 1531.

C'est ici la fameuse Cométe que l'on a vû revenir en 1607, en 1682 & en 1759. Elle fut observée pour la premiere fois par pierre Apiano de Leipsick, Astronome de l'Empereur. Elle parut depuis le 6 Août jusqu'au 3 Septembre, d'abord dans le *Lion*, ensuite dans la *Vierge*, enfin dans la *Balance*. Sa plus grande latitude fut de 23 degrés, 2 minutes; & sa plus petite de 14 degrés, 31 minutes; elle fut toujours boréale. Cette Cométe parut directe; les Astronomes cependant assurent que son mouvement réel étoit contre l'ordre des signes; aussi la mettent-ils au nombre des Cométes rétrogrades.

Passage de la Cométe par le périhélie le 24 Août, à 21 heures, 27 minutes, tems moyen réduit au méridien de l'Observatoire de Paris.

Lieu du périhélie	10s 1° 39′ 0″.
Distance périhélie . . .	5670.
Lieu du nœud ascendant . .	1s 19° 25′ 0″.
Inclinaison de l'orbite	17° 56′ 0″.

COMÉTE de 1533.

C'est encore Apiano qui rend compte de cette Cométe. Il la découvrit au mois de Juin, & il la vit aller des *Gemeaux* dans le *Taureau* avec une queue de 15 degrés. Sa latitude boréale qui ne fut d'abord que de 32 degrés, augmenta jusqu'à 43. Cette Cométe étoit si près du pôle, qu'elle ne parut jamais se coucher; & je suis persuadé, *ajoute Apiano*, qu'elle ne causera pas peu de différend entre les Astronomes & les Philosophes, parce que son mouvement a été contre l'ordre des signes, des *Gemeaux* vers le *Taureau*.

Passage de la Cométe par le périhélie le 16 Juin, à 19 heures, 39 minutes, tems moyen réduit au méridien de l'Observatoire de Paris.

Lieu du périhélie	4s 27° 16′ 0″.
Distance périhélie	2028.
Lieu du nœud ascendant . .	4s 5° 44′ 0″.
Inclinaison de l'orbite	35° 49′ 0″.

COMÉTE de 1577.

Ce fut le célébre Tycho qui observa la Cométe dont nous allons rendre compte. Elle parut depuis le 13 Novembre 1577, jusqu'au 26 Janvier de l'année suivante. Elle avoit un diamétre de 7 minutes de degré, & sa queue occupoit la troisieme partie du Ciel. Elle parcourut par un mouvement sensiblement direct le *Capricorne*, le *Verseau* & les *Poissons*, avec une latitude boréale qui ne fut d'abord que de 8 degrés 59 minutes, mais qui augmenta jusqu'à 29 degrés 15 minutes. M. l'Abbé de la Caille prétend que cette Cométe est réellement rétrograde.

Passage de la Cométe par le périhélie le 26 Octobre, à 18 heures, 54 minutes, tems moyen reduit au méridien de l'Observatoire de Paris.

Lieu du périhélie	4^s	9°	22′	0″
Distance périhélie	1834.			
Lieu du nœud ascendant . .	0^s	25°	52′	0″.
Inclinaison de l'orbite		74°	32′	45″.

COMÉTE de 1607.

La Cométe de 1531 reparut cette année depuis le 26 Septembre jusqu'au 26 Octobre, après une période de 76 ans. Kepler qui l'observa, nous assure que son mouvement, sensiblement direct, la porta du signe du *Lion* jusques dans le signe du *Sagittaire*. Sa latitude fut toujours boréale. Elle fut au commencement de 35 & de 37 degrés. Elle diminua ensuite jusqu'à 6 degrés, 30 minutes. Nous avons déja remarqué que les Astronomes la mettent au nombre des Cométes réellement rétrogrades.

Passage de la Cométe par le périhélie le 26 Octobre à 3 heures, 59 minutes, tems moyen reduit au méridien de l'Observatoire de Paris.

Lieu du périhélie	10^s	2°	16′	0″.
Distance périhélie	5868.			
Lieu du nœud ascendant . . .	1^s	20°	21′	0″.
Inclinaison de l'orbite		17°	2′	0″.

COMÉTE de 1618.

Il parut cette année 4 Cométes. La quatrieme observée par Kepler est la plus fameuse. Ce grand Astronome composa à cette occasion un Traité qu'il conclut par ces paroles remarquables : *Denique quot in Cœlo Cometæ, tot sunt argumenta, præter ea quæ à terrarum motibus deducuntur, Terram moveri motu annuo circa Solem. Vale Ptolomæe, ad Aristarchum revertor, duce Copernico.* L'on trouve dans ce Traité 1°. que la Cométe dont nous parlons, parut depuis le 24 Novembre 1618 jusqu'au 21 Janvier 1619 ; 2°. qu'elle parcourut, par un mouvement sensiblement rétrograde, depuis la *Balance* jusqu'à l'*Écrevisse*, dans l'espace de 54 jours, 111 degrés, 23 minutes, avec une latitude toujours boréale qui ne fut d'abord que de 7 degrés, 30 minutes, mais qui augmenta ensuite jusqu'à 62 degrés, 36 minutes ; 3°. que la longueur de sa queue étoit de 70 degrés ; 4°. que son mouvement réel étoit suivant l'ordre naturel des signes.

Passage de la Cométe par le périhélie le 8 Novembre à 12 heures, 32 minutes, tems moyen réduit au méridien de l'Observatoire de Paris.

Lieu du périhélie	0ˢ	2°	14′	0″.
Distance périhélie		3797.		
Lieu du nœud ascendant . .	2ˢ	16°	1′	0″.
Inclinaison de l'orbite		37°	34′	0″.

COMÉTE de 1652.

Hévélius apperçut le 20 Décembre à Dantzik une Cométe peu éloignée du pied gauche d'Orion. Sa tête étoit ronde, un peu moins grande que la Lune en son plein ; sa queue n'avoit que 6 à 7 degrés de longueur. Elle parcourut par un mouvement rétrograde les signes des *Gemeaux* & du *Taureau* dans l'espace de 20 jours. Elle eut d'abord une latitude méridionale de 30 degrés, 50 minutes. Cette latitude se changea en boréale, & elle augmenta jusqu'à 32 degrés. M. l'Abbé de la Caille regarde cette Cométe comme directe.

Passage de la Cométe par le périhélie le 12 Novembre à 15 heures, 49 minutes, tems moyen réduit au méridien de l'Observatoire de Paris.

Lieu du périhélie	0ˢ	28°	18′	40″.
Distance périhélie		8475.		
Lieu du nœud ascendant . .	2ˢ	28°	10′	0″.
Inclinaison de l'orbite		79°	28′	0″.

COMÉTE de 1665.

Jean-Dominique Caſſini obſerva, depuis le 4 d'Avril juſqu'au 20 du même mois, une Cométe qui alla, par un mouvement ſenſiblement direct, du ſigne des *Poiſſons* dans celui du *Taureau*, avec une latitude boréale qui fut d'abord de 26°, 30', mais qui vint enſuite à 13°, 26'. Sa tête paroiſſoit ſi claire, qu'on la voyoit même lorſque le jour faiſoit diſparoître preſque toutes les autres étoiles. Sa queue avoit 27 dégrés de longueur. M. l'Abbé de la Caille la regarde comme une Cométe réellement rétrograde.

Paſſage de la Cométe par le périhélie le 24 Avril à 5 heures, 24 minutes, tems moyen réduit au méridien de l'Obſervatoire de Paris.

Lieu du périhélie	2ˢ	11°	54'	30".
Diſtance du périhélie		1065.		
Lieu du nœud aſcendant . .	7ˢ	18°	2'	0".
Inclinaiſon de l'orbite		76°	5'	0".

COMÉTE de 1680.

Flamſtéed apperçut, le 22 Décembre, une Cométe dont la tête étoit auſſi grande, à la vûe, qu'une étoile de la premiere grandeur, & dont la queue eut en certains tems juſqu'à 90 degrés de longueur. Elle ne diſparut que le 18 Mars 1681. Newton & Jean-Dominique Caſſini l'obſerverent avec ſoin. Tous ces grands hommes nous aſſurent qu'elle fut par un mouvement réellement & ſenſiblement direct depuis le ſigne du *Capricorne* juſqu'au ſigne des *Gemeaux*. Sa plus grande latitude boréale fut de 28°, 10', & ſa plus petite de 8°, 26'.

Paſſage de la Cométe par le périhélie le 8 Décembre, à midi, 15 minutes, tems moyen réduit au méridien de l'Obſervatoire de Paris.

Lieu du périhélie	8ˢ	22°	39'	30".
Diſtance périhélie		61.		
Lieu du nœud aſcendant . .	9ˢ	2°	2'	0".
Inclinaiſon de l'orbite		60°	56'	0".

COMÉTE de 1682.

Le 23 du mois d'Août, les Jéſuites du Collége d'Orléans apperçurent, au-deſſus de la tête des *Gemeaux*, la fameuſe Cométe dont nous avons rendu compte en

1531 & en 1607. Elle reparut après une période de 75 ans. Jean-Dominique Caſſini & Flamſtéed aſſurent que, depuis le 30 Août juſqu'au 19 Septembre, elle paſſa par un mouvement ſenſiblement direct du ſigne du *Lion* dans celui du *Scorpion*. Sa latitude fut toujours boréale. La plus grande fut de 26°, 17', 37", & la plus petite de 8°, 54', 36". Cette Cométe paroiſſoit, à la vûe ſimple, égale à une étoile de la ſeconde grandeur, avec une queue d'environ 30 degrés de longueur. M. l'Abbé de la Caille la regarde, avec tous les Aſtronomes de ce ſiécle, comme réellement rétrograde.

Paſſage de la Cométe par le périhélie le 14 Septembre à 7 heures, 48 minutes, tems moyen réduit au méridien de l'Obſervatoire de Paris.

Lieu du périhélie	10ˢ	2°	52'	45".
Diſtance périhélie	5833.			
Lieu du nœud aſcendant . .	1ˢ	21°	16'	30".
Inclinaiſon de l'orbite		17°	56'	0".

COMÉTE de 1742.

Cette Cométe fut viſible depuis le 2 Mars juſqu'au 6 Mai. Sa tête parut plus grande qu'aucune des étoiles qui fuſſent alors ſur l'horizon. Sa queue eut 9 degrés de longueur. Son mouvement fut du Sud au Nord. Sa latitude boréale alla juſqu'à 78° 13' 20"; auſſi ne la vit-on éloignée du pôle arctique que de 5° 38' 20".

Paſſage de la Cométe par le périhélie le 8 Février à 4 heures, 48 minutes, tems moyen réduit au méridien de l'Obſervatoire de Paris.

Lieu du périhélie	7ˢ	7°	35'	13".
Diſtance périhélie	7656.			
Lieu du nœud aſcendant . .	6ˢ	5°	38'	29".
Inclinaiſon de l'orbite		66°	59'	14".

COMÉTE de 1744.

Cette Cométe fut obſervée pour la premiere fois à Paris par MM. Maraldi & Caſſini, le 21 Décembre 1743; mais comme elle ne diſparut que le 29 Février de l'année ſuivante, on la nomme communément la Cométe de 1744. A l'aide d'une lunette de 7 pieds, elle paroiſſoit ſemblable à une étoile nébuleuſe plus groſſe que Jupiter. La queue qu'elle prit le 4 Janvier, augmenta depuis 1 degré juſqu'à 24. Sa latitude boréale augmenta d'abord depuis 16 degrés jusqu'à 19, & diminua ensuite depuis 19 degrés jusqu'à 6. Cette Cométe, réellement directe, fut, par un mouvement sensiblement rétrograde, depuis le 22e degré du *Belier* jusqu'au second degré des *Poissons*.

Passage de la Cométe par le périhélie, le 1 Mars, à 8 heures 13 minutes, tems moyen réduit au méridien de l'Observatoire de Paris.

Lieu du périhélie	6[s]	17°	10′	0″.
Distance périhélie	2225.			
Lieu du nœud ascendant . .	1[s]	15°	46′	11″.
Inclinaison de l'orbite		47°	5′	18″.

COMÉTE de 1759.

Le retour périodique des Cométes est comme la démonstration de la solidité du sistême de Newton. Celle dont nous allons rendre compte, a été observée en 1531 par Apiano ; en 1607 par Képler & Longomontan ; en 1682 par Newton, Flamstéed & Jean Dominique Cassini ; en 1759 par tous les Astronomes de ce siécle qui attendoient avec impatience le retour d'un astre qui répandra les plus grandes lumières sur cette partie si neuve encore & si peu développée de la Physique céleste. Sa période est d'environ 76 ans, c'est-à-dire, que l'intervalle entre deux apparitions n'est pas toujours égal ; de 1531 à 1607, il y a 76 ans; de 1607 à 1682, il n'y en a que 75 ; & de 1682 à 1759 on en compte plus de 76. Plusieurs causes peuvent concourir à produire ces variations : la principale est sans contredit celle qui dérange constamment le mouvement périodique des Planétes, je veux dire, la conjonction avec Jupiter. Voyez l'article de *Copernic*, *phénoméne* 14e. La Cométe dont nous parlons, parut sur l'horison Avignonois depuis le 16 Avril jusqu'au 30 Mai. Cette Cométe est allée pendant ce tems-là par un mouvement sensiblement direct du *Verseau* dans la *Vierge*. Sa latitude toujours australe augmenta d'abord depuis 4° 27′ jusqu'à 31° 29′ ; & elle diminua ensuite jusqu'à 13° 50′. Nous avons déja remarqué que son mouvement réel est contre l'ordre des signes.

Passage de la Cométe par le périhélie, le 13 Mars à 14 heures, 55 minutes, 43 secondes, tems moyen réduit au méridien de l'Observatoire de Paris.

Lieu du périhélie	10[s]	1°	5′	0″.
Distance périhélie	5959.			

Lieu du nœud ascendant . . 1^s 23° 39′ 28″.
Inclinaison de l'orbite . . . . . 17° 41′ 51″.

Cette Cométe nous donne occasion de résoudre le Problême suivant.

PROBLÉME.

Connoissant le tems périodique d'une Cométe, connoitre sa distance moyenne du Soleil.

Explication. L'on me donne la Cométe de 1759 dont le tems périodique est de 76 ans, & le quarré de ce tems 5776; l'on demande à combien de millions de lieues elle sera du Soleil, lorsqu'elle se trouvera à sa distance moyenne, c'est-à-dire, à peu-près à l'extrêmité du petit axe de son orbite.

Résolution. La Cométe de 1759 arrivée à sa distance moyenne, se trouvera à environ cinq cens dix millions de lieues du Soleil.

Démonstration. 1°. La seconde loi de Képler m'apprend que deux astres qui tournent autour du Soleil ont leurs distances comme les racines cubiques des quarrés de leurs tems périodiques; donc la distance moyenne de la Terre au Soleil : à la distance moyenne de la Cométe de 1759 au Soleil :: la racine cubique du quarré du tems périodique de la Terre : à la racine cubique du quarré du tems périodique de cette Cométe.

2°. La Terre met 1 année à parcourir son ellipse autour du Soleil, & la Cométe de 1759 met 76 ans à parcourir la sienne autour du même astre; donc le quarré du tems périodique de la Terre est représenté par 1, & le quarré du tems périodique de cette Cométe par 5776.

3°. La racine cubique de 1 est 1, & celle de 5776 est environ 17; donc la distance moyenne de la Terre au Soleil: à la distance moyenne de la Cométe de 1759 au même astre :: 1 : 17; donc cette Cométe est à sa distance moyenne 17 fois plus éloignée du Soleil, que la Terre ne l'est à sa distance moyenne du même astre.

4°. La distance moyenne de la Terre au Soleil est de trente millions de lieues; & trente millions de lieues multipliés par 17 donnent pour produit cinq cent dix millions de lieues; donc la Cométe de 1759 arrivée à sa distance moyenne, se trouve à environ cinq cent dix millions de lieues du Soleil.

Remarque. L'on emploira la même méthode pour trouver

ver les distances moyennes des autres Cométes dont on connoîtra les tems périodiques. La Table suivante est comme le supplément de ce qui manque à cet article. Pour la lire sans peine, faites attention à ce qui suit.

1°. Dans cette Table D signifie que la Cométe a été directe.

2°. R signifie que la Cométe a été rétrograde.

3°. N S signifie que la Cométe a eu un mouvement périodique du Nord au Sud, & SN du Sud au Nord.

4°. L'on trouvera ensuite le jour du mois où la Cométe a commencé d'être visible.

5°. L'on a enfin marqué le jour du mois où la Cométe a disparu.

Exemple.

1472 1 Cométe R 13 Janvier 14 Février.

Cela signifie que le 13 Janvier 1472, il parut une Cométe rétrograde que l'on observa jusqu'au 14 Février de la même année.

TABLE

Des Cométes qui ont paru depuis 1472 *jusqu'en* 1760.

ANNÉE.	DIRECTION.	APPARITION.	DISPARIT.
1472	1 Cométe R	13 Janvier	14 Février
1531	1 Cométe R	6 Août	3 Septembre
1532	1 Cométe D	23 Septembre	3 Décembre
1533	1 Cométe R	18 Juin	25 Juin
1556	1 Cométe D	5 Mars	Incertain
1577	1 Cométe R	13 Novembre	26 Janv. 1578
1580	1 Cométe D	10 Octobre	14 Janv. 1581
1585	1 Cométe D	18 Octobre	15 Novembre
1590	1 Cométe R	5 Mars	16 Mars
1593	1 Cométe D	20 Juillet	31 Août
1596	1 Cométe R	9 Juillet	Incertain
1607	1 Cométe R	26 Septembre	26 Octobre
1618	1 Cométe R	25 Août	25 Septembre
1618	2 Cométes	Incertain	Incertain
1618	1 Cométe D	24 Novembre	21 Janv. 1619
1652	1 Cométe D	20 Décembre	9 Janv. 1653
1661	1 Cométe D	3 Février	28 Mars
1664	1 Cométe R	14 Décembre	4 Fév. 1665
1665	1 Cométe R	4 Avril	20 Avril
1672	1 Cométe D	16 Mars	21 Avril
1676	1 Cométe D	14 Février	9 Mars
1677	1 Cométe R	25 Avril	8 Mai
1680	1 Cométe D	22 Décembre	18 Mars 1681
1682	1 Cométe R	23 Août	19 Septembre
1683	1 Cométe R	23 Juillet	6 Septembre
1686	1 Cométe D	8 Septembre	12 Novembre
1689	1 Cométe NS	8 Décembre	23 Décembre
1698	1 Cométe R	2 Septembre	28 Septembre
1699	1 Cométe NS	19 Février	6 Mars
1702	1 Cométe D	20 Avril	4 Mai
1706	1 Cométe D	18 Mars	13 Avril
1707	1 Cométe SN	28 Novembre	25 Décembre

ANNÉE.	DIRECTION.	APPARITION.	DISPARIT.
1723	1 Cométe SN	18 Octobre	18 Décembre
1729	1 Cométe D	31 Juillet	23 Janv. 1730
1737	1 Cométe D	16 Février	2 Avril
1742	1 Cométe SN	2 Mars	6 Mai
1743	1 Cométe NS	12 Février	Incertain
1744	1 Cométe D	21 Déc. 1743	29 Fév. 1744
1746	1 Cométe R	13 Août	5 Décembre
1748	1 Cométe R	4 Mai	30 Juin
1757	1 Cométe D	28 Septembre	15 Octobre
1759	1 Cométe R	16 Avril	30 Mai
1760	1 Cométe R	8 Janvier	30 Janvier
1760	1 Cométe D	8 Février	10 Mars

COMPAS. Inſtrument qui ſert à décrire des cercles, meſurer des diſtances, &c. Il y a des compas ſimples & des compas compoſés. Les premiers n'ont que deux pointes fixes ; les ſeconds changent de pointes ; on en met une pour tracer à l'encre, une pour tracer au crayon, & une à roulete pour tracer des lignes ponctuées. Un bon compas eſt celui dont le mouvement de la tête eſt égal, dont les charnieres ſont bien ajuſtées, dont le corps eſt bien poli, & dont les pointes ſont bien jointes & bien égales.

COMPAS DE PROPORTION. Inſtrument dont on ſe ſert pour connoître les proportions qui ſe trouvent entre deux quantités de même eſpéce, par-exemple, entre 2 lignes, 2 ſurfaces, 2 ſolides, &c. Il eſt compoſé de deux régles de 6 pouces de long, & de 6 à 7 lignes de large, qui s'ouvrent & ſe ferment par le moyen d'une charniere, comme les compas ordinaires. On peut en faire de plus grands ; mais quelque longueur & quelque largeur qu'on donne à cet inſtrument, il faut ſe reſſouvenir que le compas entierement ouvert doit repréſenter une ligne parfaitement droite. On trouve tracées ſur le compas de proportion ſix ſortes de lignes, ſçavoir la ligne des parties égales, celle des plans & celle des polygones d'un côté : la ligne des cordes, celle des ſolides & celle des métaux de l'autre. On met encore ſur le bord de cet inſtrument d'un côté une ligne diviſée qui ſert à connoître le calibre des canons, & de l'autre une ligne qui ſert à connoître le diamétre & le poids des boulets de fer,

Tout ceci, & ce que nous allons dire dans cet important article ne paroîtra obſcur qu'à ceux qui n'auront pas continuellement le compas de proportion ſous les yeux, ou qui ſe contenteront de lire les opérations indiquées, ſans prendre la peine de les répéter eux-mêmes. Le Lecteur doit encore avoir préſents à l'eſprit les articles de ce Dictionnaire qui commencent par les mots *Géométrie* & *Arithmétique Algébrique.*

De la Ligne des parties égales.

Dans les compas de proportion de 6 pouces de long, la ligne dont il s'agit, eſt diviſée en 200 parties égales. Cette ligne eſt double, c'eſt-à-dire que ſur chaque jambe du compas l'on trouve tracée une ligne des parties égales. Du centre d'où elle partent, elles vont, toujours en s'écartant, aboutir au bord extérieur de chacune des deux régles de cuivre. On peut par le moyen de la ligne des parties égales, non-ſeulement diviſer une ligne donnée en tant de parties égales que l'on voudra, mais encore trouver à deux lignes droites données une troiſieme proportionnelle, à trois une quatrieme, &c.

PROBLÉME I.

Par le moyen de la ligne des parties égales, diviſer une ligne donnée en 5 parties égales.

Réſolution. 1°. Prenez avec un compas ordinaire la longueur de la ligne propoſée, & fixez ce même compas à cette ouverture.

2°. Choiſiſſez ſur la ligne des parties égales un nombre qui ſe diviſe par 5 ſans aucun reſte; choiſiſſez, *par-exemple*, 100 qui contient 5 préciſément 20 fois.

3°. Reprenez votre compas dont l'ouverture repréſente la longueur de la ligne à diviſer, & ouvrez le compas de proportion de telle ſorte que les deux pointes du compas ordinaire tombent ſur les deux nombres 100 de la double ligne des parties égales.

4°. Le compas de proportion demeurant ainſi ouvert, prenez avec le compas ordinaire la diſtance quil y a entre les deux nombres 20, dont l'un eſt marqué ſur la ligne des parties égales qui eſt à droite, & l'autre ſur celle qui eſt à gauche; cette diſtance ſera la cinquieme partie de la ligne qu'il faut diviſer.

5°. S'il eût fallu diviſer une ligne en 8 parties égales,

Il auroit fallu prendre sur la ligne des parties égales un nombre qu'on eût pû diviser sans reste par 8, par-exemple, le nombre 80 qui contient précisément 10 fois 8; & il auroit fallu faire sur le double nombre 80 & le double nombre 10 de la ligne des parties égales, les opérations que l'on a faites sur le double nombre 100 & le double nombre 20 de la même ligne.

6°. Pour vous convaincre de la bonté de la solution du Problême I, jettez les yeux sur la *Figure 6 de la Planche* 1, dans laquelle l'angle *bab* vous représente l'ouverture qu'on a donnée au compas de proportion, en mettant les deux pointes du compas ordinaire sur le double nombre 100 de la ligne des parties égales; la ligne *bb* vous représente la ligne qu'il faut diviser en 5 parties égales; & la ligne *cc* vous donne la cinquieme partie de cette ligne. Il s'agit donc de démontrer que *cc* est la cinquieme partie de *bb*.

Démonstration. Les deux triangles *cac* & *bab* sont évidemment équiangles, donc ils ont leurs côtés homologues proportionnels, donc *ac* : *ab* :: *cc* : *bb*. Mais *ac* ou 20, est évidemment la cinquieme partie de *ab*, ou 100, donc *cc* est évidemment la cinquieme partie de *bb*.

Corollaire I. Si la ligne proposée à diviser étoit trop longue, pour être appliquée sur les jambes du compas de proportion, vous en prendriez la moitié ou le quart, & vous opéreriez sur cette moitié ou sur ce quart, comme nous venons de faire sur la ligne *bb*. Lorsque vous connoîtrez la cinquieme partie de la moitié d'une ligne, vous la doublerez pour avoir la cinquieme partie de toute la ligne. Si vous n'avez pû appliquer au compas de proportion que le quart de la ligne proposée, vous prendrez la cinquieme partie du quart, & en la quadruplant vous aurez la cinquieme partie de toute la ligne.

Corollaire II. Si vous connoissez le nombre des parties égales que contient une ligne droite, il vous sera très-facile d'en retrancher une moindre ligne contenant tel nombre de ses parties que l'on voudra. L'on vous donne, par-exemple, une ligne de 120 pouces dont on vous dit de retrancher une ligne de 25 pouces. Prenez avec le compas ordinaire la longueur de 120 pouces, & ouvrez le compas de proportion de telle sorte que les deux pointes du compas ordinaire ouvert à 120 pouces, tombent sur le double nombre 120 des lignes des parties égales. Laisſez le compas de proportion ainſi ouvert, & prenez avec le compas ordinaire la diſtance qu'il y a entre le double nombre 25 des lignes des parties égales ; cette diſtance là même vous donnera la ligne de 25 pouces qu'il faut retrancher de la ligne de 120 pouces.

PROBLÉME II.

Par le moyen de la ligne des parties égales, trouver à deux lignes droites données une troiſieme proportionnelle.

Réſolution. 1°. L'on me donne une ligne de 40, & une autre de 20 parties égales, & l'on me demande de trouver, par le moyen de la ligne des parties égales, une troiſieme ligne x qui ſoit telle que l'on puiſſe dire 40 : 20 :: 20 : x. Pour en venir à bout, je prens avec le compas ordinaire la longueur de la ligne de 20 parties égales, & je fixe le compas à cette ouverture.

2°. J'ouvre le compas de proportion de telle maniere que les deux pointes de mon compas ordinaire ouvert à la diſtance de 20 parties égales, tombent ſur le double nombre 40 des deux lignes des parties égales.

3°. Le compas de proportion demeurant ainſi ouvert, je prens avec le compas ordinaire ſur les lignes des parties égales la diſtance qu'il y a du nombre 20 au nombre 20; je dis que cette diſtance me donnera la longueur d'une ligne qui ſera troiſieme proportionnelle à la ligne de 40, & à la ligne de 20 parties égales.

Démonſtration. L'expérience m'apprend que la ligne trouvée ſera de 10 parties égales ; donc elle ſera troiſieme proportionnelle aux deux lignes données, car 40 : 20 :: 20 : 10. La démonſtration géométrique de cette opération eſt encore fondée ſur 2 triangles ſemblables qu'on imaginera facilement en jettant les yeux ſur le compas de proportion.

Corollaire. Pour trouver une quatrieme proportionnelle aux trois lignes de 60, de 30 & de 50 parties égales, voici comment vous vous y prendrez. 1°. Vous fixerez le compas ordinaire à l'ouverture de 30 parties égales. 2°. Vous ouvrirez le compas de proportion de telle ſorte que les deux pointes du compas ordinaire tombent ſur le double nombre 60 des deux lignes des parties égales. 3°. Le compas de proportion demeurant ainſi ouvert, vous prendrez avec le compas ordinaire ſur les lignes des parties égales la diſtance qu'il y a du nombre 50 au nombre 50, cette distance vous donnera la quatrieme proportionnelle que vous cherchez. En effet cette distance sera de 25 parties égales; or 60 : 30 :: 50 : 25 ; donc la méthode proposée est infaillible. Examinez encore avec attention le compas de proportion ; vous y formerez mentalement deux triangles sur la ressemblance desquels cette derniere opération est fondée. Il est nécessaire que les Commençans fassent d'eux-mêmes ces sortes de recherches ; par-là les choses ne se gravent que plus profondément dans leur esprit.

De la ligne des Plans.

La ligne des plans contient les côtés homologues de 64 plans dont le second est double, le troisieme triple, le quatrieme quadruple du premier, & ainsi des autres jusqu'au 64e, qui se trouve 64 fois plus grand que le premier plan. La ligne dont il s'agit, est double comme celle des parties égales, c'est-à-dire qu'elle est marquée sur l'une & l'autre régle du compas de proportion. On voit sur chaque ligne des plans 64 points, non compris celui du centre du compas qui est commun aux deux lignes. La distance du centre au premier point de la ligne des plans, sera un des côtés du premier ou du plus petit plan, par exemple, elle sera sa base. Dans cette hypothése la distance du centre au second point de la même ligne sera la base du second plan, ou d'un plan double du premier, & ainsi des autres, de telle sorte que la distance du centre au 64e point, c'est-à-dire, la ligne entiere des plans sera la base d'un plan 64 fois plus grand que le premier. Pour vérifier si la ligne en question a été tracée exactement sur le compas de proportion, il faut examiner si la distance du centre du compas au premier point est précisément la huitieme partie de la ligne des plans. Si cela est, votre ligne est exacte; il est démontré en Géométrie qu'un plan est 64 fois plus grand qu'un autre, lorsque la base de celui-là est 8 fois plus grande que la base de celui-ci, ou, ce qui revient au même, il est démontré que deux plans semblables sont entr'eux comme les quarrés de leurs côtés homologues. Ces connoissances préliminaires sont nécessaires pour résoudre les Problêmes suivants.

PROBLÉME I.

Par le moyen de la ligne des plans, trouver un triangle cinq fois plus grand qu'un autre.

Résolution. 1°. L'on me donne le triangle *cac*, *Fig.* 6, *Pl.* 1. & l'on me demande de trouver par le moyen de la ligne des plans un triangle cinq fois plus grand que le triangle *cac*. Pour en venir à bout, je prens avec le compas ordinaire la longueur de la ligne *cc*; & ce compas demeurant ouvert à la distance *cc*, j'applique ses deux pointes sur le double premier point des deux lignes des plans.

2°. Sur le compas de proportion ainsi ouvert, je prens avec le compas ordinaire la distance du cinquieme point de la ligne des plans à droite au cinquieme point de la ligne des plans à gauche; cette distance me donnera la ligne *dd*, qui sera l'un des côtés d'un triangle cinq fois plus grand que le triangle *cac*.

3°. Je prens avec le compas ordinaire la longueur de la ligne *ac*, & ce compas demeurant ouvert à la distance *ac*, j'en applique les deux pointes sur le double premier point de la double ligne des plans, comme j'ai fait, *num.* 1, pour la ligne *cc*.

4°. Sur le compas de proportion ainsi rouvert, je prens avec le compas ordinaire la distance du double cinquieme point de la double ligne des plans, comme j'ai fait, *num.* 2, pour avoir la ligne *dd*; cette distance me donnera la ligne *ad* qui sera le second côté d'un triangle cinq fois plus grand que *cac*.

5°. S'il ne s'agissoit pas de triangles isoscéles, l'on trouveroit par la même méthode le troisieme côté d'un triangle cinq fois plus grand que *cac*.

6°. Que l'on se rappelle les propriétés des triangles semblables, & la maniere dont les deux lignes des plans ont été tracées sur les deux regles du compas de proportion, & l'on verra au premier coup d'œil que le triangle *dad* est cinq fois plus grand que le triangle *cac*.

Corollaire I. Si le plan proposé a plus de trois côtés, vous le réduirez en triangles par une ou plusieurs diagonales, & vous opérerez sur chacun de ces triangles, comme nous venons de faire sur le triangle *cac*.

Corollaire II. Si l'on demande un cercle B cinq fois plus grand que le cercle donné A, vous le trouverez par te.te méthode. 1°. Vous prendrez avec un compas ordinaire la longueur du rayon du cercle A, & vous fixerez à cette distance l'ouverture de ce compas.

2°. Vous ouvrirez le compas de proportion de maniere que les deux pointes de votre compas ordinaire tombent sur le double premier point de la double ligne des plans, comme nous avons fait pour la ligne *cc*, *num.* 1 *du Problême précédent*.

3°. Le compas de proportion demeurant ainsi ouvert, vous prendrez avec le compas ordinaire la distance du double cinquieme point de la double ligne des plans, comme nous avons fait pour la ligne *dd*, *num.* 2 *du Prob. précédent*; cette distance vous donnera le rayon du cercle B, dont l'aire sera cinq fois plus grande que celle du cercle A.

Corollaire III. Si l'on vous donne deux figures planes semblables A & B, & que l'on vous demande la raison qu'elles ont entre elles; vous prendrez avec un compas ordinaire la longueur de la base de la figure A, & vous appliquerez les deux points de ce compas sur le double premier point de la double ligne des plans, c'est-à-dire, vous appliquerez les deux pointes de ce compas à l'ouverture du premier plan. Vous prendrez ensuite avec votre compas ordinaire la longueur de la base de la figure B, & vous examinerez à l'ouverture de quel plan répondent ses deux pointes; si elles répondent à l'ouverture du quatrieme ou cinquieme plan, vous conclurez que la figure B est 4 ou 5 fois plus grande que la figure A.

PROBLÊME II.

Par le moyen de la ligne des plans, trouver à deux lignes données une moyenne proportionnelle.

Résolution. 1°. L'on me donne la ligne *a* de 20, & la ligne *d* de 45 parties égales, & l'on me demande une ligne moyenne *x* qui soit telle, que l'on puisse dire 20 : *x* :: *x* : 45. Pour la trouver, ouvrez le compas ordinaire à la distance de 45 parties égales, & transportez les deux pointes de ce compas ainsi ouvert sur le double nombre 45 de la double ligne des plans du compas de proportion.

2°. Le compas de proportion demeurant ainsi ouvert, prenez avec le compas ordinaire la distance qui se trouve entre le double nombre 20 de la double ligne des plans ; cette distance vous donnera la longueur de la ligne x. En effet l'expérience nous apprend que la longueur que donne cette opération à la ligne x est de 30 parties égales. Or $20 : 30 :: 30 : 45$; puisque $20 \times 45 = 30 \times 30$, donc le Problême a été résolu. Mais cette opération demande une démonstration dans toutes les formes ; nous allons la donner. Pour en comprendre le sens, il faut se rappeller d'abord que la moyenne proportionnelle entre a & d est $\sqrt{ad}$; en effet les 3 quantités a, $\sqrt{ad}$ & d sont évidemment en proportion continue, cherchez *Proportionnelle*. Il faut encore se rappeller que la distance du centre du compas de proportion à un point quelconque de la ligne des plans est une véritable racine quarrée, parce qu'elle représente l'une des deux dimensions d'une figure plane réguliere. Nommons donc $\sqrt{a}$ la ligne ac, *fig.* 7 *pl.* 1, qui représente la distance du centre du compas de proportion au vingtieme point de la ligne des plans. Nommons encore $\sqrt{d}$ la ligne ab qui représente la distance du même centre au 45e point de la ligne des plans. Nommons enfin d la ligne bb, parce que c'est une ligne de 45 parties égales. Je dis que dans cette hypothése l'on aura la ligne cc ou $x = \sqrt{ad}$, & que par conséquent la ligne cc, que l'on trouve par l'opération précédente, est réellement une moyenne proportionnelle entre la ligne a de 20 & la ligne d de 45 parties égales.

Démonstration. A cause des deux triangles semblables bab & cac, l'on a la proportion suivante, $ab : ac :: bb : cc$, ou $\sqrt{d} : \sqrt{a} :: d : x$; donc $x \times \sqrt{d} = d\sqrt{a}$; donc

$$x \times \sqrt{d} = \sqrt{add} \text{ ; donc } x = \frac{\sqrt{add}}{\sqrt{d}} \text{ ; donc}$$

$x = \sqrt{ad}$; donc $cc = \sqrt{ad}$; donc la ligne cc trouvée par l'opération précédente, est réellement une moyenne proportionnelle entre deux lignes de 20 & de 45 parties égales.

De la ligne des Polygones.

La ligne des polygones présente les côtés homologues des dix premiers polygones réguliers qui peuvent s'inscrire dans un même cercle ; ce sont le triangle, le quarré, le pentagone, l'exagone, l'eptagone, l'octogone, l'ennéagone, le décagone, l'endécagone & le dodécagone. La premiere de ces figures a 3 côtés, la seconde 4, la troisieme 5, & ainsi des autres jusqu'au dodécagone qui a 12 côtés. La ligne des polygones est double, comme la ligne des parties égales & celle des plans, & elle a, comme ces deux premieres, le centre du compas de proportion pour point commun. L'on trouve sur cette ligne les chiffres 3, 4, 5, 6, 7, 8, 9, 10, 11, & 12. En supposant donc que la ligne entiere des polygones, ou la distance du centre au chiffre 3 est le côté d'un triangle équilateral inscrit dans le cercle A, la distance du centre au chiffre 4 sera le côté d'un quarré, celle du centre au chiffre 5 sera le côté d'un pentagone inscrit dans le même cercle, & ainsi de suite jusqu'à la distance du centre au chiffre 12 qui se trouvera le côté d'un dodécagone capable d'être inscrit dans le cercle où ont été déja inscrits le triangle, le quarré, le pentagone, &c. chacun des dix polygones dont il s'agit ici, forme un angle différent au centre du cercle où il est inscrit. Le triangle a un angle de 120°, le quarré de 90°, le pentagone de 72°, l'exagone de 60°, l'eptagone de 51° 26', l'octogone de 45°, l'ennéagone de 40°, le décagone de 36°, l'endécagone de 32° 44', & le dodécagone de 30°. Pour trouver cet angle, les Géométres ont divisé 360°, valeur de la circonférence du cercle, par le nombre des côtés de chaque polygone en particulier, & les dix quotients leur ont donné les dix angles qu'ils cherchoient. L'angle du centre une fois trouvé, il sera très-facile de vérifier si la ligne des polygones a été tracée exactement sur le compas de proportion. Pour cela prenez avec le compas ordinaire le côté de l'exagone, & tranportez-en les deux pointes sur le double nombre 60 de la double ligne des cordes. Le compas de proportion conservant cette ouverture, prenez avec votre compas ordinaire sur la même ligne des cordes la distance exprimée par le double nombre 120 : si le compas de proportion est bon, cette distance sera égale à la ligne entiere des polygones.

Si, au lieu de prendre la diſtance du double nombre 120, vous aviez pris celle du double nombre 90, vous auriez eu ſur la ligne des polygones le côté du quarré. Vous auriez eu le côté du pentagone, ſi vous euſſiez pris la diſtance du double nombre 72, &c.

PROBLÉME.

Décrire dans un cercle donné un polygone régulier; *par-exemple*, un triangle équilateral.

Réſolution. 1°. Prenez avec le compas ordinaire le rayon du cercle donné, & fixez l'ouverture de ce compas à la longueur de ce rayon.

2°. Tranſportez les deux pointes de votre compas ſur le double nombre 6 de la double ligne des polygones.

3°. Le compas de proportion demeurant ainſi ouvert, prenez avec votre compas ordinaire la diſtance du nombre 3 au nombre 3 de la double ligne des polygones; cette diſtance portée autour de la circonférence du cercle donné, la diviſera en trois arcs égaux, dont les trois cordes ſeront les trois côtés du triangle équilateral que l'on demande.

4°. Tout ce qu'il faut ſe rappeller pour comprendre la bonté de cette méthode, c'eſt que le côté de l'exagone eſt égal au rayon du cercle où il eſt inſcrit. Ce n'eſt pas donc ſans raiſon qu'après avoir pris avec le compas ordinaire la longueur du rayon du cercle donné, l'on a appliqué les deux pointes de ce compas ſur le double nombre 6 de la double ligne des polygones; la diſtance du centre du compas de proportion au nombre 6, exprime précisément le côté de l'exagone, ou le rayon du cercle.

Corollaire. I. S'il avoit fallu inſcrire un quarré, au lieu d'un triangle, vous auriez pris le double nombre 4, au lieu du double nombre 3, de *num.* 3 *du Problême précédent.*

Corollaire II. S'il avoit fallu inſcrire un pentagone, vous auriez pris le double nombre 5, & ainſi des autres polygones juſqu'au dodécagone que vous auriez trouvé en prenant le double nombre 12, au lieu du double nombre 3, de *num.* 3 *du Problême précédent.*

De la ligne des Cordes.

Sur une des faces du compas de proportion ſont tracées

les lignes des *parties égales* des *plans* & des *polygones*. Nous venons d'en parler d'une maniére peut-être trop étendue. Il est tems de parler des lignes des *cordes*, des *solides* & des *métaux* qui sont tracées sur l'autre face du même compas. La ligne des cordes se trouve directement sous celle des parties égales. Comme celle-ci, elle est double, & elle a pour point commun le centre du compas de proportion. La distance du centre aux chiffres 10, 20, 30 est la corde d'un arc de 10, 20, 30 degrés, & ainsi des autres chiffres jusqu'à la distance du centre à 180 qui sera la corde d'un demi-cercle qui auroit pour diamétre la ligne entiere dont il s'agit. Pour vérifier la ligne des cordes, choisissez à volonté sur cette ligne deux nombres également éloignés de 120, par-exemple, 100 & 140 qui en sont éloignés de 20 degrés, l'un par défaut & l'autre par excès. Prenez avec le compas ordinaire la distance de 100 à 140; si le compas de proportion est bon, cette distance doit être égale à la corde de 20 degrés. Cette méthode est fondée sur les deux vérités géométriques suivantes:

Les cordes sont doubles des sinus droits.

La différence du sinus droit de 40 au sinus droit de 80 degrés est égale au sinus droit de 20 degrés, parce que 40° *&* 80° *sont également éloignés de* 60°, *l'un par défaut & l'autre par excès.* En effet le sinus droit de $80^{\circ} = 9848077$; le sinus droit de $40^{\circ} = 6427875$; la différence de ces deux sinus est 3420202; & cette différence est précisément le sinus de 20°.

PROBLÉME.

Par le moyen de la ligne des cordes, faire un angle quelconque sur une ligne donnée.

Résolution. 1°. On donne la ligne AB, *fig.* 8, *pl.* 1 sur laquelle on demande de faire un angle de 30 degrés, par le moyen de la ligne des cordes. Pour en venir à bout, du point A comme centre, avec le rayon AB, décrivez un arc quelconque BD.

2°. Prenez avec le compas ordinaire la longueur du rayon AB, & transportez les deux pointes de ce compas sur le double nombre 60 de la double ligne des cordes, parce que le rayon du cercle est égal à la corde de 60 degrés.

3°. Le compas de proportion demeurant ainsi ouvert,

prenez avec le compas ordinaire la distance du nombre 30 au nombre 30 de la double ligne des cordes ; cette distance transportée sur l'arc BD , donnera un arc BC de 30 degrés.

4°. Par le point A & par le point C tirez la ligne AC, je dis que l'angle BAC est de 30 degrés.

Démonstration. L'arc BC est de 30 degrés, donc l'angle BAC qu'il mesure, est aussi de 30 degrés.

Corollaire. Pour connoître, par le moyen de la ligne des cordes, la valeur de l'angle donné BAC, *fig.* 8, *pl* 1, du point A comme centre, avec le rayon AB, décrivez un arc quelconque de cercle BC. Prenez avec le compas ordinaire la longueur de la ligne AB. Appliquez les deux pointes de ce compas sur le double nombre 60 de la double ligne des cordes. Le compas de proportion demeurant ainsi ouvert, prenez avec le compas ordinaire la longueur de la corde de l'arc BC, & si les deux pointes de ce compas tombent sur le double nombre 20 ou 30 de la double ligne des cordes, vous conclurez que l'angle donné BAC est de 20 ou 30 degrés.

De la ligne des Solides.

La ligne des solides que l'on trace directement sous celle des plans, contient les côtés homologues de 64 solides dont le second est double, le troisieme triple du premier, & ainsi des autres jusqu'au 64e, qui se trouve 64 fois plus grand que le premier solide. La ligne dont il s'agit, est double, comme toutes celles dont nous avons parlé jusqu'à présent, & elle a pour point commun le centre du compas de proportion. La distance du centre au premier point de la ligne des solides, sera un des côtés du premier, ou du plus petit solide, par-exemple, elle sera sa base. Dans cette hypothése la distance du centre au second point de la même ligne, sera la base du second solide, ou d'un solide double du premier, & ainsi des autres, de telle sorte que la distance du centre au 64e point, c'est-à-dire, la ligne entiere des solides sera la base d'un solide 64 fois plus grand que le premier. Pour vérifier si la ligne en question a été tracée exactement sur le compas de proportion, il faut examiner si la distance du centre du compas au premier point, est précisément la quatrieme partie de la ligne des solides. En effet, puisqu'il est démontré en géométrie que les solides ſemblables ſont comme les cubes de leurs côtés homologues, il eſt évident que ſi le ſolide A a une baſe quadruple de celle du ſolide B, celui-là aura 64 fois plus de matiere que celui-ci; car le cube de 4 eſt 64, & le cube de 1 eſt 1. Le Corollaire du Problême 2 de l'article ſuivant vous ſervira à faire cette vérification d'une manière plus exacte.

PROBLÉME I.

Par le moyen de la ligne des ſolides trouver un ſolide, par-exemple, un cube double d'un autre.

Réſolution. 1°. L'on donne le cube A, & l'on demande de trouver le cube B double de celui qui eſt donné. Pour en venir à bout, prenez avec le compas ordinaire la longueur d'un des côtés du cube A, & portez les deux pointes de ce compas ſur un double nombre quelconque, par-exemple, ſur le double nombre 10 de la double ligne des ſolides.

2°. Le compas de proportion demeurant ainſi ouvert, prenez avec le compas ordinaire la diſtance qui ſe trouve entre le double nombre 20 de la ligne des ſolides; cette diſtance ſera la longueur d'un des côtés du cube B, double du cube A. Cette opération eſt fondée, comme preſque toutes les précédentes, ſur la propriété qu'ont les triangles ſemblables d'avoir leurs côtés homologues proportionnels.

Corollaire I. Connoiſſant la longueur d'un côté du cube B, l'on aura ſa ſolidité en prenant le cube de cette longueur.

Corollaire II. Pour trouver une ſphére double d'une autre, vous ferez ſur le diamètre de la ſphére donnée, l'opération que vous venez de faire ſur l'un des côtés du cube A.

PROBLÉME II.

Par le moyen de la ligne des ſolides, trouver entre deux lignes données deux moyennes proportionnelles.

Réſolution. 1°. L'on me donne la ligne *a* de 54 & la ligne *d* de 16 parties égales, & l'on me demande les lignes *x* & *y* qui ſoient telles, que l'on puiſſe dire $a : x :: x : y$, & $x : y :: y : d$. Pour en venir à bout, je fixe le compas ordinaire à l'ouverture de 54 parties égales, & j'applique les deux pointes de ce compas ſur le double nombre 54 de la double ligne des ſolides.

2°. Le compas de proportion demeurant ainſi ouvert, je prens avec le compas ordinaire la diſtance du double nombre 16 de la double ligne des ſolides; cette diſtance rapportée ſur la ligne des parties égales, me donnera la ligne x de 36 parties égales.

3°. Pour trouver la ligne y, je referme l'un & l'autre compas ; je fixe le compas ordinaire à l'ouverture de 36 parties égales, & je tranſporte les deux pointes de ce compas ſur le double nombre 54 de la double ligne des ſolides.

4°. Le compas de proportion demeurant ainſi ouvert, je prens avec le compas ordinaire la diſtance du double nombre 16 de la double ligne des ſolides ; cette diſtance rapportée ſur la ligne des parties égales, me donnera la ligne y de 24 parties égales.

5°. Puiſque 54 : 36 :: 36 : 24, & que 36 : 24 :: 24 : 16, je conclus que l'opération a été bien faite. Pour comprendre la bonté de cette méthode, il faut ſe rappeller d'abord que les deux moyennes proportionelles entre a & d ſont $\sqrt[3]{aad}$ & $\sqrt[3]{add}$. En effet les quatre quantités a, $\sqrt[3]{aad}$, $\sqrt[3]{add}$ & d ſont évidemment en proportion géométrique ; cherchez *Proportionnelle*. Il faut encore ſe rappeller que la diſtance du centre du compas de proportion à un point quelconque de la ligne des ſolides eſt une véritable racine cubique, parce qu'elle repréſente l'une des trois dimenſions d'un ſolide regulier. Nommons donc $\sqrt[3]{a}$ la ligne AC, *fig.* 9, *pl.* 1 ; nommons encore $\sqrt[3]{d}$ la ligne AB ; nommons enfin a la ligne cc, parce que c'eſt une ligne de 54 parties égales. Je dis que dans cette hypothéſe l'on aura la ligne BB ou $x = \sqrt[3]{aad}$.

Démonſtration. 1°. A cauſe des triangles ſemblables BAB & CAC, l'on a AC : AB :: CC : BB, ou $\sqrt[3]{a} : \sqrt[3]{d} :: a : x$; donc $x \times \sqrt[3]{a} = a \sqrt[3]{d}$; donc $x \times \sqrt[3]{a} = \sqrt[3]{aaad}$; donc $x = \frac{\sqrt[3]{aaad}}{\sqrt[3]{a}}$; donc $x = \sqrt[3]{aad}$.

2°. Pour démontrer que la seconde moyenne proportionnelle trouvée par notre méthode est égale à la quantité $\sqrt[3]{add}$, nommons $\sqrt[3]{a}$ la ligne AC ; nommons encore $\sqrt[3]{d}$ la ligne AB ; nommons enfin $\sqrt[3]{aad}$ la ligne CC qui représente une ligne de 36 parties égales. Cela supposé, voici comment je raisonne ; AC : AB :: CC : BB, ou $\sqrt[3]{a} : \sqrt[3]{d} :: \sqrt[3]{aad} :$ BB ou y ; donc $y \times \sqrt[3]{a} = \sqrt[3]{aadd}$; donc $y = \frac{\sqrt[3]{aadd}}{\sqrt[3]{a}}$;

donc $y = \sqrt[3]{add}$.

Corollaire. Si les lignes données sont trop longues, vous opérerez sur leurs moitiés, leurs tiers, leurs quarts &c. comme sur les toutes ; & vous multiplierez ensuite par 2, 3, 4, &c. les moyennes proportionnelles trouvées.

De la ligne des Métaux.

Après la ligne des solides vient celle des Métaux. Elle est tracée directement sous celle des polygones, & elle est double comme toutes les lignes dont nous avons parlé jusqu'à présent. Elle sert à trouver la proportion qu'ont entre eux les six métaux, je veux dire, l'or, le plomb, l'argent, le cuivre, le fer & l'étain. Le plus pesant des métaux, & par conséquent celui qui contient le plus de matiere sous un volume donné, c'est l'or ; le moins pesant, c'est l'étain ; les autres le sont plus ou moins, suivant qu'ils sont plus ou moins près de l'or dans l'énumération que nous avons faite. Tout ceci est fondé sur l'expérience qui nous a appris le poids des métaux en cet ordre.

		livres	onces
Un poids cubique d'or pése	. . . .	1326 livres	4 onces
de plomb	. . . .	802	2
d'argent	. . . .	720	12
de cuivre	. . . .	627	12
de fer	. . . .	558	0
d'étain	. . . .	516	0

Les six caractères marqués sur la ligne des métaux, à commencer par celui du soleil, désignent l'or, le plomb, l'argent, le cuivre, le fer & l'étain. Pour vérifier la ligne en question, examinez si le premier point de cette ligne répond au 25e point de la ligne des solides, & si les 5 autres points sont d'autant plus éloignés du centre du compas de proportion, qu'ils appartiennent à des métaux moins pesants. Il est évident qu'une boule d'un métal moins pesant ne peut pas avoir autant de poids qu'une boule d'un métal plus pesant, si elle n'a pas un volume qui compense ce qui lui manque du côté de la gravité spécifique. Voyez pour une vérification plus exacte le corollaire du Problême 2 suivant.

PROBLÉME I.

Etant donné le rayon d'une boule d'or, trouver, par le moyen de la ligne des métaux, le rayon d'une boule de fer aussi pesante que la boule d'or.

Résolution. 1°. On me donne une boule d'or d'un pouce de rayon, & l'on demande le rayon d'une boule de fer aussi pesante que la boule d'or. Pour le trouver, j'ouvre le compas ordinaire à la distance d'un pouce, & j'en transporte les deux pointes sur le double caractère de l'or de la double ligne des métaux.

2°. Le compas de proportion demeurant ainsi ouvert, je prends avec le compas ordinaire la distance du double caractère du fer; cette distance sera la longueur du rayon demandé.

Corollaire. Si au lieu de boules, il s'agit de corps semblables qui ayent plusieurs faces, vous ferez la même opération que ci-dessus, pour chacun des côtés homologues de ces corps.

PROBLÉME II.

Trouver, par le moyen de la ligne des métaux, la proportion en pesanteur qu'ont entre elles deux boules de différent métal.

Résolution. 1°. On me donne deux boules égales en volume, l'une d'or & l'autre d'étain, & l'on me demande la différence qu'il y a entre le poids de la premiere & celui de la seconde. Pour le trouver, je mets une pointe du compas ordinaire au centre du compas de proportion, & l'autre sur le point qui répond au caractère de l'étain;

Je fixe le compas ordinaire à cette ouverture ; & j'en transporte les deux pointes sur un double nombre quelconque de la double ligne des solides, *par-exemple*, sur le double nombre 60.

2°. Le compas de proportion conservant l'ouverture que je viens de lui donner, je prends avec le compas ordinaire la distance de son centre au point de la ligne des métaux qui répond au caractère de l'or.

3°. J'examine sur quel double nombre de la double ligne des solides tombent les deux pointes de ce compas, & comme elles tombent sur le double nombre $23 \frac{1}{2}$, je conclus que la gravité de l'or : à la gravité de l'étain :: 60 : $23 \frac{1}{2}$.

Corollaire. Quoique les gravités spécifiques des métaux soient connues en Physique, vous les chercherez encore par cette méthode ; & si elles s'accordent avec celles que vous donne la Table des densités, vous pouvez être assuré que non-seulement la ligne des métaux, mais encore la ligne des solides ont été tracées exactement sur votre compas de proportion.

REMARQUE.

Sur le bord du compas de proportion entièrement ouvert, l'on a coutume de graver d'un côté une ligne qui sert à connoître le diamétre des boulets, & de l'autre une ligne qui marque le diamétre de l'ouverture des canons propres à les recevoir. Les nombres qui sont sur la premiere de ce deux lignes donnent le poids des boulets depuis $\frac{1}{4}$ jusqu'à 64 livres, & les distances qui se trouvent entre les différents points qui forment cette ligne, donnent en pouces & lignes les diamétres de ces mêmes boulets. Les nombres gravés sur la seconde ligne marquent les piéces d'artillerie de tel ou tel calibre, c'est-à-dire, capable de recevoir tel ou tel boulet, & les distances qui regnent entre les points de cette ligne donnent en pouces les diamétres de l'ouverture de ces mêmes piéces. Tout ceci est fondé sur l'expérience qui nous a appris qu'un boulet de fer de 4 livres a 3 pouces de diamétre, & sur la raison qui dicte aux moins clairvoyans que le diamétre d'une piéce quelconque d'artillerie doit être un peu plus grand que celui du boulet qu'elle doit recevoir. Pour vérifier les deux lignes dont il s'agit, il faut en comparer les divisions avec la Table qui se trouve dans presque tous les Ouvrages des Ingenieurs, & notamment à la page 177 de l'Ouvrage que M. Bion a intitulé : *Traité de la construction & des principaux usages des instrumens des Mathématiques.*

PROBLÉME.

Connoissant le poids d'un boulet de fer, trouver son diamétre, & celui de l'ouverture du canon qui doit le recevoir.

Résolution. 1°. L'on me donne un boulet de six livres & l'on me demande d'abord son diamétre. Pour le trouver, je mets une pointe du compas ordinaire sur le premier point de la ligne des boulets, lequel sur le compas de proportion est le plus près du mot *poids* : je porte l'autre pointe sur le point qui répond au nombre 6 : je mesure sur un pied de roi le nombre de pouces que comprennent ces deux pointes, & je conclus que c'est là le diamétre d'un boulet de six livres. La ligne des boulets sera donc exacte, si elle donne, comme la table dont nous venons de parler, un diamétre de 3 pouces 5 lignes à un boulet de six livres.

2°. Pour trouver le diamétre de l'ouverture d'un canon capable de recevoir un boulet de six livres, je mets une pointe du compas ordinaire sur le premier point de la ligne des calibres, lequel sur le compas de proportion est le plus près du mot *calibre* : je porte l'autre pointe sur le point qui répond au nombre 6 ; & comme la distance de l'une à l'autre me donne 3 pouces, 6 lignes $\frac{7}{8}$, je conclus que c'est là le diamétre de l'ouverture du canon propre à recevoir un boulet de 6 livres.

COMPRESSIBILITÉ. C'est la puissance qu'a un corps d'occuper un espace plus petit que celui qu'il occupoit auparavant. Cette qualité suppose que l'intérieur du corps n'est pas physiquement plein, ou qu'il contient un fluide dont on peut le délivrer. Elle suppose encore que les parties de ce corps ont de la flexibilité ; nous examinerons en son lieu d'où elle leur vient.

COMPRESSION. C'est l'action par laquelle on fait

occuper à un corps un espace plus petit, que celui qu'il occupoit auparavant.

CONCAVE. On nomme *concave* tout ce qui est creux. La circonférence d'un cercle est concave en dedans.

CONCENTRIQUE. Avoir un centre commun, c'est être concentrique.

CONDENSATION. Cherchez *Compression*. Celle-là suppose, comme celle-ci, la compressibilité dans tout corps qu'on condense.

CONE. Le cône est un corps solide composé de différens cercles placés les uns sur les autres & par conséquent paralléles entr'eux, qui vont toujours en diminuant depuis la base jusqu'à la pointe du cône. Un pain de sucre régulier vous représente un cône parfait. Le triangle, le cercle, la parabole, l'ellipse & l'hyperbole sont des figures produites par les cinq manières différentes dont on peut cuper le cône; nous les avons fait connoître dans leurs articles respectifs.

CONJONCTION. Deux astres sont en conjonction, lorsqu'ils se trouvent sous le même degré du même signe du zodiaque.

CONSTELLATION. On a donné le nom de *Constellation* à un certain amas d'étoiles. Jean Bayer, fameux Astronome a rangé les étoiles les plus remarquables sous 60 constellations dont 12 se trouvent autour de l'écliptique, 21 dans la partie septentrionale & 27 dans la partie méridionale du Ciel. Voyez-en les noms dans l'article des *Etoiles*, *num* 3.

CONTACT. Le point de *contact* est le point commun à deux corps qui se touchent.

CONTRACTION. Le mouvement de contraction est un mouvement par lequel un corps se raccourcit. Voyez l'article des *Muscles*.

CONVERGENT. Deux rayons de lumière sont convergens, lorsqu'ils tendent à se réunir ensemble. Les verres convexes & les miroirs concaves, comme nous l'avons expliqué dans la Dioptrique & dans la Catoptrique, augmentent la convergence & diminuent la divergence des rayons de lumière.

CONVEXE. Toute surface extérieure courbée & relevée, se nomme surface convexe; telle est, par-exemple, la surface extérieure d'une sphére. Lorsque ces sortes de surfaces sont polies, elles forment des miroirs dont nous avons expliqué les propriétés dans l'article de la *Catoptrique*.

COPERNIC. Ce fut en 1530 que Nicolas Copernic natif de Thorn dans la Prusse Royale, & Chanoine de l'Eglise de Warmie, proposa sa fameuse hypothése; nous allons la rapporter historiquement, comme il convient de le faire dans un pareil ouvrage. Ce sera au Lecteur à l'embrasser, si elle lui paroit vraie, ou à la rejetter, si elle lui paroit fausse. Copernic n'eut pas de peine à comprendre les défauts innombrables qui se trouvent dans le systême de Ptolomée; aussi prit-il une route bien différente. Il plaça le soleil sensiblement au centre du monde, & il ne lui donna qu'un mouvement sur son axe qui se fait en 25 jours & demi. Autour du soleil il fit tourner d'occident en orient dans des orbes sensiblement circulaires & réellement elliptiques, Mercure en 3 mois, Vénus en 8, la Terre en un an, Mars en deux, Jupiter en 12, & Saturne en 30. Outre ces mouvemens périodiques, il donne aux planétes principales un mouvement d'occident en orient sur leur axe. Vénus acheve le sien en 23 heures 20 minutes, la Terre en 23 heures 56 minutes, Mars en 24 heures 40 minutes, Jupiter en 9 heures 56 minutes; Mercure & Saturne ont, comme les autres planétes principales, leur mouvement de rotation sur leur axe; mais le premier est trop près, & le second est trop loin du soleil, pour que les Astronomes en ayent pû fixer le tems. Au-dessus de l'orbe de Saturne, mais à une distance presque infinie, Copernic place les étoiles fixes auxquelles il ne donne qu'un mouvement sur leur axe. La *Fig.* 10 de la *Pl.* 1 vous mettra ce systême sous les yeux. A peu-près au centre du monde, c'est-à-dire, à un des foyers des ellipses planétaires se trouve le soleil; l'ellipse 1 est parcourue par Mercure, l'ellipse 2 par Vénus, l'ellipse 3 par la Terre, l'ellipse 4 par Mars, l'ellipse 5 par Jupiter, & l'ellipse 6 par Saturne; le reste du ciel est occupé par les étoiles fixes. Pour saisir plus facilement tout le plan de l'hypothése de Copernic, le Lecteur fera bien de jetter auparavant un coup d'œil sur les articles de ce Dictionnaire qui commencent par ces mots *sphére*, *ellipse* & *Képler*; il sera par ce moyen plus en état de juger de la nature des preuves que les Coperniciens ont coutume d'apporter; elles sont presque toutes physico-astronomiques; elles se réduisent à quatre.

La première preuve eſt tirée de la ſeconde loi de Képler. 1°. Les obſervations aſtronomiques, *diſent les Coperniciens*, nous apprennent que la lune eſt éloignée de la terre d'environ cent mille lieues, & le ſoleil d'environ trente millions de lieues.

2°. Deux aſtres qui tourneroient périodiquement autour d'un centre commun, l'un en 12, & l'autre en un mois, auroient, ſuivant la ſeconde loi de Képler, leurs diſtances à ce centre, comme 5 eſt à 1, c'eſt-à-dire, celui des deux aſtres qui acheveroit ſa période en douze mois, ſeroit cinq fois plus éloigné du centre, que celui qui l'acheveroit en un mois. Cela ſuppoſé, voici comment raiſonnent les Coperniciens. Si la terre étoit immobile au centre du monde, alors le ſoleil & la lune tourneroient périodiquement autour d'elle, comme autour de leur centre commun, l'un en 12, & l'autre en un mois; donc ces deux aſtres garderoient autour de la terre la ſeconde loi de Képler; donc le ſoleil ſeroit ſeulement cinq fois plus loin de la terre que la lune; donc le ſoleil ne ſeroit qu'à environ cinq cent mille lieues de la terre; mais l'Aſtronomie nous apprend qu'il en eſt à environ trente millions de lieues, donc l'Aſtronomie nous apprend que le ſoleil & la lune ne tournent pas autour de la terre immobile, comme autour de leur centre commun.

La ſeconde preuve de l'hypothéſe de Copernic eſt tirée de l'aberration des étoiles fixes. Le étoiles, *diſent les Coperniciens*, ne paroiſſent parcourir chaque année une très-petite ellipſe, que parce qu'elles ont un mouvement réel d'un lieu à un autre, ou parce que la terre n'eſt pas réellement immobile; mais les étoiles ne paroiſſent pas parcourir cette petite ellipſe, à cauſe de leur mouvement réel d'un lieu à un autre, puiſqu'elles ſont fixes, donc elles paroiſſent la parcourir, parce que la terre n'eſt pas réellement immobile au centre du monde; donc l'on doit adopter l'hypothéſe Copernicienne qui repréſente la terre comme parcourant chaque année l'écliptique par ſon mouvement périodique d'occident en orient.

La troiſiéme preuve de l'hypothéſe de Copernic eſt tirée de la facilité avec laquelle les Coperniciens expliquent tous les phénoménes aſtronomiques qu'on leur propoſe; les principaux de ces phénoménes ſont le mouvement apparent du ſoleil, la ſucceſſion du jour & de la nuit, la viciſſitude des ſaiſons, la préceſſion des équinoxes, les différentes apparences des planétes tantôt directes, tantôt ſtationnaires & tantôt rétrogrades, enfin la mobilité de leurs aphélies.

Premier Phénoméne. Le ſoleil réellement immobile paroit ſe mouvoir d'orient en occident, pourquoi ?

C'eſt-là, *diſent les Coperniciens*, une illuſion purement optique. En effet la terre ſe meut en 24 heures ſur ſon axe d'occident en orient ; ce mouvement lui eſt commun non-ſeulement avec tout ce qui eſt placé ſur ſa ſurface, mais encore avec tout ce qui ſe trouve dans l'atmoſphére terreſtre ; bien loin donc de nous appercevoir du mouvement journalier de la terre, le ſoleil doit, ſuivant les regles de l'optique, nous paroître ſe mouvoir chaque jour d'orient en occident. Tous ceux qui traverſent une rivière d'occident en orient, ſont ſujets à la même illuſion ; à peine s'apperçoivent-ils du mouvement de la barque, tandiſque le rivage paroit s'approcher d'eux en allant d'orient en occident. La même illuſion optique nous fait attribuer à tous les aſtres un mouvement journalier d'orient en occident.

Second Phénoméne. La Terre a un mouvement ſur ſon axe ; quelle en eſt la cauſe ?

Les Newto-Coperniciens, c'eſt-à-dire, ceux qui joignent le ſyſtême de Newton à celui de Copernic, n'ont aucune peine à répondre à une pareille queſtion. Le Créateur, *diſent-ils*, plaça la Terre dans le vuide, & il lui communiqua un mouvement ſur ſon axe qui s'acheva la première fois en 24 heures ; il faut donc ou renoncer à la première loi du mouvement adoptée par tous les Phyſiciens, ou aſſurer que ce mouvement de rotation doit perſéverer juſqu'à ce que la même main qui a tiré notre globe du néant, l'oblige à y rentrer.

Troiſième Phénoméne. Le jour ſuccéde régulièrement à la nuit, & la nuit au jour ; pourquoi ?

L'explication de ce phénoméne eſt une ſuite néceſſaire du mouvement de la Terre ſur ſon axe. L'hémiſphére où nous ſommes, regarde-t-il le Soleil ? nous avons le jour ; ne le regarde-t-il pas ? nous avons la nuit.

Quatrième Phénoméne. Nous avons différentes ſaiſons dans l'année ; pourquoi ?

Cela ſuit naturellement du mouvement annuel de la

Terre dans l'écliptique HVEF, *Fig.* 11, *Pl.* 1. En effet la Terre se trouve-t-elle sous le signe du Cancer ? le Soleil doit nous paroître, suivant les régles de l'optique, dans le signe du Capricorne, & c'est alors que nous devons avoir le commencement de l'hyver. La Terre trois mois après se trouve-t-elle sous le signe de la Balance ? le Soleil doit nous paroître dans le signe du Bélier, & nous devons avoir le commencement du printems. Il en est de même du commencement de l'été & de l'automne, comme il est aisé de s'en convaincre en jettant les yeux sur la figure.

Cinquième Phénomène. La Terre parcourt chaque année une ellipse autour du Soleil ; par quelles forces cette courbe est-elle décrite ?

Personne n'est moins embarrassé à répondre que les Newto-Coperniciens. A peine la Terre, *disent-ils*, fut-elle tirée du néant, qu'elle reçut du Créateur un mouvement de projection suivant la ligne horizontale ; elle eut en même-tems, comme toutes les autres planétes, un mouvement de gravitation, ou une force centripéte vers le Soleil en raison inverse des quarrés des distances ; les directions de ces deux forces de projection & de gravitation dont la Terre étoit animée, formerent tantôt un angle droit, tantôt un angle aigu, & tantôt un angle obtus ; elle dût donc parcourir nécessairement une ellipse autour du Soleil, comme nous l'avons expliqué en parlant de la formation de cette courbe. La Terre n'a pu parcourir une fois cette ellipse, sans être obligée de la parcourir jusques à la fin du monde, puisqu'elle a été placée comme dans le vuide, & que dans le vuide les mouvemens persévérent toujours les mêmes.

Sixième Phénomène. Le Soleil paroit plus long-tems sous les signes boréaux qui sont le Bélier, le Taureau, les Gemeaux, le Cancer, le Lion & la Vierge, que sous les signes méridionaux qui sont la Balance, le Scorpion, le Sagittaire, le Capricorne, le Verseau & les Poissons ; pourquoi ?

Les Newto-Coperniciens remarquent que la Terre est aphélie, c'est-à-dire, dans sa plus grande distance du Soleil, lorsqu'elle est dans les signes méridionaux ; & qu'elle est périhélie, c'est-à-dire, dans sa plus petite distance du Soleil, lorsqu'elle est dans les signes boréaux ; donc suivant les régles que nous avons données en parlant de la formation de l'ellipse, la Terre doit se mouvoir plus lentement dans les signes méridionaux, que dans les signes boréaux ; donc elle doit rester plus long-tems dans les signes méridionaux que dans les signes boréaux, & par conséquent le Soleil doit nous paroître plus long-tems sous les signes boréaux, que sous les signes méridionaux.

Septième Phénoméne. Il y a précession des équinoxes ; qu'entend-on par ce terme ?

Nous avons l'équinoxe ou le commencement du printems & de l'automne, *disent les Astronomes*, lorsque le Soleil paroit dans l'endroit du Ciel où se coupent l'équateur & l'écliptique. 330 ans avant la naissance du Messie, la constellation du Bélier & celle de la Balance commençoient à ces deux points d'intersection, & nous avions le commencement du printems, lorsque le Soleil paroissoit dans le premier degré du *Bélier*, & le commencement de l'automne, lorsqu'il paroissoit dans le premier degré de la *Balance*. Il n'en est pas ainsi maintenant ; les étoiles ont un mouvement apparent d'occident en orient autour des poles de l'écliptique ; ce mouvement est très-lent, puisqu'elles ne parcourent chaque année qu'environ 50 secondes, & qu'elles n'achevent leur période, que dans l'espace de vingt-cinq mille neuf cent vingt ans. Quelque lent cependant que soit ce mouvement, il est très-sensible après un certain nombre d'années ; les constellations n'occupent plus la même place dans le Ciel, & la constellation du *Bélier* est éloignée d'environ 30 degrés du point d'intersection de l'écliptique & de l'équateur en allant d'occident en orient ; le Soleil paroit donc plutôt dans ce point d'intersection, qu'il ne paroit dans le *Bélier* ; nous avons donc le commencement du printems, avant que le Soleil paroisse dans le *Bélier* ; voilà ce qu'on nomme en Astronomie la précession de l'équinoxe du printems. La même chose arrive pour le signe de la *Balance* & pour le commencement de l'automne.

Huitième Phénoméne. Les Etoiles ont un mouvement apparent d'occident en orient autour des poles de l'écliptique ; quelle en est la cause ?

La Terre se meut dans l'écliptique HVEF en conservant le parallélisme de son axe, comme on a déja dû le remarquer en jettant les yeux sur la *Fig.* 11 de la *Planch.* 1 qui nous a servi à expliquer les différentes saisons de l'année. Ce parallélisme cependant, *disent les Astronomes*, n'est pas parfait; l'axe de la Terre s'en éloigne chaque année d'environ 50 secondes, & c'est en s'en éloignant qu'il parcourt d'orient en occident autour des poles de l'écliptique un cercle dont le diamétre est de 47 degrés, vingt minutes. La *Fig.* 12 de la *Planche* 1 vous mettra encore mieux cette vérité sous les yeux. Si l'axe MN de la Terre T gardoit parfaitement son parallélisme, il seroit toujours dirigé vers la même étoile, par exemple, vers l'étoile A; mais il n'en est pas ainsi; l'axe MN dans l'espace de vingt-cinq mille neuf cent vingt ans est dirigé tantôt vers l'étoile A, tantôt vers l'étoile C, tantôt vers l'étoile D, tantôt vers l'étoile B, donc l'axe de la Terre parcourt réellement un cercle autour des poles de l'écliptique, & par conséquent les étoiles fixes doivent nous paroître en parcourir un autour des mêmes poles. Ce qui nous prouve que l'axe de la Terre parcourt son cercle d'orient en occident, c'est que les étoiles fixes paroissent parcourir le leur d'occident en orient.

Neuvième Phénoméne. L'axe de la Terre placée dans le vuide ne conserve pas un parfait parallélisme, pourquoi?

Voici la réponse, ou plutôt le triomphe des Newtoniens. La Terre T, *Fig.* 12, *disent-ils*, n'est pas un corps sphérique, c'est un sphéroide applati vers les poles M & N, & élevé vers l'équateur RP, comme il est démontré dans l'article de la figure de la Terre. Cet excès de matière que l'on peut regarder comme une espèce d'anneau entourant l'équateur terrestre, est plus attiré que la région polaire par la Lune *l* & par le Soleil S; cet excès d'attraction que souffre une partie de la Terre, doit faire changer l'inclinaison de l'équateur terrestre sur l'écliptique; l'inclinaison de l'équateur ne peut pas changer, sans que l'axe de la Terre change de situation; l'axe de la Terre ne peut pas changer de situation sans perdre quelque chose de son parallélisme parfait & géométrique; donc l'axe de la Terre, quoique placée dans le vuide, ne doit pas conserver un parfait parallélisme.

Newton va encore plus loin; ce profond génie a trouvé que l'action attractive du Soleil sur l'espèce d'anneau dont nous venons de parler, dérangeoit beaucoup moins l'axe de la Terre de son parfait parallélisme, que l'action attractive de la Lune. Le Soleil en effet ne le dérange que de 9 secondes 7 tierces chaque année, & la Lune de 40 secondes, 52 tierces & 52 quartes.

Dixième Phénoméne. Les planétes sont directes, stationnaires, & rétrogrades ; quelles idées correspondent à ces termes ?

Les Astronomes répondent qu'une planéte est directe, lorsque par son mouvement périodique elle paroit aller d'occident en orient en suivant l'ordre naturel des signes célestes. Ils ajoutent qu'une planéte est stationnaire, lorsqu'elle paroit pendant quelque-tems n'avoir aucun mouvement périodique ; ils disent enfin qu'une planéte est rétrograde, lorsque par son mouvement périodique elle paroit aller d'orient en occident contre l'ordre naturel des signes célestes.

Onzième Phénoméne. Les planétes supérieures à la Terre, c'est-à-dire, Saturne, Jupiter & Mars paroissent tantôt directes, tantôt stationnaires & tantôt rétrogrades ; d'où viennent ces différentes apparences ?

Elles ne viennent que de la différence qui se trouve entre le mouvement de la Terre, & celui des planétes supérieures. En effet la Terre suit-elle Mars ? il paroîtra direct ; l'atteint-elle ? il paroîtra stationnaire ; le précéde-t-elle ? il paroîtra rétrograde. Un simple coup d'œil jetté sur *la Fig. 14 de la Pl. 2* vous convaincra de la bonté de cette explication. La Terre va-t-elle 1°. du point T au point C, tandisque Mars va du point P au point E ? Mars vous aura paru aller du point N au point F, donc il vous aura paru direct ; mais alors la Terre l'a suivi ; donc toutes les fois que la Terre suit Mars, il doit paroître direct. 2°. La Terre va-t-elle du point C au point I, tandisque que Mars va du point E au point R ? Mars vous aura toujours paru au point F, donc il vous aura paru stationnaire ; mais alors la Terre l'a atteint ; donc toutes les fois que la Terre atteint Mars, il doit paroître stationnaire. 3°. La Terre va-t-elle du point I au point H, tandisque Mars va du point R au point S ? Mars vous aura paru revenir au point G, donc il vous aura paru rétrograde ; mais alors la Terre l'a précédé, donc toutes les fois que la Terre précéde Mars, il doit paroître rétrograde. Ce que nous avons dit de Mars, peut s'appliquer à Jupiter & à Saturne ; il est évident que puisque la Terre va plus vite que les planétes supérieures, elle doit tantôt les suivre, tantôt les atteindre & tantôt les précéder.

Douzième Phénoméne. Les planétes inférieures à la Terre, c'est-à-dire, Vénus & Mercure, paroissent directes, stationnaires & rétrogrades; quelle en est la cause?

Les Coperniciens répondent encore que lorsque les planétes inférieures, par exemple, lorsque Mercure suit la Terre, il paroit direct; lorsqu'il l'atteint, il paroît stationnaire; & lorsqu'il la précéde, il paroit rétrograde. En effet jettez les yeux sur *la Fig.* 15 *de la Pl.* 2, & vous verrez que Mercure ne peut pas aller du point G au point *l*, tandisque la Terre va du point T au point B, sans qu'il vous ait paru direct; vous verrez 2°. que Mercure ne peut pas aller du point *l* au point M, tandisque la Terre va du point B au point C, sans qu'il vous ait paru stationnaire; vous verrez 3°. que Mercure ne peut pas aller du point M au point N, tandisque la Terre va du point C au point D, sans qu'il vous aît paru rétrograde. Il n'est pas nécessaire d'avertir que de même que la Terre va plus vite que les planétes supérieures, de même aussi les planétes inférieures vont plus vite que la Terre.

Treizième Phénoméne. Les planétes ont des arcs de rétrogradation; que doit-on entendre par-là?

L'arc de rétrogradation d'une planéte, par exemple, de Mars, est un arc du Ciel compris entre deux rayons visuels partis de la Terre, & dont l'un passe par le centre de Mars, lorsqu'il commence à être direct, & l'autre par le centre de Mars, lorsqu'il commence à être rétrograde. Ainsi dans la *Fig.* 13 *de la Pl.* 1 l'arc du Ciel DE vous représente l'arc de rétrogradation de Mars, parce qu'il est compris entre deux rayons visuels TMD & TME, dont l'un part de la Terre T & passe par le centre de Mars direct, & l'autre part de la Terre T, & passe par le centre de Mars rétrograde; par la même raison l'arc du Ciel FC vous représente l'arc de rétrogradation de Jupiter, & l'arc du Ciel RS celui de Saturne.

Il suit de là 1°. que plus une planéte est près de la terre, & plus son arc de rétrogradation est grand.

Il suit 2°. que puisque Mars périgée est beaucoup plus près de la terre, que Mars apogée, l'arc de rétrogradation de Mars périgée devroit être plus grand que celui de Mars apogée ; le contraire arrive cependant, & la cause physique de cette exception n'est pas bien difficile à trouver. En effet Mars ne peut pas passer de son apogée à son périgée, sans gagner beaucoup plus en vitesse, qu'il ne perd en distance ; donc Mars périgée, quoique plus près de la terre, doit avoir un arc de rétrogradation moins grand, que celui de Mars apogée. Ces deux propositions paroissent d'abord n'avoir aucune connexion ensemble : mais voici comment les Coperniciens font sentir la liaison qui se trouve entre l'une & l'autre. Si Mars périgée, *disent-ils*, avoit une vîtesse précisément égale à celle de la terre, son arc de rétrogradation seroit nul ; donc si Mars ne peut pas arriver à son périgée sans acquérir une vitesse qui approche beaucoup de celle de la terre, l'arc de rétrogradation de Mars périgée doit être plus petit que celui de Mars apogée ; mais le calcul nous apprend que Mars ne peut pas arriver à son périgée, sans acquérir une vitesse qui approche beaucoup de celle de la terre ; donc le calcul nous apprend que l'arc de rétrogradation de Mars périgée doit être plus petit, que celui de Mars apogée.

Quatorziéme Phénoméne. Le mouvement périodique de Saturne est un peu dérangé, lorsque cette planète se trouve en conjonction avec Jupiter, c'est-à-dire, lorsqu'elle se trouve sous le même signe céleste que Jupiter ; pourquoi ?

C'est dans les seuls ouvrages de Newton que l'on peut trouver l'explication de ce phénoméne. Jupiter, *dit-il*, est beaucoup plus gros que Saturne, puisque celui-ci n'est que neuf cent quatre-vingt fois, & que celui-là est 1170 fois plus gros que la terre. Lorsque ces deux planétes sont en conjonction, elles sont dans leur plus petite distance l'une de l'autre, & par conséquent Jupiter en conjonction doit beaucoup plus attirer Saturne, que lorsqu'il est en quadrature ou en opposition avec lui, c'est-à-dire, lorsqu'il est éloigné de lui de trois, ou de six lignes célestes. Cet excès d'attraction que Jupiter exerce, lorsqu'il est en conjonction, doit, suivant le calcul de Newton, augmenter la force centripéte de Saturne vers le Soleil d'une deux cent vingt-deuxième partie, parce que Jupiter se trouvant plus près du Soleil que Saturne, il ne peut attirer Saturne vers lui sans l'attirer en même-tems vers le Soleil ; donc le mouvement périodique de Saturne qui n'est composé que de sa force de projection & de sa force centripéte vers le Soleil, doit être un peu dérangé par la conjonction de Jupiter. C'est cette augmentation de force centripéte vers le Soleil, qui fait que Saturne paroît plutôt à son aphélie, ou pour parler en termes de l'art, qui place l'aphélie de Saturne plus occidentale qu'elle ne le seroit. Ce dérangement est si sensible que les Astronomes ont remarqué que depuis l'année 1694 jusqu'en l'année 1708 l'aphélie de Saturne avoit eu un mouvement d'orient en occident de 33 minutes.

Par la même raison le mouvement périodique de Mars doit être dérangé, lorsque cette planète est en conjonction avec Jupiter. L'on doit remarquer seulement que, puisque Jupiter est plus éloigné du Soleil que Mars, celui-ci ne peut pas être attiré vers Jupiter, sans perdre de sa force centripéte vers le Soleil ; donc l'action de Jupiter sur Mars doit empêcher qu'il ne parvienne si-tôt à son aphélie, ou, ce qui revient au même, doit placer l'aphélie de Mars plus orientale qu'elle ne le seroit. Aussi les Astronomes n'ont-ils pas manqué d'observer que l'aphélie de Mars avoit eu un mouvement d'occident en orient de 31 degrés, 7 minutes, 34 secondes, dans l'espace de 1561 années.

Quelque gros que soit Jupiter, il souffre lui-même de la part de Saturne, un dérangement qui se manifeste après un grand nombre d'années. Les Astronomes ont remarqué que dans l'espace de 1583 ans son aphélie avoit eu un mouvement d'occident en orient de 25 degrés & 5 minutes. Il faut vouloir s'aveugler soi-même, pour ne pas regarder ces derniers phénoménes célestes comme des preuves évidentes des loix générales de l'attraction des corps ; aussi les Astronomes Physiciens regardent-ils le systême de Newton comme le seul capable de rendre raison de ces phénoménes d'une manière satisfaisante.

La quatrième preuve de l'hypothése de Copernic est tirée de la facilité avec laquelle les Coperniciens répondent aux difficultés que l'on a coutume de leur proposer.

En effet leur oppose-t-on 1°. que si la terre avoit un mouvement diurne sur son axe, & un mouvement périodique autour du Soleil, ses habitans devroient s'en appercevoir ? Une pareille difficulté ne peut pas se proposer sérieusement ; tout le monde voit d'abord que puisque le mouvement de la terre est commun & à son atmosphére, & à tout ce qui se trouve sur sa surface, il ne doit pas être sensible à ses habitans.

Leur oppose-t-on 2°. que dans cette hypothése les corps graves ne devroient pas tomber sur la terre par une ligne perpendiculaire, mais par une ligne courbe? Les Coperniciens répondent que les corps graves tombent en effet sur la térre par une ligne réellement courbe; cette ligne cependant nous paroît droite, parce que le mouvement horizontal que le corps grave reçoit de la terre & qui lui est commun avec nous, doit nous être insensible. Qu'on laisse tomber *disent-ils*, un boulet de canon du haut du mât d'un vaisseau qui vogue sur la mer à pleines voiles; ce boulet tombera évidemment aux pieds du mât, après avoir décrit une ligne réellement courbe, comme ne manquent pas de le remarquer tous ceux qui se trouvent sur le rivage; cette ligne cependant aura paru droite à tous ceux qui se seront trouvés dans le vaisseau. Il en est de même pour les habitans de la terre qui voient tomber un corps grave; la parité me paroît parfaite, & je ne vois pas ce que l'on peut y répondre.

Leur oppose-t-on 3°. qu'une boule jettée de l'occident vers l'orient, devroit en vertu du mouvement de la terre, parcourir un plus grand espace, que la même boule jettée avec la même force d'orient en occident; les Coperniciens feront remarquer pour toute réponse que le mouvement de la terre doit être compté pour rien, parce qu'il est commun & à la boule & à celui qui la jette.

Leur oppose-t-on 4°. que les mêmes étoiles devroient paroître tantôt plus, tantôt moins grandes, parce que dans cette hypothése nous en sommes tantôt moins, tantôt plus éloignés, non pas seulement de quelques lieues, mais de 66 millions de lieues. Une pareille difficulté n'embarrasse pas les Coperniciens; ils avouent qu'une distance de 66 millions de lieues n'est rien comparée à la distance presque infinie qui se trouve entre la terre & les étoiles fixes.

Leur oppose-t-on 5°. que l'étoile polaire devroit nous paroître tantôt plus, tantôt moins élevée sur l'horizon, lors même que nous ne quittons pas la ville que nous habitons, parce que, participant au mouvement de la terre, nous nous approchons & nous nous éloignons

successivement

ſucceſſivement de l'étoile polaire ? Les Coperniciens pour nous faire ſentir le peu de ſolidité de cette difficulté, nous invitent à jetter les yeux ſur la *Fig.* 11 *de la Pl.* 1 ; ils nous font remarquer que la terre ſe meut dans ſon orbite en conſervant ſenſiblement le parallėliſme de ſon axe ; les rayons viſuels que nous jettons ſur l'étoile polaire, gardent donc leur parallėliſme ; ils vont donc aboutir ſenſiblement au même point du ciel, puiſque, ſuivant les régles de l'Optique, l'on ne peut pas continuer pendant long-tems deux lignes paralléles, ſans que leurs extrêmités nous paroiſſent ſe toucher ; ils doivent donc toujours nous repréſenter l'étoile polaire avec le même degré d'élévation ſur l'horizon, pourvû que nous ne ſortions pas de la ville que nous habitons.

Quelques-uns attaquent l'hypothéſe de Copernic par l'autorité de la Sainte Ecriture ; ils rapportent à cette occaſion le fameux miracle que fit Joſué, lorſqu'il arrêta le Soleil dans ſa courſe. Il eſt fâcheux p ur la Religion que nous profeſſons, *répondent les Coperniciens*, que des Catholiques ayent propoſé ſérieuſement une pareille difficulté ; les libertins ne s'en ſont que trop prévalu pour révoquer en doute l'autorité infaillible des Livres Saints ; voici le pitoyable raiſonnement que fait un des plus grands impies de ce ſiécle : (le ſyſtême de Copernic eſt un ſyſtême mathématiquement & phyſiquement démontré ; le ſyſtême de l'Ecriture eſt diamétralement oppoſé au ſyſtême de Copernic ; donc le ſyſtême de l'Ecriture eſt diamétralement oppoſé à un ſyſtême mathématiquement & phyſiquement démontré, & par conſéquent l'on ne doit faire aucun fonds ſur l'autorité de l'Ecriture). Les vrais Catholiques, *continuent les Coperniciens indignés contre le monſtre qui a oſé faire un ſophiſme ſi impie*, doivent donc, par amour pour leur Religion, ne propoſer jamais une pareille difficulté, ou pour mieux dire, une pareille chicane. Quand même Joſué auroit été plus perſuadé que Copernic du mouvement de la terre dans l'écliptique, il auroit dû, pour ſe rendre intelligible aux Hebreux, ne rien changer à la maniére dont il parla ; Copernic lui-même diſoit tous les jours, *le ſoleil ſe léve, le ſoleil ſe couche, le ſoleil paſſe par le méridien*, &c. Telle eſt l'hypothéſe de Copernic hiſtoriquement propoſée ; c'eſt aux Lecteurs Phyſiciens à décider ſi on doit l'admettre ou la rejetter.

COQUILLE. C'est la couverture, ou plutôt, c'est comme la maison de certains animaux dont la plûpart sont marins. De tout tems les curieux ont rassemblé dans leurs cabinets des coquilles de toutes les espèces. Ils nous ont fait admirer l'éclat de leurs couleurs, la régularité de leurs canelures, la beauté de leur poli, la variété de leur figure. Mais peut-être ont-ils trop négligé l'étude de leur formation? Rien cependant n'est plus digne d'un Physicien qu'une pareille occupation. Nous l'allons entreprendre dans cet article. Le limaçon terrestre nous servira d'exemple; expliquer la formation physique de la coquille de cet animal, c'est en même-tems expliquer comment ont été produites toutes les coquilles que l'on trouve dans la mer & dans les rivieres. M. Pluche dans son *Spectacle de la nature*, dit là-dessus les choses les plus curieuses & les plus vraies; voici ce qu'il y a de plus intéressant dans le 9e entretien du tome 1. & dans le 22e. entretien du tome 3.

Cet élégant Auteur nous assure, d'après Mr. de Réaumur, que le limaçon sort de son œuf avec une coquille toute formée, proportionnée à la grandeur de son corps. Cette coquille est la base d'une autre qui va toujours en augmentant. La petite coquille, telle qu'elle est sortie de l'œuf, occupe le centre de celle que l'animal, devenu plus grand, se forme en ajoutant de nouveaux tours à la premiere; & comme son corps ne peut s'allonger que vers l'ouverture, ce n'est que vers l'ouverture que la coquille reçoit de nouveaux accroissements. La matiere en est dans le corps de l'animal même; c'est une liqueur, ou une colle composée de glu & de petits grains pierreux très-fins. Ces matieres passent par une multitude de petits canaux, & arrivent jusqu'aux pores dont la surface de ce corps est toute criblée. Rencontrant tous les pores fermés sous l'écaille, elles se détournent vers les parties du corps qui sortent de la coquille, & qui se trouvent à nud. Ces particules de sable & de glu transpirent au dehors; elles s'épaississent en se collant, ou en se séchant au bord de la coquille. Il s'en forme d'abord une simple pellicule, sous laquelle il s'en assemble une autre, & sous celle-ci une troisieme. De toutes ces couches réunies se forme une croute semblable au reste de l'écaille. Quand l'animal vient encore à croître, & que l'extrêmite de son corps n'est pas suffisamment vêtue, il continue à ſuer & à bâtir par le même moyen. Telle eſt la formation phyſique de la coquille du limaçon, & par analogie telle eſt la formation phyſique de toutes les autres coquilles. Les expériences ſuivantes démontreront la bonté de cette explication.

Premiere explication. Prenez pluſieurs limaçons. Caſſez légérement quelque portion de leur écaille, ſans les bleſſer eux-mêmes. Mettez-les enſuite ſous des verres avec de la terre & des herbes ; vous appercevrez que la partie de leur corps qui étoit ſans couverture, & qu'on voyoit par la fracture, ſe couvrira bientôt comme toutes les autres.

Explication. Une eſpéce d'écume ou de ſueur coule tout à la fois par tous les pores du corps du limaçon. Cette écume pouſſée peu-à-peu par une autre qui coule deſſous, eſt amenée à niveau de la fracture ; & durcie, elle forme une portion d'une vraie coquille.

Seconde expérience. Caſſez la coquille d'un limaçon en diminuant le nombre de ſes tours. Réduiſez, *par exemple*, à trois tours la coquille d'un gros limaçon de jardin. Prenez une petite peau qu'on trouve ſous la coque d'un œuf de poule. Faites entrer une des extrêmités de cette pellicule entre le corps du limaçon & la coquille, à la ſurface intérieure de laquelle vous la collerez. Repliez l'autre extrêmité ſur la ſurface extérieure de la même coquille. L'accroiſſement ſe ſera de telle ſorte, que la pellicule, ſans changer de place, ſe trouvera entre la nouvelle & l'ancienne coquille.

Explication. Cette expérience nous prouve que la coquille ne travaille pas elle-même à ſe rétablir. Si cela n'étoit pas ainſi ; ou la coquille s'allongeant auroit porté la pellicule plus loin, ou la pellicule ainſi collée auroit empêché tout accroiſſement. Mais la coquille a crû & la pellicule eſt reſtée à la place où on l'avoit miſe ; donc la coquille ne travaille pas elle-même à ſe rétablir. La piéce, je le ſçais, ſe trouve pour l'ordinaire d'une couleur différente du reſte ; mais il n'eſt pas difficile d'aſſigner les cauſes qui concourent naturellement à cet effet. La qualité des nourritures, la bonne ou la mauvaiſe ſanté de l'animal, l'inégalité de ſon tempérament ſelon les âges, les altérations qui peuvent arriver aux différens cribles de ſa peau, & mille autres accidents de cette eſpèce peuvent tantôt changer, tantôt affoiblir certaines teintes & diverſifier le tout à l'infini.

Mr. de Réaumur nous assure que ces expériences lui ont réussi, lorsqu'il les a faites sur des limaçons aquatiques, tant de riviere que de mer, sur diverses espéces de coquilles à deux piéces, comme moules, palourdes, petoncles, &c. Il a renfermé ces coquillages dans de petites cuves qu'il a fait enfoncer dans la mer ou dans la riviere, après les avoir percées de plusieurs trous.

Concluons de là que les coquilles sont produites non par *végétation*, mais par une simple *apposition*, c'est-à-dire, les parties qui augmentent l'étendue de la coquille lui sont appliquées, sans avoir reçu aucune préparation dans la coquille même.

Premiere question. D'où viennent les cornes que l'on voit sur plusieurs espèces de coquilles ?

Résolution. Certains tubercules charnus qui viennent sur les corps des poissons, servent de moule aux cornes dont sont hérissées plusieurs espèces de coquilles. Ces cornes sont creuses, lorsque les tubercules sont restés sur le corps de l'animal pendant tout le tems qu'il a vécu. Elles sont en partie creuses & en partie solides, lorsque ces tubercules ne se sont dissipés qu'en partie. Elles sont entierement solides, lorsque ces tubercules se sont absolument dissipés pendant la vie de l'animal. Ainsi pense Mr. de Réaumur qui nous a encore fourni la solution de la question suivante.

Seconde question. D'où viennent les cannelures de certaines coquilles ?

Résolution. Les cannelures sont produites par la même méchanique que les cornes. Une coquille est cannelée en dedans & en dehors, lorsque tout le corps de l'animal qui l'habite est cannelé. Elle n'est cannelée qu'en dehors, lorsqu'une partie de la surface du corps de l'animal qui l'habite, est polie & molle. L'animal croissant, & la partie de son corps qui n'est pas cannelée, venant à correspondre à celle de la coquille qui est cannelée, le suc que cette partie fournit pour la coquille, sert à boucher les cannelures intérieures, & la coquille se trouve seulement cannelée sur sa surface extérieure, excepté les seules premieres lignes de la largeur de sa surface intérieure.

Troisieme question. Qu'entend-on par coquilles *univalves*, par coquilles *bivalves* & par coquilles *multivalves* ?

Résolution. On nomme *univalves* toutes les coquilles

d'une ſeule piéce. Toutes celles qui ſont à deux piéces & qui s'ouvrent à deux battans, s'appellent coquilles *bivalves*. Enfin les coquilles *multivalves* ſont celles qui ont plus de deux piéces.

Quatrieme queſtion. Quelles ſont les coquilles à volute ?

Réſolution. Ce ſont celles qui ſont tournées en forme de vis, & dont les ſpirales vont toujours en élargiſſant leurs contours. On les nomme encore coquilles à *tourbillon*.

Cinquieme queſtion. En combien de claſſes diviſe-t-on les coquilles ?

Réſolution. Les Naturaliſtes les diviſent en 3 claſſes. La premiere contient les coquilles *univalves* ; la ſeconde, les coquilles *bivalves* ; la troiſieme, les coquilles *multivalves*.

Sixieme queſtion. En combien de familles, ou en combien d'eſpèces diviſe-t-on les coquilles de la premiere claſſe ?

Réſolution. Les coquilles de la premiere claſſe comprennent 15 familles. En voici les noms. Les Patelles, les oreilles de mer, les tuyaux de mer, les nautilles, les limaçons à bouche ronde, les limaçons à bouche demi-ronde, les limaçons à bouche applatie, les trompes ou buccins, les vis, les cornets, les rouleaux, les rochers, les pourpres, les tonnes & les porcelaines.

Septieme queſtion. Combien y a-t-il de familles dans les coquilles de la ſeconde claſſe ?

Réſolution. Il n'y en a que ſix. Les huitres, les cames, les moules, les cœurs, les peignes & les manches de couteau.

Huitieme queſtion. Combien contiennent de familles les coquilles de la troiſieme claſſe ?

Réſolution. Elles en contiennent ſix. Les ourſins ou boutons, les vermiſſeaux de mer, les glands de mer, les pouſſepieds, les conques anatiferes & les pholades.

Neuvieme queſtion. Qu'entend on par coquilles foſſiles ?

Réſolution. Ce ſont des coquilles marines que l'on trouve à différentes profondeurs dans les entrailles de la terre. On les regarde avec raiſon comme des preuves non équivoques du déluge univerſel. Les coquilles foſſiles ſont aſſez ſouvent ou pétrifiées, ou minéraliſées ou métalliſées. Il n'eſt pas rare cependant d'en trouver qui ſe ſont conſervées dans leur état naturel ; il eſt encore moins rare de voir ſur du grais, de l'ardoiſe ou d'autres matieres semblables des empreintes de coquilles. On les nomme *conchyliotypolithes*. En voici la formation physique. La coquille, après avoir reposé quelque-tems sur la terre molle, y a laissé l'empreinte de sa figure extérieure; la terre s'est durcie, la matiere de la coquille a péri, & l'empreinte s'en est conservée presque sans altération.

CORAIL. C'est une plante marine très-curieuse. Il y en a de rouge, de blanc & de noir; ce dernier est très-rare. Les questions suivantes renfermeront tout ce qu'il est nécessaire à un Physicien de sçavoir sur cette matiere.

Premiere Question. Comment nait le Corail?

Résolution. Le Corail nait d'une vraie semence. M. Tournefort conjecture qu'il sort des extrêmités des branches du Corail une espèce de lait âcre, gluant, caustique & incapable de se mêler avec l'eau. Ce lait s'attache au premier rocher ou à la premiere coquille qu'il rencontre, & il y dépose vraisemblablement une semence qui donne dans la suite une plante de Corail.

Seconde Question. Comment se nourrit le Corail?

Resolution. Le Corail se nourrit, comme toutes les plantes marines, par l'extrêmité de ses branches. Ce n'est, suivant M. de Marsilli, qu'un amas de glandules qui filtrent l'eau de la mer, & en séparent un suc laiteux & glutineux qui leur sert de nourriture.

Troisieme Question. Le Corail a-t-il toujours été dur?

Résolution. Quoique le Corail une fois formé soit aussi dur dans l'eau qu'il l'est hors de l'eau, il est cependant probable qu'il a été comme liquide dans sa premiere formation. Comment sans cela verroit-on le dedans de certains coquillages tapissé de branches de Corail? Je croirois sans peine que la grande dureté du Corail vient de ce qu'il ne contient pas beaucoup d'eau, & de ce que les particules dont il est composé, sont très-propres à s'unir & à s'accrocher ensemble.

Quatrieme Question. Le Corail a-t-il toujours été rouge?

Résolution. Il est probable qne la rougeur est la marque de la maturité du Corail. Bien des Naturalistes croyent que le Corail va d'abord du blanc au blanc cendré, du blanc cendré au jaune, du jaune au rouge imparfait, & de celui-ci au rouge parfait.

Pour le Corail noir il doit sa couleur à la matiere noire dont il a fait sa nourriture.

Cinquieme Question. De quel usage est le Corail ?

Résolution. En Europe les curieux en ornent leurs cabinets d'histoire naturelle. Mais en Asie & en Arabie les habitans en font des cuilleres, des pommes de canne, des manches de couteau, des poignées d'épée, des colliers, des grains de chapelet.

CORDE. C'est un corps long, flexible & composé de plusieurs filaments joints ensemble. Ces filaments sont regardés par les Physiciens comme autant de tubes capillaires où les liquides s'élévent facilement au-dessus de leur niveau. Plus une corde est pesante, grosse & roide, plus elle empêche que la machine à laquelle on l'applique, n'ait l'effet marqué par les loix de la Mécanique. En voici la preuve. Attachez un poids de 1000 livres à une corde de 100 livres, vous aurez à remuer, non pas 1000, mais 1100 livres; donc 1° plus une corde est pesante, plus la résistance qu'elle oppose est considérable.

2°. Plus une corde est grosse, plus elle augmente le diamétre du cylindre sur lequel on la roule, puisque la corde ainsi roulée ne fait plus qu'un même corps avec le cylindre : Plus le diamétre du cylindre est augmenté, plus le poids attaché à la corde est éloigné du *point d'appui*, puisque tout cylindre a son *point d'appui* dans son axe : plus le poids attaché à la corde est éloigné du *point d'appui*, plus il a de vitesse, puisque la vitesse d'un poids appliqué à un levier est en raison directe de sa distance au *point d'appui* : plus un poids a de vitesse, plus il a de force, puisque la force est le produit de la masse par la vitesse : plus un poids a de force, plus il coute à remuer; donc plus une corde est grosse, plus elle oppose de résistance.

3°. Plus une corde est roide, moins elle est flexible : moins une corde est flexible, plus elle oppose de résistance à la puissance qui s'en sert; donc plus une corde est roide, plus elle oppose de résistance; donc la résistance qu'opposent les cordes dont on se sert dans les machines, est en raison directe de leur poids, de leur grosseur & de leur roideur.

CORDE GÉOMÉTRIQUE. C'est une ligne droite dont les extrêmités terminent un arc de cercle. On la nomme aussi *soutendante*.

CORNÉE. C'est la tunique extérieure qui couvre le devant de l'œil.

COROLLAIRE. C'eſt la conſéquence que l'on tire d'une propoſition démontrée ou prouvée.

CORPS. Les Phyſiciens appellent *corps* tout ce qui a une matiere & une forme. Il y a des corps liquides, durs, mous, élaſtiques, &c. Nous avons déſigné la cauſe phyſique de ces ſortes de qualités dans les articles de la *fluidité*, de la *dureté*, de la *molleſſe* & de l'*élaſticité*.

CÔTE. Les parois de la poitrine ſont formées par 24 os long & faits en forme d'arc, dont 12 ſont à droite & 12 à gauche; ce ſont ces os que l'on nomme *côtes*. Il y a de chaque côté 7 côtes vraies & 5 côtes fauſſes. Les côtes vraies ſont les 7 ſupérieures, elles s'emboëttent dans l'os *ſternum*; les côtes fauſſes ſont les 5 inférieures, elles ſe rendent dans les cartilages des côtes vraies.

COULEURS. Senſation de l'ame occaſionnée par l'impreſſion que fait ſur la rétine tel ou tel rayon de lumiere. L'explication de ce point de Phyſique eſt pour ainſi dire le triomphe de Newton. Ce grand-homme fit entrer un rayon du Soleil, gros à peu-près comme une plume à écrire, dans une chambre obſcure expoſée au midi. Il fit tomber ce rayon ſur un des angles d'un priſme triangulaire de verre. Il le reçut refracté ſur un carton, & il eut une image compoſée de 7 couleurs rangées en cet ordre, le *rouge*, l'*orangé*, le *jaune*, le *verd*, le *bleu*, l'*indigo* & le *violet*. Il s'apperçut que le rouge étoit toujours plus près, & le violet plus loin que les autres de l'endroit où le rayon ſolaire avoit coutume de ſe rendre, lorſqu'il ne le faiſoit paſſer par aucun priſme. Il s'apperçut encore que les autres couleurs étoient d'autant plus éloignées de ce même endroit, qu'elles étoient plus près du violet. Il conclut de là que tout rayon ſolaire eſt compoſé de ſept rayons différemment réfrangibles, parmi leſquels le rayon rouge a le moins, le rayon violet le plus de réfrangibilité, & les autres plus ou moins, ſuivant qu'ils ſont plus ou moins près du rayon violet. Cette différente réfrangibilité n'eſt plus un problême en Phyſique; elle a été déterminée par le Phyſicien anglois avec l'exactitude la plus ſcrupuleuſe. Il réſulte de ſes recherches que, lorſque la lumiere paſſe du verre dans l'air, le ſinus d'incidence du rayon rouge : au ſinus de réfraction du même rayon :: 50 : 77. Les ſinus de réfraction des ſix autres rayons primitifs, dont l'angle d'incidence est supposé le même que celui du rayon rouge, sont représentés par les nombres $77\frac{1}{8}$, $77\frac{1}{5}$, $77\frac{1}{3}$, $77\frac{1}{2}$, $77\frac{2}{3}$, $77\frac{7}{9}$, 78.

Newton fit ensuite passer un des 7 rayons, *par exemple*, le rayon rouge par une petite fente taillée exprès dans le carton, & il le fit tomber sur différens prismes; mais ce rayon, après avoir souffert toutes les réfractions imaginables, conserva toujours sa couleur rouge. La même chose arriva à tous les autres rayons; chacun d'eux conserva sa couleur primitive, après avoir passé par un second, un troisieme, un quatrieme prisme, &c. Ce fut là ce qui l'engagea à avancer que les couleurs homogénes étoient inaltérables, & que les rayons primitifs étoient colorés essentiellement & par eux-mêmes. Il fut confirmé dans cette pensée d'une maniere inébranlable, lorsqu'après avoir fait tomber un rayon simple, *par exemple*, un rayon rouge sur des draps de différente couleur, tels que sont des morceaux de drap rouge, verd, jaune, blanc, noir, &c.; il s'apperçut que ce rayon teignoit en rouge tous les corps sur lesquels il tomboit, avec cette seule différence que le premier drap paroissoit d'un rouge beaucoup plus brillant que les autres. Ces deux expériences prouvent en effet d'une façon incontestable que la lumiere ne doit pas ses différentes couleurs aux différentes manieres dont elle est réfléchie, & que si elle étoit homogéne, tous les objets seroient à peu-près de la même couleur.

Newton prit enfin un prisme isoscéle rectangulaire. Il fit tomber à peu-près perpendiculairement sur un des côtés de ce prisme le rayon introduit dans la chambre obscure. Il s'apperçut qu'il sortoit de dessous la base, & qu'il alloit former une image colorée où le rouge occupoit la partie inférieure, le violet la partie supérieure, & les autres couleurs étoient rangées dans l'ordre ordinaire. Il tourna très lentement le prisme sur son axe, pour empêcher que le rayon ne sortît comme auparavant, & pour faire ensorte que réfléchi par les parties solides de la base, il vint sortir par le côté opposé à celui par lequel il étoit entré. Il remarqua que le rayon violet se réfléchissoit le plutôt, le rayon rouge le plus tard, & les autres plutôt ou plus tard, suivant qu'ils étoient plus ou moins près du rayon violet. A mesure qu'il faisoit réfléchir les rayons de lumiere, il les obligeoit à passer par un second prisme dont les deux plus grandes faces formoient un angle d'environ 55 degrés, & il eut toujours une image colorée, terminée, suivant la coutume, par le rouge & le violet. Il connut par-là que la lumiere du Soleil étoit composée de rayons différemment réflexibles, & que la plus grande réflexibilité étoit toujours jointe à la plus grande réfrangibilité. Voilà les principales expériences de l'Optique de Newton, & voici les conséquences qu'il en tire; elles contiennent tout son systéme des couleurs.

1°. La lumiere n'est pas un corps simple & homogéne, c'est-à dire, un corps composé de parties semblables entre elles; mais un corps mixte & hétérogéne, c'est-à-dire, un corps composé de parties différentes les unes des autres.

2°. C'est la lumiere que l'on doit regarder comme l'unique cause physique des couleurs. Ses rayons ont d'eux-mêmes les 7 couleurs que l'on nomme primitives, je veux dire le *rouge*, l'*orangé*, le *jaune*, le *verd*, le *bleu*, l'*indigo* & le *violet*.

3°. Le rayon violet est celui qui de tous les rayons est le plus refrangible, & le rayon rouge celui qui de tous les rayons l'est le moins. Les 5 autres sont plus ou moins réfrangibles, suivant qu'ils sont plus ou moins près du rayon violet.

4°. La différente réfrangibilité des rayons de lumiere ne vient que de leur différente masse. Le rayon rouge est le moins réfrangible de tous, parce qu'il a plus de masse qu'eux, & le rayon violet l'est plus, parce que sa masse est moins considérable. Newton l'assure en termes exprès dans la question 29e de son 3e livre d'Optique. Son assertion est fondée sur le raisonnement suivant: le rayon rouge a plus de force qu'aucun dés six autres rayons primitifs, puisque c'est celui qui fait le plus d'impression sur la rétine. S'il a plus de force, il doit avoir plus de masse. En effet le rayon rouge a autant de vitesse que les six autres rayons, puisqu'il employe comme eux 7 à 8 minutes à parcourir l'espace qui se trouve entre le Soleil & nous; donc s'il a plus de force, il doit avoir plus de masse, car la force n'est que le produit de la masse par la vitesse. Mais si, à vitesse égale, le rayon rouge a plus de masse qu'aucun des six autres rayons, la cause de la réfraction, quelle qu'elle soit, doit avoir plus de peine à faire quitter à ce rayon la ligne qu'il parcourt, qu'elle n'en a à faire changer de direction aux autres; donc si le rayon rouge a un excès de masse sur les autres, il doit avoir moins de réfrangibilité qu'eux; donc si le rayon violet a moins de masse que les autres, il doit être par-là même le plus réfrangible de tous. Telle est la cause physique de la différente réfrangibilité des rayons de lumiere. Ils ont encore différente réflexibilité.

5°. Le rayon violet est celui qui de tous les rayons est le plus, & le rayon rouge celui qui de tous les rayons est le moins réflexible. Les autres le sont plus ou moins, suivant qu'ils sont plus ou moins près du rayon violet. Cette différente réflexibilité leur vient sans doute de leur différente figure. Les corps les plus réflexibles que nous connoissions, étant ceux qui ont le plus de sphéricité & un poli plus parfait, n'avons-nous pas droit de conclure que les particules qui composent le rayon violet sont plus rondes & plus polies, que celles qui composent les 6 autres rayons.

6°. Le mêlange de toutes les couleurs primitives forme le *blanc*. En effet ayez une bonne lentille de 3 à 4 pouces de diamétre, & de 7 à 8 pouces de foyer. Placez-là à 3 ou 4 pieds du prisme qui a décomposé le rayon solaire en 7 rayons différemment colorés, & faites ensorte que cette espèce de spectre tombe perpendiculairement sur son centre; vous appercevrez au foyer de la lentille une couleur blanche & un cercle très brillant; donc le mêlange de toutes les couleurs primitives forme le *blanc*. Ainsi un corps paroit blanc, lorsqu'il réfléchit tous les rayons de lumiere sans les décomposer.

7°. L'absence de toutes les couleurs primitives forme le *noir*. Ainsi un corps paroit noir, lorsqu'il ne réfléchit aucun rayon de lumiere.

8°. La réflexion d'un seul rayon primitif est la cause des couleurs primitives. Ainsi un corps paroîtroit parfaitement rouge, s'il ne réfléchissoit que les rayons rouges. Comme cependant cela n'arrive jamais dans la pratique, Newton assure dans la *prop.* 10 *de la seconde partie du livre* 1 *de son Optique*, que les corps ne sont de telle

& telle couleur, que parce qu'ils réfléchissent telle ou telle espèce de rayons plus copieusement que telle ou telle autre. Le vermillon, *par exemple*, ne paroit rouge, que parce qu'il réfléchit avec abondance le rayon le moins réfrangible. La violette ne doit sa couleur qu'à la propriété qu'elle a de réfléchir copieusement celui des rayons qui a le plus de réfrangibilité. En un mot nous disons qu'un corps a une couleur primitive, *par exemple*, qu'il est verd, lorsqu'il réfléchit principalement les rayons verds. Les corps n'ont donc telle ou telle couleur, que parce que les parties solides réfléhissent telle ou telle espèce de rayons, & que leurs pores absorbent ou laissent passer telle ou telle autre. On conçoit sans peine que des globules différents en masse & en figure sont absorbés par tels pores, & ne sont pas absorbés par tels autres.

9°. Les couleurs que l'on nomme *secondaires* sont formées par la réunion de différents rayons primitifs. Un corps réfléchit-il les rayons rouges & les rayons orangés ? Il aura une couleur secondaire qui tiendra comme le milieu entre le *rouge* & l'*orangé*, ou, pour mieux dire, qui participera du *rouge* & de l'*orangé*. Voilà le systême de Newton sur les couleurs, & voici quelques objections contre ce systême.

On oppose 1°. qu'on ne comprend pas comment un morceau de drap teint en violet paroît rouge, lorsqu'il reçoit les rayons rouges; les Newtoniens avouent que ses pores absorbent cette espèce de rayons.

Réponse. La surface d'un morceau de drap teint en violet est composé de pores & de parties solides; ses pores, il est vrai, absorbent tous les corpuscules rouges qui tombent sur leur ouverture; mais aussi ses parties solides, essentiellement impénétrables, réfléchissent tous ceux qu'elles reçoivent; donc un drap teint en violet & mis dans la lumiere rouge du Soleil, doit paroître rouge, mais d'un rouge foible.

On oppose 2°. qu'on ne comprend pas pourquoi une feuille d'or très mince paroit verte, lorsque l'Observateur la place entre le Soleil & ses yeux, & pourquoi elle paroit jaune, lorsqu'il place ses yeux entre le Soleil & cette feuille ?

Réponse. Newton pense que cette feuille a des pores droits qui laissent passer les rayons verds, des pardes solides qui réfléchissent principalement les rayons jaunes, & des pores obliques qui absorbent les 5 autres rayons. Il conclut de là que la feuille d'or amincie, vûe par des rayons réfléchis, doit paroître jaune, & qu'elle doit paroître verte, lorsqu'on la voit par des rayons réfractés.

Les verres colorés sont à peu-près dans le même goût. Ce sont des corps à demi-diaphanes dont les pores obliques absorbent les rayons qui ne sont pas de la couleur du verre; les pores droits laissent passer principalement, & les parties solides réfléchissent principalement les rayons qui sont de la couleur du verre dont il s'agit. Un verre verd, *par exemple*, a donc des pores obliques propres à absorber les rayons non verds, des pores droits qui laissent passer principalement les rayons verds qui se présentent à leur ouverture, & des parties solides qui renvoient tous les rayons qu'elles reçoivent; & comme elles reçoivent principalement des rayons verds, puisque la plupart des autres ont été absorbés dans des pores obliques, le verre verd doit non-seulement faire paroître les objets verds, mais il doit encore le paroître lui-même.

Il suit de là que lorsqu'on regarde quelque objet à travers un verre rouge & un verre verd joints ensemble, cet objet doit paroître rougeatre, comme il le paroit en effet, & non pas jaune, comme M. le Monnier prétend qu'il paroit. Mais on ne doit pas faire plus de fonds sur l'expérience de ce Physicien, que sur celle de M. Mariotte qui prétend avoir décomposé le rayon rouge en deux rayons, l'nn violet & l'autre bleu. Tous ces faits doivent être regardés comme faux. M. l'Abbé Nollet assure dans le 5e Tome de ses Leçons Physiques, *pag.* 375, qu'il répete depuis vingt ans les expériences de Newton sur les couleurs, & que ses résultats ont toujours été conformes à ce qu'a dit le Physicien anglois.

On oppose 3°. que dans le systême de Newton la neige devroit avoir une couleur très obscure, puisqu'ayant beaucoup de pores, elle devroit absorber un très grand nombre de rayons de lumiere.

Réponse. La neige a beaucoup de pores, j'en conviens; mais ce sont des pores remplis d'un air très condensé & très propre à réfléchir la lumiere, sans la décomposer ; donc la neige dans le système de Newton doit avoir une blancheur extraordinaire.

On oppose 4°. que certains draps dans le systême de Newton ne doivent pas nous paroître changer de couleur en changeant d'inclinaison, puisque dans le fond ce changement d'inclinaison ne change rien à leur surface.

Réponse. Ces sortes de draps décomposent la lumiere en la réfléchissant, à peu-près comme le prisme la décompose en la réfractant. Supposons donc un drap qui réfléchisse les rayons rouge, verd & violet sans les mêler les uns avec les autres, & qui absorbe les 4 autres rayons de lumiere; ces trois rayons après leur réflexion occuperont chacun une place différente, le rouge sera en bas, le violet en haut & le verd au milieu. Supposons encore que ce même drap incliné de 45 degrés, renvoye à mes yeux le rayon rouge, il est évident qu'en changeant d'inclinaison, il renverra quelqu'autre rayon, *par exemple*, le rayon verd, ou le rayon violet; donc dans le systême de Newton certains draps doivent changer de couleur en changeant d'inclinaison.

On oppose 5°. que le Soleil levant dans le sistême de Newton ne devroit jamais paroître rouge, puisqu'il envoye alors les 7 rayons de lumière.

Réponse. Je sçais que le Soleil envoye en tout tems les 7 rayons de lumière; mais je sçais aussi que lorsque le Soleil levant paroît rouge, il se trouve alors entre cet astre & l'œil du spectateur un nuage qui a tous les effets du prisme. Le rayon rouge après cette décomposition occupe la place inférieure, c'est-à-dire, la place horizontale : donc le spectateur placé à l'horizon ne doit recevoir que le rayon rouge : donc le Soleil levant doit lui paroître rouge.

Cette réponse me paroît plus naturelle que celle de quelques Physiciens qui assurent que le Soleil levant paroît rouge, parce qu'il se trouve entre cet astre & l'œil du spectateur un nuage qui a tous les effets du verre rouge.

Ce que nous avons dit du Soleil levant doit s'appliquer au Soleil couchant qui nous paroît quelquefois rougeâtre.

On oppose 6°. Qu'on ne comprend pas pourquoi un charbon simplement allumé paroît rouge, tandis qu'un charbon enflammé paroît blanc; l'un & l'autre cependant envoyent de leur sein les sept rayons de lumière.

Réponse. Pour expliquer ce fait d'une maniere conforme aux loix de la saine Physique, j'avance deux espèces de principes qu'il ne viendra en tête à personne de me contester.

1°. Le charbon simplement allumé, est entouré d'une atmosphère beaucoup plus dense, que le charbon enflammé.

2°. Le charbon simplement allumé envoye de son sein les 7 rayons de lumiere avec beaucoup moins de force, que le charbon enflammé. Cela supposé, voici comment je raisonne.

Six des sept rayons de lumière qu'envoye de son sein le charbon simplement allumé, sont absorbés dans l'atmosphére dense qui l'entoure; si le rayon rouge éprouve un sort différent, c'est qu'il a beaucoup plus de force que les autres; donc ce charbon ne doit paroître que rouge. Il n'en est pas ainsi du charbon enflammé. Les sept rayons qui partent de son sein, arrivent sans peine aux yeux du spectateur; ils sont envoyés avec beaucoup de force, & ils n'ont qu'à traverser une atmosphére très-rare: donc le charbon enflammé doit paroître blanc.

Le systême des Cartésiens sur les couleurs est donc un systême insoutenable; ils prétendent non-seulement que la lumiere est un corps parfaitement homogéne, mais encore que le même rayon de lumière différemment modifié, c'est-à-dire, réfléchi à nos yeux, tantôt avec plus, tantôt avec moins de force donneroit des couleurs d'une espéce différente. Pour faire comprendre encore mieux combien grande est la supériorité du sistême de Newton sur celui de Descartes, comparons ensemble les explications que donnent les Newtoniens avec celles que donnent les Cartésiens, lorsqu'ils font les expériences des couleurs.

Premiere Expérience. Mêlez un peu d'eau forte avec de la teinture de tourne-sol; ce mélange vous présentera une couleur rouge.

Explication. Le rayon rouge dans le sistême de Newton est celui dont les molécules sont les plus grosses, puisque l'expérience nous apprend que le rayon rouge est celui qui de tous les rayons est le moins réfrangible. Cela supposé, voici comment doit s'expliquer l'expérience proposée: le mélange que l'on vient de faire de l'eau forte avec la teinture de tournesol ne doit pas avoir des pores assez gros pour absorber le rayon rouge, quoiqu'ils soient assez considérables pour absorber les 6 autres rayons ; donc ce mêlange doit nous paroître rouge.

Descartes pour expliquer ce phénoméne dit que le mêlange d'eau forte & de teinture de tournesol est rouge, parce qu'ayant des molécules courtes & roides, mais qui ne sont pas sphériques, il réfléchit les rayons efficaces avec de fortes vibrations, mais au même tems mêlées de beaucoup d'ombre. C'est au Lecteur à juger laquelle des deux explications est la plus conforme aux loix de la saine Physique.

Deuxième Expérience. Sur le mêlange rouge dont il est parlé dans la première expérience, jettez un peu d'huile de tartre, & agitez le verre ; vous aurez une couleur violette.

Explication. Le mêlange que l'on vient de faire de la teinture de tournesol, de l'eau forte & de l'huile de tartre doit avoir des pores assez gros, puisqu'il absorbe les 6 rayons de lumiere qui ont le plus de masse ; ces pores cependant doivent avoir une figure toute différente de celle que la nature a donnée aux molécules qui composent le rayon violet, puisque ces molécules, quoique plus petites que celle des autres rayons, ne sont pas absorbées, mais réfléchies.

Descartes, pour expliquer ce fait, donne à ce mêlange des molécules un peu plus solides & moins poreuses que celles qui feroient le mêlange noir ; ces molécules doivent donc envoyer des rayons fort foibles & fort mêlés d'ombre ; elles doivent donc donner la couleur violette. Newton a pour lui l'expérience du prisme ; Descartes ne l'a pas ; lequel des deux a raison ?

Troisième Expérience. Jettez un peu d'eau & un peu d'huile de tartre sur du syrop violat, vous aurez une couleur verte.

Explication. Le rayon verd tient le milieu entre les 7 rayons primitifs, puisqu'il est moins réfrangible que les rayons violet, indigo & bleu, & qu'il est plus réfrangible que les rayons jaune, orangé & rouge ; donc la masse du rayon verd est moindre que celle des rayons jaune, orangé & rouge, donc elle est plus grosse que celle des rayons violet, indigo & bleu. Concluons de là que le mêlange d'huile de tartre, de syrop violat & d'eau commune doit avoir des pores fort ouverts, puisqu'ils absorbent celui des rayons qui a le plus de masse ;

concluons

concluons encore que ce même mêlange a des pores dont la figure ne correſpond pas à celle que la nature a donnée aux molécules qui compoſent le rayon verd, puiſque ce rayon eſt réfléchi à nos yeux.

Les Cartéſiens, pour expliquer cette expérience, ſoutiennent que le mêlange eſt verd, parce que ſa ſurface dont les molécules ont une longueur, un reſſort & une poroſité médiocre, réfléchit les rayons efficaces avec un certain milieu d'ombre & de vibration. Cette explication, n'en déplaiſe aux Cartéſiens, doit paroître un peu obſcure.

Quatrième Expérience. Jettez de la diſſolution de ſublimé corroſif ſur de l'eau de chaux, vous aurez une couleur jaune.

Explication. L'eau de chaux n'abſorboit aucun rayon de lumière, puiſqu'elle étoit parfaitement tranſparente. Par le moyen du ſublimé corroſif il ſe forme un tout propre à abſorber 6 rayons primitifs, & à réfléchir le rayon jaune; ce mêlange doit donc paroître jaune.

N'eſt-il pas plus naturel d'expliquer ainſi cette expérience, que d'aſſurer que ce mêlange eſt jaune, parce qu'ayant une ſurface compoſée de molécules ſphériques ou raboteuſes, mais un peu longues, il réfléchit les rayons ſans ombre, mais avec des vibrations affoiblies. C'eſt-là cependant l'explication des Cartéſiens.

Cinquième Expérience. Mêlez enſemble de l'alun & du ſuc de fleurs d'iris, vous aurez un beau bleu.

Explication. Ni l'alun, ni le ſuc de fleurs d'iris pris ſéparément, n'étoit propre à réfléchir le rayon bleu; il faut donc que par le mêlange de l'un avec l'autre il ſe forme une ſurface propre à produire cet effet.

Ceux qui voudroient expliquer cette expérience comme les Cartéſiens, pourroient dire que ce mêlange eſt bleu, parce que les molécules de ſa ſurface tenant un milieu entre celles des corps violets & des corps verds, renvoyent les rayons avec un peu moins d'ombre & des vibrations un peu moins fortes que le violet, mais moins promptes & avec un peu plus d'ombre que le verd. Les Phyſiciens qui aiment la ſimplicité dans les explications préferent celle de Newton à celle de Deſcartes.

Sixième Expérience. Jettez de l'eſprit de vitriol ſur une teinture de fleurs de grenade, vous aurez une couleur tirant ſur l'orangé.

Explication. La couleur que nous présente ce mêlange n'est pas une des 7 couleurs primitives, elle n'est pas donc produite par la réflexion d'un simple rayon de lumiere. Ce mêlange tire sur l'orangé, parce qu'il renvoye à nos yeux les rayons orangés joints à quelques rayons rouges & à quelques rayons jaunes. En effet l'on sçait que plusieurs rayons primitifs joints ensemble donnent une couleur que l'on nomme *secondaire* ou *subalterne.* L'on sçait encore que le rayon orangé se trouve entre le rayon rouge & le rayon jaune; il est naturel de soupçonner qu'il se joint aux rayons orangés quelques rayons rouges & quelques rayons jaunes pour former la couleur dont nous parlons.

Septième Expérience. Jettez un peu d'huile de tartre sur la dissolution de sublimé corrosif, le mêlange sera jaunâtre.

Explication. Voici encore une couleur que l'on nomme *secondaire;* elle est produite vraisemblablement par la réflexion des rayons jaunes, ausquels se joignent quelques rayons orangés & quelques rayons verds, parce que le rayon jaune se trouve placé entre le rayon orangé & le rayon verd.

Huitième Expérience. Versez un peu de sel ammoniac sur le mêlange jaunâtre dont il est parlé dans l'expérience septième, & agitez un peu le verre, le mêlange vous paroîtra blanc.

Explication. Ce mêlange a une surface propre à renvoyer à vos yeux les 7 rayons primitifs sans les décomposer, donc il doit vous présenter la couleur blanche.

Si quelqu'un vouloit une explication un peu moins sensible, il pourroit dire avec les Cartésiens que le mêlange dont il s'agit est blanc, parce qu'ayant la surface tissue de molécules roides & sphériques, il réfléchit les rayons avec de fortes vibrations & sans ombre.

Neuvième Expérience. Mêlez ensemble de la dissolution de vitriol blanc & de l'infusion de noix de galle, vous aurez une liqueur noire.

Explication. Dans le mêlange les molécules de la dissolution de vitriol vont s'accrocher avec les molécules de l'infusion de noix de galle; la lumière ne trouve plus de passages droits; n'est-il pas nécessaire que ses rayons soient absorbés & que la liqueur nous paroisse noire? L'expérience ne nous apprend-elle pas tous les jours que nous sommes dans une nuit parfaitement obscure, lorfque nous ne recevons aucun rayon de lumière ! Voulez-vous que le mêlange dont nous parlons devienne transparent ? verfez deffus un peu d'eau forte ; cet acide violent féparera les molécules accrochées & rétablira les paffages à la lumière.

Cette explication me paroît plus fimple que celle des Cartéfiens qui, pour rendre raifon de ce phénomène, difent que le mêlange de la diffolution de vitriol avec l'infufion de noix de galle forme un tiffu de molécules longues, flexibles, ayant peu de reffort, courtes & raboteufes, & par conféquent très-propres à abforber beaucoup de rayons de lumière & à ne renvoyer les autres que très-foiblement. Il y a dans cette explication beaucoup de chofes hazardées, & qu'il ne feroit pas facile de prouver.

A l'explication de ces expériences artificielles, joignons-y l'explication d'une expérience naturelle que nous avons très fouvent fous les yeux, la voici.

Dixiéme Expérience. A-t-on le dos tourné au Soleil élevé fur l'horifon de moins de 42 degrés, & regarde-t-on une nuée qui fond en pluie, & qui est éclairée par cet aftre ? l'on apperçoit fouvent dans le Ciel deux arcs à la fois, l'un intérieur & l'autre extérieur. Dans l'arc intérieur les couleurs font rangées en cet ordre en allant de la partie inférieure à la partie fupérieure, le violet, l'indigo, le bleu, le verd, le jaune, l'orangé & le rouge. Dans l'arc extérieur les couleurs font rangées dans un ordre tout différent, le rouge occupe la partie inférieure, & le violet la partie fupérieure. L'on remarque encore que les couleurs font plus vives dans l'arc intérieur, que dans l'arc extérieur.

Explication. Il n'eft rien de plus fimple dans le fyftême de Newton, que l'explication de ce phénomène intéreffant. En effet demande-t-on 1°. pourquoi l'on diftingue dans l'arc-en-ciel les 7 couleurs primitives ? L'on peut répondre que les gouttes d'eau décompofent les rayons de lumière auffi bien que le prifme de verre ; mais le prifme, en décompofant les rayons de lumière, nous repréfente les 7 couleurs primitives, donc l'arc-en-ciel doit nous les repréfenter auffi.

Demande-t-on 2°. pourquoi dans l'arc intérieur la couleur rouge paroît la plus élevée ? l'on peut répondre que dans l'arc intérieur les rayons de lumière entrent par la partie supérieure, & sortent par la partie inférieure de la goutte d'eau ; les rayons rouges qui sont moins réfrangibles que les autres, seront donc les plus élevés ?

Demande-t-on 3°. pourquoi dans l'arc extérieur la couleur rouge paroît la moins élevée ? l'on peut répondre que dans l'arc extérieur la réfraction se fait dans un sens contraire, c'est-à-dire, les rayons de lumière entrent par la partie inférieure de la goutte d'eau, & sortent par sa partie supérieure.

Demande-t-on 4°. pourquoi les couleurs sont plus vives dans l'arc intérieur, que dans l'arc extérieur ? l'on peut répondre que les rayons de lumière ne souffrent qu'une réflexion & deux réfractions dans l'arc intérieur, & qu'ils souffrent dans l'arc extérieur deux réflexions & deux réfractions.

Demande-t-on 5°. pourquoi l'iris paroît en forme d'arc ? l'on peut répondre que les rayons de lumière forment un cône dont la base est la nuée sur laquelle l'iris est répandu, & au sommet duquel se trouve l'œil du spectateur. Aussi verrions-nous le cercle entier, si nous étions assez élevés sur l'horison.

COUPELLE. C'est un vaisseau très poreux, fait en forme d'écuelle ou de tasse, dont on se sert pour plusieurs expériences chimiques, & sur-tout pour purifier l'or & l'argent. Des cendres bien lavées ou des os calcinés sont les matieres qui entrent dans la composition de la coupelle. Si l'on me demande comment il faut s'y prendre pour purifier un *tout* composé, *par exemple*, d'une once d'argent & d'une once d'alliage ; je réponds qu'il faut mettre dans la coupelle 4 onces de plomb, & la masse dont il s'agit, & qu'il faut la placer sur un feu très ardent. Les parties hétérogénes se joindront au plomb mis en fusion par l'action du feu, & l'on trouvera réunies ensemble toutes les parties qui composent l'once d'argent que l'on demande. Voici tout le méchanisme de cette opération. L'argent dont la dureté ne le céde qu'à celle de l'or, n'est mis ni sitôt, ni aussi exactement en fusion que les autres métaux qui se trouvent dans la coupelle ; donc on doit trouver réunies ensemble toutes les parties qui le composent.

Corollaire I. L'or se purifie de la même maniere & avec plus de facilité, puisqu'il est plus dur que l'argent.

Corollaire II. Le poids du plomb que l'on met dans

la coupelle, doit être quadruple du poids des parties métalliques que l'on veut séparer d'une masse d'or ou d'argent.

COURANS. Ce sont des mouvements de l'eau de la mer semblables à ceux des rivieres. M. de Buffon attribue l'origine des *courans* aux inégalités du fond de la Mer, c'est à-dire, aux collines, aux montagnes & aux vallons qui se trouvent sous les eaux de la Mer. Voici ce qu'il dit sur cette matiere dans son Histoire Naturelle, *tom. 2 de l'édition in-12, pag. 209 & suivantes.* (Si le fond de l'océan étoit égal & de niveau, il n'y auroit dans la Mer d'autre courant, que le mouvement général d'orient en occident, & quelques autres mouvements qui auroient pour causes l'action des vents, le flux & le reflux, &c..... Mais il y a des courans dans toutes les Mers... & ces courans sont très différents les uns des autres en longueur, en largeur, en rapidité & en direction; ce qui ne peut venir que des inégalités des collines, des montagnes & des vallons qui sont au fond de la Mer, comme l'on voit qu'entre deux isles le courant suit la direction des côtes, aussi bien qu'entre les bancs de sable, les écueils & les haut-fonds. On doit donc regarder les collines & les montagnes du fond de la Mer, comme les bords qui contiennent & qui dirigent les courans; & dès-lors un courant est un fleuve, dont la largeur est déterminée par celle de la vallée dans laquelle il coule; dont la rapidité dépend de la force qui le produit, combinée avec le plus ou le moins de largeur de l'intervalle par où il doit passer; & enfin dont la direction est tracée par la position des collines & des inégalités entre lesquelles il doit prendre son cours.)

COURBE. La ligne courbe est celle qui ne va pas directement d'un lieu à un autre. Voyez-en la formation physique dans l'article du *Mouvement en ligne courbe.*

COURONNE. C'est un météore qui paroit quelquefois sous le Soleil & sous la Lune, ou bien à côté de ces deux astres. Descartes qui le regarde comme une espèce d'arc-en-ciel, nous assure que nous ne voyons de couronne sous le Soleil, que lorsqu'il se trouve entre cet astre & nous un nuage qui, après avoir refracté les rayons de lumiere, les rassemble dans notre œil, à peu-près comme fait un verre convexo-convexe.

Il en eſt de même des couronnes qu'on voit quelquefois ſous la Lune. Pour celles qui paroiſſent à côté, elles ne peuvent être produites que par la réflexion d'un nuage de figure concave.

CRANE. C'eſt la boëte du grand & du petit cerveau. Elle eſt formée par 8 os ; ce ſont l'os occipital, les 2 pariétaux, l'os frontal ou coronal, les 2 temporaux, l'os ſphénoïde & l'os ethmoïde. L'os occipital eſt ſitué à la partie poſtérieure & inférieure du crâne, & il forme la partie poſtérieure de la tête ; c'eſt une eſpèce de lozange irrégulierement dentelé, convexe en dehors & concave en dedans. Les os pariétaux ſont au nombre de deux, un de chaque côté de la tête ; ils ſont placés à la partie ſupérieure, latérale & un peu poſtérieure du crâne ; leur figure approche de celle d'un quarré irrégulier & vouté. L'os frontal forme le front & le ſommet de la tête ; les 2 os temporaux ſont ſitués inférieurement à la partie latérale du crâne, l'un d'un côté, l'autre de l'autre ; leur partie inférieure contient l'organe de l'ouie ; on la nomme *pierreuſe*. L'os ſphénoïde eſt ſitué à la partie inférieure, & un peu antérieure du crâne, & fait la partie moyenne de ſa baſe, ſa figure eſt à peu-près ſemblable à celle d'une chauve-ſouris dont les aîles ſont étendues. L'os éthmoïde, percé d'une infinité de trous, eſt ſitué au milieu de la baſe du front, & au haut de la racine du nez. Des huit os dont nous venons de parler, les trois premiers s'appellent *propres*, parce qu'ils ne ſervent qu'à former la boëte du crâne ; on nomme les 5 autres *communs*, parce qu'ils contribuent non-ſeulement à la formation du crâne, mais encore à celle de la face.

CRÉPUSCULE. Jour imparfait que l'on a quelque-tems avant le lever, & quelque-tems après le coucher du Soleil. On l'appelle *Aurore*, lorſqu'il précéde le lever, & *Crépuſcule*, lorſqu'il ſuit le coucher de cet aſtre. Pour comprendre ce point de Phyſique, il faut ſe rappeller les principes ſuivants.

1°. La Terre eſt entourée d'une athmoſphére très élevée au-deſſus de ſa ſurface.

2°. Cette athmoſphére contient des particules aqueuſes, huileuſes, ſalines, ſulphureuſes, bitumineuſes, &c. mêlées avec l'air que nous reſpirons.

3°. Les couches de l'athmoſphére terreſtre ſont d'autant plus denses, qu'elles sont moins éloignées de la surface de la Terre.

4°. Plus une couche est dense, plus elle est capable de réfléchir les rayons de lumiere.

5°. Un rayon de lumiere qui entre obliquement dans l'athmosphére solaire, se brise en s'approchant de la ligne perpendiculaire, & par conséquent se replie vers la Terre.

6°. Plus la couche dans laquelle le rayon de lumiere pénétre obliquement est dense, plus le rayon se brise, & par conséquent plus il se replie vers la Terre. Cela supposé, voici ce qui doit nécessairement arriver en conséquence des principes que nous venons de poser, & dont nous avons démontré la solidité en cent endroits de ce Dictionnaire.

Lorsque le Soleil n'est pas enfoncé sous notre horizon au-dessous de 18 degrés, plusieurs rayons de lumiere rencontrent des couches assez denses de l'athmosphére terrestre. Quelques-uns s'y brisent assez, pour que leur réfraction les détermine à se porter vers la Terre. Quelques autres (& c'est le grand nombre) s'y brisent assez pour pouvoir se rendre dans des couches composées de particules capables de les réflechir sur la surface de la Terre; donc nous devons avoir un jour imparfait, lorsque le Soleil n'est pas enfoncé au-dessous de notre horizon de 18 degrés.

Remarque. Lorsqu'on parle d'un enfoncement de 18 degrés au-dessous de l'horizon, on entend 18 degrés pris sur un cercle vertical, c'est-à-dire, sur un grand cercle que l'on imagine passer par le zénith, & couper perpendiculairement l'horizon.

Première Conséquence. Lorsque le Soleil est enfoncé au-dessous de notre horizon de plus de 18 degrés, nous n'avons que la lumiere directe des étoiles & la lumiere réfléchie des planétes, parce que les rayons que le Soleil envoye alors sur notre athmosphére, rencontrent des couches trop rares pour les replier, ou pour les réfléchir vers la Terre.

Seconde Conséquence. La lumiere du Crépuscule va toujours en diminuant, & celle de l'Aurore va toujours en augmentant.

Troisième Conséquence. Ceux qui ont leur zénith dans les poles, ont pendant leurs six mois de nuit, un Crépuscule presque continuel, parce que pendant ce tems-là le Soleil n'est pas beaucoup enfoncé au-dessous de leur horizon.

Quatrième Conséquence. Par la même raison dans ce pays-ci, la fin du Crépuscule doit quelquefois concourir avec le commencement de l'Aurore. A Paris, *par exemple*, depuis le 14 Juin jusqu'au 1 Juillet le Crépuscule finit à minuit, & l'Aurore commence à la même heure.

Cinquième Conséquence. Les habitans de la Zone torride ont des Crépuscules fort courts, parce que les cercles que parcourt le Soleil étant presque perpendiculaires à leur horizon, cet astre gagne fort vite le 18e degré de son abaissement.

Sixième Conséquence. Si la Terre n'étoit entourée d'aucune athmosphére, le lever du Soleil ne seroit précédé d'aucune Aurore, & son coucher ne seroit suivi d'aucun Crépuscule.

CRISTAL. C'est un composé de sable, de feu, d'eau, de sel & d'air. Voici comment se fait ce mêlange. Une chute d'eau chargée des matieres dont nous venons de faire l'énumération, dépose une couche dont le fond est le sable & le sel. Une seconde chute d'eau dépose une seconde couche parfaitement semblable à la premiere, & ainsi de suite. Ces différentes couches, à peu-près homogénes, percées de pores droits, donnent ce qu'on appelle une masse de cristal. Les Alpes, les Pyrénées, la Bohême, la Hongrie, l'Angleterre, la Suisse, le Brésil & l'Islande sont autant de pays où le Cristal est fort commun. Celui d'Islande en particulier présente aux curieux de grandes beautés, & aux Physiciens de grandes difficultés; c'est ici le lieu d'en faire mention.

Newton a consacré à cette espèce de jeu de la nature sa 25e, sa 26e, sa 27e, & une partie de sa 28e question d'Optique. Il nous fait d'abord une description très exacte de ce Cristal. C'est, *dit-il*, une pierre transparente qu'il est très-facile de fendre. Il est aussi clair que l'eau & le Cristal de roche. Il n'a de lui-même aucune espèce de couleur. Il rougit au feu sans perdre sa transparence, & il se calcine sans fusion. Plongé dans l'eau un à deux jours, il y perd son poli naturel. Frotté avec un drap, il donne des marques très sensibles d'électricité. Jetté dans l'eau forte, il la fait bouillonner. Je le rangerois volontiers dans la classe de ces mineraux auxquels on a donné le nom de *talc.* Le Criſtal d'Iſlande eſt trop mou pour recevoir un poli parfait. Ce poli n'eſt pas néceſſaire pour la plupart des expériences dont les Phyſiciens ont tenté de rendre compte. Voici les principales.

Un rayon de lumiere tombant ſur une des ſurfaces de ce Criſtal ſe partage en deux ; ce qui fait paroître double tout objet qu'on regarde à travers , & ce qui prouve que le rayon a ſouffert deux réfractions.

Les deux rayons réfractés ſont à peu-près d'égale groſſeur , & ils conſervent la même couleur que le rayon incident.

Le rayon perpendiculaire ſe rompt , & il y a des rayons obliques qui paſſent tout droit.

Des deux rayons qui ſe ſont formés du rayon incident , l'un ſouffre une réfraction réguliere , l'autre une réfraction irréguliere. Newton a meſuré très exactement la premiere. Il a trouvé que lorſque la lumiere paſſe de l'air dans le Criſtal , le ſinus d'incidence : au ſinus de réfraction :: 5 : 3. Il ne nous a pas marqué la proportion que ſuit la réfraction irréguliere ; ſans doute qu'elle n'en ſuit point de conſtante.

Si vous poſez deux morceaux de ce Criſtal , de ſorte que les côtés de l'un ſoient paralléles aux côtés de l'autre , un rayon qui ſe ſera partagé en deux dans le premier Criſtal , & qui aura ſouffert une réfraction réguliere & une irréguliere , ne ſe partagera plus en entrant dans le ſecond ; ces deux rayons ſouffriront encore dans le ſecond Criſtal comme dans le premier , l'un une réfraction réguliere , l'autre une réfraction irréguliere. On peut au reſte laiſſer , ou ne pas laiſſer un eſpace entre ces deux morceaux de Criſtal ; il faut ſeulement bien prendre garde que les côtés de l'un ſoient paralléles aux côtés de l'autre.

Lorſque les plans du premier morceau de Criſtal ſont perpendiculaires aux plans du ſecond morceau , les deux rayons venus d'un ſeul rayon , en paſſant du Criſtal ſupérieur dans l'inférieur, font échange de leurs réfractions. Celui qui avoit ſouffert dans le premier Criſtal une réfraction réguliere , en ſouffre dans le ſecond une irréguliere ; & celui qui en avoit ſouffert une irréguliere , en ſouffre une réguliere. On diroit , *remarque à cette occaſion M. Huyghens* , que la nature a eu peur que ce

Cristal ne fût pas une énigme assez inexplicable pour les Philosophes, & qu'elle l'a chargé à plaisir d'obscurités & de difficultés.

L'explication que Newton a donnée de ces phénoménes ne lui a pas fait honneur. Il prétend que chaque rayon de lumiere a 4 côtés, deux desquels ont la propriété de faire réfracter le rayon d'une maniere irréguliere, lorsque l'un des deux est tourné vers telle partie du Cristal d'Islande. Je ne crois pas que les défenseurs des qualités occultes ayent jamais donné de réponse plus obscure. Voici quelques conjectures que je hazarde, en attendant que quelqu'un ait expliqué ces faits d'une maniere satisfaisante.

1°. Le Cristal d'Islande pourroit bien être composé de parties moins homogénes que le Cristal ordinaire, & parmi ces parties hétérogénes les unes pourroient bien causer la réfraction que Newton appelle réguliere, & les autres celle qu'il appelle irréguliere.

2°. Les couches de ce Cristal pourroient bien n'être pas exactement paralléles. Dans cette hypothése le rayon perpendiculaire à certaines couches seulement, sera réfracté par celles auxquelles il n'est pas perpendiculaire. Par la même raison un rayon oblique aux seules premieres couches du Cristal, & perpendiculaire à toutes les autres, ne devra éprouver aucune réfraction sensible.

3°. Les deux morceaux de Cristal dont les côtés sont posés parallélement, peuvent être regardés comme un même morceau. Les deux rayons de lumiere doivent donc souffrir dans le second les mêmes réfractions que dans le premier.

4°. Pour les deux morceaux de Cristal dont les plans sont opposés perpendiculairement, on ne peut gueres les regarder comme un même morceau. Si les deux rayons venus d'un seul rayon, font échange de leur réfraction, en passant du Cristal supérieur dans l'inférieur, l'on peut conjecturer qu'aucun d'eux ne trouve dans celui-ci des parties semblables à celles qu'il a trouvées dans celui-là. Ce ne sont là, je l'avoue, que des conjectures; mais ces conjectures paroissent plus plausibles que celles de Newton.

CRISTALLIN. C'est une humeur renfermée dans une membrane que l'on appelle Arachnoïde. cherchez *Œil*.

CUBATURE. C'est la quantité de matière que contient un corps, c'est la solidité même d'un corps. Les problêmes qui regardent la cubature des solides appartiennent à la partie de la Physique, ou plutô à la partie de la Géométrie pratique qui porte le nom de *Stéréométrie*.

CUBE. Le Cube physique est un corps solide terminé par six faces quarrées & égales ; tels sont, *par exemple*, les dés à jouer. Le Cube arithmétique est le produit du quarré par sa racine. Pour avoir le cube de 2, il faut multiplier le quarré de 2, c'est-à-dire 4, par 2, & le produit 8 donnera ce qu'on demande. Par la même raison 1000 est le cube de 10, parceque 10 multipliant 10 donne 100 qui est le quarré de 10, & 10 multipliant 100 donne 1000 qui sera le cube de 10. Toutes ces opérations ne supposent que la connoissance des premières régles de l'arithmétique ; il n'en est pas ainsi de la duplication du cube, c'est-à-dire de l'opération qui apprend à trouver un cube double d'un autre ; c'est un problême du troisième degré. Pour pouvoir le résoudre, lisez auparavant l'article qui commence par le mot *proportionnelle*, & apprenez à trouver deux moyennes proportionnelles à deux quantités données.

PROBLÉME.

Trouver un cube qui soit double d'un autre cube donné.

Explication. L'on me donne le cube a^3, & l'on me demande le cube x^3 qui soit double du cube a^3 Pour trouver sa valeur, je remarque d'abord que puisque je connois a^3, je connois par là même sa racine cubique a, & le double de cette racine que j'appelle b. Je remarque encore que les deux moyennes proportionnelles entre les deux quantités a & b, sont $\sqrt[3]{aab}$ & $\sqrt[3]{abb}$; je remarque enfin que aab est le cube du radical $\sqrt[3]{aab}$.

Résolution. La valeur du cube demandé est aab, en supposant que b soit double de a, & que a soit la racine cubique du cube donné.

Démonstration. les quatre quantités a, $\sqrt[3]{aab}$, $\sqrt[3]{abb}$, b sont en progression géométrique ; donc $a : b ::$ le cube de a : au cube du radical $\sqrt[3]{aab}$; donc $a : b :: a^3 : aab$; mais b par hypothéſe eſt double de a, donc aab ſera double de a^3 ; donc la valeur du cube demandé eſt aab.

Corollaire I. Pour trouver un cube double d'un autre, il faut d'abord chercher deux moyennes proportionnelles entre deux quantités connues a & b, dont la première ſoit préciſément la moitié de la ſeconde. Il faut enſuite prendre le cube de la première quantité a. Il faut enfin prendre le cube de la première des deux moyennes proportionnelles entre a & b ; ce dernier cube ſera double du cube de a. Tout ceci ne ſera pas obſcur à quiconque aura lû l'article qui commence par le mot *proportionnelle*, de même que ce qu'il y a ſur cette matière dans l'article du compas de proportion.

Corollaire II. La première des deux moyennes proportionnelles trouvées par le compas de proportion entre a & b, repréſente l'une des trois dimenſions d'un cube double du cube de a.

CUIVRE. C'eſt, ſuivant Mr. l'Emery, un compoſé de ſoufre & de vitriol. Les mines de cuivre ſont fort communes en Suéde & en Dannemark. Pour retirer le métal des pierres où il eſt renfermé, on commence par laver ces pierres ; enſuite on les fait fondre & on jette la matière fondue dans les moules. C'eſt là le cuivre commun, lequel mis une ſeconde fois en fuſion, donne du cuivre fin. La couleur jaune lui vient de la calamine avec laquelle on le mêle. Cette terre foſſile le rend encore très obéiſſant à la fonte. L'expérience la plus curieuſe que l'on faſſe en Phyſique par le moyen du cuivre eſt la ſuivante.

Otez de deſſus le feu un chauderon d'eau bouillante ; vous ne vous brulerez pas, ſi vous le touchez par deſſous ; mais il n'en ſera pas de même, ſi vous appliquez vos mains contre ſes côtés. Voici l'explication de ce fait que bien des perſonnes ne feront pas tentées de, vérifier.

La chaleur de tout corps a pour cauſe phyſique des particules ignées qui le pénétrent & qui ſont dans le mouvement le plus violent. Le fond plat du chauderon dont nous parlons, reçoit, j'en conviens, un très grand nombre de ces particules ; mais comme elles s'y ſont pratiquées un paſſage en ligne droite, elles ne s'y arrêtent pas ; elles vont ſe rendre, par les loix même de l'équilibre des fluides, dans la liqueur froide qu'il contient ; donc le fond de ce chauderon ne doit preſque pas être chaud. Il n'en eſt pas ainſi de ſes côtés ; ils conſervent dans leurs pores un très grand nombre de particules ignées, parce qu'elles trouvent un long chemin à faire ſur le chauderon.

Ce qui confirme la bonté de cette explication, c'eſt que ſi le chauderon, au lieu d'avoir un fond plat, en avoit un concave en dedans & convexe en dehors, ce fond s'échaufferoit, lors même que le chauderon ſeroit rempli de liqueur, parce que les particules ignées trouvant plus de détours, il s'y en arrêteroit d'avantage.

CULMINER. C'eſt paſſer par le méridien. La *culmination* eſt donc l'arrivée d'un aſtre à notre méridien, & ſon point *culminant* eſt le point du méridien auquel il répond.

CURVILIGNE. C'eſt tout ce qui eſt composé de lignes courbes.

CUTICULE. C'eſt l'épiderme ou la première membrane dont nous ſommes couverts.

CYCLE. C'eſt la période d'un certain nombre d'années. cherchez *Calendrier*.

CYCLOIDE. Imaginez-vous un cercle qui roule ſur une ligne droite, *par-exemple*, ſur une ligne horizontale. Lorſque tous les points de ſa circonférence ſe ſeront exactement appliqués ſur cette ligne, il aura décrit une courbe à laquelle on a donné le nom de *cycloïde*. Le P. Merſenne s'eſt apperçu le premier que le clou de l'une des roues d'une charrête décrivoit dans l'air une *cycloïde*, parce qu'il étoit animé de deux mouvemens ſimultanés, l'un en avant en ligne droite, l'autre circulaire autour de l'eſſieu de la roue. Cette découverte fut faite en 1615. En 1634 Mr. de Roberval trouva que l'aire de la *cycloïde* : à celle de ſon cercle générateur :: 3 : 1. En 1638 Deſcartes détermina la tangente de la *cycloïde*. Quelques années après Mr. Wren démontra que la *cycloïde* eſt quadruple de ſon axe. Enfin en 1673 Mr Huyghens apprit au monde ſçavant que les oſcillations d'un pendule dans une *cycloïde* ſont iſochrones ou d'égale durée. Cherchez *Pendule*.

CYLINDRE. C'eſt un corps ſolide, composé de pluſieurs plans circulaires égaux & paralléles entre eux. Un bâton parfaitement égal dans tous ses points & parfaitement rond est un vrai cylindre. L'on trouve la surface d'un cylindre en multipliant sa hauteur par la circonférence du cercle qui lui sert de base; & si l'on multiplie cette même hauteur par l'aire de ce même cercle, l'on aura sa solidité.

CYSTIQUE. C'est là l'épithéte que lon donne à la bile qui se trouve dans la vésicule du foie.

D

DÉCAGONE. C'est une figure de 10 angles & de 10 côtés.

DÉCLINAISON. C'est la distance d'un astre à l'équateur. Cherchez *Etoiles* & *Sphère*.

DEGRÉ. Les Géométres appellent *degré* la 360e partie de la circonférence d'un cercle.

DÉMONSTRATION. Une preuve évidente prend le nom de *démonstration*. Les Physiciens modernes donnent trop facilement & trop fréquemment ce nom aux preuves qu'ils ont coutume d'apporter.

DENIER. Lorsque le denier se prend pour un poids, il signifie la 24e partie d'une once.

DÉNOMINATEUR. Cherchez *Fraction*.

DENSITÉ. L'on entend par *densité* ou par *gravité spécifique* d'un corps, la quantité de matière propre qu'il renferme sous un tel volume. Le corps A, par exemple, sera plus dense que le corps B, si sous un égal volume il contient plus de matière propre, c'est-à-dire, s'il a plus de masse ou plus de poids que le corps B; de même le corps C sera moins dense ou plus rare que le corps D, si sous un plus grand volume il n'a qu'un poids égal à celui du corps D: de-là les Physiciens concluent avec raison que le fer est beaucoup plus dense que le liége, parce qu'un quintal de fer est renfermé sous un très-petit volume, tandis qu'un quintal de liége occupe un très-grand espace. De-là les Newtoniens concluent encore que la matière éthérée Cartésienne est beaucoup plus dense que l'or. En effet un pied cubique d'or a beaucoup de pores qui sont vuides, ou du moins qui ne sont pas remplis de la matière même de l'or; un pied cubique de matière éthérée au contraire ne renferme, suivant Descartes, aucun espace qui ne soit rempli de matière éthérée. Les principales régles que l'on donne sur la densité des corps se réduisent à trois.

Première Regle. Deux corps sont-ils égaux en densité & inégaux en volume, ils auront leur masse, leur matière propre ou leurs poids en raison directe de leurs volumes, c'est-a-dire, ils auront leurs poids comme leurs volumes En effet le corps A a-t-il un volume double de celui du corps B, auquel il est égal en densité ou en gravité spécifique ? Le poids du corps A sera double de celui du corps B.

Deuxième Regle. Deux corps inégaux en densité, sont-ils égaux en volume ? ils auront leur poids comme leur densité, c'est-à-dire, si la densité du prémier est double de celle du second, le poids du premier sera double de celui du second.

Troisième Regle. Deux corps sont-ils inégaux en densité & en volume ? ils auront leur poids en raison composée des densités & des volumes, c'est-à-dire, on ne connoîtra leur poids respectif, qu'en multipliant leur densité par leur volume. En effet le volume du corps A est-il désigné par le chiffre 4, & sa densité par le même chiffre 4; le volume du corps B est-il désigné par le chiffre 2, & sa densité par le même chiffre 2; le poids du corps A sera autant inférieur au poids du corps B, que 4 multiplant 4, c'est-à-dire, 16, est inférieur à 2 multipliant 2, c'est-à-dire, 4; mais 16 est quadruple de 4; donc dans le cas présent le poids du corps A sera quadruple du poids du corps B; donc lorsque deux corps différent en densité & en volume, ils ont leur poids en raison composée des densités & des volumes; ce qui nous démontre la bonté de ces régles, c'est la conformité qu'elles ont avec l'expérience journalière.

Nous allons cependant en donner la démonstration directe & rigoureuse. Pour en venir à bout, nommons D la densité du corps A, V son volume, M sa Masse, P son poids; nommons encore d la densité du corps B, u son volume, m sa masse, & p son poids. Je dis que l'on aura la proportion suivante $M : m :: DV : du$, c'est-à-dire, le corps A & le corps B qu'on suppose différer en volume & en densité, ont leurs masses en raison composée des densités & des volumes. C'est-là la troisième regle de laquelle nous tirerons les deux premières, en forme de corollaires.

Première Opération.	*Seconde Opération.*
$D = \frac{M}{V}$	$d = \frac{m}{u}$
Donc	Donc
$DV = M$	$du = m$

Donc

$$M : m :: DV : du$$

Le Mécanisme de ces opérations se présente de lui-même à quiconque a lû notre article de l'Arithmétique algébrique appliquée à l'analyse, & à quiconque prend garde que la densité d'un corps est toujours égale à sa masse divisée par son volume.

Corollaire I. $M : m :: DV : du$; donc $M\,du = m\,DV$; donc en supposant $V = u$, l'on aura $M\,d = m\,D$; donc en décomposant cette équation l'on trouvera $M : m :: D : d$; c'est-à-dire, lorsque deux corps inégaux en densité sont égaux en volumes, ils ont leurs masses comme leurs densités. C'est-là la démonstration de la seconde regle.

Corollaire II. $M : m :: DV : du$; donc $M\,du = m\,DV$; donc en supposant $D = d$, l'on aura $M\,u = m\,V$, ce qui donne $M : m :: V : u$, c'est-à-dire, lorsque deux corps inégaux en volume sont égaux en densité, ils ont leurs masses comme leurs volumes. C'est-là la démonstration de la première regle.

Corollaire III. Tout ce que nous avons dit des masses doit se dire des poids, parce que les poids des corps sont comme leurs masses; donc $P : p :: DV : du$; donc en supposant $V = u$, l'on aura $P : p :: D : d$; donc enfin en supposant $D = d$, l'on aura $P : p :: V : u$.

Le Lecteur ne sera pas faché de trouver ici la table que nous a donné Mr. Muschembroek sur la densité des matières les plus connues. Pour n'avoir aucune peine à la comprendre, il fera bien de jetter un coup d'œil sur l'article des fractions décimales; sans cela il ne sçauroit pas ce que veulent dire les 3 derniers chiffres de chaque article, séparés du premier par une virgule.

TABLE

TABLE

Alphabétique des Matières les plus connues, tant solides que fluides, dont on a éprouvé la densité.

A

ACier non trempé,	7, 738.
Acier trempé,	7, 704.
Agathe d'Angleterre,	2, 512.
Air,	0, 001 $\frac{1}{4}$
Albatre,	1, 872.
Alun,	1, 714.
Ambre,	1, 040.
Amiante,	2, 913.
Antimoine d'Allemagne,	4, 000.
Antimoine d'Hongrie,	4, 700.
Ardoise Bleue,	3, 500.
Argent de Coupelle,	11, 091.

B

BIsmuth,	9, 700.
Bois de Brésil,	1, 030.
--- Cédre,	0, 613.
--- Orme,	0, 500.
--- Gayac,	1, 337.
--- Ebéne,	1, [illegible]77.
--- Erable,	0, [illegible]55.
--- Frêne,	0, 845.
--- Boüis,	1, 030.
Borax,	1, 720.

C

CAillou,	2, 5[illegible]2.
Camphre,	0, 955.
Charbon de terre,	1, 240.
Cinabre naturel,	7, 300.
Cinabre artificiel,	8, 200.
Cire jaune,	0, 905.
Corail rouge,	2, 68[illegible].

Corail blanc,	2, 500.
Corne de Bœuf,	1, 840.
Corne de Cerf,	1, 875.
Criſtal de Roche,	2, 650.
Criſtal d'Iſlande,	2, 720.
Cuivre de Suéde,	8, 784.
Cuivre jetté en moule.	8, 000.
D	
DIamant,	3, 400.
E	
EAu de pluie,	1, 000.
Eau diſtillée,	0, 993.
Eau de rivière,	1, 009.
Ecaille d'Huitre,	2, 092.
Encens,	1, 071.
Eſprit de vin rectifié,	0, 866.
Eſprit de térébenthine,	0, 874.
Etain pur,	7, 320.
Etain allié d'angleterre,	7, 471.
F	
FEr.	7, 645.
G	
GOmme Arabique,	1, 375.
Grenat de Bohême,	4, 360.
Grenat de Suéde,	3, 978.
H	
HUile de lin,	0, 932.
Huile d'olives,	0, 913.
Huile de vitriol,	1, 700.
I	
IVoire,	1, 825.
K	
KArabé *ou* ambre jaune,	1, 065.

L

LAit de Vache,	1, 030.
Litarge d'or,	6, 000.
Litarge d'argent,	6, 044.

M

MAganèſe,	3, 530.
Marbre noir d'Italie,	2, 704.
Marbre blanc d'Italie,	2, 707.
Mercure,	13, 593.

N

NOix de galles,	1, 034.

O

OR d'eſſai ou de coupelle,	19, 640.
Or d'une guinée,	18, 888.
Os de Bœuf,	1, 656.

P

PIerre ſanguine,	4, 360.
Pierre calaminaire,	5, 000.
Pierre à fuſil opaque,	2, 542.
Pierre à fuſil tranſparente,	2, 641.
Poix.	1, 150.

S

SAng humain,	2, 040.
Sapin,	0, 550.
Sel de glauber,	2, 246.
Sel ammoniac,	1, 453.
Sel gemme,	2, 143.
Sel polycreſte,	2, 148.
Souffre commun,	1, 800.

T

TAlc de Veniſe,	2, 780.
Tartre,	1, 849.
Turquoiſe,	2, 508.

V

Verd de gris,	1, 714.
Verre blanc,	3, 150.
Verre commun,	2, 620.
Vin de Bourgogne,	0, 953.
Vinaigre de vin,	1, 011.
Vinaigre distillé,	1, 030.
Vitriol d'Angleterre,	1, 880.

Fin de la Table.

Lorsque l'on sçait les régles des fractions décimales, rien n'est plus commode, que la table que nous venons de donner. En effet veut-on déterminer de combien l'or est plus dense, ou plus pesant que l'eau de pluie? l'on n'a qu'à dire, la densité de l'or est à la densité de l'eau de pluie, comme 19, $\frac{640}{1000}$ est à 1, $\frac{000}{1000}$, c'est-à-dire, que l'or est presque 20 fois plus pesant que l'eau de pluie. L'on trouvera par la même table que l'air est presque mille fois moins pesant, que l'eau de pluie.

DENT. Ce sont les plus durs, les plus solides & les plus blancs de tous les os. Le commun des hommes a 32 dents, 8 incisives, 4 canines & 20 molaires. Les dents incisives sont les antérieures; elles servent à couper, trancher, inciser les aliments. Les dents canines sont d'abord après les incisives, 2 en haut & 2 en bas; elles servent à casser ce qui résiste trop à la mastication; on ne les nomme *canines*, que parce qu'elles sont presque aussi longues & presque aussi pointues que celles des chiens. Enfin les dents molaires sont celles qui sont les plus enfoncées dans la bouche; il y en a 10 de chaque côté, 5 en haut & 5 en bas; ce sont comme autant de meules qui broyent les alimens.

DESCARTES. C'est principalement à Descartes que la Physique doit, je ne dis pas sa renaissance, mais ses premiers commencemens; peut-être sans le secours de ce rare génie serions-nous encore ensevelis dans les épaisses ténébres de l'ancien Péripatétisme: aussi, quoique ce Dictionnaire ne soit pas historique, s'attend-on cependant d'y trouver les principales circonstances de la vie de ce grand Philosophe: Newton & lui seront les deux seuls pour qui nous nous permettrons cette espèce d'hors d'œuvre.

René Descartes naquit en 1596 à la Haye, en Touraine, d'une noble & ancienne Famille. Il fit toutes ses études à la Fléche, au Collége des Jésuites. Il prit dans cette célébre école tant de goût pour les sciences, que le métier de la guerre auquel il fut obligé de s'appliquer pendant plusieurs années, lui devint insupportable. Ce fut pour suivre son attrait, qu'environ l'an 1630, il se retira en Hollande, où il resta, comme dans la solitude, une vingtaine d'années. Nous devons à cette retraite presque tous les ouvrages qu'il a composés, je veux dire, sa méthode, ses méditations, sa dioptrique, son livre des principes, son traité des passions, sa Géométrie, son traité de l'homme, & plusieurs volumes de lettres. Voyez en l'abrégé dans le premier Tome de notre Traité de paix entre Descartes & Newton. En l'année 1647 il fit un voyage en France; malgré les calomnies des Péripatéticiens qui, par ignorance & par haine pour une philosophie qu'ils n'entendoient pas, vouloient le faire passer pour hérétique, il fut très-bien reçu du Roi Louis XIV. qui lui donna une pension annuelle de trois mille livres. Quelque-tems après il se rendit en Suéde auprès de la Reine Christine qu'il eut l'honneur d'entretenir tous les jours à 5 heures du matin dans sa bibliothéque. Ces conférences ne durerent pas long-tems. Le 31 Mars, Descartes mourut à Stokolm à l'age de 54 ans, le 11 Février 1650, entre les mains de l'aumônier de l'Ambassadeur de France, dans les sentiments les plus chrétiens & les plus édifiants. La veille de sa maladie qui ne dura que 8 à 9 jours, il s'étoit approché des Sacremens, circonstance que nous remarquons pour fermer la bouche à ceux qui ont voulu faire passer Descartes pour un sçavant sans réligion. Son corps fut apporré à Paris, & enterré dans l'Eglise de sainte Geneviéve du-mont. Nous ne sçaurions mieux finir cet article, qu'en rapportant ce que l'on lit de Descartes dans une petite piéce intitulée, *Discours sur l'esprit philosophique, couronné à Paris en 1755, par le P. Guenard Jésuite.* C'est sans contredit le plus bel éloge qui ait encore été fait de ce Chef de la nouvelle Phisique.

(Enfin parut en France un Génie puissant & hardi, qui entreprit de secouer le joug du Prince de l'école. Cet homme nouveau vint dire aux autres hommes, que pour être Philosophe, il ne suffisoit pas de croire, mais qu'il falloit penser. A cette parole, toutes les écoles se troublerent. Une vieille maxime regnoit encore : *ipse dixit*, le Maître l'a dit. Cette maxime d'esclave irrita tous les esprits foibles contre le Pere de la Philosophie pensante ; elle le persécuta comme novateur & comme impie ; le chassa de royaume en royaume ; & l'on vit Descartes s'enfuir, emportant avec lui la vérité, qui par malheur, ne pouvoit pas être ancienne en naissant. Cependant malgré les cris & la fureur de l'ignorance, il refusa toujours de jurer que les Anciens fussent la raison souveraine : il prouva même que ses persécuteurs ne sçavoient rien, & qu'ils devoient désapprendre ce qu'ils croyoient sçavoir. Disciple de la lumière, au lieu d'interroger les morts & les Dieux de l'école, il ne consulta que les idées claires & distinctes, la nature & l'évidence. Par ses méditations profondes, il tira presque toutes les sciences du cahos, & par un coup de génie plus grand encore, il montra le secours mutuel qu'elles devoient se prêter, les enchaina toutes ensemble, les éleva les unes sur les autres ; & se plaçant ensuite sur cette hauteur, il marchoit avec toutes les forces de l'esprit humain ainsi rassemblées, à la découverte de ces grandes vérités, que d'autres plus heureux, sont venu enlever après lui, mais en suivant les sentiers de lumière que Descartes avoit tracés. Ce fut donc le courage & la fierté d'esprit d'un seul homme qui causerent dans les sciences cette heureuse & mémorable révolution dont nous goutons aujourdhui les avantages avec une superbe ingratitude. Il falloit aux sciences un homme de ce caractère qui osat conjurer tout seul avec son génie contre les anciens tyrans de la raison ; qui osat fouler aux pieds ces idoles que tant de siécles avoient adorées. Descartes se trouvoit enfermé dans le labyrinthe avec tous les autres Philosophes, mais il se fit lui même des ailes & s'envola, frayant ainsi de nouvelles routes à la raison captive.) Ainsi parle de Descartes l'éloquent Guenard. Un si grand homme méritoit un tel panégyriste, & un si grand panégyriste méritoit de travailler sur un si beau sujet.

DESCENDANS. Les signes de la *Balance*, du *Scorpion*, du *Sagittaire*, du *Capricorne*, du *Verseau* & des *poissons* sont appellés *descendans* par ceux qui se trouvent dans la sphère oblique boréale, parce que ces 6 signes sont moins élevés sur leur horizon que le *Belier*, le *Taureau*, les *Gemeaux*, le *Cancer*, le *Lion* & la *Vierge*. Par la même raison ces 6 derniers signes sont *descendans* par rapport à ceux qui sont dans la partie méridionale de la sphère.

DÉVELOPPÉE. Ligne courbe sur laquelle un fil appliqué, & tendu ensuite en tangente étant développé, décrit une autre courbe. Imaginez-vous donc une courbe quelconque, par-exemple, le cercle A enveloppé d'un fil. Prenez une des extrêmités de ce fil, & déroulez-le, de manière que la partie qui n'enveloppe plus le cercle A, soit étendue en ligne droite, en forme de tangente. Ce fil décrira nécessairement par l'extrêmité de sa partie déroulée, une courbe non circulaire que j'appelle B. Dans cette occasion le cercle A se nommera la *développée* ou la *courbe génératrice* de la courbe B; & le fil qu'on déroule, s'appellera le *rayon tangent de la développée*. Ce nom lui convient à merveille, puisqu'on peut considérer cette portion de fil à chaque pas qu'elle fait, comme décrivant un arc de cercle infiniment petit, & la courbe engendrée B comme composée d'une infinité de ces arcs tous décrits de différents centres & sur différents rayons. Chaque portion de ce fil est donc en même tems tangente du cercle A, & rayon de la courbe B.

DIAGONALE. La Diagonale d'une figure, *par exemple*, la Diagonale d'un quarré, est une ligne qui va aboutir à deux angles directement opposés entr'eux, & qui partage ce quarré en deux parties égales.

DIAMANT. Le Diamant est la pierre la plus précieuse que nous connoissions. Les Physiciens prétendent que ses parties élémentaires sont la terre la plus pure & la plus divisée, le feu le plus vif & l'eau la plus limpide. Quoiqu'il en soit de cette composition, il est sûr qu'il n'est point de corps diaphane qui soit aussi pesant & aussi dur que le Diamant; aussi le polit-on de maniere à nous éblouir. Ceux qui distinguent les Diamans par la maniere dont ils sont taillés, les divisent en six classes. Dans la premiere ils mettent les *Brillans*; dans la seconde les *Roses*; dans la troisieme les *pierres épaisses*; dans la quatrieme les *pierres foibles*; dans la cinquieme les *demi brillants*; & dans la sixieme la *poire à l'indienne*. Ceux au contraire qui distinguent les Diamans par leur couleur, ont de la peine à les diviser en classes, parce qu'on en trouve non-seulement de toutes les couleurs primitives ou principales, ce qui d'abord leur donne sept classes ; mais encore de toutes les couleurs composées ou subalternes, dont personne ne pourra jamais fixer le nombre. Les plus fameuses mines de Diamans sont celles de *Golconde*, de *Visapour* & du *Brésil*. Les pierres orientales seroient de vrais Diamans, si elles avoient un peu plus de dureté ; les plus précieuses sont le *rubis*, l'*amétiste*, le *saphir* & la *topase*.

DIAMÉTRE. Le Diamétre d'une figure est une ligne qui passe par le centre de cette figure & qui la partage en deux parties égales. Si l'on veut sçavoir quelles sont les définitions particulieres qui conviennent aux Diamétres d'un cercle, d'une ellipse, d'une parabole, &c. l'on n'a qu'à lire les articles où l'on explique la nature de ces sortes de courbes.

DIANE. Il seroit honteux à un Physicien d'ignorer comment se fait l'arbre de Diane. Prenez, *dit M. Homberg*, 4 gros d'argent fin en limaille ; faites-en un amalgame à froid avec deux gros de mercure : dissolvez cet amalgame dans 4 onces d'eau forte : versez cette dissolution dans une livre & demi d'eau commune : battez-les un peu ensemble pour les mêler, & gardez-les dans une phiole bien bouchée. Quand vous voudrez vous en servir, prenez-en une once ou environ, & mettez-la dans une petite phiole : mettez dans la même phiole la grosseur d'un petit pois d'amalgame ordinaire d'or ou d'argent, qui soit maniable comme du beurre, & laissez la phiole en repos 2 à 3 minutes de tems ; vous verrez sortir aussi-tôt après de petits filamens perpendiculaires de la petite boule d'amalgame, qui augmenteront à vûe d'œil, jetteront des branches à côté, & se formeront en petits arbrisseaux. La petite boule d'amalgame se durcira & deviendra d'un blanc terni ; mais le petit arbrisseau aura une véritable couleur d'argent luisant. Toute cette végétation s'achevera dans un quart d'heure, & l'eau qui aura servi une fois, ne pourra pas servir d'avantage. Il me paroît évident qu'il faut attribuer cette cristallisation chymique à l'eau forte, qui cherchant à s'étendre, fait prendre diverses figures à l'argent & au mercure avec lesquels elle s'est incorporée.

Remarque. *Amalgamer* signifie en Chymie mêler le mercure avec quelque métal fondu.

DIAPHANE. On nomme communément corps *Diaphanes* ou *Transparens* ceux dont les pores droits, nonbreux & disposés en tout sens donnent un passage libre à la lumiere; on nomme au contraire corps *opaques* ceux qui ne la transmettent pas. Si, en parlant de la sorte, l'on ne prétend désigner que le fait, je ne vois pas ce qu'il peut y avoir à reprendre dans ces expressions. Mais si l'on prétend donner par-là la cause de la transparence & de l'opacité des corps, l'on a tort de vouloir décider en deux mots deux questions aussi embrouillées. Qu'est-ce donc qu'un corps Diaphane? c'est un corps composé de couches homogénes, percé de pores droits, nombreux, disposés en tout sens, & qui outre la lumiere, contient dans ses pores, & dans les intervalles qui séparent ses couches, un fluide à peu près aussi dense que lui. En effet si un corps n'est composé, comme l'eau ou le diamant, que de parties toujours uniformes, la portion de lumiere qui y sera admise, roulera uniformément dans l'épaisseur de ce corps, & elle en sortira en assez grande quantité dans un même sens pour faire impression sur l'organe de la vûe.

Mais si le corps où la lumiere entre, est composé de couches hétérogénes ou fort dissemblables, elle se plie diversement dans tous les différens milieux qu'elle traverse. Elle se détourne de la perpendiculaire, en entrant dans telle couche; elle s'enfonce vers la perpendiculaire, en entrant dans telle autre. Les différentes obliquités des surfaces où elle entre de moment en moment, sont une nouvelle source de tortuosité & d'affoiblissement; d'où il arrive qu'elle ne peut pas parvenir à l'œil du spectateur, ou qu'elle n'a plus de force, lorsqu'elle y parvient.

L'opacité vient donc sur-tout de la diversité des plis de la lumiere, causée par l'hétérogénéité des couches ou des lames élémentaires qui composent les corps. Toutes ces lames prises séparément sont transparentes: mais mêlangées, elles courbent si différemment la lumiere, qu'elles en éteignent la direction & le sentiment; & voilà pourquoi l'eau & l'huile qui sont transparentes l'une & l'autre, prises à part, perdent leur transparence, quand on les bat ensemble: voilà encore pourquoi le vin de Champagne qui est brillant comme le diamant, perd son éclat, quand les bulles d'air s'y dilatent & s'y amassent en mousse: voilà enfin pourquoi le papier est opaque quand il n'a dans ses pores que de l'air qui est naturellement si clair, & pourquoi le même papier devient transparent, quand on en bouche les pores avec de l'eau ou avec de l'huile. Tout ceci est la traduction presque littérale de la troisieme proposition de la partie troisieme du livre second de l'Optique de Newton ; elle est conçue en ces termes :

Inter corporum opacorum partes multa interjacent spatia, vel vacua, vel mediis quæ densitate ab ipsis partibus differant, repleta. Voilà la proposition en question, & voici la preuve qu'en apporte le Physicien anglois.

Hanc interruptionem partium præcipuam esse causam quamobrem corpora sint opaca, inde etiam apparere poterit quod corpora illa omnia opaca statim pellucere tunc incipiunt, cum fortè occulti ipsorum meatus repleti sint materiâ aliquâ quæ partibus ipsis par sit, vel ferè par densitate. Sic charta in aquam vel oleum intincta ; lapis qui dicitur oculus mundi, in aquâ maceratus ; lintea oleo illita, aliaque permulta corpora in istius modi liquoribus immersa, qui occultos ipsorum meatus intimè pervadant, fiunt eo pacto magis, quam antè, pellucida : E contrario corpora ea quæ sunt maximè pellucida, poterunt, vel occultorum suorum meatuum evacuatione, vel partium suarum separatione, satis opaca evadere. Sic sales, vel charta madida, cum sint exsiccata ; vitrum cum in pulverem redactum sit ; aqua ipsa simul agitata cum oleo terebenthino, olivo, aliove aliquo liquore commodo, quocum illa non commiscebit se penitùs, opaca fiunt, &c.

Newton parle encore de la transparence & de l'opacité des corps dans cent autres endroits de son Optique, mais sur-tout dans la proposition 2e, & la proposition 4e de la partie troisieme du Livre second. M. Pluche a trouvé si raisonnable ce qu'il dit sur cette matiere dans la proposition que nous venons de rapporter presque en entier, & dans les deux que nous avons citées, qu'il en a donné la traduction presque littérale dans le 8e entretien du tome 4 du Spectacle de la Nature, depuis la page 127 jusqu'à la page 134. C'est là ce qu'il faut appeller un vrai plagiat, sur-tout de la part d'un homme qui avoit assuré quelques années auparavant dans son histoire du Ciel qu'on devoit donner à Newton le nom de Calculateur & de Géométre, & non pas celui de Physicien.

DIAPHRAGME. Le Diaphragme est un assemblage

de muscles nerveux, qui sépare la poitrine de l'estomac. Il est fait en forme de voute ; sa partie convexe regarde la poitrine & sa partie concave l'estomac. Y a-t-il contraction dans ces muscles ? le Diaphragme s'applatit ; y a-t-il dilatation ? le Diaphragme se releve. C'est dans l'article des *muscles* que l'on trouvera quelle est la cause physique de cette contraction & de cette dilatation successive.

DIASTOLE. Le mouvement de Diastole est un mouvement de dilatation. Cherchez *Cœur.*

DICHOTOME. Epithéte que nous donnons à la Lune, lorsque nous ne voyons que la moitié de son disque. La Lune est donc dichotome, lorsqu'elle est à sa premiere ou à sa seconde quadrature. Cherchez *Lune*.

DICHOTOMIE. Phase de la Lune dichotome.

DICTIONNAIRE. C'est un catalogue de tous les mots d'une langue, ou des principaux termes d'un art ou d'une science, avec leurs significations, rangés par ordre alphabétique. Cette sorte de livres ne manque pas dans le siécle où nous vivons : on pourroit l'appeller le siécle des *Lexicographes* ou des faiseurs de Dictionnaire ; il n'est presque point d'art, presque point de science qui n'ait le sien ; & je regarderois comme fort occupé un homme qui voudroit nous donner le *Dictionnaire des Dictionnaires*. Contentons-nous de faire connoître ceux qui peuvent être de quelque utilité à un Physicien ; ce sont les suivans.

DICTIONNAIRE ANATOMIQUE. Puisque la Physique a toujours été regardée comme l'introduction à la Medecine, suivant ce proverbe, *ubi incipit Medicus, ibi definit Physicus ;* il est bien difficile qu'un Physicien puisse se passer d'un Dictionnaire d'Anatomie. On pourra se servir utilement de celui que donna au public en 1753 M. Tarin Medecin. C'est un volume *in*-4°. qui ne contient que 208 pages, dont 101 sont pour le Dictionnaire, & 107 pour la Bibliothéque anatomique & phisiologique. Il a été imprimé à Paris, chez Briasson, Libraire, rue saint Jacques. Les Physiciens cependant qui sont à leur aise, feront bien de se procurer le grand Dictionnaire de Medecine ; celui de M. Tarin leur sera alors inutile.

DICTIONNAIRE DES ARTS ET DES SCIENCES, en 2 *volumes in*-4°. C'est peut-être le Dictionnaire où se trouvent les notions les plus sûres & les plus claires des termes qui ont rapport aux Mathématiques & à la Physique. On n'en sera pas surpris, lors qu'on connoîtra celui qui l'a donné au public ; c'est le sçavant P. Pezenas qui a enrichi la République Littéraire d'un si grand nombre de bons ouvrages. Tout homme de lettres, tout Physicien en particulier doit se le procurer avec d'autant plus d'empressement, qu'il pourra par-là se passer du grand Dictionnaire de Trévoux, dont celui-ci n'est quelquefois que l'abrégé. Il se vend chez la veuve Girard, Libraire d'Avignon, où il fut imprimé en 1754.

Dictionnaire des Fossiles. C'est un Dictionnaire imprimé en 1763, qui traite des Fossiles propres & des Fossiles accidentels. Par Fossiles propres, il faut entendre tout ce qui se tire du sein de la terre, comme les sables, les terres, les pierres, les sels, les soufres, les bitumes, les minéraux & les métaux. Par Fossiles accidentels, il faut entendre ce qui se trouve par hazard dans le sein de la terre, comme les coquilles fossiles, les pétrifications des animaux, & celles des végétaux terrestres & marins. L'Auteur du Dictionnaire des Fossiles est un homme très connu dans la République des Lettres ; c'est M. Bertrand, Membre des Académies de Berlin, de Gottingue, de Stokolm, de Florence, de Leipsick, de Mayence, de Baviere, de Lyon, de Nanci, de Bâle, & de la Société Œconomique de Berne. Voici en peu de mots le dessein de son Ouvrage dont il est bien difficile qu'un Physicien puisse se passer. Il range par ordre alphabétique le nom françois de tous les Fossiles : il y joint leurs noms latins, & souvent leurs noms allemans, anglois & italiens. Chaque chose est ensuite décrite par les caractéres les plus sensibles ; la classe, l'ordre, le genre & les espéces sont déterminés, s'il en est besoin. Quand il le juge nécessaire, il parle de l'origine des Fossiles, de leur nature & de leur formation. Lorsqu'il y a quelque chose de bien connu & de bien constaté sur l'usage de quelques-unes de ces substances, soit dans la medecine, soit dans les arts, il l'indique, mais toujours d'une maniere serrée & précise. En faveur de ceux qui desirent une connoissance plus détaillée, il indique les sources où les Auteurs qui ont traité la matiere plus au long ; & ces citations supposent dans M. Bertrand une érudition infinie, &

l'étude la plus réfléchie de cette partie de l'Histoire naturelle. En un mot le Dictionnaire dont nous parlons nous paroît nécessaire pour former avec choix, ranger avec ordre, ou visiter avec fruit un cabinet de Fossiles.

DICTIONNAIRE GÉOGRAPHIQUE. C'est un Dictionnaire où l'on trouve par ordre alphabétique la situation exacte de tous les Royaumes, Provinces, Villes, Bourgs, &c. des quatre parties du monde; les distances des pays les uns d'avec les autres, avec leur longitude & latitude. On comprend qu'un pareil Ouvrage doit faire partie de la bibliothéque d'un Physicien. Il seroit à souhaiter que tous ceux qui s'appliquent à l'étude de la nature, fussent à même de se procurer le grand Dictionnaire de la Martiniere. Mais comme les Sçavans ne sont pas en état de faire de grandes dépenses, ils pourront se servir avec fruit de celui de M. Vosgien, Chanoine de Vaucouleurs; ce n'est qu'un volume *in*-8°. de six à sept cens pages, auquel le Public a fait & devoit faire un très bon accueil.

DICTIONNAIRE DE MATHÉMATIQUE. Il y a trop de liaison entre la bonne Physique & les Mathématiques, pour que le Dictionnaire dont nous parlons, ne soit pas utile à un Physicien. En l'année 1691 M. Ozanam renferma dans un volume *in*-4°. ce que l'on peut regarder comme les Traités usuels des Mathématiques; & il donna à ce recueil le titre de *Dictionnaire de Mathématique*, parce qu'il le termina par une table alphabétique des termes expliqués dans ce livre. Le Dictionnaire que donna en 1753 M. Saverien, a rendu presque inutile celui de M. Ozanam; ce sont deux volumes *in*-4°. très remplis, très instructifs, très ornés de planches rélatives aux divers sujets. On lit dans la préface de cet Ouvrage qu'il a été composé avec tout le zéle possible. Cela est vrai, *disent les Journalistes de Trévoux, année* 1753, *pag.* 1176; nous en jugeons par les soins qu'a pris l'Auteur de consulter un nombre presque infini d'ouvrages, & par l'attention qu'il a eue d'indiquer ses sources..... Nous ne pouvons qu'inviter les Lecteurs, *continuent ces habiles Critiques*, à vérifier eux-mêmes cet éloge par l'usage fréquent & réfléchi de ce Dictionnaire. En l'examinant de fort près, nous avons trouvé de l'exactitude dans les analyses & de la fidélité dans les citations..... On doit à l'Auteur de sincéres actions de graces pour son travail & pour son zéle. Ce succès doit l'encourager à nous fournir l'occasion de parler souvent de lui & de ses talens.

DICTIONNAIRE DE PHYSIQUE. Ce Dictionnaire parut en un volume *in*-8°. au mois de Décembre de l'année 1758. Voici le jugement qu'en porta l'Auteur de l'Année littéraire, *pag.* 93 dans sa lettre dattée du 12 Mai 1759. (Ce n'est point ici, Monsieur, une de ces compilations informes, un de ces bizarres composés de piéces rapportées sans ordre, sans choix & sans goût, un de ces Dictionnaires enfin qui germent tous les jours dans les marais de la littérature ; c'est un cours de Physique sous la forme de Dictionnaire, un systême de matieres bien lié & assorti à la Physique regnante de *Newton*. Le but de l'Auteur a été de faire comprendre cette Physique aux personnes même qui n'ont aucune teinture de Géométrie & d'Algébre. Pour cela il n'employe jamais aucun terme sçavant ou peu connu qu'il n'en donne en même tems l'explication la plus sensible. Ce Dictionnaire n'a rien de commun avec plusieurs commentaires où l'on s'est flatté d'avoir mis Newton dans le plus grand jour. En effet pour lire ces commentaires avec fruit, il faut être grand Géométre & grand Algébriste ; & lorsque bien des Physiciens les ont lus, il leur reste dans l'esprit une infinité de doutes & de difficultés qui leur font regarder le systême du Philosophe anglois, au moins comme problématique. D'ailleurs la commodité qu'aura le Lecteur de trouver à l'instant l'explication d'une multitude de termes obscurs & de questions épineuses que l'on rencontre à chaque pas dans l'étude de la Physique Newtonienne, doit faire regarder ce Dictionnaire comme aussi nécessaire aux jeunes Philosophes, que le sont aux écoliers des classes inférieures les Dictionnaires qu'on leur met entre les mains. Cependant cette commodité paroît accompagnée de l'inconvénient qu'on reproche avec raison à tous les ouvrages de cette espéce qui traitent de sciences. Des matieres qui doivent avoir entre elles une liaison étroite, mises par ordre alphabétique, ne peuvent être que décousues. L'Auteur a senti ce défaut, & y a remedié d'une façon nouvelle & assez ingénieuse. Pour faire une espéce de *Tout* de parties si éloignées les unes des autres, il a donné dans le mot *Physique* la méthode d'apprendre cette ſcience avec le ſecours de ce ſeul livre ; & dans ſa Préface il préſente au Lecteur ſous un même point de vûe le ſyſtême phyſique qu'il a embraſſé ; c'eſt plutôt celui de *Newton* que celui des *Newtoniens*. Il faut lire cet Abrégé fait avec beaucoup de clarté, & qui, pour être entendu, ne demande qu'une conception ordinaire. L'Auteur a puiſé dans les meilleures ſources, telles que les Principes & l'Optique de *Newton*, les Principes de *Deſcartes*, les Commentaires ſur *Newton* des Peres *le Seur & Jacquier Minimes*, les Inſtitutions Newtonienes de M. l'Abbé *Sigorgne*, les Mémoires de l'Académie des Sciences, les Analyſes de pluſieurs queſtions de phyſique que l'on trouve dans les Journaux, la Phyſique du P. *Fabri Jéſuite*, celle de M. *Deſaguliers*, les Digreſſions phyſiques que le P. *de Chales Jéſuite* a inſérées dans ſon Monde Mathématique, les Leçons de phyſiques de *Privat de Molieres*, les Ouvrages de M. de *Mairan*, & ſur-tout ſes Traités de l'Aurore boréale & de la Glace, les leçons phyſiques & l'Electricité de l'Abbé *Nollet*, les Élémens de l'Abbé *de la Caille*, le Spectacle de la Nature & l'Hiſtoire du Ciel de M. *Pluche*, les Entretiens phyſiques du P. *Regnault Jéſuite*, & ſon Ouvrage ſur l'origine ancienne de la Phyſique moderne, &c. C'eſt d'après tous ces Auteurs qu'a été compoſé avec intelligence le Dictionnaire dont nous parlons. J'en ai lu pluſieurs articles qui m'ont paru très intéreſſants & travaillés avec ſoin. Ma curioſité s'eſt d'abord portée ſur celui des Cométes, par rapport à celle qu'on obſerve actuellement ; tout ce que l'Auteur dit à ce ſujet eſt intéreſſant. Je ſuis, &c.

Les Journaliſtes de Trévoux, dans le Journal de Juillet 1759, *pag.* 1855, ne traitent pas d'une maniere moins favorable le Dictionnaire de Phyſique portatif. Ces Auteurs, après avoir déclaré qu'ils ne prennent aucun parti entre Deſcartes & Newton, parlent de la ſorte : (le Dictionnaire que nous annonçons eſt excellent pour tout le monde. D'abord il procéde par une Préface où tous les principes Newtoniens ſont fort bien expliqués en neuf articles qu'on appelle des *vérités*. Enſuite les détails du livre ſont, comme il convient à un livre élémentaire, bien préſentés, bien dégagés de toute diſcution trop ſçavante, bien fondés ſur ce qu'on a dit de meilleur en faveur de la Phyſique moderne. Pour profiter de cette nomenclature, il faut commencer par lire l'article *Physique* : on trouve, sous ce mot, l'ordre des connoissances qu'il faut acquérir avec la succession des idées qu'il est bon de recueillir du Dictionnaire même. On fera une attention particuliere aux articles *Cométe*, *Copernic*, *Couleurs*, *Dureté*, *Electricité*, *Etoile*, *Flux & reflux de la mer*, *Calendrier*, *Logarithme*, *Lumiere*, *Matiere*, *Mouvement*, *Son*, *Tourbillon*, *Tremblement de terre*, *&c.* & en général tout le livre mérite d'être entre les mains de tous les Éleves de Physique. Comme il y aura sans contredit d'autres éditions de cet Ouvsage, on y ajoutera quantité d'articles sur-tout celui de *Répulsion*........ En général on peut assurer que l'Auteur a fort bien analysé ses idées ; que son livre est méthodique, instructif, suffisamment orné de figures & du style le plus analogue au sujet.

Lorsque ce Journal parut, la seconde édition du Dictionnaire portatif de Physique étoit sous presse. J'eus égard à l'avis qu'on me donnoit ; & non-seulement je parlai des loix de Répulsion, mais encore je fis à mon livre des augmentations très considérables. C'est de cette seconde édition que parle M. de Voltaire dans la lettre qu'il me fit l'honneur de m'écrire du château de Ferney, le 16 Novembre 1765. La voici mot par mot. *Je recevrai avec beaucoup de reconnoissance, Monsieur, les livres que vous me faites l'honneur de m'envoyer. Un de vos confréres nommé Mr. Adam, qui a été long-temps Professeur à Dijon, & qui demeure chez moi, m'a parlé de votre Ouvrage, comme ce qu'on a écrit de plus instructif sur la Physique depuis long temps. Je connaissais déja votre nom qui est célèbre parmi les Sçavants. Je voudrais pouvoir vous témoigner l'obligation que je vous ai. Je vous prie en attendant de vouloir bien recevoir mes remerciements, & les sincéres assurances de l'estime respectueuse avec laquelle j'ai l'honneur d'être, Monsieur, votre très humble & très-obeissant serviteur. Voltaire.* Cette lettre est en réponse de celle que j'écrivis à M. de Voltaire, lorsque je fus informé qu'il avoit demandé mon Dictionnaire à l'Imprimeur qui en a fait l'édition.

Ces suffrages accordés à mes premiers essais, m'engagerent à donner au public en 1761 un corps entier de Physique, en forme de Dictionnaire, en trois volumes *in-quarto*. Cet Ouvrage contient comme trois parties, la la partie Mathématique, la partie Physique & la partie Historique. Nous renvoyons le Lecteur à ce qu'en disent les feuilles périodiques de l'année 1762; il seroit trop long d'en faire ici l'extrait.

Enfin la seconde édition du Dictionnaire portatif de Physique étant épuisée, & me voyant obligé de travailler à une troisieme, j'ai cru devoir la donner en deux volumes *in octavo*. Voyez dans la préface de ce premier volume les raisons qui m'y ont engagé.

DICTIONNAIRE RAISONNÉ DES SCIENCES, DES ARTS ET DES MÉTIERS, OU DICTIONNAIRE ENCYCLOPÉDIQUE. Exposer l'ordre & l'enchaînement des connoissances humaines; présenter sur chaque Science & sur chaque Art, soit libéral, soit mécanique, les principes généraux qui en sont la base, & les détails les plus essentiels qui en font le corps & la substance; c'est là le vaste, le magnifique projet d'une *Encyclopédie*. Ce projet fut imaginé & donné au public, il y a près de deux siécles, par l'illustre Chancelier Bacon. Ce grand Homme nous a laissé un arbre *encyclopédique*, où se trouve la division générale de la science humaine en *Histoire*, *Poésie* & *Philosophie*, selon les trois facultés de l'entendement *Mémoire*, *Imagination* & *Raison*.

Vers le milieu du dernier siécle, Jean-Henri Alstédius donna au public 4 volumes *in-folio* latins qu'il regardoit comme l'exécution du vaste projet de Bacon. Alstédius, après avoir fait connoître, au commencement de son premier volume, qu'il possedoit en perfection ce qu'on appelle *langues sçavantes*, traite de la *Grammaire*, de la *Rhétorique*, de la *Logique*, de l'*Art oratoire* & de l'*Art poétique*. Son second volume contient la *Métaphysique*, la *Pneumatique*, la *Physique*, l'*Arithmétique*, la *Géométrie*, la *Cosmographie*, l'*Astronomie*, la *Géographie*, l'*Optique* & la *Musique*. Il parle dans son troisiéme volume de la *Morale*, de l'*Œconomique*, de la *Politique*, de la *Scholastique*, de la *Théologie*, de la *Jurisprudence*, de la *Medecine*, de la *Mécanique générale & particuliere*, *physique* & *mathématique*. Il donne enfin dans son quatriéme volume les regles de la *Mémoire artificielle*, de l'*Histoire*, de la *Chronologie*, de l'*Architecture* & de la *Critique*. Tout ce qu'on peut dire de cette Encyclopédie, c'est que, si le projet de Bacon eut pu être mis à exécution par un seul homme, dans un tems où la plupart des ſciences étoient encore au berceau, Alſtédius en ſeroit venu à bout ; c'étoit peut-être le plus ſçavant homme de ſon ſiécle.

Enfin il y a une vingtaine d'années que quelques gens de lettres, réunis en ſociété, annoncerent au monde ſçavant, qu'ils alloient exécuter dans tous ſes points le projet de Bacon, ſous le titre d'*Encyclopédie*, ou de *Dictionnaire raiſonné des Sciences*, *des Arts & des Métiers* en 17 volumes *in-folio*, ſans y comprendre pluſieurs volumes de planches dans le même *format*. Les 7 premiers volumes de ce Dictionnaire furent livrés en effet, entre les années 1751 & 1757, & les dix derniers volumes ont été livrés au commencement de l'année 1766. Il y a de très bonnes choſes dans la partie mathématique & dans la partie phyſique de cet Ouvrage, lorſque les points qu'on y traite n'ont aucun rapport direct ou indirect avec la Religion & les bonnes mœurs. Mais en général peut-on conſeiller la lecture de ce Dictionnaire à tout homme qui aime la Religion, l'honneur, la Patrie & le Roi ? L'on en jugera par les anecdotes ſuivantes ; elles ſerviront à quiconque voudra faire l'hiſtoire de ce livre trop fameux & trop digne de l'être.

Nous ne dirons rien ici de nous-mêmes. Cet article ne ſera qu'un extrait ſuccint & fidéle des arrêts du Conſeil & des Parlements, des comptes rendus des Gens du Roi, des mandements des Evêques, &c. Entrons dans le détail le plus vrai, le plus intéreſſant & le plus impartial.

Le 7 Janvier 1752, c'eſt-à-dire, quelques mois après que les deux premiers volumes de l'Encyclopédie eurent paru, le Conſeil d'état du Roi, Sa Majeſté y étant, rendit un arrêt qui ſupprima ces deux volumes. On y lit en termes exprès que Sa Ma eſté a reconnu qu'on a affecté d'y inſérer pluſieurs maximes *tendantes à détruire l'autorité royale*, *à établir l'eſprit d'indépendance & de révolte*, *& ſous des termes obſcurs & équivoques*, *à élever le fondement de l'erreur*, *de la corruption des mœurs*, *de l'irréligion & de l'incrédulité.* En conſéquence M. de Malezerbes chargé du détail de la librairie, ſe rendit chez l'Imprimeur de cet Ouvrage, & en fit enlever tous les exemplaires qui s'y trouverent ; ce Magiſtrat les fit dépoſer à la Baſtille pour être mis à néant.

En l'année 1757 parut le ſeptiéme volume de l'Encyclopédie. M. l'Archevêque de Paris, Christophe de Beaumont, dont les vertus & les éminentes qualités sont autant l'ornement de l'Episcopat, que l'édification du monde chrétien, l'examina avec la sollicitude d'un pere qui craint pour des enfans qu'il aime, le plus grand de tous les malheurs. Il sentit tous les maux qu'alloient faire ce septieme volume & les six autres qui le précédoient; il perdit l'espérance qu'il avoit eue jusqu'alors de voir rentrer en eux-mêmes ceux qui en sont les Auteurs; il se hata d'arracher l'Encyclopédie des mains des Fidéles, & de les garantir par un très beau Mandement qui en défend la lecture, de l'air contagieux & pestiféré qu'elle exhale.

A peine le Mandement de M. l'Archevêque de Paris eut-il été publié, que M. Joly de Fleuri, déféra l'Encyclopédie aux Chambres assemblées, comme le livre peut-être le plus pernicieux qui eut encòre paru. Son Réquisitoire est un chef-d'œuvre d'éloquence; il y donne les preuves les plus éclatantes de respect pour la Religion, d'attachement au Roi, & de zéle pour les intérêts de l'Etat. Ce Réquisitoire fut suivi d'un arrêt du Parlement qui supprima les 7 premiers volumes de l'Encyclopédie avec toutes les qualifications qu'elle mérite, & qui en défendit la continuation. Les Encyclopédistes ont paru obéir jusqu'en l'année 1766.

Le 8 Mars 1759, le Roi, par un arrêt de son Conseil, révoqua les Lettres de privilége que les Encyclopédistes avoient obtenues, 13 ans auparavant, pour l'impression de leur Dictionnaire. Sa Majesté y dit en termes exprés, que *les Auteurs dudit Ouvrage abusant de l'indulgence qu'on avoit eue pour eux, ont donné cinq nouveaux volumes qui n'ont pas moins causé de scandale que les premiers, & qui ont même déja excité le zéle du ministère public de son Parlement.* Elle ajoute que *l'avantage qu'on peut retirer d'un ouvrage de ce genre pour le progrès des sciences & des arts, ne peut jamais balancer le tort irréparable qui en résulte pour les mœurs & la Religion : que d'ailleurs quelque nouvelles mesures qu'on prît pour empêcher qu'il ne se glissât dans les derniers volumes des traits aussi repréhensibles que dans les premiers, il y auroit toujours un inconvénient inévitable à permettre de continuer l'ouvrage, puisque ce seroit assurer le débit non-seulement des nouveaux volumes, mais aussi de ceux qui ont déja paru*, *&c.* C'est sur ces motifs & sur plusieurs autres qui sont énoncés dans l'arrêt du Conseil dont nous parlons, qu'a été fondée la révocation qu'a fait le Roi du Privilége qu'il avoit accordé aux Encyclopédistes, le 21 Janvier 1746, pour l'impression de leur Dictionnaire.

Le 21 Novembre 1759, M. l'Évêque de Lodéve, Jean-Felix-Henri de Fumel, dont nous avons fait le caractére à l'article *Dieu*, publia un Mandement dans lequel, après avoir pris l'avis de plusieurs personnes éminentes en science & en vertu, le saint nom de Dieu invoqué, il condamne l'Encyclopédie comme *contenant une doctrine abominable, renfermée dans des systémes impies, pervers & séditieux; comme tendant à détruire les fondemens de la Religion chrétienne; comme favorisant l'Athéisme, le Déisme, le Matérialisme & tout systéme d'incrédulité; comme renversant la loi naturelle; comme détruisant la liberté de l'homme; comme anéantissant les notions primitives du juste & de l'injuste; comme propre à troubler la paix des États, à révolter les Fidéles contre l'Eglise, les sujets contre l'autorité & la personne même du Souverain; enfin comme contenant des propositions respectivement fausses, scandaleuses, injurieuses à l'Eglise & à ses Ministres, contraires à la soumission & au respect dû aux Puissances, impies, blasphématoires, erronées & hérétiques.* En conséquence M. l'Evêque de Lodéve défend très expressement à toutes personnes de son diocése de lire ou retenir ledit livre sous les peines de droit, se réservant le pouvoir d'absoudre ceux & celles qui contreviendront à cette défense. Le même Evêque publia le 13 Octobre 1765 un Mandement où sont renouvellées contre le *Dictionnaire encyclopédique* les condamnations, défenses, peines & réserves portées par son Mandement du 21 Novembre 1759.

Le 23 Janvier 1764, M. l'Archevêque d'Auch, Jean-François de Montillet, dont tout le monde connoit la religion, le zéle & la science, adressa au Clergé séculier & régulier de son Diocése une Lettre pastorale dans laquelle il parle ainsi de l'Encyclopédie, *pag. 22 & 23 de l'édition in-12 : Là tous les nouveaux systémes sont en honneur, ceux même qui dégradent la dignité de l'Être suprême; ceux qui avilissent, qui anéantissent la belle portion de nous-mêmes, qui est le principe de nos pensées ; ceux qui sont les plus destructifs de tout principe d'un bon gouvernement.... En vain les intérêts de la police & ceux du bien public : en vain le zéle du bon ordre & de la Religion ont-ils reclamé & reclament-ils encore la suppression de ces sources empoisonnées ; en vain l'Egise & la Magistrature se réunissent contre ce redoutable concert d'une société de Mécréans, l'Encyclopédie.... a son cours.... Les Auteurs sont en honneur ; ils bravent toute Autorité avec autant de hauteur, que d'insolence ; leurs censeurs ne sont que des enthousiastes séduits par une déraisonnable crédulité, des hommes simples dignes de mépris & de pitié, chargés de ridicule dans les cercles ; c'est le ton, c'est le langage du tems ; ainsi l'irréligion triomphe & la vraie piété périt.*

En 1765 les Archevêques & Evêques députés du Clergé de France, & assemblés à Paris dans le Couvent des grands Augustins, après un mur examen, & le saint nom de Dieu invoqué, condamnerent tous les Ouvrages qui avoient été faits dans ces derniers tems contre la Religion chrétienne, la régle des mœurs, & les principes de l'obéissance qui est dûe au Souverain ; ils condamnerent en particulier le *Dictionnaire encyclopédique*, comme contenant des *Principes respectivement faux, injurieux à Dieu & à ses augustes attributs ; favorisant l'Athéisme, pleins du poison du Matérialisme ; anéantissant la régle des mœurs ; introduisant la confusion des vices & des vertus ; capable d'altérer la paix des familles, d'éteindre les sentimens qui les unissent ; autorisant toutes les passions & les désordres de toute espéce ; destructif de la révélation ; tendant à inspirer du mépris pour lés Livres saints, à renverser leur autorité, à dépouiller l'Eglise du pouvoir qu'elle a reçu de* JESUS-CHRIST*, & à décrier ses Ministres ; propre à révolter les sujets contre le Souverain, à fomenter les séditions & les troubles ; scandaleux, téméraire, impie, blasphématoire, & aussi offensant pour la Majesté Divine, que nuisible au bien des Empires & des Sociétés.* En conséquence lesdits Archevêques & Evêques défendirent, sous les peines de droit, à tous les Fidéles confiés à leurs soins, de lire ou de retenir l'*Encyclopédie* & autres livres de cette nature, les exhortant à se souvenir que cette défense est moins une précaution salutaire, qu'un avertissement nécessaire sur un devoir essentiel de leur Religion ; que celui qui aime le péril, y périra ; & que c'est déja se rendre coupable de péché, que de se permettre même, par un simple motif de curiosité, des lectures capables d'éteindre la foi, de corrompre les mœurs & d'altérer la tranquillité de l'État.

Au commencement d'Avril 1766, malgré la défense du Roi, les arrêts de ses Cours, la condamnation du Clergé de France, l'on a vu paroître les dix derniers volumes de l'Encyclopédie. Comme ils sont encore plus mauvais que les sept qui les précédent, le Roi en a fait tout de suite défendre la distribution. Il a fait arrêter & conduire à la Bastille les différents Imprimeurs & Libraires, chez qui on a trouvé cet Ouvrage abominable.

Ce n'est ni par haine, ni par ressentiment contre les *Encyclopédistes*, que j'ai écrit ces choses. Mon but a été de justifier l'Eglise qui les a anathématisés, le Gouvernement qui les a abandonnés, les Magistrats qui en ont fait justice. Je souhaite même de tout mon cœur qu'après avoir sévi contre leur Ouvrage, ils ne sévissent pas contre leur personne, & qu'ils ne vengent pas d'une maniere exemplaire le mépris qu'ils ont fait de l'ordre de leur Souverain, en faisant paroître, au grand scandale de tous les gens de bien, les dix derniers volumes de l'Encyclopédie.

Remarque. Quelqu'un peut-être regardera-t-il comme hors d'œuvre tout ce que nous venons de dire dans cet article. Mais qu'il prenne garde que ce jugement précipité n'ait pour cause un attachement secret aux maximes impies & séditieuses que l'on a répandues dans le Dictionnaire encyclopédique. En effet obligés de parler d'un livre où l'on a traité la Physique avec la plus grande étendue, pouvions-nous nous empêcher d'en faire connoître le venin à ceux entre les mains de qui il doit naturellement tomber ? D'ailleurs ce qui a rapport à la Religion, peut-il être hors d'œuvre dans un tems où nos prétendus Philosophes sément l'irréligion dans les ouvrages qui en paroissoient le moins susceptibles ?

DIEU. C'est l'Être infiniment parfait. Une Physique où l'on n'auroit jamais recours à la Divinité, seroit une Physique Épicurienne. Rien donc n'est moins hors d'œuvre dans un Ouvrage comme celui-ci, qu'un article destiné à faire connoître l'Être suprême, & à rassembler les démonstrations Physiques de son existence éternelle & nécessaire ; les impies de ce siécle ne cherchent que trop dans leurs infames productions à dégrader & à obscurcir une idée que le Tout-puissant a gravée dans l'esprit & dans le cœur de tous les hommes avec des caractéres ineffaçables. C'est pour fournir à mes Lecteurs des armes victorieuses contre les efforts insensés de l'impiété & du libertinage, que je vais mettre de suite, & sous un même point de vûe, tout ce qu'a dit sur la Divinité M. le Cardinal de Polignac dans son ouvrage contre Lucréce, & tout ce qu'a publié depuis l'année 1759 contre les Sectateurs de cet infame Poéte M. l'Evêque de Lodéve Jean-Felix-Henri de Fumel. Des adversaires si redoutables devoient avoir pour vainqueurs deux Prélats d'un mérite si distingué. Le premier confond les Athées qui ont l'impudence de marcher, pour ainsi dire, tête levée ; le second ne démontre que trop sensiblement que les prétendus Philosophes de nos jours sont les plus zélés défenseurs du monstrueux systéme de l'Athéisme. Entrons en matiere avec confiance ; nous marchons après des Guides trop éclairés, pour qu'il soit possible de nous égarer.

A la vûe des richesses que nos yeux découvrent au sein de la mer, dans les entrailles & sur la surface de la terre, dans l'immense étendue des cieux, reconnoissons, *dit M. le Cardinal de Polignac*, l'inépuisable fécondité d'un Créateur tout puissant. Quelle est la source de ces immenses trésors, la cause de tant de merveilles ? Seroit-ce la Nature ? Mais qu'entendez-vous par ce terme ? Est-ce un être primitif, une intelligence souveraine dont les soins prévoyants s'étendent à toutes les parties de l'Univers ? En ce cas nous sommes d'accord ; la nature est le Dieu même à qui nous devons rendre hommage. Est-ce la matiere ? Mais la matiere est une substance impuissante, passive, privée de sentiment & de raison. Esclave des loix immuables qu'elle suit, elle obéit aux impressions d'une force étrangere. Comment de si sçavantes productions seront-elles l'effet d'un principe aveugle, qui ne peut se proposer un but, ni faire choix des moyens, incapable en un mot de réflexion, de raisonnement, de volonté. Si quelque Intelligence n'eut mis en œuvre toutes les parties de la matiere, & ne les eut arrangées avec discernement, ce n'auroit jamais été qu'un cahos, qu'une masse informe & sans ordre. Ferez-vous le hazard auteur de ce monde ? Ah ! je ne veux, pour vous confondre, que vous présenter une de ces coquilles que vous foulez aux pieds. Daignez-en ramasser une. Quoi de mieux tourné que ses dehors ? Quelle grace, quelle délicatesse dans son contour ! Que de spirales regulierement décrites par ces plis qui reviennent sur eux-mêmes ! Voyez ce labyrinthe d'anneaux qui s'élévent sur la surface, ces légers sillons qui les séparent & leur donnent du relief. Considerez le dedans ; c'est la demeure d'un vil animal : mais quelle porcelaine est plus luisante, est polie avec plus d'art ? Quelle varieté, quelle harmonie dans ses nuances ! L'or, le fer, l'azur éclatent entremêlés de pourpre Une coquille n'est pas donc l'ouvrage du hazard. Oseriez-vous le faire auteur des animaux ?

Contemplez-en la multitude qui vous environne. Dignes objets de vos études, les plus petits d'entre eux vous offrent des merveilles sans nombre, & vous démontrent l'existence d'une Intelligence suprême. L'œuf de ce ver à soye qui doit changer de forme trois fois en un an, renferme plus d'art & de travail que les murs de Babylone. Toute la science du Lycée, toute la force du plus puissant des peuples, tout le pouvoir du plus absolu des Rois échoueroit dans la formation de cet œuf, en apparence si méprisable. Je sçais que l'état des choses corporelles, tel que nous le voyons, ne sort pas de l'ordre des combinaisons possibles ; mais en conclure que c'est l'ouvrage du hazard, ce seroit avancer la plus grande des absurdités. Que penseriez-vous d'un homme qui vous soutiendroit de sang froid que les seules loix du mouvement ont, à l'insçu d'Homére, produit la fameuse Iliade, ou que l'Enéide est un assemblage fortuit de vers, formés chacun par un arrangement fortuit des caractéres de l'Alphabet ? Cependant quoique ces célébres ouvrages annoncent une plume sçavante, un génie sublime, il n'est pas métaphysiquement impossible qu'ils ayent été le résultat de l'une de ces liaisons sans nombre dont les lettres sont susceptibles. Appliquons ce raisonnement aux corps des animaux. La situation de leurs membres divers n'a rien que de naturel. La place occupée par chacun d'eux est une de celles que le hazard auroit absolument pu leur donner. Toutefois la raison ne nous permet pas de croire qu'ils soient ainsi disposés, sans avoir été destinés par une intention spéciale à l'espéce de fonction qu'ils remplissent si parfaitement. Dans l'origine des animaux nous voyons donc des traits d'une Intelligence dont la puissance égale la sagesse.

Mais où elle paroit sur-tout cette Intelligence, c'est dans la création de l'homme que nous devons regarder comme le chef-d'œuvre sorti des mains de l'Être suprême. Ne nous arrêtons pas à admirer combien magnifique est la structure de son corps ; entrons dans le détail de tout ce qu'il est capable d'exécuter.

Habile Astronome, il mesure la vaste étendue des Cieux ; il pése les astres qui roulent sur sa tête ; il détermine les orbites qu'ils décrivent ; il prédit combien de fois dans l'espace de mille ans la Lune & le Soleil doivent être obscurcis, & il consigne ses prédictions dans des fastes dont la vérité est toujours confirmée par l'événement.

Physicien attentif, il décompose les mixtes ; il tire le sel, le soufre, le sable, les liqueurs qu'ils renferment ; il en désunit ou rejoint à son gré les principes ; & fabriquant des corps artificiels, il imite, souvent même il réforme l'ouvrage de la nature. Nouveau Prométhée, il dérobe impunément le feu céleste ; il rassemble au foyer d'un verre les rayons du Soleil ; & forçant, pour ainsi dire, l'astre du jour à descendre sur la Terre, avec ces flammes adroitement surprises il liquéfie les métaux. Pour seconder les efforts de ses yeux, il fabrique selon les loix d'une sçavante théorie des instruments dont l'utile concours, en donnant plus d'étendue à l'image d'un objet, l'éclaircit & le rapproche. A l'aide d'un microscope, il pénétre même dans l'intérieur des corps ; il en démêle les parties imperceptibles, & il contemple avec surprise les merveilles de la nature.

Législateur & Philosophe, il établit des régles de conduite ; il cherche en quoi consiste le bonheur, & il propose les moyens d'atteindre à ce but. S'il sçait discerner le vrai d'avec le faux, il connoit aussi la différence du juste & de l'injuste, du vice & de la vertu. De l'utile & de l'agréable il distingue ce qui nuit & ce qui déplaît. Il approuve & condamne, désire & craint, se livre à la haine, à l'amour, à l'amitié. Capable de revenir sur ses pas, de soumettre à sa propre censure & ses opinions

& ses volontés, il peut remarquer ses erreurs, appercevoir ses défauts & se corriger.

Enfin supérieur à la portion de matiere qui lui est associée, l'esprit fait jouer à son gré tous les ressorts de cette merveilleuse machine. Il ordonne, & sur le champ les pieds & les mains obéissent; dociles à ses moindres desirs, les yeux se tournent vers l'objet qu'il veut appercevoir; tous les muscles, tous les organes se mettent en action. Je parle, je proméne, je remue le bras, & c'est par ma volonté seule, sans le secours d'aucune impulsion extérieure, que s'opérent ces mouvements qui se communiquent ensuite à d'autres corps.

Tous les êtres publient donc la gloire d'un Créateur intelligent. L'homme, le chef-d'œuvre sorti de ses mains; ces planétes dont le Soleil est le centre & le flambeau; ces étoiles sans nombre que la nuit découvre à vos regards; tout ce qui vit ou végéte sur la terre; tout ce que ses entrailles renferment de sucs & de mineraux; les cailloux mêmes, ces corps brutes où réside ce feu semblable à celui du Soleil; ce sont autant de voix éclatantes dont le concert unanime rendit hommage à la Divinité dès la naissance du monde; ce sont autant de démonstrations physiques de l'existence de l'Être par excellence. Que je voudrois qu'il me fut permis de présenter avec la même étendue les démonstrations morales de la même vérité! Je ne manquerois pas de faire remarquer que s'il n'existe pas un Être souverain qui par des loix équitables mette un frein aux passions des hommes, dès lors il n'est plus de justice; les mœurs n'ont plus de régle; le bien & le mal seront confondus; l'opinion seule en décidera; toutes les actions des hommes considérées en elles-mêmes ne mériteront ni louange ni blame; nulle différence entre sauver son pere & lui plonger le poignard dans le sein. Je frémis en rapportant ces affreuses conséquences, & je frémis encore plus en pensant que les prétendus Philosophes les nient du bout des levres, & les accordent sans peine au fond de leur cœur.

De tout ce que nous avons dit jusqu'à présent, tirons-en une preuve sans replique de l'existence de Dieu. Il existe des créatures, des êtres contingens, des êtres qui pouvoient exister ou ne pas exister; donc il existe un Créateur, un Être nécessaire, un Être qui est la source de l'être, dont l'essence est d'exister par lui-même. En effet de qui ces êtres contingents auroient-ils reçu l'existence? Du néant; mais le néant n'est rien, ne contient rien, ne produit rien : du hazard; mais le hazard n'est qu'un mot, ou plutôt le hazard n'est que le néant : d'eux-mêmes; mais ils ne seroient pas créatures, ils existeroient nécessairement, on ne les verroit pas commencer, s'altérer, disparoître & finir malgré eux; des êtres qui ont pu se tirer du néant, pourroient bien sans doute s'empêcher d'y rentrer; donc le monde, tel qu'il est, nous fournit une démonstration sans replique de l'existence d'un être nécessaire, & par conséquent de l'existence d'un Dieu. C'est ainsi qu'il faut attaquer les impies qui ne rougissent pas de professer ouvertement l'athéisme. Mais il est des Athées encore plus dangereux, connus dans ce siécle sous le nom d'*esprits forts*, ou de *Philosophes*. Il étoit réservé à l'illustre Evêque de Lodéve de les confondre en les démasquant, & de leur démontrer que leur systéme sacrilége ne conduit à rien moins, qu'à faire révoquer en doute l'existence de celui que l'homme doit regarder comme son seul principe & son unique fin. Voici comment s'exprime ce nouvel Athanase dans le Mandement qu'il publia vers la fin de l'année 1759.

Il y a un Dieu. Cette vérité, dit-il, *pag.* 14 *& suivantes*, dont l'évidence saisit l'homme le moins intelligent, cette vérité que les Philosophes de la gentilité, frappés de la beauté des cieux & de leur harmonie publioient hautement; cette vérité qu'on ne peut nier sans démentir le témoignage de tout l'univers si on n'ose pas la contester ouvertement, on ne craint pas de la rendre problématique; si on n'attaque pas directement la Divinité, on lui refuse ses perfections infinies, on la prive de ses attributs essentiels, on méconnoit presque tous les droits de cet Être suprême. Demandez à l'Auteur des Pensées philosophiques, *qu'est ce que Dieu? C'est*, dit-il, *une question à laquelle les Philosophes ont bien de la peine à répondre.* Sentez-vous tout le venin de cette réponse? Toutes les notions qu'on donne de Dieu sont donc pour le moins insuffisantes ou obscures, si elles ne sont pas fausses au jugement de nos Philosophes. Si vous en doutez, écoutez comment ils blament la méthode dont on se sert dans le christianisme, pour inculquer aux enfans la connoissance de Dieu. *A peine un enfant entend il*, dit le même Auteur, *qu'on lui inculque cette importante vérité d'une maniere à la décrier un jour au tribunal de la raison.* C'est donc une témérité dangereuse dans les Ministres de l'Eglise d'apprendre aux Néophites que Dieu est un esprit infiniment parfait, c'est-à-dire, infiniment saint, infiniment bon, juste, sage, puissant, immense, immuable, éternel, unique, indépendant, existant par lui-même, seul incrée, seul créateur, conservateur du ciel & de la terre, des choses visibles & invisibles. C'est donc une coupable indiscrétion à un maître des sciences de faire remarquer à ses éleves dans Ciceron que Dieu est un esprit pur, sans mêlange, dégagé de toute matiere corruptible, qui connoit tout & qui meut tout. C'étoit donc une hardiesse insoutenable dans S. Paul d'entreprendre de donner aux Athéniens une idée de Dieu, à qui ils avoient consacré un autel dans leur Temple, & qu'ils adoroient sans le connoître. Quoi donc ces idées de la Divinité si grandes, si étendues, si magnifiques, si universellement reconnues dans le monde, si propres à faire son éloge, si capables de lui attirer les hommages, les respects, les adorations & les vœux des mortels, ces idées qu'on prend soin de graver de bonne heure dans l'esprit des enfans, pour leur faire connoître, servir & aimer le Seigneur, ces idées de Dieu puisées dans les ouvrages des Sçavants de l'antiquité, dans les expressions des Auteurs sacrés, des Conciles & des Peres ne serviroient qu'à *décrier la plus importante de toutes les vérités au tribunal de la raison?* L'auriez-vous pu soupçonner que jusqu'au dix-huitieme siécle, on ne devoit point s'appercevoir de cet égarement de la raison sur l'essence de la nature divine.

Mais ne vous y trompez pas; ce n'est pas sans motif qu'on veut jetter du doute & répandre de l'obscurité sur des définitions aussi claires, aussi naturelles & aussi relatives à leur objet. Ce préliminaire est nécessaire pour combattre avec plus de sureté l'existence de Dieu, sans la nier ouvertement. N'est-ce pas en effet détruire la Divinité, de la rendre tellement invisible, que toute la sagacité des plus habiles Philosophes suffit à peine pour la découvrir, ou de la dépouiller de ses perfections adorables & de ses attributs infinis? La droite raison traçat-elle jamais à l'homme l'image de la Divinité, telle que nous la représentent nos prétendus Sages, renfermée au dedans d'elle-même, occupée d'elle seule, dans l'indifférence, dans l'inaction, n'étant le principe de rien, trop parfaite pour daigner créer des êtres imparfaits, encore moins pour s'occuper d'eux, trop impuissante pour tirer quelque chose du néant ? On craint de la deshonorer, en l'envisageant comme la cause premiere & nécessaire de tout être. On ne craint point d'avancer que le monde existe par lui-même; que tout au plus la matiere doit à Dieu un principe de force; que tous les élémens qu'elle renfermoit, agités par cette premiere impulsion, en cherchant à se placer dans l'equilibre & l'ordre physique, ont formé sans le secours d'aucune intelligence, l'ordre, la varieté, & la beauté du spectacle de l'univers.

Nous l'avouons, si c'est-là notre Dieu, il faut avoir l'esprit aussi pénétrant que nos Philosophes, pour le reconnoître à des traits si grossiers. Pourrions nous donc trop nous élever contre cette Divinité phantastique, forgée dans l'enthousiasme d'un esprit égaré. Un Dieu aveugle, muet & sourd, comme ces simulacres des nations, fabriqués par les mains des hommes, n'est point notre Dieu. Les idolatres déifioient leurs vices, plutôt que de renoncer à avoir des Divinités; & nos Philosophes, pour favoriser les vices, anéantissent ou abrutissent leur Dieu. Voyez plusieurs autres lambeaux des ouvrages de M. l'Évêque de Lodéve aux articles qui commencent par les mots *Matérialisme*, *Philosophie*.

DIFFRACTION. C'est l'inflexion des rayons de lumiere. Vers l'an 1660, le P. de Grimaldi Jésuite éprouva que la lumiere étoit non-seulement capable de réfraction & de reflexion, mais encore de diffraction ou d'inflexion, c'est-à-dire, il éprouva qu'un rayon quelconque de lumiere ne pouvoit pas passer près d'un corps solide, sans s'approcher sensiblement de ce corps & se détourner visiblemunt de son chemin. En l'année 1715 M. Delisle le cadet éprouva la même chose de la part d'un rayon solaire introduit dans la chambre obscure; il se servit même très à propos de cette expérience pour expliquer un phénoméne très difficile, le voici. Dans l'éclipse de Soleil de l'année 1715 tous les Astronomes observerent que dans le tems de l'obscurité totale, le bord de la

Lune parut environné d'un anneau clair, qui se distinguoit du reste de l'air qui n'étoit éclairé que très foiblement. Cet anneau pouvoit avoir trois minutes de largeur. Ce même phénoméne avoit paru en 1706 dans l'éclipse totale de Soleil qui fut observée à Montpellier par un grand nombre d'Astronomes.

L'expérience de la diffraction de la lumiere est trop conforme au systéme de Newton, pour que cet Auteur n'en ait pas tiré parti. Qu'on lise les observations 5, 6, 7, 8, 9 & 10 du 3e livre de son Optique, & l'on verra avec quel soin il l'a répétée. Il attribue cet effet à l'attraction que les corps sensibles exercent sur les rayons de lumieres. Voici comment il parle dans sa premiere question. *Annon corpora agunt in lumen, interjecto aliquo intervallo; quâ que illâ actione radios ejus inflectunt? eòque fortior, cæteris paribus, est illa actio, quò id intervallum est minus.* Il répéte la même chose dans les questions 4e & 5e de son Optique. Newton racontoit ces expériences à quiconque lui demandoit des marques visibles de son attraction. Je m'étonne qu'il ne lui soit pas venu en pensée d'en faire honneur au P. de Grimaldi son véritable inventeur. M. de Voltaire y a suplée. Consultez ses Élémens de la Philosophie de Newton, *page* 106.

Ici se présente une difficulté qu'il est nécessaire de faire évanouir. Les Newtoniens assurent que les attractions particulieres des corps terrestres, *par exemple*, l'attraction que ma table exerce sur ma chaise, ne doit avoir aucun effet sensible, parce que ces sortes d'attractions sont absorbées par celle que la Terre exerce sur tous les corps sublunaires. Il en est, *disent-ils*, de l'attraction générale de la Terre par rapport aux attractions particulieres des corps sublunaires, comme de la lumiere du Soleil par rapport à la lumiere des étoiles fixes. Au lever de l'astre du jour tous les autres disparoissent. De même, mise en paralléle avec l'action de la Terre, l'action des corps sublunaires est nulle ou comme nulle. Mais si cela est vrai, *remarquent les Cartésiens*, pourquoi l'action d'une lame de couteau fait-elle infléchir un rayon de lumiere? La lame de couteau n'est-elle pas un corps sublunaire? son action devroit donc être nulle ou comme nulle par rapport à la lumiere.

Cette difficulté, toute effrayante qu'elle paroît, n'est

pas difficile à résoudre. Les attractions particulieres n'ont nul effet sensible sur la Terre; pourquoi? parce que les corps particuliers sont comme infiniment petits par rapport à la Terre, & parce qu'il n'est aucun corps particulier qui soit comme infiniment grand par rapport à l'autre. Il n'en est pas ainsi d'un rayon de lumiere; il est non-seulement comme infiniment petit par rapport à la Terre, mais il est encore comme infiniment petit par rapport aux corps sublunaires; donc l'action des corps sublunaires ne doit pas être nulle par rapport aux rayons de lumiere; donc la diffraction est la preuve la plus sensible que l'on puisse apporter en faveur de l'attraction.

DIGESTION. L'on entend par digestion l'action par laquelle les parties les plus crasses des alimens sont séparées des plus subtiles. Cette séparation se fait dans l'estomac & dans les intestins, & sur-tout dans celui que l'on nomme *duodenum*. Dans l'estomac elle est occasionnée par les sucs dissolvans, la chaleur & la trituration; dans les intestins elle a pour causes la bile & le suc pancréatique. Comme c'est ici un point rrès-intéressant, il ne sera pas inutile d'entrer dans quelque détail.

1°. Les sucs dissolvans que l'on doit regarder comme la principale cause de la digestion dans l'estomac, sont les liquides que nous prenons, la salive que nous avalons, & le suc gastrique que nous fournit la membrane veloutée qui tapisse l'intérieur de l'estomac. Tous ces sucs différents entrent, comme autant de coins, dans les alimens dont nous nous nourrissons, & ils en séparent les parties les plus grossieres d'avec les parties les plus déliées.

2°. La chaleur de l'estomac sert infiniment à raréfier l'air qui se trouve renfermé dans les alimens; cet air raréfié sort avec force de la prison dans laquelle il étoit détenu; & c'est en sortant, qu'il brise les alimens en des millions de piéces.

3°. L'estomac par son mouvement de contraction & de dilatation, & le diaphragme en s'élevant & en s'abaissant continuellement, causent une espèce de trituration que plusieurs Anatomistes regardent comme très-nécessaire à la digestion.

4°. La digestion s'acheve dans les intestins, & sur-tout dans le *duodenum*, par le moyen de la bile & du suc pancréatique dont nous avons parlé dans les articles *du foie* & du *pancréas*.

5°. Lorsque les causes que nous venons d'assigner sont très-vives, & lorsque sur tout les membranes de l'estomac & des intestins sont très fortes, l'on digére facilement les choses les plus indigestes ; témoins les chiens qui digérent les os ; témoins les autruches qu'Elien assure digérer les pierres ; témoin le Sauvage dont nous allons faire l'histoire.

Au commencement du mois de Mai 1760, il arriva à Avignon un vrai Lithofage. Cet homme non-seulement avaloit des cailloux d'un pouce & demi de longueur, d'un bon pouce de largeur & d'un demi pouce d'épaisseur, mais il réduisoit en pâte les pierres les plus dures, tels que sont le marbre, les pierres à fusil, &c. Cette pâte étoit pour lui une nourriture des plus agréables & des plus saines. J'ai examiné cet homme avec toute l'attention dont j'ai été capable. Je lui ai trouvé le gosier fort large, les dents très fortes, la salive très corrosive & l'estomac plus bas que dans le commun des hommes. J'attribuai ce dernier effet au grand nombre de cailloux qu'il avaloit ; ce nombre montoit à environ 25 par jour. J'interrogeai le conducteur de cette espéce de Sauvage ; il me raconta les particularités suivantes. Ce Lithofage, *me dit-il*, fut trouvé, il y a trois ans, dans une petite isle du Nord inhabitée, le jour même du vendredi-saint, par un navire hollandois. Depuis que je l'ai, je lui fais manger de la chair crue & des pierres ; je n'ai pas encore pu l'accoutumer à manger du pain. Il boit de l'eau, du vin & de l'eau-de-vie ; cette derniere liqueur lui fait un plaisir infini. Il dort au moins 12 heures par jour, assis à terre, un genouil l'un sur l'autre, & le menton appuyé sur le genouil droit. Il fume presque tout le tems qu'il ne dort ou qu'il ne mange pas. Les cailloux qu'il avale, il les rend un peu rongés & un peu moins pesans qu'auparavant ; le reste de ses excréments est à peu-près comme le mortier. Ce même conducteur m'a assuré que les Medecins de Paris le firent seigner, & qu'on lui tira un sang presque sans sérosité qui, deux heures après, fut aussi cassant que le corail. Si le fait est vrai, il est évident que ce qu'il y a de plus délié dans le suc pierreux se change en son chile. Ce Lithofage ne sçait encore prononcer que quelques mots, comme *oui*, *non*, *caillou*, *bon*. Je lui fis voir une mouche à travers un microscope simple, il fut

frappé

frappé de la figure de cet animal qu'il ne se lassoit pas d'examiner. On lui a appris à faire le signe de la Croix, & on la fait baptiser à Paris dans l'Eglise de S. Come. Le respect qu'il a pour les gens d'Eglise & les amitiés qu'il leur fait, me donnerent occasion d'examiner les choses de bien près ; aussi m'est-il évident qu'il n'y a pas eu dans tout ce que j'ai vû, l'ombre même de supercherie.

DILATATION. Un coprs se dilate ou se raréfie, lorsque conservant la même quantité de matiere propre qu'il avoit auparavant, il aquiert un plus grand volume. Un corps au contraire se condense ou se comprime, lorsque sous un plus petit volume il ne perd rien de sa matiere propre. Qu'on lise les articles de la *chaleur* & du *froid*, & l'on verra que la chaleur est la cause de la dilatation, & le froid la cause de la condensation des corps.

DIMENSION. En Physique ce terme se prend pour la longueur, ou la largeur, ou l'épaisseur d'un corps. Les trois dimensions disent donc ces trois qualités prises ensemble.

DIOPTRIQUE. La lumiere réfractée en passant d'un milieu dans un autre, *par exemple*, de l'air dans le verre & du verre dans l'air, est l'objet de la Dioptrique. Aussi cette science traite-t-elle des verres plans, convexes & concaves. Veut-on se former une idée nette de la Dioptrique ? qu'on lise attentivement l'article de la *réfraction* & qu'on suppose les vérités suivantes.

Premiere Vérité. Tout corps solide ou fluide qui donne passage à la lumiere, se nomme *milieu.*

Seconde Vérité. L'air est un milieu moins dense que le verre.

Troisieme Vérité. La lumiere se réfracte en passant d'un milieu dans un autre, lorsque dans ce passage elle change de direction, c'est-à-dire, lorsqu'elle ne parcourt pas la même ligne droite.

Quatrieme Vérité. Un rayon de lumiere passe-t-il perpendiculairement d'un milieu dans un autre ? il ne souffre aucune réfraction.

Cinquieme Vérité. Un rayon de lumiere passe-t-il obliquement d'un milieu moins dense dans un milieu plus dense, *par exemple*, de l'air dans le verre ? il se réfracte en s'approchant de la perpendiculaire, c'est-à-dire, il quitte la ligne qu'il décrivoit, pour en décrire une moins éloignée de la perpendiculaire.

Sixieme Vérité. Un rayon de lumiere passe-t-il obliquement d'un milieu plus dense dans un milieu moins dense, *par exemple*, du verre dans l'air ! il se réfracte en s'éloignant de la perpendiculaire. Ces vérités que nous regardons comme autant de principes incontestables, vont nous servir à expliquer les phénoménes que nous présentent les verres convexes & concaves. Pour les verres plans nous n'en parlerons pas, parce que la réfraction que souffre le rayon de lumiere, en passant du verre dans l'air, corrige le dérangement occasionné par celle que ce même rayon avoit soufferte en passant de l'air dans le verre. Commençons par les verres convexes.

Les verres convexes rendent les rayons de lumiere plus convergents, c'est-à-dire, moins écartés les uns des autres, & ils les réunissent à un point que l'on nomme le *foyer*. En effet prenons le verre convexe ou lenticulaire B*b*C*c*, *Fig.* 11, *Pl.* 2, dont la convexité supérieure B*b* a son centre au point A, & dont la convexité inférieure C*c* a son centre au point D; il est d'abord évident que les deux lignes BA & *b*A sont perpendiculaires à la convexité B*b*, & que les deux lignes CD & *c*D sont perpendiculaires à la convexité C*c*. Supposons maintenant que les rayons de lumiere EB, EF, *eb* tombent sur ce verre convexe. Voici ce qui doit arriver nécessairement.

1°. Le rayon de lumiere EF qui tombe perpendiculairement sur les deux convexités du verre, ne souffrira aucune réfraction, *par le quatrieme axiome*.

2°. Les rayons de lumiere EB, & *eb* qui passent obliquement de l'air dans le verre, se réfracteront en s'approchant des perpendiculaires BA & *b*A, *par le cinquieme axiome*, & par-là même ils deviendront plus convergens.

3°. Les rayons de lumiere EBC & *ebc* qui passent obliquement du verre dans l'air, se réfracteront en s'éloignant des perpendiculaires DC & D*c*, *par le sixieme axiome*; & par-là même ils deviendront plus convergens, & ils iront se réunir au foyer F : donc les verres convexes augmentent la convergence des rayons de lumiere. C'est de cette propriété que l'on tire l'explication des principaux phénoménes que nous offrent ces sortes de verres.

1°. Les corps combustibles qu'on place à leur foyer, doivent être réduits en cendre. Le fameux verre ardent que Mr. le Duc d'Orléans, Régent de France, acheta de Mr. *Tschirnausen*, étoit convexo-convexe, c'est-àdire, étoit convexe des deux côtés, & il étoit portion de deux sphéres dont chacune avoit 24 pieds de diamétre; il pesoit 160 livres, & il rassembloit un si grand nombre de rayons à son foyer, que l'or non-seulement y fumoit & s'y fondoit, mais encore s'y réduisoit à ses premiers éléments.

2°. Les objets vûs à travers un verre convexe doivent nous paroître plus clairs; ces sortes de verres empêchent la dissipation des rayons de lumiere, & par conséquent ils en font parvenir à nos yeux plusieurs qui n'y parviendroient jamais.

3°. Les verres convexes doivent grossir les objets; ils ne peuvent accélérer la réunion des rayons de lumiere qui partent des extrêmités d'un objet, sans nous le présenter sous un plus grand angle. En effet si les deux rayons extrêmes EF & *e*F étoient réunis plus bas, ils formeroient un angle plus petit que l'angle EF*e*.

4°. Les microscopes doivent être faits avec des verres lenticulaires; ces sortes d'instrumens n'ont été inventés que pour rendre les objets plus gros & plus clairs.

5°. Les objets éloignés doivent paroître renversés, lorsqu'on les regarde à travers un verre lenticulaire; pourquoi? parce que les rayons de lumiere qui viennent des extrêmités d'un objet éloigné, se croisent avant que d'arriver au foyer postérieur de ces sortes de verres. Nous examinerons ce fait à l'article des lunettes. Remarquons cependant en passant que dans ces sortes d'occasions les rayons de lumiere que nous recevons sur la rétine, nous viennent, non pas de l'objet, mais de son image renversée, peinte au foyer postérieur de la lentille à travers laquelle nous regardons. Cela est si vrai, que le même objet nous paroîtroit dans la situation naturelle, si notre œil se trouvoit entre la lentille & son foyer postérieur.

Remarquez que le verre convexe de la Figure 11e, a non-seulement un foyer postérieur F, mais encore un foyer antérieur *f*; cette réflexion vous sera nécessaire pour l'explication des lunettes à longue vûe.

6°. Il doit y avoir une grande analogie entre un verre

convexe & un miroir concave. L'un & l'autre grossissent les objets, les rendent plus clairs, les renversent, & réduisent en cendre les corps combustibles que l'on expose à leur foyer.

7°. Les verres convexes sont nécessaires aux presbites; ces sortes de personnes ont le cristallin trop applati, comme nous l'avons observé dans l'article qui les regarde.

Comme cependant les rayons qui tombent sur un verre convexe, ont chacun un dégré différent d'inclinaison, il est impossible qu'ils soient tous réunis dans un même point; aussi le foyer représente-t-il un petit espace circulaire qu'il n'est pas difficile de distinguer. En voilà assez sur les verres convexes, passons aux concaves.

Le premier effet des verres concaves est de rendre les rayons de lumière plus divergents, c'est-à-dire, plus écartés les uns des autres. En effet jettons les yeux sur le verre concave MNRS, *Fig.* 12. *Pl.* 2 dont la concavité supérieure MN a son centre au point O, & dont la concavité inférieure RS, a son centre au point E. Il est d'abord évident que les deux lignes MO & NO seront perpendiculaires à la concavité MN, & que les lignes RE & SE seront perpendiculaires à la concavité RS. Supposons maintenant que les deux rayons parallèles AM & BN tombent sur ce verre concave, je dis que ces deux rayons de lumiere perdront leur parallélisme, & deviendront plus divergents; en voici la démonstration.

Les deux rayons de lumiere AM & BN qui passent obliquement de l'air dans le verre, se réfractent en s'approchant l'un de la perpendiculaire MO, & l'autre de la perpendiculaire NO; & cette premiere réfraction commence à les rendre divergents. Ces deux mêmes rayons de lumiere qui sortent du verre pour passer obliquement dans l'air, doivent encore se réfracter en s'éloignent l'un de la perpendiculaire RE, & l'autre de la perpendiculaire SE; & cette seconde refraction les rend encore plus divergents, comme il est aisé de s'en appercevoir en jettant les yeux sur la *Fig.* 12. de la *Pl.* 2. Donc le premier effet des verres concaves est de rendre les rayons de lumiére plus divergents.

De là concluez 1° que les verres concaves n'ont aucun foyer, puisque bien loin de réunir les rayons de lumière, ils les dissipent; leur foyer virtuel n'est qu'un foyer imaginaire; c'est le point de l'axe auquel les rayons divergents iroient ſe réunir, s'ils étoient prolongés. Le oyer virtuel du verre concave MNRS eſt le point *x* de l'axe *x* C E, parce que ſi vous prolongiez en ligne droite les deux rayons divergents R *v* & S P, ils iroient concourir au point *x*.

Il n'eſt pas néceſſaire de faire remarquer que la ligne *x* C E ſe nomme l'*axe* du verre concave M N R S, parce qu'elle paſſe par le centre des deux concavités.

2°. Que les verres concaves rendent les objets moins clairs, parce qu'ils ne peuvent pas rendre les rayons de lumière plus divergents, ſans en diſſiper un grand nombre.

3° Que les verres concaves ne peuvent jamais être des verres ardents.

4°. Qu'un objet vû à travers un verre concave paroît plus petit, qu'il ne paroîtroit à la ſimple vûe; pourquoi? parce qu'un pareil verre retarde la réunion des rayons qui partent de l'extrémité de l'objet, & que par conſéquent il nous le préſente ſous un plus petit angle. Nous avons démontré en Optique que plus l'angle ſous lequel un objet paroit, eſt petit, plus auſſi ſa grandeur apparente diminue.

5°. Qu'il y a une grande analogie entre un miroir convexe & un verre concave. En effet l'un & l'autre rendent les rayons de lumiere plus divergents, n'ont aucun foyer réel, diminuent la grandeur apparente des objets, & ſont d'un grand ſecours aux myopes.

Remarque. Tout cet article n'eſt gueres que l'introduction à la Dioptrique. Ce qui fait le fonds & la partie la plus eſſentielle de ce Traité de Phyſique, ſe trouve diſcuté dans différents articles de ce Dictionnaire, & ſur-tout dans ceux qui commencent par les mots *Lunette*, *Microſcope*, *Téleſcope*, *Lanterne magique*, *&c.*

DIRECTE. Une planéte eſt directe, lorſqu'elle paroît aller par ſon mouvement périodique d'occident en orient.

DIVERGENT. Deux rayons de lumiere ſont divergens, lorſqu'ils s'éloignent toujours plus l'un de l'autre. C'eſt-là la propriété de tous les rayons qui partent du même point d'un corps lumineux.

DIVIDENDE & DIVISEUR. Cherchez *Arithmétique*.

DIVISIBILITÉ *de la matiere*. Les Phyſiciens ont coutume de demander ſi la matiere eſt diviſible à l'infini, ou, si elle est composée de points physiques, c'est-à-dire, si le Créateur lui-même trouveroit éternellement des parties à diviser dans une certaine étendue de matiere, par exemple, dans une aîle de mouche, ou bien, s'il pourroit enfin arriver, après un nombre innombrable de divisions & de soudivisions, à une particule simple & indivisible. Quand même il n'y auroit pas une espéce de témérité à vouloir déterminer jusqu'où s'étend ou ne s'étend pas la puissance suprême du Créateur, rien ne me paroit plus inutile que l'examen de cette question; il doit suffire à un Physicien de sçavoir que la matiere est actuellement divisible & divisée, autant qu'il est nécessaire à la conservation de l'Univers, je veux dire, en des parties encore plus subtiles que tout ce que nous pouvons nous imaginer de plus délié. Une infinité d'expériences nous démontrent qu'une pareille divisibilité convient à la matiere. Je me contenterai de rapporter celle qui me paroit la plus sûre, la plus sensible & la plus frappante; la voici en peu de mots : avec une quantité de feuilles d'or dont le poids ne va qu'à une once, on couvre un cylindre d'argent du poids de 45 marcs & de 22 pouces de longueur. Ce cylindre, après avoir passé par des trous qui vont toujours en décroissant, & après avoir été écrasé en forme de lame dorée, acquiert une longueur de cent onze lieues de deux mille toises chacune. Cette expérience se fait tous les jours à Lion par les ouvriers qu'on nomme *tireurs d'or*; réussiroit-elle jamais, si une once d'or ne contenoit pas un nombre innombrable de parties. Les expériences suivantes ne me paroissent pas moins décisives.

Premiere Expérience. Remplissez une cassolette de verre de quelque liqueur odoriférante, *par exemple*, d'eau de fleurs d'orange, ou d'esprit de vin chargé de lavande, & posez-la sur une petite lampe allumée. Quand la liqueur commencera à bouillir, il sortira par le bec de la cassolette une vapeur qui embeaumera la chambre, sans cependant qu'il paroisse une diminution sensible dans le volume de la liqueur, lorsque l'expérience cesse après 2 à 3 minutes.

Explication. Supposons que la chambre où l'odeur se répand, ait 10 pieds de hauteur & une aire de 10 pieds quarrés, elle contiendra 100 pieds cubiques, ou 14400 lignes cubiques. Ne mettons dans chaque ligne cubique d'air que 4 particules odoriférantes, il sera vrai de dire que la liqueur dans laquelle il ne paroit pas une diminution sensible, a perdu 57600 parties odoriférantes, donc la matiere est actuellement divisible & divisée en des parties encore plus subtiles, que tout ce que nous pouvons nous imaginer de plus délié.

Seconde Expérience. Prenez un vase de cristal qui tienne 10 pintes de Paris ; délayez au fond de ce vase un grain de carmin, & remplissez-le d'eau ; elle sera dans l'instant teinte en rouge.

Explication. Dix pintes de Paris contiennent 20 livres, ou 184320 grains d'eau. Chaque grain d'eau ne peut pas être coloré uniformément, sans contenir au moins 10 particules de carmin ; donc un grain de carmin a été divisé sans peine en près de deux millions de parties ; donc la matiere est actuellement divisible & divisée en des parties encore plus subtiles, que tout ce que nous pouvons nous imaginer de plus délié.

Troisieme Expérience. Regardez à travers un microscope la laite d'un seul merlus ; vous y trouverez, *dit Lewenoek*, plus de petits animaux, qu'il n'y a d'habitans sur toute la surface de la Terre.

Explication. Quand même Lewenoek auroit un peu exagéré, il est évident cependant que la petitesse de ces animaux est incompréhensible. Cela supposé, voici le raisonnement que je fais. Chacun de ces animaux a un corps organisé. Combien petit doit être le cœur de cet animal ! Combien petites doivent être ses veines & ses artéres ! Combien déliés doivent être les globules de ce fluide qui lui tiennent lieu de sang, & qui nagent dans un fluide encore plus subtil ! Tout cela ne démontre-t il pas que la matiere est actuellement divisible & divisée en des parties encore plus subtiles, que tout ce que nous pouvons nous imaginer de plus délié.

DIVISION. C'est une opération dans laquelle on cherche combien de fois un nombre est contenu dans un autre. Cherchez *Arithmétique.*

DIURNE. On donne cette épithéte à tout ce qui se fait chaque jour ; tel est le mouvement des planétes sur leur axe. Le mouvement diurne de la Terre *par exemple*, se fait d'occident en orient en 23 heures 56 minutes. C'est ce mouvement diurne rèel que l'on doit regarder comme la cause du mouvement diurne apparent du Soleil d'orient en occident. Cherchez *Copernic.*

DOIGT. On appelle ainsi dans l'homme les extrêmités de ses mains & de ses pieds. Chaque main a 5 doigts, qu'on nomme le *pouce*, l'*index*, celui du *milieu*, l'*annulaire* & l'*auriculaire*. Le doigt est encore un terme d'Astronomie qui représente la 12e partie du diamétre apparent du Soleil, de la Lune, &c.

DOS. Partie du corps de l'homme formée par 12 vertébres qui deviennent plus grosses & plus fortes, à mesure qu'elles descendent en bas. La raison en est sensible. Les vertébres inférieures ont un plus grand poids à porter, que les vertébres supérieures ; donc celles-ci doivent être moins grosses & moins fortes que celles-là.

DOUBLE. On appelle ainsi toute *raison* dont l'antécédent contient 2 fois son consequent. Cherchez *Raison*.

DOUBLÉE. Deux grandeurs sont en *raison doublée*, lorsqu'elles sont entre elles comme leurs quarrés, c'est-à-dire, lorsqu'avec leurs quarrés elles forment une proportion géométrique. Cherchez *Raison des quarrés*.

DOUX. La saveur douce est la premiere des 7 Saveurs principales. Elle a pour cause des molécules salines, oblongues, polies, bien préparées & bien cuites.

DRAGME. C'est la 8e partie d'une once.

DUCTILITÉ. La ductilité est une qualité qui convient sur-tout aux métaux. Voyez-en l'explication dans l'article qui commence par ce mot, *métal*.

DUODENUM. C'est le premier des trois intestins grêles, comme nous l'avons remarqué en parlant des boyaux.

DURÉE. Cherchez *Tems*.

DURE-MERE. La membrane qui tapisse le crâne, s'appelle la *Dure-Mere*.

DURETÉ. Un corps est dur lorsque les parties dont il est composé, ne se séparent pas facilement les unes des autres. Ce n'est pas seulement aux molécules sensibles, c'est encore aux molécules insensibles des corps que la dureté convient ; & ce point de Physique n'est pas aussi facile à expliquer, que l'on pourroit d'abord se l'imaginer. Voici quelles sont là-dessus nos conjectures.

1°. Les parties insensibles d'un corps dur, quoique trop déliées pour tomber sous nos sens, sont cependant composées de particules encore plus petites, que je nommerois volontiers *parties élémentaires*. Ces parties élémentaires sont tellement configurées, qu'elles sont très-propres à s'accrocher très-exactement les unes avec les autres ; aussi sont-elles jointes de maniere, qu'elles sont privées de toute sorte de pores, ou, s'il leur en reste quelques-uns, ils sont trop petits pour admettre le fluide même le plus subtil ; c'est donc à la figure des parties élémentaires que nous pouvons attribuer la dureté des molécules insensibles dont le corps dur est composé.

2°. Pour la cause principale de la dureté des corps, nous la trouvons dans le fluide qui les environne, & qui presse leurs molécules sensibles les unes contre les autres. Ce n'est pas la matiere subtile des Cartésiens que nous prétendons désigner par ce fluide ; production ingénieuse d'une imagination hardie, elle n'aura jamais aucun effet réel : ce n'est pas même l'air que nous respirons que nous regardons comme la seule cause de la dureté ; c'est, avec cet air, un fluide encore plus subtil, dont l'existence nous est constatée par une infinité d'expériences. En effet lorsqu'on a mouillé deux plaques de marbre, & qu'on les a appliquées l'une contre l'autre, de façon à en chasser toutes les particules d'air qu'il pouvoit y avoir entre deux, non-seulement ces deux plaques ne se séparent que difficilement, lorsqu'on les tire perpendiculairement à leurs faces, mais encore Mr. l'Abbé Nollet a éprouvé que leur union subsistoit, après qu'on avoit raréfié l'air, autant qu'il est possible de le faire, avec la machine pneumatique la plus exacte.

Quelques Newtoniens, je le sçais, expliquent la dureté des corps par l'*attraction de cohésion*, c'est-à-dire, par une attraction qu'ils font agir en raison inverse des cubes des distances. Pour nous qui ne pensons comme les Newtoniens, que lorsqu'ils s'appuyent sur les démonstrations les plus lumineuses, & qui sommes sûrs que l'attraction agit en raison inverse des quarrés des distances, nous avouerons naturellement qu'il est de la sagesse de rejetter une pareille attraction, jusqu'à ce que son existence soit prouvée par les expériences les mieux constatées. Les loix de la nature sont constantes & uniformes ; & puisqu'il est démontré que l'attraction qui cause la gravité, agit en raison inverse des quarrés des distances : pourquoi voudroit-on, pour expliquer la dureté des corps, la faire agir en raison inverse des cubes des distances ? il vaudroit mieux laisser cet effet sans explication, que de changer ainsi à sa fantaisie les loix générales de la nature ; bien-tôt quelqu'autre, pour expliquer un phénoméne encore plus difficile que la dureté ; sera agir l'attraction en raison inverse des *quarrés quarrés*, ou même des *quarrés cubes* des distances ; il n'en faudroit pas davantage pour faire regarder comme arbitraire & fabuleux un systême dont le plus sûr méchanisme est le fondement. Tenons-nous en donc à la pression d'un fluide environnant, pour expliquer la dureté des corps d'une maniere physique ; ce n'est pas là s'écarter de la maniere de penser de Newton : ce grand homme parle souvent dans son Optique d'un fluide plus subtil que l'air, dont l'existence est absolument nécessaire pour expliquer une quantité de phénoménes qui tombent tous les jours sous nos yeux.

A la cause physique de la dureté, joignons les régles du mouvement qui s'observent dans le choc des corps durs non-élastiques ; elles se réduisent à deux.

Première régle : *Si deux corps durs qui se meuvent du même sens, viennent à se heurter, ils continueront, après le choc, de se mouvoir ensemble & dans leur premiere direction avec la somme des forces qu'ils avoient avant le choc.*

Explication. Supposons que le corps A & le corps B se meuvent vers le point C, le premier avec 6, & le second avec 4 degrés de force ; je dis qu'après le choc ils continueront de se mouvoir ensemble vers le point C avec 10 degrés de force.

Démonstration. Des forces conspirantes ne se détruisent pas par le choc ; mais le corps A & le corps B se heurtent avec des forces conspirantes ; donc leurs forces ne se détruisent pas par le choc ; donc ces deux corps doivent, après le choc, se mouvoir ensemble vers le point C avec 10 degrés de force.

L'on tire de cette régle les conséquences suivantes.

1°. Si le corps A dirigé vers le point C avec 12 degres de force, trouve sur son chemin le corps B en repos, il le heurtera, & ces deux corps, après le choc, se mouvront ensemble vers le point C avec 12 degrés de force.

Demande-t-on combien de degrés de vîtesse le corps choquant A communique au corps choqué B ? l'on doit répondre avec tous les Physiciens que la communication de la vîtesse se fait toujours en raison directe des masses ; ainsi le corps A a-t-il 6 degrés de vîtesse ? il en communiquera 3 au corps B, ſuppoſé qu'il lui ſoit égal en maſſe ; il lui en auroit communiqué 4, ſi la maſſe du corps B avoit été double de celle du corps A. On doit d'abord appercevoir la cauſe phyſique de ce méchaniſme ; un corps ne ſe meut, que lorſqu'il reçoit une vîteſſe proportionelle à ſa maſſe, c'eſt-à-dire, une vîteſſe capable de vaincre ſa force d'inertie, en le tirant du repos où il eſt ; donc la communication de la vîteſſe doit toujours ſe faire en raiſon directe des maſſes.

2°. Si le corps A dont la maſſe eſt 1, vient à frapper avec 12 degrés de vîteſſe le corps B qui eſt en repos & dont la maſſe eſt 1000 ; le corps A lui communiquera preſque toute ſa vîteſſe, & il ſera par conſéquent réduit au repos : le corps B ne ſera pas pour cela mû ſenſiblement, parce qu'il n'aura pas reçu une vîteſſe aſſez conſidérable, pour lui faire parcourir un eſpace ſenſible.

3°. Tout corps dur, jetté perpendiculairement ſur un plan dur immobile, ne doit pas ſe mouvoir après le choc ; parce qu'il a communiqué toute ſa vîteſſe à ce plan.

4°. Un corps dur, jetté obliquement ſur un plan dur immobile, doit ſe mouvoir après le choc, en ne conſervant que ce qu'il avoit de mouvement horizontal. N'en ſoyons pas ſurpris ; ce corps dur ne frappe le plan ſur lequel il eſt jetté, que par ſon mouvement perpendiculaire ; donc il ne perd par le choc que ſon mouvement perpendiculaire, & par conſéquent il conſerve après le choc tout le mouvement horizontal qu'il avoit auparavant.

Ceux à qui ce Corollaire paroîtroit obſcur, doivent faire attention qu'un corps ne peut pas tomber obliquement ſur un plan, ſans être en même tems animé de deux mouvemens, l'un horizontal & l'autre perpendiculaire, comme nous l'avons expliqué en parlant du mouvement en ligne diagonale.

Seconde Regle. *Si deux corps qui ſe meuvent en ſens directement contraire, viennent à ſe heurter, ils iront enſemble après le choc dans la direction du corps le plus fort avec l'excès ou la différence des forces qu'ils avoient avant le choc.*

Explication. Suppoſons que le corps A & le corps B ſoient égaux en maſſe ; ſuppoſons encore que le corps A ſe meuve avec 12 degrés de vîteſſe, & que le corps B ſe meuve vers un point directement oppoſé avec ſeulement 8 degrés de vîteſſe ; il eſt évident que ces deux corps se heurteront ; je dis qu'après le choc ils iront ensemble dans la direction du corps A avec 2 degrés de vîtesse chacun.

Démonstration. Le corps A & le corps B doivent par le choc perdre chacun 8 degrés de vîtesse ; donc il ne doit leur rester après le choc que 4 degrés de vîtesse à partager également entr'eux. Je ne vois pas laquelle de ces deux propositions on pourroit révoquer en doute ; ce ne sera pas sans doute la premiere, puisque l'expérience nous apprend que deux forces égales se détruisent, lorsqu'elles sont directement opposées l'une à l'autre : pour la seconde elle ne suppose que la vérité suivante, *qui de 20 en perd 16, il lui en reste* 4.

Il n'est pas nécessaire de prouver que le corps B suit après le choc la direction du corps A, puisque c'est du corps A qu'il reçoit sa vîtesse.

Il suit évidemment de cette seconde régle que deux corps durs qui se meuvent en sens directement contraire avec des forces égales, ne peuvent pas se heurter, sans demeurer immobiles après le choc.

REMARQUE.

Ceux qui sçavent les premiers élémens de l'Algébre, liront avec plaisir les formules suivantes ; elles présentent les deux régles de mouvement que nous venons d'établir pour le choc des corps durs non élastiques. Dans ces formules les V, *u* marquent les vîtesses ; les M, *m* les masses ; les E, *e* les espaces ; les T, *t* les tems ; & pour l'ordinaire la lettre majuscule marque quelque chose de plus fort, que la petite lettre. Que l'on se rappelle donc que la vîtesse est toujours égale à l'espace parcouru divisé par le tems employé à le parcourir, & que par conséquent $V = \frac{E}{T}$ & $u = \frac{e}{t}$. Que l'on se rappelle encore que cette même vîtesse est égale à la force des corps divisée par la masse. En effet la force d'un corps quelconque est toujours égale au produit de sa masse par sa vîtesse, c'est-à-dire à MV, ou mu, ou Mu, ou mV ; donc $F = MV$; donc $\frac{F}{M} = V$; donc $V = \frac{MV}{M}$. Cela supposé, venons-en aux formules que nous avons annoncées au commencement de cette Remarque.

1°. Dans les chocs conſpirans, la vîteſſe commune du *Tout* après le choc eſt $\frac{MV + mu}{M + m}$.

Démonſtration. La ſomme des forces avant le choc étoit $MV + mu$; elle ſera donc après le choc $MV + mu$, & comme les deux corps continueront après le choc à ſe mouvoir dans leur premiere direction auſſi vite l'un que l'autre, & que la vîteſſe eſt toujours égale à la force diviſée par la maſſe, la vîteſſe commune de ce *Tout* qui a pour force $MV + mu$, & pour maſſe $M + m$, ſera donc après le choc $\frac{MV + mu}{M + m}$.

Corollaire. Si le corps m eut été en repos, avant que le corps M le frappât, la ſomme des forces avant le choc auroit été MV, parce que $m \times o = o$; elle auroit donc encore été MV après le choc; & l'on auroit eu pour la vîteſſe commune du *Tout* après le choc $\frac{MV}{M + m}$.

2°. Dans les chocs oppoſés, la vîteſſe commune du *Tout* après le choc eſt $\frac{MV - mu}{M + m}$.

Démonſtration. Par le choc, non-ſeulement le corps m perd ſa vîteſſe u, mais encore il en fait d'autant plus perdre au corps M, que la valeur de u eſt plus conſidérable; donc la force qui reſte au *Tout* après le choc eſt $MV - mu$; donc ſa vîteſſe commune doit être après le choc $\frac{MV - mu}{M + m}$.

DYNAMIQUE. Cherchez *Méchanique*; c'eſt la même ſcience.

E

EAU. L'eau élémentaire eſt un fluide inſipide, tranſparent, ſans couleur, ſans odeur, qui pénétre à travers les pores de la plupart des corps, & qui éteint les matieres enflammées. Quelle eſt la cauſe phyſique de la fluidité de l'eau? Pourquoi ſe change-t-elle en glace? Comment cauſe-t-elle les pluies, la grêle, la neige &c.? Comment nous vient-elle du ſein de la terre? ce ſont-là autant de queſtions agréables dont nous avons donné la ſolution dans les articles de la *fluidité*, de la *glace*, des *météores aqueux* & de l'*origine des fontaines*.

Malgré cela cependant nous nous croyons obligés de répondre aux questions suivantes.

Premiere Question. Quelle est la plus pure de toutes les eaux ?

Résolution. C'est sans contredit l'eau de pluie. Distillée par la nature elle même, & reçue ensuite dans des vases bien propres, elle ne peut avoir de parties hétérogénes, que celles qu'elle acquiert en passant par l'athmosphére. Nous ne parlons pas ici de l'eau de pluie qui passe par les toits ou par les goutiéres ; celle-là est moins pure que l'eau de la plupart des fontaines.

Seconde Question. Comment peut-on connoître si une eau est chargée de particules hétérogénes ?

Résolution. Il y a du fer ou du vitriol dans les eaux que l'infusion de noix de galles rend rousses, ou brunes ou d'un violet obscur. Toute eau qui devient laiteuse ou bleüatre, lorsqu'on y mêle de l'huile de tartre, est une eau chargée de quelque matiere saline ou terrestre.

Troisieme Question. Quelle est la force de l'eau ?

Résolution. La force de l'eau, comme celle de tous les corps, se connoît en multipliant sa masse par sa vîtesse. Un pied-cube d'eau pése au moins 70 livres. Ne donnez à ce pied cube que 10 degrés de vîtesse ; il aura 700 degrés de force. Quel ravage ne fera donc pas un fier torrent dont les eaux se précipitent avec impétuosité du sommet d'une haute montagne ? Est-il rien dans la plaine qui puisse résister à son action ?

Quatrieme Question. L'eau a-telle de la compressibilité ?

Résolution. Boile & le Baron de Vérulam prétendent avoir trouvé dans l'eau des marques sensibles de compressibilité. J'en suis d'autant moins surpris, qu'il m'est évident qu'elle a de l'élasticité. En effet faites ensorte qu'une petite pierre plate aille rapidement & obliquement raser & effleurer la surface de l'eau ; vous la verrez sautiller, & ce jeu continuera jusqu'à ce que la pierre ayant perdu tout son mouvement horizontal par la résistance d'un air toujours mêlé de beaucoup de vapeurs, s'enfonce dans l'eau par la force que lui imprime sa gravité. Cet amusement que les enfans se procurent au bord des rivieres, nous prouve que l'eau n'est pas dènuée d'élasticité & par conséquent de compressibilité.

EAU-FORTE. C'est un mélange d'esprits de nitre & d'esprits de vitriol que l'on tire par la distillation. On se fert de cette liqueur acide & corrosive pour dissoudre presque tous les métaux ; l'or & le métal des Indes connu sous le nom de *Platina*, sont les deux seuls qui lui résistent ; leur dissolvant est l'eau régale qui est un composé d'esprits de sel & d'esprits de nitre. Comme ces deux derniers métaux ont des pores beaucoup plus petits que les autres, je crois qu'on peut assurer, sans craindre de se tromper, que l'eau régale a des particules beaucoup plus déliées que l'eau-forte.

ÉCHO. Il y a des écho simples & des écho poliphones ; l'on trouvera l'explication des uns & les autres dans l'article du *son Réfléchi*.

ÉCLAIR. Tout èclair est causé par un grand nombre de bluettes qui sortent des nuages électrisés, comme nous l'expliquerons dans l'article du *Tonnerre*.

ÉCLIPSE DE LUNE. La Lune s'éclipse, lorsque par son immersion dans l'ombre de la Terre, elle est privée de la lumiere du Soleil. Ces sortes de phénoménes ne peuvent arriver que dans le tems de la pleine Lune, c'est-à-dire, lorsquelle paroit sous un signe directement opposé à celui du Soleil ; parce que ce n'est qu'alors que la Terre T se trouve entre le Soleil S & la Lune *l*, comme il est aisé de le voir en jettant les yeux sur la *Fig.* 13 de la *Pl.* 2. Chaque pleine Lune nous donneroit une éclipse, si ce satellite de la Terre avoit son mouvement périodique dans l'écliptique ; mais il n'en est pas ainsi ; l'orbite de la Lune C D E F, *Fig.* 14. *Pl.* 1. forme avec l'écliptique ABCD un angle qui va quelquefois jusqu'à 5 degrés 17 minutes ; aussi ne s'éclipse-t-elle, que lorsqu'elle se trouve dans un des nœuds, ou près d'un des nœuds C & D, dans le même tems que le Soleil paroit dans le nœud, ou près du nœud opposé.

Les éclipses de Lune se divisent en centrales & non centrales. Les premieres n'arrivent que lorsque le Soleil, la Terre & la Lune ont leur centre dans la même ligne droite ; elles sont toujours totales, c'est-à-dire, le disque de la Lune est toujours totalement obscurci ; il n'en est pas ainsi des secondes, elles sont tantôt totales & tantôt partielles ; & c'est pour déterminer exactement la grandeur des éclipses partielles que les Astronomes ont divisé le diamétre du globe lunaire en 12 parties ou en 12 doigts. L'éclipse est de 6 doigts, lorsque la moitié du disque de la Lune entre dans l'ombre de la Terre ; & il n'eſt que de 3 doigts, lorſque l'ombre de la Terre ne ſe répand que ſur le quart de ce même diſque. Les queſtions les plus intéreſſantes que l'on puiſſe faire ſur cette matiere, ſont celles-ci.

Premiere Queſtion. Quelles ſont les plus longues éclipſes de Lune ?

Ce ſont les éclipſes centrales de la Lune apogée, parce que la Lune apogée ſe meut plus lentement que la Lune ou périgée, ou dans ſa moyenne diſtance de la Terre. Nous avons donné en ſon lieu l'explication de ces mots *apogée* & *périgée*. Les plus longues éclipſes de Lune ne vont jamais cependant à 5 heures.

Seconde Queſtion. Pourquoi la Lune totalement éclipſée paroit-elle tantôt rougeâtre, tantôt de couleur de cendre, &c.

L'on rendra facilement raiſon de ce phénoméne, ſi l'on fait attention que l'ombre de la Terre ſe diviſe en parfaite & en imparfaite ; l'ombre parfaite ne s'étend pas juſqu'à environ 48 mille lieues ; l'ombre imparfaite ou la pénombre s'étend juſqu'à environ trois cens vingt-cinq mille lieues au-delà de la Terre. Ce n'eſt pas dans l'ombre parfaite, que ſe fait l'immerſion du diſque de la Lune, c'eſt dans la pénombre ; cette pénombre contient pluſieurs rayons de la lumiere du Soleil ; la Lune, quoique totalement éclipſée, doit donc nous paroître tantôt rougeâtre, tantôt de couleur de cendre, &c.

Troiſieme Queſtion. Par quel côté de la Lune commence l'immerſion de ſon diſque ?

Comme l'on ſçait que la Lune ſe meut périodiquement d'occident en orient, l'on doit répondre que c'eſt le limbe oriental de cette planéte qui doit entrer le premier dans l'ombre de la Terre ; auſſi ceux qui obſerverent la fameuſe éclipſe de Lune que nous eumes le 24 Janvier de l'année 1758, dûrent remarquer que l'immerſion commença par la tâche orientale que l'on nomme *Grimaldy*.

Qaatrieme Queſtion. La Lune éclipſée peut-elle ſe trouver en même tems avec le Soleil ſur l'horizon ?

La choſe eſt impoſſible, puiſque ces deux aſtres ſont alors ſéparés l'un de l'autre de 6 ſignes céleſtes ; auſſi lorſque le contraire paroît arriver, l'on doit conclurre que ce n'eſt-là qu'une illuſion purement optique cauſée par la réfraction de la lumiere ; c'eſt cette même réfraction qui nous fait tous les jours paroître le Soleil sur l'horizon, lorsqu'il n'y est pas réellement. Pour mieux comprendre la solidité de cette réponse, voyez l'article de la *réfraction de la lumiere.*

Cinquieme Question. Peut-on connoître, par le moyen d'une éclipse de Lune, laquelle de deux villes prises à volonté sur le même hémisphére, est plus orientale que l'autre ?

La chose est très-facile : si l'éclipse a commencé à 8 heures du soir, *par exemple*, pour l'une, & à 9 heures pour l'autre, la premiere de ces deux villes sera moins orientale d'une heure, que la seconde. C'est par ce moyen qu'on a depuis un siécle extrêmement perfectionné la Géographie, en déterminant assez exactement la longitude de quantité de villes. Nous finirons cet article par deux Problêmes très-intéressans.

PROBLÉME I.

Trouver les lunaisons complétes qu'il y a eu depuis le 8 de Janvier 1701 jusqu'au 10 de Janvier 1758.

Résolution. 1°. Cherchez combien de jours se sont écoulés depuis le 8 de Janvier 1701 jusqu'au 10 de Janvier 1758, & vous trouverez 20821 jours. 2°. Réduisez ces jours en heures en les multipliant par 24, & vous aurez 499704 heures. 3°. Divisez ce dernier nombre par les heures qui forment une lunaison moyenne, c'est-à-dire, par 708, & le quotient 705 vous indiquera les lunaisons que vous cherchez.

PROBLÉME II.

Donner une méthode simple & facile pour trouver les éclipses de Lune.

Résolution. Pour me rendre plus intelligible j'applique cette demande générale à la pleine Lune de Janvier de l'année 1758. Comme je sçais qu'il y a eu 705 lunaisons complétes depuis le 8 de Janvier 1701, jusqu'à la pleine Lune dont nous parlons, je multiplie 7361 par 705 ; j'ajoute 37326 au produit 5189505 ; je divise par 43200 la somme 5226831 ; je néglige le quotient 120, & je vois qu'il me reste après ma derniere opération 42831 ; je soustrais ce nombre du diviseur 43200 ; & comme le restant n'excéde pas 2800, je conclus qu'il doit y avoir eu éclipse de Lune le 24 de Janvier de l'année 1758. Cette éclipse dût même être très-considérable, puisque le restant 369 est très-inférieur au nombre 2800.

La méthode que nous donnons pour solution du Problême précédent consiste donc 1°. a trouver les lunaisons complétes qu'il y a eu depuis le 8 de Janvier 1701 jusqu'à la pleine Lune proposée; 2°. à multiplier le nombre de ces lunaisons par 7361; 3°. à ajouter 37326 au produit; 4°. à diviser la somme par 43200; 5°. à négliger le quotient que donne cette division; 6°. à examiner si ce qui reste après la derniere opération de la division, ou la différence entre ce *restant* & le *diviseur* 43200 n'excédent pas 2800; & plus le *restant*, ou, la *différence* seront au-dessous de 2800, plus l'éclipse sera considérable.

L'on trouvera par la même méthode qu'il y a dû y avoir éclipse de Lune le 24 de Février de cette annee 1766. En effet depuis le 20 de Janvier 1758 jusqu'au 24 Février 1766 il s'est écoulé 2957 jours, ou 70968 heures, ou 100 lunaisons complétes, lesquelles ajoutées aux 705 lunaisons dont il est parlé au Problême premier de cet article, vous donnent 805 lunaisons complétes écoulées depuis le 8 Janvier 1701 jusqu'au 24 Février 1766. Multipliez maintenant 7361 par 805. Ajoutez 37326 au produit 5925605. Divisez par 43200 la somme 5962931. Négligez le quotient 138 que donne cette division; & comme le restant 1331 n'excéde pas 2800, concluez qu'il doit y avoir eu éclipse de Lune le 24 Février 1766; elle fut en effet de 4 doigts, 11 minutes dans la partie boréale de la Lune.

Cette admirable méthode est de M. de la Hire; elle est fondée sur les principes suivans. 1°. Je suppose que le Soleil soit aujourd'hui au nœud ascendant & la Lune au nœud descendant; ce premier astre pendant le tems d'une lunaison s'écartera de son nœud de 30 degrés, 40 minutes, 15 secondes. Cette quantité exprimée en quarts de minutes, à l'exemple de M. de la Hire, vaut 7361. C'est pourquoi cet Astronome veut qu'on multiplie ce nombre par celui des lunaisons complétes qu'il y a eu depuis la nouvelle Lune du 8 de Janvier 1701 jusqu'à la pleine Lune proposée; le produit donne nécessairement tous les mouvemens qu'a fait le Soleil dans cet espace de tems, pour s'écarter d'un nœud & s'approcher de l'autre.

2°. Le Soleil, lors de la pleine Lune du mois de

Janvier 1701, étoit éloigné de son nœud de 155 degrés, 31 minutes, 30 secondes, ou de 37326 quarts de minute. M. de la Hire a donc eu raison d'ordonner qu'on ajoutât 37326 au produit dont il est parlé *num*. 1.

3°. Les deux nœuds de l'orbite lunaire sont éloignés l'un de l'autre de 180 degrés, ou de 10800 minutes, ou de 43200 quarts de minute; donc la distance d'un nœud à l'autre est représentée par le nombre 43200.

4°. Pour avoir la distance vraie du Soleil au nœud, il faut ôter 43200 autant de fois que l'on peut de la somme dont il est parlé *num*. 1 & 2. C'est pour cela sans doute que M. de la Hire divise cette somme par 43200, & néglige le quotient que donne la division.

5°. Le restant après la derniere division donne la vraie distance du Soleil à son nœud, que nous avons supposé jusqu'à présent être le *nœud ascendant*, c'est-à-dire, celui par lequel le Soleil passe de la partie méridionale dans la partie boréale de la sphère. Si ce restant n'excéde pas 2800, il y aura éclipse, ou du moins elle sera possible, parce que le Soleil ne sera pas éloigné de son nœud de 11 degrés 40 minutes. En effet 11 degrés 40 minutes valent 700 minutes ou 2800 quarts de minute.

6°. Il peut y avoir éclipse, quoique le restant après la derniere division excéde 2800; c'est lorsque la différence entre ce *restant* & le diviseur 43200 n'excéde pas 2800; pourquoi? parce qu'alors le Soleil est nécessairement éloigné de l'un des deux nœuds de moins de 11 degrés 40 minutes. En effet un nœud n'étant éloigné de l'autre que de 43200 quarts de minute, & le Soleil ne pouvant pas s'éloigner d'un nœud sans s'approcher de l'autre; si la différence entre le restant après la derniere division & le diviseur n'excéde pas 2800, il y aura nécessairement un des deux nœuds d'où le Soleil ne sera pas éloigné de 11 degrés 40 minutes.

Mais, *dira-t-on*, le Soleil pendant le tems d'une lunaison ne parcourt pas 30 degrés de l'écliptique d'occident en orient; pourquoi avons-nous assuré, *num*. 1, que s'il étoit aujourd'hui à son nœud ascendant, il s'en écarteroit pendant le tems d'une lunaison de 30 degrés, 40 minutes, 15 secondes.

La réponse à cette objection est que les nœuds de l'orbite lunaire sont mobiles, c'est-à-dire, parcourent les 12 signes du Zodiaque dans l'espace de 19 ans, non pas d'occident en orient comme le Soleil; mais d'orient en occident; donc à la fin d'une lunaison le Soleil doit être éloigné du nœud qu'il a quitté de 30 degrés, 40 minutes, 15 secondes, parce que non-seulement il s'éloigne de son nœud, mais encore son nœud s'éloigne de lui.

ÉCLIPSE DE SOLEIL. Toutes les fois que la Lune *l* se trouve en conjonction entre le Soleil S & la Terre T, *Fig.* 13, *Pl.* 2, nous devons avoir une éclipse de Soleil, parce qu'alors la Lune répand son ombre sur la Terre, & qu'elle nous empêche de recevoir les rayons de lumiere que le Soleil nous envoye. Les mêmes raisons qui nous rendent rares les éclipses de Lune, nous rendent encore plus rares celles de Soleil, parce que l'ombre de la Terre s'étendant jusqu'à 325 mille lieues, & celle de la Lune ne s'étendant que jusqu'à environ 135 mille lieues; il est beaucoup plus facile à la Lune d'entrer dans l'ombre de la Terre, qu'à la Terre d'entrer dans l'ombre de la Lune.

Les Astronomes divisent les éclipses de Soleil en quatre classes. La premiere classe contient les éclipses partielles; la seconde, les éclipses totales; la troisieme, les éclipses centrales; & la quatrieme, les éclipses annulaires. Une éclipse de Soleil est partielle, lorsque la Lune ne nous cache qu'une partie du disque de cet astre; elle est d'autant plus grande, que la partie cachée est plus considérable. Une éclipse de Soleil est totale, lorsque tout son disque nous est caché par la Lune; ce phénoméne est rare, je l'avoue, mais cependant il arrive quelquefois, lorsque sur-tout la Lune périgée se trouve en conjonction avec le Soleil apogée : n'en soyons pas surpris; les observations les moins équivoques nous apprennent que le diamétre apparent de la Lune périgée est sensiblement plus grand que le diamétre apparent du Soleil apogée. Une éclipse de Soleil est centrale, lorsque l'on voit dans la même ligne droite le centre du Soleil, l centre de la Lune, & l'œil de l'observateur. Enfin une éclipse de Soleil est annulaire, lorsque l'on voit un anneau de lumiere répandu autour du globe de la Lune; les éclipses centrales qui arrivent lorsque le Soleil est périgée & la Lune apogée, ne manquent jamais d'être annulaires; parce que le diamétre apparent de la Lune apogée, eſt plus petit, que le diamétre apparent du Soleil périgée. La remarque la plus intéreſſante qu'on puiſſe faire ſur les éclipſes du Soleil, c'eſt qu'elles commencent toujours par le limbe occidental de cet aſtre, & qu'elles ne ſont jamais totales pour tout l'hémiſphére. La raiſon du premier phénoméne eſt évidente; le Soleil & la Lune ayant un mouvement périodique d'occident en orient, il eſt impoſſible que la Lune paſſe ſous le diſque du Soleil, ſans commencer par nous cacher ſon limbe occidental. Le ſecond phénoméne n'eſt pas plus difficile à expliquer que le premier; l'on ſçait que le volume de la Terre eſt cinquante fois plus grand que celui de la Lune; l'on doit donc conclure qu'il eſt impoſſible qu'il ſe faſſe jamais une immerſion totale du globe terreſtre dans l'ombre de la Lune; ſi une pareille immerſion eſt impoſſible, nous ne pouvons donc jamais avoir une éclipſe de Soleil totale & univerſelle.

PROBLÉME.

Donner une méthode courte & facile pour trouver les éclipſes de Soleil.

Réſolution. 1°. Cherchez les lunaiſons complétes qu'il y a eu depuis le 8 de Janvier de l'année 1701 juſqu'à la nouvelle Lune propoſée. 2°. Multipliez le nombre de ces lunaiſons par 7361. 3°. Ajoutez au produit 33890. 4°. Diviſez la ſomme totale par 43200. 5°. Négligez le quotient que vous donnera cette opération. 6°. Examinez ſi ce *reſtant* après la derniere opération de la diviſion, ou, la différence entre ce *reſtant* & le *diviſeur* 43200 n'excédent pas 4060; & plus le *reſtant* ou la *différence* ſeront au-deſſous de 4060, plus l'éclipſe de Soleil ſera conſidérable.

Appliquez cette méthode à la fameuſe éclipſe de Soleil que nous eumes le 1 Avril 1764. Multipliez donc 1°. 782 lunaiſons complétes par 7361. 2°. Ajoutez 33890 au produit 5756302. 3°. Diviſez par 43200 la ſomme 5790192. Négligez le quotient 134. Examinez le reſtant 1392, & comme il eſt inférieur à 4060, vous conclurez qu'il y a eu éclipſe de Soleil à la nouvelle Lune du 1 Avril 1764. Elle fut en effet à Avignon d'environ dix doigts.

Cette méthode eſt fondée ſur les mêmes principes que celle de l'article précédent. L'on pourroit cependant faire les deux queſtions ſuivantes.

Premiere Question. Pourquoi ajoute-t-on seulement 33890 au produit que donne la multiplication du nombre des lunaisons par 7361 ?

Résolution. Lors de la nouvelle Lune du mois de Janvier 1701, le Soleil étoit éloigné de son nœud de 141 degrés, 12 minutes, 30 secondes, ou de 33890 quarts de minute; donc, lorsqu'il s'agit d'éclipse de Soleil, il faut ajouter seulement 33890 au produit que donne la multiplication du nombre des lunaisons par 7361.

Seconde Question. Que représente le nombre 4060 ?

Résolution. Il représente 16 degrés, 55 minutes. Une éclipse de Soleil n'est impossible, que lorsque le Soleil & la Lune sont éloignés de leur nœud de plus de 16 degrés, 55 minutes; donc il faut comparer le restant & le diviseur, non pas avec 2800, comme dans les éclipses de Lune, mais avec 4060.

Il s'ensuit de là qu'il n'y auroit pas éclipse de Lune à telle distance où il y a éclipse de Soleil. Je n'en suis pas surpris; le volume de la Terre étant environ 50 fois plus grand que le volume de la Lune, il est plus difficile à celle-ci de rencontrer l'ombre de la Terre, qu'à celle-là de rencontrer l'ombre de la Lune.

REMARQUE.

Par les méthodes de M. de la Hire, je le sçais, on ne peut pas connoître l'heure à laquelle les éclipses doivent arriver. Mais ce défaut n'est pas considérable; il y a cent sortes de livres où l'on marque, chaque année, le moment précis des nouvelles & des pleines Lunes.

ECLIPTIQUE. C'est la ligne qui divise la largeur du Zodiaque en deux parties égales. Cherchez *Sphère*.

ÉLASTICITÉ. On nomme *corps élastique*, celui que le choc & la compression font changer de figure, & qui après le choc & la compression reprend ou du moins tend à reprendre la figure qu'il vient de perdre. Les molécules dont ces sortes de corps sont composés, doivent être en même tems flexibles & roides; sans cette flexibilité les corps élastiques ne se comprimeroient jamais, & sans cette roideur ils ne reprendroient pas leur premiere figure. Il faut encore une certaine proportion dans les pores des corps élastiques, c'est-à-dire, il faut qu'ils ne soient ni trop grands ni trop petits. Mais ce ne sont-là que des conditions, & c'est la cause physique de l'élasticité que nous cherchons ici. Nous la trouverons vraisemblablement dans une matiere beaucoup plus déliée que l'air que nous respirons, & dont nous avons fait la description dans l'article de la *matiere subtile Newtonienne*. Voici comment cette matiere cause le ressort des corps.

Prenez un corps élastique, par exemple, une lame d'acier; courbez-la en forme d'arc; vous élargissez les pores de sa surface convexe, & vous rétrécissez ceux de sa surface concave. La matiere subtile Newtonienne qui fait tous ses efforts pour passer par les pores rétrécis, les rouvre, & c'est en les rouvrant qu'elle rend à la lame sa premiere figure. On pourroit encore dire que cette matiere subtile, en coulant d'une extrêmité à l'autre, remet la lame dans son premier état.

A la cause Physique de l'élasticité, joignons les régles du mouvement qui ne manquent jamais de s'observer dans le choc des corps élastiques. L'on fera bien, si l'on veut les comprendre sans peine, de jetter un coup d'œil sur celles qui s'observent dans le choc des corps durs; on les trouvera dans l'article de la *dureté*. L'on doit encore distinguer avec soin dans le choc des corps élastiques deux sortes de mouvemens, l'un direct, par lequel les corps élastiques perdent leur premiere figure, & l'autre réfléchi par lequel ces mêmes corps reprennent la figure qu'ils avoient perdue.

Premiere Régle. *Dans le choc des corps élastiques, le mouvement direct se communique, comme si les corps étoient durs.*

Cette régle n'a pas besoin d'explication. La cause du ressort, quelle qu'elle soit, n'agit que lorsque le corps reprend ou tend à reprendre sa premiere figure. Combien de corps denués de toute espéce de ressort, sont sujets à perdre leur figure, lorsqu'on les soumet à la moindre compression! Donc dans le choc des corps élastiques, le mouvement direct &c.

Seconde Régle. *Lorsqu'après le choc, deux corps élastiques reprennent leur premiere figure, le corps choquant acquiert autant de vîtesse pour revenir sur ses pas, qu'il en avoit perdu par le choc, & celui-ci acquiert autant de vîtesse pour aller en avant, qu'il en avoit d'abord gagné par le choc.*

L'expérience suivante éclaircira & démontrera ces deux régles. Supposons que la boule A & la boule B, toutes les deux élaſtiques, ayent une maſſe égale ; ſuppoſons encore que la boule B ſoit en repos ; ſuppoſons enfin que la boule A dirigée vers le point C vienne la frapper avec 6 degrés de vîteſſe ; vous verrez la boule A réduite au repos, tandiſque la boule B s'avancera vers le point C avec 6 degrés de vîteſſe. N'en ſoyons pas ſurpris ; ſi ces deux boules étoient dures, elles ſe ſeroient mûes après le choc vers le point C avec 3 degrés de vîteſſe chacune. Mais à cauſe de ſon élaſticité la boule A acquiert 3 degrés de vîteſſe pour revenir ſur ſes pas ; elle doit donc demeurer immobile, parce qu'elle avoit conſervé 3 degrés de vîteſſe pour aller en avant. De même la boule B, auſſi élaſtique que la boule A, reprend après le choc ſa premiere figure, & c'eſt en la reprenant qu'elle acquiert encore 3 degrés de vîteſſe pour aller en avant ; elle doit donc s'avancer avec 6 degrés de vîteſſe vers le point C, & par conſéquent les deux regles énoncées & établies par le Créateur au commencement du monde, ſe gardent à la lettre dans le choc des corps élaſtiques.

C'eſt ici le lieu de propoſer & de réſoudre les queſtions ſuivantes ; elles ſerviront de démonſtration à la régle que nous venons d'expliquer. Pourquoi le corps choquant reçoit-il, en reprenant ſa figure, autant de vîteſſe *réfléchie*, qu'il en avoit perdu de *directe* par le choc ; & pourquoi reçoit-il cette vîteſſe pour revenir ſur ſes pas ? Pourquoi au contraire la vîteſſe que reçoit le corps choqué, en reprenant ſa figure, le fait-elle avancer ; & pourquoi cette *vîteſſe réfléchie* eſt-elle préciſément égale à la *vîteſſe directe* qu'il avoit gagnée par le choc ? Une ſeule réponſe ſatisfait à toutes ces queſtions ; elle eſt fondée ſur ce principe, *la réaction eſt toujours égale & contraire à l'action ;* s'il a jamais lieu, c'eſt ſur-tout dans cette occaſion.

Dans le choc des corps élaſtiques, le corps choquant comprime le corps choqué, & celui-ci à ſon tour comprime celui-là ; donc en ſe détendant, le corps choquant doit continuer à pouſſer en avant le corps choqué, & celui-ci doit pouſſer en arriére le corps choquant. Vous voyez déja pourquoi le corps choquant reçoit de la vîteſſe pour revenir, & le corps choqué pour avancer. Si le premier en reçoit autant pour revenir, qu'il en avoit perdu par le choc, c'eſt que le corps choqué ſe détend avec toute la *vîteſſe directe* qui lui avoit été commupiquée ; & si le second gagne autant de *vîtesse réfléchie*, qu'il en avoit gagné de *directe* ; c'est que le corps choquant se détend comme il s'étoit comprimé, c'est-à-dire, il fait d'autant plus ou d'autant moins d'effort pour se détendre, qu'il s'étoit plus ou moins comprimé. Mais en se comprimant, il avoit communiqué au corps choqué un certain nombre de degrés de *vîtesse directe* ; donc, en se détendant, il doit lui en communiquer un pareil nombre de *vîtesse réfléchie* ; donc en général, lorsqu'après le choc, deux corps élastiques reprennent leur premiere figure, le corps choquant acquiert autant de vîtesse pour revenir sur ses pas, qu'il en avoit perdu par le choc ; & celui-ci acquiert autant de vîtesse pour aller en avant, qu'il en avoit d'abord gagné par le choc.

L'expérience que les Joueurs de boule font tous les jours, lorsqu'ils sont assez adroits pour tirer *en place* comme l'on dit, paroit d'abord contredite par l'expérience suivante : lorsque sur le tapis d'un billard une bille est poussée contre une autre en repos ; quoiqu'elles soient toutes les deux égales & élastiques, celle qui choque, continue communément de se mouvoir ; il paroit cependant qu'elle devroit suivant nos régles reste sans mouvement après le choc. Mais pour peu que l'on veuille faire attention, l'on verra bientôt que ces deux cas sont totalement différents l'un de l'autre ; dans le premier le corps choquant jetté en l'air n'a qu'un mouvement simple direct ; dans le second la bille qui choque & qui roule sur le tapis, a deux mouvemens, l'un en ligne droite & l'autre de rotation sur elle-même.

Corollaire I. Arrangez 6 boules d'yvoire parfaitement égales entr'elles, de maniere qu'elles ayent leurs centres dans la même ligne droite ; que la premiere soit frappée par une bille qui soit égale & qui ait 10 degrés de vitesse, vous verrez partir la sixieme avec 10 degrés de vitesse ; pourquoi ? parce qu'il n'y a dans cette expérience que la sixieme bille qui soit corps choqué ; toutes les autres deviennent, par leur réaction, corps choquants.

Corollaire II. Si le corps élastique A & le corps élastique B viennent se choquer avec des directions contraires & des forces égales, ils reviendront sur leurs pas avec les mêmes forces. En effet si ces deux corps étoient durs, ils demeureroient immobiles après le choc, comme nous l'avons expliqué en son lieu ; mais ces deux corps font tous les deux élastiques, & tous les deux, corps choquants; donc ils doivent, en se remettant dans leur premier état, reprendre, pour revenir sur leurs pas, autant de force qu'ils en auroient perdu, s'ils avoient été parfaitement durs.

Corollaire III. Si un corps élastique A tombe perpendiculairement sur un plan immobile & élastique B avec 6 degrés de vitesse, il réjaillira avec 6 degrés de vitesse. En effet si le corps A & le plan B avoient été durs, le corps choquant A seroit demeuré immobile après le choc, comme nous l'avons remarqué dans l'article de la *dureté*; mais ce corps est élastique; donc il doit reprendre pour revenir sur ses pas autant de vitesse qu'il en auroit perdu, s'il avoit été dur.

Corollaire IV. Si le corps élastique *p*, *Fig.* 15. *Pl.* 1. tombe sur le plan immobile & élastique A B par la ligne oblique C *p*, il sera réfléchi au point D en décrivant la ligne oblique *p* D, & par conséquent il réjaillira vers le côté opposé, en faisant un angle de réflexion D *p* B égal à l'angle d'incidence C *p* A. En effet si le corps *p* & le plan A B avoient été durs, le corps *p* en frappant le plan au point *p*, auroit perdu son mouvement perpendiculaire représenté par la ligne E *p*, & il auroit conservé son mouvement horizontal représenté par la ligne *p* B, comme nous l'avons dit dans l'article de la *dureté* : mais le corps *p* est élastique; donc il doit, en se remettant dans son premier état, reprendre son mouvement perpendiculaire E *p*; donc au point *p* le corps *p* a deux mouvemens, l'un perpendiculaire E *p*, & l'autre horizontal *p* B; donc il doit décrire la diagonale *p* D, comme nous l'avons démontré dans l'article du *mouvement* en ligne diagonale. Tels sont les principaux phénoménes que l'on observe dans le choc des corps élastiques; l'explication de ceux que nous n'avons pas rapportés, ne coutera rien à ceux qui auront saisi le sens de nos régles.

Corollaire V. Si le corps élastique M de 4 livres de masse & de 6 degrés de vitesse, frappe le corps élastique *m* qui n'est que de 2 livres & qui est en repos, ils iront tous les deux après le choc vers le même endroit, *par exemple*, vers l'orient avec des vitesses inégales; la vitesse du corps *m* sera de 8, & celle du corps M de 2 degrés. En voici la preuve.

1°. Si le corps *m* étoit simplement dur, il iroit après

le choc vers l'orient avec une vitesse représentée par $\frac{M V}{M + m}$; voyez l'article de la *dureté*. Mais il est élastique ; donc, en reprenant sa figure, il acquiert encore, pour aller vers l'orient, une vitesse exprimée par $\frac{M V}{M + m}$; donc le corps élastique m après le choc va vers l'orient avec $\frac{2 \cdot M V}{M + m}$ de vitesse.

2°. $M = 4$, $V = 6$, $m = 2$ *par hypothèse* ; donc $\frac{2 M V}{M + m} = \frac{48}{6} = 8$; donc dans le cas présent le corps m ira vers l'orient avec 8 degrés de vitesse.

3°. Si le corps M étoit simplement dur, il iroit après le choc, comme le corps m, avec la vitesse exprimée par $\frac{M V}{M + m} = \frac{24}{6} = 4$; donc le corps M a perdu par le choc 2 degrés de vitesse ; donc, en reprenant sa figure, il doit acquerir 2 degrés de vitesse pour revenir sur ses pas, c'est-à-dire, pour aller vers l'occident. Mais il a conservé 4 degrés de vitesse pour aller vers l'orient ; donc il doit aller vers l'orient avec 2 degrés de vitesse.

Corollaire VI. Si les corps élastiques A & B sont égaux en masse, s'ils sont, *par exemple*, chacun de deux livres, & qu'ils soient dirigés tous les deux vers l'orient, l'un avec 6 & l'autre avec 2 degrés de vitesse ; après le choc ils continueront tous les deux d'avancer avec la même direction, mais ils feront échange de vitesse. Nommons M la masse du corps A, V sa vitesse, M la masse du corps B, u sa vitesse.

1°. Si le corps choqué B étoit simplement dur, il iroit vers l'orient après le choc avec la vitesse exprimée par $\frac{M V + M u}{2 M}$. Cherchez *Dureté*. Mais $\frac{MV + Mu}{2 M} = \frac{16}{4} = 4$; donc si le corps choqué B étoit simplement dur, il iroit après le choc vers l'orient avec 4 degrés de vitesse ; donc le corps B, comme dur, a gagné par le choc 2 degrés de vitesse ; donc le corps B, comme élastique, acquerra, en reprenant sa figure, 2 degrés de vitesse pour continuer sa route vers l'orient ; donc il ira vers l'orient avec 6 degrés de vitesse.

2°. Si le corps choquant A étoit simplement dur, il iroit vers l'orient après le choc avec la vitesse $\frac{MV + Mu}{2M} = 4$; donc le corps A a perdu par le choc 2 degrés de vitesse; donc, en reprenant sa figure, il acquerra 2 degrés de vitesse pour revenir vers l'occident. Mais il en avoit 4 pour aller vers l'orient; donc il continuera d'aller vers l'orient avec 2 degrés de vitesse; donc ces deux corps ont fait échange de vitesse.

Corollaire VII. Si deux corps élastiques égaux en masse & inégaux en vitesse, sont dirigés l'un contre l'autre, ils retourneront avec échange de vitesse. Je nomme ces deux corps A & B, leur masse M, V la vitesse du corps A, u celle du corps B. Je suppose M = 2 livres, V = 6 degrés, u = 2 degrés. Je suppose encore le corps A dirigé vers l'orient, & le corps B vers l'occident.

1°. Si le corps choquant A étoit simplement dur, il emporteroit le corps B avec la vitesse représentée par $\frac{MV - Mu}{2M} = \frac{12 - 4}{4} = \frac{8}{4} = 2$; cherchez *Dureté*; donc le corps choquant A, considéré comme dur, a perdu 4 degrés de vitesse, & n'en a conservé que 2 pour aller vers l'orient; donc ce corps, en reprenant sa figure, acquerra 4 degrés de vitesse pour revenir vers l'occident; donc il reviendra en effet vers l'occident avec 2 degrés de vitesse.

2°. Le corps choqué B, considéré comme simplement dur, perdroit la direction qu'il a vers l'occident, & il iroit vers l'orient avec la vitesse $\frac{MV - Mu}{2M} = 2$; donc, en reprenant sa figure, il acquerra encore 2 degrés de vitesse pour aller vers l'orient; donc le corps B, considéré seulement comme corps choqué, iroit vers l'orient avec 4 degrés de vitesse.

3°. Puisqu'il s'agit ici d'un choc opposé, le corps B n'est pas seulement corps choqué, il est encore corps choquant; & c'est en cette qualité qu'il reprend pour revenir vers l'orient, les deux degrés de vitesse qui le portoient vers l'occident. Mais le corps B, comme corps choqué, alloit déja vers l'orient avec 4 degrés de vitesse; donc ce corps considéré sous tous ses rapports, je veux être comme corps choqué & comme corps choquant, ira vers l'orient avec 6 degrés de vitesse.

4°. Avant le choc, le corps A alloit vers l'orient avec 6 degrés de vitesse, & après le choc, il revient vers l'occident avec 2 degrés seulement. De même avant le choc, le corps B alloit vers l'occident avec 2 degrés de vitesse, & après le choc il revient vers l'orient avec 6 degrés; donc si deux corps élastiques égaux en masse & inégaux en vitesse, sont dirigés l'un contre l'autre, ils retourneront avec échange de vitesse.

ÉLASTIQUE. On donne cette épithéte à tout corps que le choc & la compression font changer de figure, & qui après le choc & la compression, reprend, ou du moins tend à reprendre, la figure qu'il vient de perdre. Cherchez les causes de cet effet dans l'article précédent.

ÉLATITE. C'est là le nom qu'on donne au bois de sapin pétrifié. Cherchez *Pétrification.* On donne encore ce nom à une pierre ferrugineuse que les Lithographes appellent *xanthe.*

ÉLECTRICITÉ. Il étoit réservé à notre siécle de produire, par le moyen de la machine électrique, les phénoménes les plus surprenans. Depuis environ 50 ans les plus grands Physiciens se sont occupés à en chercher les causes; les uns timides & pusillanimes ont avoué qu'on ne pouvoit rien prononcer sur une matière aussi obscure; les autres hardis & présomptueux ont proposé des systêmes dans les formes & ont voulu assujettir tous les Physiciens à leur manière de penser; quelques-uns enfin plus sages & plus retenus n'ont donné leurs découvertes en ce genre, que comme de pures conjectures. Nous suivrons l'exemple de ces derniers; commençons par la description de la machine électrique.

La machine électrique doit être composée 1°. d'un globe de verre dont le diamétre ait environ un pied, & dont l'épaisseur soit d'une ligne & demie au moins; 2°. d'un tour & d'une roue de trois à quatre pieds de diamétre qui communique avec le globe par le moyen d'une corde, & qui en tournant lui imprime un mouvement de rotation; 3°. d'un coussinet couvert de peau qui frotte le globe, lorsqu'il est en mouvement; il vaut encore mieux le frotter avec la main nue, pourvu qu'elle soit bien séche; 4°. d'une barre de fer, ou d'un tube de fer-blanc appuyant sur des rubans, ou suspendu par le moyen de quelques cordons de soye ; la barre de fer, ou le tube de fer-blanc doit communiquer avec le globe de verre par le moyen d'un peu de clinquant ou d'une petite frange de métal qui s'avance d'un pouce, & qui puisse toucher impunément sur la superficie du verre ; 5°. d'un gâteau de résine ou de poix qui ait 7 à 8 pouces d'épaisseur & qui soit assez large pour appuyer commodément les pieds de la personne qui doit y monter dessus. Telle est la machine par le moyen de laquelle nous faisons les expériences les plus surprenantes. Avant que de les proposer, voici sur quels principes seront fondées nos explications.

1°. Un corps actuellement électrique est un corps que l'on a mis en état d'attirer & de repousser des corps légers, tels que sont les pailles, les plumes, les feuilles de métal : l'électricité d'un corps se manifeste encore par les bluettes de feu que l'on en tire.

2°. Presque tous les corps peuvent devenir électriques, ou par frottement ou par communication.

3°. Les matieres vitrifiées & les matieres résineuses s'électrisent très-facilement, lorsqu'on les frotte ou avec la main nue, bien séche, ou avec un morceau d'étoffe.

4°. Les métaux & les corps vivans deviennent très-facilement électriques, lorsqu'ils communiquent, *par exemple*, par le moyen ou d'une frange de métal ou d'une chaine de fer avec les corps devenus électriques par frottement.

5°. Les corps qui deviennent électriques par frottement, ne le deviennent presque jamais, ou du moins le deviennent très-peu par communication ; & les corps qui deviennent électriques par communication ne le deviennent presque jamais par frottement.

6°. Un corps électrisé perd communément toute sa vertu par l'attouchement de ceux qui ne le sont pas.

7°. Tout corps électrisé, soit qu'il l'ait été par frottement ou par communication, est entouré d'un fluide très-subtil qui s'étend plus ou moins loin, suivant que l'électricité a été plus ou moins forte. Ce fluide sert d'athmosphére au corps actuellement électrisé.

8°. Le fluide qui sert d'athmosphére aux corps qui sont dans l'état actuel d'électrisation, n'est pas l'air grossier que nous respirons, puisque les corps s'électrisent parfaitement bien dans le récipient de la machine pnéumatique, après que l'on en a pompé l'air.

9°. L'athmosphére des corps actuellement électrisés, est formée par les particules qui s'élancent continuellement de leur sein, & qui se portent plus ou moins loin, suivant que l'électricité est plus ou moins forte.

10°. Le fluide subtil qui compose l'athmosphére des corps électrisés, s'insinue sans peine à travers les corps les plus durs; l'on dit même que cette matiere traverse plus facilement les métaux que l'air; elle est en cela semblable à la lumiere qui traverse plus aisément le verre que l'air.

11°. Le fluide subtil qui compose l'athmosphére des corps électrisés & que nous pouvons nommer *matiere électrique*, se trouve plus ou moins abondamment dans tous les corps; l'on peut même conjecturer que cette matiere est répandue par-tout, & qu'elle n'a besoin que d'un tel degré de mouvement pour se rendre sensible.

12°. La matiere électrique est une vraie matiere ignée, c'est un vrai feu qui, pour agir avec plus de force,, s'unit à des parties hétérogénes qu'il trouve ou dans les corps qu'on électrise ou dans l'athmosphére de ces corps.

13°. Un corps, à force d'être électrisé, ne perd pas son électricité. Électrisez, *par exemple*, un globe de verre pendant 2 ou 3 heures de suite, il n'en paroîtra pas moins électrique. Telles sont les notions qu'il faut avoir présentes à l'esprit, quelque parti que l'on prenne en matiere d'électricité.

Conjectures sur les causes physiques des Phénoménes électriques.

L'hypothése que j'ai formée pour expliquer d'une maniere probable les phénoménes électriques, est fondée sur une loi d'Hydrostatique avouée de tout le monde, & sur une expérience qui réussit en tout tems, à toute sorte de personnes & avec la machine la plus médiocre. La loi d'Hydrostatique est celle-ci.

Les fluides semblables ne peuvent pas se toucher, sans se mêler ensemble & se mettre en équilibre l'un avec l'autre. C'est en vertu de cette loi, que l'air extérieur est obligé d'entrer par les fentes de la porte & des fenêtres dans toute chambre dont l'air est raréfié par le feu qu'on y allume.

L'expérience sur laquelle mon hypothése est fondée, est la suivante. Prenez deux gâteaux de résine, & placez-y deux hommes dont l'un communique avec le tube de fer-blanc à la maniere ordinaire, & l'autre soit occupé à frotter le globe de verre. Faites signe à tous les deux d'approcher en même tems leur doigt du tube de fer-blanc : le premier ne tirera point de bluette ; & le second en tirera de très-vives. Approchez-vous d'eux ; vous trouverez électrique non-seulement celui qui communique avec le tube par la chaîne ordinaire, mais encore celui qui frotte le globe, avec cette différence que les bluettes que vous tirerez de celui-ci seront beaucoup plus foibles, que celles que vous tirerez de celui-là. Cette expérience m'a fait appercevoir que toute la matiere électrique qui sort du globe de verre, n'enfile pas le tube de fer blanc ; que celle qui se répand dans l'air, est capable de communiquer une foible Électricité aux corps environnants ; qu'on peut tirer parti du courant électrique qui ne va pas dans le tube ; en un mot cette expérience m'a donné occasion de faire les conjectures suivantes.

1°. L'on peut regarder la matiere qui sort du globe de verre, comme divisée en deux courans, dont l'un enfile le tube de fer blanc, & l'autre se répand dans l'air ; puisque le tube suspendu sur des fils de soye & le frotteur isolé sur le gâteau, sont électrisés en même tems.

2°. Le premier courant rend le tube de fer blanc *parfaitement électrique*, puisque l'on en tire des bluettes très-vives. Le second met en mouvement la matiere électrique répandue en l'air, & rend *à demi électrique* tout ce qui environne la machine, pourvu qu'il se trouve électrisable par communication. Cette conjecture est fondée sur la foiblesse des bluettes que l'on tire du frotteur, lorsqu'on le place sur un gâteau de résine.

3°. Tous les corps que le premier courant a électrisés, sont entourés d'une athmosphére très dense, puisqu'il les a électrisés très-fortement. Tous ceux au contraire qui n'ont été électrisés que par le second courant, sont entourés d'une athmosphére très-rare, puisqu'ils ne sont électrisés que très foiblement.

4°. Lorsqu'un corps *à demi électrique* s'approche d'un corps *parfaitement électrique*, alors l'athmosphére de celui-ci, par la loi de l'équilibre entre deux liquides homogénes,

génes, se porte vers l'athmosphére de celui-là, à peu-près comme l'air extérieur se porte vers l'air contenu dans une chambre dans laquelle on vient d'allumer du feu. Ces deux athmosphéres composées de particules inflammables, se mêlent, se choquent & par là même s'enflamment.

5°. Le mêlange & l'inflammation dont nous venons de parler, sont la vraie cause du petit bruit dont la bluette est accompagnée, parce que l'air placé entre l'athmosphére dense & l'athmosphére rare, est chassé par le mêlange & dilaté par l'inflammation.

6°. Les deux courans qui sont le fondement de cette hypothése; peuvent être regardés comme une *Électricité effluente*. La matiere que ces deux courans déterminent à se rendre dans le globe, & les deux courans eux-mêmes, réfléchis totalement ou en partie vers le même globe par les couches de l'air environnant, sont une vraie *Électricité affluente*. Je distingue donc, à l'exemple du célébre Nollet, mais dans un sens bien différent, la matiere électrique en *effluente* & *affluente*. La premiere sort du globe de verre, & rend certains corps *parfaitement*, & certains autres *imparfaitement électriques*. Le frottement & le mouvement de rotation sont les causes physiques de l'*effluence* qui se fait du sein même du globe. Ces causes sont plus que suffisantes pour donner une pareille émission, puisque le mouvement le plus simple fait sortir un grand nombre de particules du sein des corps odoriférants. Pour ce qui regarde la *matiere affluente*, j'admets non-seulement la matiere électrique qui se porte de l'air dans le globe de verre, mais encore la *matiere effluente* elle-même, que les couches de l'air environnant réfléchissent souvent vers le globe; peut-être même est-ce pour cela que l'électricité est plus forte pendant l'hiver où l'air est très-dense, que pendant l'été où l'air est très-rare. La loi de l'équilibre entre deux liquides homogénes, dont l'un fait des pertes très-considérables & l'autre les répare; le plein presque parfait autour de la machine; la résistance de l'air; le mouvement communiqué au feu électrique qui réside dans l'athmosphére terrestre, sont donc les causes physiques de l'*affluence*, tantôt d'une nouvelle, tantôt de la même matiere vers le sein du globe de verre.

7°. Il y a souvent un choc très-violent entre la matiere *effluente* & la matiere *affluente*, puisque celle-là sort du globe en même tems que celle-ci s'y rend. Telle est l'hypothése que nous avons imaginée. Voyons si les explications qu'elle nous fournit des phénoménes électriques, sont recevables.

Premiere Expérience. Electrisez un corps ou par frottement ou par communication, & présentez-lui quelque corps léger, par-exemple, des pailles ou des feuilles de métal ; vous verrez ces corps légers tantôt attirés & tantôt repoussés par le corps électrisé.

Explication. La *matiere affluente* doit nécessairement porter les corps légers vers le corps électrisé, & c'est-là ce qu'on nomme *attraction ;* la *matiere effluente* emporte avec elle les corps légers & les oblige à fuir le corps électrisé, & c'est-là ce qu'on nomme *répulsion.*

Seconde Expérience. Faites monter quelqu'un sur un gâteau de matiere résineuse, & faites-lui tenir à la main une chaîne qui communique avec le tube de la machine électrique ; cet homme s'électrisera par communication, & vous tirerez aussi facilement des étincelles de son corps que du tube de la machine electrique.

Explication. Lorsque l'on fait tourner le globe de la machine électrique, il en sort une matiere ignée qui, par le moyen du tube de fer blanc & de la chaîne qui lui est attachée, met en mouvement celle qui est contenue dans le corps de l'homme que l'on a placé sur le gâteau de résine, & l'oblige de se porter du dedans au dehors.

Les étincelles que l'on tire de son corps ont pour cause le mêlange dont nous avons parlé, *num.* 4.

Un homme qui tiendroit à la main la même chaîne & qui seroit placé immédiatement sur le plancher d'une chambre, ne s'électriseroit pas ; pourquoi ? parce que l'homme & le plancher étant électrisables par communication, la matiere ignée qui sort du globe de verre, n'agiroit pas seulement sur l'homme, comme dans l'expérience précédente, mais encore sur tous les corps avec lesquels cet homme communique ; est-il étonnant qu'elle n'eut presque aucun effet ?

Il suit de là qu'on n'électrisera jamais un corps électrisable par communication, en le plaçant sur un autre corps électrisable par communication. Pour en venir à bout il faut l'isoler, c'est-à-dire, il faut le placer sur un corps. électrisable par frottement, tels que sont le crin, la soye, la résine, les matieres vitrifiées, &c.

Il suit encore que l'homme que l'on a fait monter sur le gâteau de résine, à la maniere ordinaire, ne tirera pas lui-même des bluettes du tube de fer blanc avec lequel il communique par une chaîne de fer, parce que l'athmosphére électrique qui l'environne, est aussi dense que celle du tube.

Troisieme Expérience. Placez sur le gâteau de résine celui qui frotte le globe, & approchez votre doigt de son corps; vous en tirerez des étincelles très-sensibles, mais cependant beaucoup moins fortes que celles que l'on tire de celui qui monte sur le gâteau à la maniere ordinaire.

Explication. Ce que nous avons conjecturé *num.* 1, est actuellement démontré par l'expérience que nous venons de rapporter. La matiere électrique qui sort du globe de verre & qui ne se rend pas dans le tube de fer blanc, vient électriser celui qui frotte le globe. Les étincelles que l'on tire de son corps sont cependant assez foibles, parce que cet homme n'est électrisé qu'à demi.

Quatrieme Expérience. Faites jouer la machine électrique & dans un tems humide & dans un tems sec, l'électricité sera beaucoup plus forte dans un tems sec, que dans un tems humide.

Explication. Dans un tems de pluie l'air est chargé d'exhalaisons très-propres à retarder le mouvement de la matiere électrique; il en est de même dans un tems chaud. Mais dans un tems sec l'athmosphére ne contient pas beaucoup de ces sortes d'exhalaisons; l'électricité doit donc beaucoup mieux réussir dans un tems sec, que dans un tems de pluie; elle doit mieux réussir en hyver qu'en été. Relisez le *num.* 6.

Un Physicien n'a point de peine à rendre raison d'un pareil effet. Accoutumé à expliquer pourquoi le feu agit sur le bois avec plus de force pendant l'hyver que pendant l'été, il comprend d'abord pourquoi le feu électrique produit de plus grands effets pendant l'hyver, que pendant l'été. Tout cela nous prouve que le ressort de l'air a beaucoup de part aux phénoménes électriques. Tout le monde sçait que l'air pendant l'hyver est beaucoup plus dense & beaucoup plus élastique, que pendant l'été.

C'eſt ici que l'on a coutume de faire une objection qui paroît d'abord ſpécieuſe. Si l'humidité, *dit-on*, retarde les effets de la machine électrique, pourquoi l'électricité ſe communique-t-elle ſi facilement à l'eau ? L'électricité ſe communique facilement à l'eau, j'en conviens, mais pourquoi ? c'eſt qu'elle trouve dans cet élément des pores diſpoſés à recevoir la matiere électrique. Il y a bien de la différence entre l'eau & les exhalaiſons qui retardent les effets de l'électricité. Ces exhalaiſons ne ſont pas des particules aqueuſes, ce ſont pour la plupart des particules graſſes, très-propres à diminuer le mouvement du feu électrique.

Cinquieme Expérience. Ayez une corde mouillée auſſi longue que vous le voudrez : attachez-la au tube de la machine électrique par un bout, & placez ſur le gâteau de réſine un homme qui tienne l'autre bout de la corde ; ſi la corde eſt iſolée, c'eſt-à-dire, ſi elle eſt ſoutenue d'eſpace en eſpace par le moyen de quelques rubans ou de quelques cordons de ſoye, l'homme placé ſur le gâteau de réſine s'électriſera, quelque éloigné qu'il ſoit de la machine électrique, & quelques détours que faſſe la corde.

Explication. Je me repréſente la matiere électrique comme réſidant dans tous les corps, & comme compoſée de rayons dont les parties ſont contigues. Il eſt impoſſible de faire tourner le globe de la machine électrique, ſans que l'une des extrêmités de ces rayons ſoit agitée ; & il eſt impoſſible que l'une des extrêmités de ces rayons ſoit agitée, ſans que l'autre le ſoit preſque au même inſtant. Il en eſt à peu-près des rayons de la matiere électrique, comme de 500 boules contigues & rangées de file ; frappez la boule que vous voyez placée au commencement de la ligne, vous verrez partir preſque dans le même inſtant celle qui eſt placée à l'extrêmité. Si cela arrive pour des corps auſſi maſſifs que des boules, cela n'arrivera-t-il pas pour des particules auſſi déliées que celles dont eſt compoſé le feu électrique ? Une corde mouillée réuſſit beaucoup mieux qu'une corde ſéche, pourquoi ? parce que la matiere électrique ſe diſſipe plus difficilement à travers celle-là, qu'à travers celle-ci.

Sixieme Expérience. Approchez de fort près le bout du doigt, ou un morceau de métal d'un corps quelconque fortement électrisé ; vous appercevrez une ou plusieurs étincelles très-brillantes qui éclateront avec bruit : & si ce sont deux corps animés que l'on applique à cette épreuve, l'effet dont je parle sera accompagné d'une piquûre qui se fera sentir de part & d'autre.

Explication. Tout corps électrisé contient & en dedans & en dehors des particules d'un feu mêlé de plusieurs parties hétérogénes inflammables ; il suffit de les agiter tant soit peu pour les enflammer. Lorsque j'approche le bout du doigt, ou un morceau de métal d'un corps fortement électrisé, le mêlange qui se fait des différens athmosphéres électriques dont nous avons parlé, *num.* 4, imprime à ces particules le degré de mouvement & d'agitation nécessaire pour causer l'inflammation ; je dois donc dans cette occasion appercevoir une ou plusieurs étincelles très-brillantes qui éclatent avec bruit. Deux corps animés que l'on applique à cette épreuve, doivent sentir une piquûre très-forte, pourquoi ? parce qu'il n'est rien qui agisse tant sur les corps animés, que le feu enflammé.

Septieme Expérience. Tirez une ou deux étincelles d'un corps électrisé, son électricité cessera subitement, ou du moins diminuera très-sensiblement.

Explication. Me sera-t-il permis de hazarder ici une conjecture ? Je comparerois volontiers un corps dans l'état actuel d'électrisation, à un fusil à vent ; les premiers coups que l'on tire sont terribles, les derniers ne le sont pas à beaucoup près autant. De même les premieres étincelles que vous tirerez d'un corps électrisé, seront très-fortes & très-brillantes ; mais les dernieres perdront bientôt toute leur force & tout leur éclat.

Huitieme Expérience. Placez une personne sur le gâteau de résine ; électrisez-la par le moyen du globe de verre, & présentez-lui dans une cuiller de métal, de l'esprit de vin, ou une liqueur inflammable, légérement chauffée ; la personne en question allumera la liqueur avec le bout du doigt.

Explication. La matière électrique est un vrai feu ; tout le monde sçait que le feu, lorsqu'il a un certain degré de mouvement & qu'il se joint à un corps inflammable, le pénétre & dissipe ses parties en flamme, ou, en fumée ; il n'est pas donc surprenant que, puisqu'il sort du doigt d'un homme électrisé, des particules de feu, & que ces particules ſe joignent à un corps auſſi inflammable que l'eſt l'eſprit de vin, il n'eſt pas, dis-je, ſurprenant que cette liqueur ſoit allumée.

Mr. Nollet penſe que, ſi l'électricité étoit très-forte, le degré de chaleur préparatoire ne ſeroit pas d'une néceſſité abſolue pour le ſuccès de l'expérience dont nous parlons.

Mr. Nollet fait encore ſur cette expérience une remarque très-ſage. Le doigt qui ſe préſente à la liqueur, *dit-il*, ne doit pas la toucher, mais ſeulement s'en approcher à une petite diſtance. S'il a été plongé, il faut l'eſſuyer, ou, en préſenter un autre; car ſans cela on court riſque de n'avoir pas d'étincelle & de manquer l'expérience. L'obſtacle vient de ce qu'un corps mouillé d'eſprit de vin eſt un corps enduit d'une matière ſulphureuſe à travers laquelle la matière électrique a peine à ſe faire jour pour ſortir. On me dira peut-être, *continue Mr. Nollet*, que cette matière paſſe bien à travers l'eſprit de vin qui eſt dans la cuiller; mais je repondrai que cet eſprit de vin eſt chaud, au lieu que celui qui eſt autour du doigt ne l'eſt plus, un inſtant après l'émerſion.

Neuvième Expérience. Qu'un homme électriſé paſſe légérement ſa main ſur une perſonne non électrique vêtue de quelque étoffe d'or ou d'argent; il la fera étinceller de toute part, non-ſeulement elle, mais encore toutes les perſonnes qui ſont habillées de pareilles étoffes & qui la touchent; & ces étincelles ſe feront ſentir aux perſonnes ſur qui elles paroîtront, par des picotemens que l'on aura peine a ſouffrir long-tems.

Explication. Je me repréſente les étoffes d'or ou d'argent comme remplies & pénétrées de la matière électrique en repos. Je me repréſente un homme électriſé comme rempli & pénétré de la matière électrique en mouvement. Lorſque cet homme paſſe légérement la main ſur une perſonne non électrique vêtue de quelque étoffe d'or ou d'argent, il en ſort une matière qui met en mouvement & en feu celle qui étoit renfermée dans l'étoffe d'or ou d'argent; l'on doit donc voir ſortir des étincelles non-ſeulement de la perſonne que l'homme électriſé touche, mais encore de toutes celles qui ſont vêtues de pareilles étoffes, & qui ont communication avec elle. L'on ſçait que l'électricité ſe communique preſque en un inſtant par une corde mouillée de 1200 pieds;

à plus forte raiſon doit-elle ſe communiquer à quelques perſonnes qui ſe touchent & qui ſont vêtues de pareille étoffe.

Le picotement que ſentent les perſonnes ſur qui on fait l'expérience dont nous parlons, doit être très-douloureux; l'on ſçait qu'il n'y a rien de plus ſubti, de plus pénétrant & de plus vif que le feu électrique.

Pour expliquer l'expérience que je viens de propoſer, j'aurois preſque été tenté de regarder la matière électrique renfermée dans l'étoffe d'or ou d'argent, comme une infinité de grains de poudre rangés l'un après l'autre, & dont le premier eſt mis en feu par les rayons de matiére qui ſortent de l'homme électriſé à qui vous voyez paſſer légérement ſa main ſur une perſonne non électrique, vêtue de quelque étoffe d'or ou d'argent.

Dixième Expérience. Tenez dans une main un vaſe de verre ou de porcelaine, en partie plein d'eau, dans lequel ſoit plongé le bout d'un fil de métal électriſé, & approchez l'autre main de ce fil pour en tirer une étincelle; vous ſentirez une commotion violente dans les deux bras, dans la poitrine, dans les entrailles & dans tout le corps.

Explication. En électriſant le fil de métal, je l'ai chargé de matière ignée à-peu-près comme l'on charge de poudre un piſtolet que l'on veut tirer. En approchant le doigt du fil de métal électriſé, j'ai mis le feu à cette matière ignée & j'ai déchargé mon fil à peu-près comme l'on décharge un piſtolet, en mettant le feu à la poudre contenue dans le baſſinet. Un courant de matière ignée ſort alors avec impétuoſité de l'extrêmité ſupérieure du fil & entre dans mon corps par la main qui a tiré la bluette; un ſecond courant de matiére ignée ſort avec preſque autant de force de l'extrêmité inférieure du même fil, traverſe le verre & entre dans mon corps par la main qui tient la bouteille. Ces deux courans ſe choquent violemment; & ce choc me cauſe cette terrible commotion que je reſſens dans tout mon corps.

Demande-t-on pourquoi, lorſque je tire une bluette du tube de fer blanc de la machine électrique je ne reçois qu'une commotion bien légère? Je réponds, que la matiere électrique n'eſt pas auſſi comprimée dans le tube de fer blanc, qu'elle l'eſt dans le fil de métal de l'expérience précédente, & qu'il n'entre dans mon corps qu'un courant de matiere ignée.

La commotion auroit été infiniment plus violente, si la bouteille eût contenu la même quantité d'eau bouillante, preuve évidente de l'analogie qu'il y a entre la matiere ignée & la matiere électrique. Je ne conseillerois cependant à personne de tenter une pareille expérience. M. Jallabert, pour éviter à un paralitique nommé Nogués, le contact d'un vase froid dans l'expérience de la commotion, la lui fit éprouver avec de l'eau bouillante. Des éclats de lumiere très-vifs parurent d'eux-mêmes, avant que Nogués approchât la main du vase : ils devinrent encore plus vifs & plus nombreux, quand il y appliqua la main ; & au moment qu'il tira l'étincelle, le feu dont le vase se remplit parut tout-à-coup d'une vivacité inexprimable. La secousse fut prodigieuse ; & au même instant un morceau orbiculaire de deux lignes & demi de diamétre fut lancé contre le mur qui en étoit à 5 pieds de distance. Le morceau en fut emporté sans félure au vase. Nogués, jusques-là empressé à s'offrir à la commotion, effrayé & tremblant se jetta sur un siége. Il assura qu'un coup violent l'avoit frappé en diverses parties du corps, & qu'il lui en restoit une vive douleur dans les bras & dans les reins. Je l'exhortai, *dit M. Jallabert*, à aller se mettre au lit. L'étonnante vivacité d'un feu qu'on ne peut mieux comparer qu'à celui de la foudre ; le phénoméne inoui d'un vase percé par l'action de l'électricité ; la terrible commotion qu'avoit ressenti la personne qui tira l'étincelle, tout cela avoit imprimé dans les spectateurs une terreur qui ne nous permit, ni à eux, ni à moi-même d'en exposer aucun à une seconde épreuve.

L'on peut faire cette expérience avec moins de risque d'une maniere presque aussi efficace. Prenez un carreau de verre blanc, de 18 pouces de long sur 12 de large. Collez en dessus & en dessous de ce verre deux plaques de métal, de 15 pouces de longueur & de 10 de largeur. Posez ce carreau ainsi couvert sur un corps électrisable par communication, & placez le tout sous le tube de la machine électrique. Faites communiquer par une petite chaîne la partie supérieure du carreau avec le tube, & mettez une seconde chaîne sous le carreau. Si quelqu'un tient d'une main cette seconde chaîne, & qu'il tire de l'autre une bluette de la feuille de métal, il sentira une commotion à peu-près aussi forte que celle de Nogués. C'est-là l'expérience du tableau magique.

Si on met sur le carreau de verre un oiseau, de la tête duquel on ait ôté les plumes, & que la même main qui tient la chaîne inférieure tire une bluette de la tête de l'animal; l'oiseau seul éprouvera la commotion, & expirera sur le coup.

Si, au lieu d'un oiseau, on met un carton sur la feuille de métal, & que la même main qui tient la chaîne inférieure, tâche d'en tirer une étincelle; elle le percera en excitant une flamme à peu-près semblable à celle d'une grosse chandele, & un bruit aussi fort que celui d'un petard.

Onzième Expérience. Servez-vous pour l'expérience précédente d'un vase qui ne soit ni de verre ni de porcelaine, *par exemple*, d'un vase de métal; le fil de fer ne s'électrisera pas plus, que si vous en eussiez tenu le bout dans votre main; aussi ne sentirez vous aucune commotion, lorsque vous tirerez la bluette, ou du moins en sentirez-vous une bien foible?

Explication. La dixieme expérience si connue sous le nom d'*expérience de Leyde*, parce qu'elle a été trouvée par Messieurs *Muschembroek* & *Allamand de Leyde*, cette expérience, dis-je, ne réussit, que parce que la matiere électrique que l'on a communiqué au fil de fer & à l'eau contenue dans le vase, ne se dissipe pas à travers les pores du vase, ou ne va pas se perdre dans ces mêmes pores. Il faut donc se servir d'un vase ou de verre ou de porcelaine, parce que ces deux corps étant électrisables par frottement, le sont très-peu par communication. Les vases de métal au contraire étant trés-électrisables par communication, recevroient & laisseroient passer une grande partie de l'électricité communiquée au fil de fer & à l'eau; le fil de fer ne seroit donc plus chargé de matiere électrique, & par conséquent je ne devrois pas ressentir la commotion.

Douzieme Expérience. Formez une chaîne de 50 à 60 personnes qui se tiennent toutes par les mains; que le premier de la bande tienne le vase de l'expérience de Leyde sous le fil de métal, & que le dernier tire l'étincelle du fil de fer; tous ceux qui participeront à cette expérience ressentiront en même tems la commotion.

Explication. Il est facile de rendre raison de ce phénoméne, lorsque l'on se représente la matiere électrique comme résidant dans tous les corps, & comme composée de rayons dont les parties sont contigues; il faut donc expliquer cette douzieme expérience, à peu-près comme nous avons expliqué la cinquieme. En effet, il n'est pas plus étonnant que l'électricité se communique, je ne dis pas seulement à 50, mais à 1000 personnes qui se tiendroient toutes par les mains, qu'il est étonnant qu'elle se communique par une corde de 1200 pieds. Mr. Nollet nous assure que l'expérience dont nous parlons, lui a réussi parfaitement avec 200 personnes qui formoient deux rangs dont chacun avoit plus de 150 pas de longueur.

Je puis moins que personne révoquer en doute la vérité du fait que rapporte Mr. Nollet. Je me trouvai au mois d'Octobre de l'année 1757 à Gajans, village du Languedoc, dans le Diocèse d'Usez. Le Seigneur de l'endroit qui a eu dès sa plus tendre jeunesse un goût décidé pour les sciences & sur-tout pour la nouvelle Physique, avoit construit lui-même une excellente machine électrique. Il assembla un Dimanche tout le village. Il plaça sur la terrasse du château la bouteille de l'expérience de Leyde, qu'il mit sur un plat d'argent, & qu'il fit communiquer par une corde mouillée avec la machine électrique. Tous les Paysans formerent une chaîne d'une longueur prodigieuse. Le premier de la bande tenoit la main étendue sur le plat d'argent; & dès l'instant que le dernier tiroit l'étincelle du fil de fer, l'on entendoit un cri qui nous prouvoit combien violente étoit la commotion qu'avoient ressenti ceux qui formoient la chaîne.

Treizieme Expérience. Laissez pendre du tube de la machine électrique deux brins de fil de 12 à 15 pouces de longueur; ils se tiendront écartés l'un de l'autre, & ils formeront un angle d'autant plus grand que l'électricité sera plus forte.

Explication. Tant que le tube de fer-blanc est électrique, il sort de chacun de ces fils une matiere effluente qui les tient écartés l'un de l'autre; aussi les voit-on retomber l'un vers l'autre, lorsque le tube cesse d'être électrique. On pourroit nommer ces deux fils un vrai *Electrométre.*

Quatorziéme Expérience. Electrisez un fluide contenu dans un vase, par exemple, electrisez de l'eau ou du vin contenus dans une bouteille, & servez-vous, pour vuider cette bouteille, d'un siphon dont la plus longue branche soit terminée par un tube capillaire; l'eau & le vin électrisés couleront avec plus de vitesse, que l'eau & le vin non électrisés.

Explication. Le feu élémentaire que nous ne distinguons pas de la matiere électrique, est la cause physique de la fluidité des corps, comme nous le prouverons en son lieu. L'eau & le vin électrisés sont donc plus fluides que l'eau & le vin non électrisés; l'eau & le vin électrisés doivent donc couler avec plus de vitesse, que l'eau & le vin non électrisés.

Quinzième Expérience. Prenez divers oignons de jonquille, de jacinthe & de narcisse, posés suivant la coutume sur des carafes pleines d'eau. Choisissez, pour cette expérience, des oignons dont la plupart ayent déja poussé des racines, & dont quelques-uns même ayent des boutons à fleur assez avancés. Mesurez la longueur des racines, des tiges & des feuilles de ces oignons. Mettez quelques-unes de ces carafes sur des gâteaux de résine, & électrisez-les au moyen de certains fils d'archal qui, partant du tube de fer blanc de la machine, iront plonger dans l'eau de ces carafes. La différence du progrès des oignons électrisés, comparé à celui d'autres oignons de même espèce également avancés & traités de même, à l'électrisation près, sera très-sensible. Les oignons électrisés augmenteront plus en feuilles & en tiges; leurs feuilles s'étendront d'avantage, & leurs fleurs s'épanouiront plus promptement.

Explication. La matiere électrique, capable d'accélérer le cours des liquides, augmente le mouvement des sucs nourriciers que les plantes renferment; contribue par conséquent à pousser & à introduire dans leurs extrêmités la séve nécessaire à les développer, les étendre & les augmenter; donc l'électricité a dû hater sensiblement l'épanouissement des fleurs des oignons contenus dans les carafes dont on a électrisé l'eau, non pas une, mais plusieurs fois pendant un tems considérable, par-exemple, 8 à 9 heures chaque jour.

C'est de M. Jallabert que nous tenons cette expérience. M. Nollet en a fait une à peu-près semblable sur de la graine de moutarde. Une égale quantité semée dans deux vases de métal, égaux, pleins de la même terre, exposés au même soleil, & dont l'un étoit électrisé 5, 6, 7 heures par jour, avoit végété d'une maniere fort différente. La graine électrisée avoit levé plus vite, & avoit fait constamment plus de progrès; ensorte que le huitieme jour elle avoit poucé des tiges de 15 à 16 lignes de hauteur, tandisque les plus longues tiges de la semence non électrisée qui avoit germé, n'excedoient pas 3 à 4 lignes.

Seizième Expérience. Suspendez deux timbres au tube de fer blanc de la machine électrique, l'un par un fil d'archal, & l'autre par un cordon de soye. Ecartez-les l'un de l'autre, d'un pouce on environ, & placez entre deux un battant fort léger qui pende du tube par un fil de soye très-mince. Faites communiquer avec le pavé, par le moyen d'une chaine de fer le timbre suspendu au tube par un cordon de soye. Toutes les fois que vous ferez jouer la machine, le battant vous donnera une espéce de carillon en se portant avec beaucoup de vitesse, tant que durera l'électricité, d'abord vers le timbre suspendu par un cordon de soye, ensuite vers celui qui est suspendu par un fil d'archal. Mais le battant demeurera presque immobile, si vous ôtez la communication établie entre le timbre suspendu par un cordon de soye & le pavé de la chambre.

Explication. Le tube de fer blanc devenant électrique, le timbre suspendu par un fil d'archal le devient aussi. Il sort donc de son sein une matière ignée qui porte le battant vers le timbre suspendu par un cordon de soye, c'est-à-dire que la matiere électrique *effluente* est la cause du premier mouvement du battant; la matière électrique *affluente* porte d'abord après le battant vers le timbre suspendu par un fil d'archal, & le carillon continue, tant que durent l'*effluence* & l'*affluence* de la matière ignée.

Mais pourquoi, *dira-t-on*, le carillon cesse-t-il, lorsqu'il n'y a plus de communication entre le timbre suspendu par un cordon de soye & le pavé de la chambre; ce timbre deviendroit-il assez électrique, pour que le battant se trouvant alors entre deux matieres *effluentes* de force presque égale, fût par-là même privé de presque tout mouvement de transport?

C'est-là la conséquence directe qu'il faut tirer d'un phénoméne qui me causa la plus grande surprise, la premiere fois que je l'apperçus. Mais après l'avoir examiné avec toute l'attention dont je fus capable, je me convainquis qu'on pouvoit l'apporter en preuve de la bonté de l'hypothése que j'ai exposée au commencement de cet article. En effet si un timbre suspendu au tube de fer blanc par un gros cordon de soye, & par là même parfaitement isolé du tube, s'électrise cependant assez pour empêcher le mouvement du battant; pourquoi tout ce qui entoure la machine, & qui se trouve électrisable par *communication*, n'acquerra-t-il pas une électricité imparfaite, ou un commencement d'électricité; & si cela est, comme on ne sçauroit en douter, notre hypothése ne devient-elle pas un systéme fondé sur les loix les plus inviolables de la Méchanique, & sur les expériences les plus palpables, & les mieux constatées?

Usage. Cette derniere expérience donna, il y a quelques années, au P. de la Borde Jésuite les premieres idées d'un clavessin électrique, dont on parla tant à Paris pendant quelque tems. Ce fut en l'examinant de près, qu'il conclut qu'ayant plusieurs timbres sur les différents tons de l'octave, il pourroit réussir à en tirer quelques airs, en les touchant successivement. Il mit la main à l'œuvre, & dans assez peu de tems il parvint à construire avec huit timbres un vrai clavessin acoustique qui distinguoit beaucoup mieux les bréves & les longues que le clavessin ordinaire. La matiere électrique en est l'ame, comme l'air est celle de l'orgue. Le globe tient la place du soufflet, & le conducteur ou le tube de fer blanc celle du porte-vent. Dans l'orgue le clavier est comme un frein avec lequel on modére l'action de l'air. Le P. de la Borde trouva le secret d'imposer le même frein à la matiere électrique, malgré sa subtilité & son agilité. L'air enfermé dans le sommet de l'orgue y gémit, jusqu'à ce que l'organiste, comme un autre Éole, lui ouvre les portes de sa prison. S'il écartoit en même tems toutes les barriéres qui l'arrétent, ce seroit une confusion & un désordre affreux; mais il sçait lui donner avec discernement différentes issues. La matiere électrique demeure ici comme captive, & frémit inutilement autour des timbres du nouveau clavessin, jusqu'à ce qu'on lui donne la liberté, en abaissant les touches. Elle s'échape alors avec la plus grande vitesse; mais elle cesse d'agir aussi-tôt que les touches sont relevées. Au reste, *dit le P. de la Borde*, il est aussi difficile de concevoir la construction de ce nouvel Instrument, que celle de l'orgue, à moins qu'on ne l'ait vûe. Il a raison. On s'en formera cependant une idée assez claire, si l'on se procure la brochure qu'il donna au Public en 1761, & qu'il intitula : le *Clavessin électrique*; elle fut imprimée à Paris chez Guerin & De la Tour.

On ne manqua pas d'objecter à notre ingénieux Physicien l'expérience des deux cloches qu'on fait sonner continuellement par le moyen de la matiere électrique, & l'on ajouta que son clavessin n'avoit pas le mérite de la nouveauté, parce qu'il n'étoit autre chose que cette même expérience poussée un peu plus loin.

Mais il y a, *répond-il*, autant de distance entre le phénoméne des deux cloches & le clavessin, qu'il y en a entre une cloche mise en branle & le carillon de la Samaritaine. Et pour ne pas s'éloigner du paralléle qu'il avoit d'abord fait du clavessin électrique avec l'orgue, il demande s'il faut regarder comme l'inventeur de ce dernier instrument celui qui le premier fit résonner un tuyau en soufflant dedans. Je crois en effet que la comparaison est juste, & qu'elle peut dissiper les doutes sur la nouveauté du clavessin électrique. Il seroit à souhaiter que le P. de la Borde répondît d'une maniere aussi triomphante à ceux qui attaquoient avec plus de raison la nouveauté, j'ai presque dit la singularité de ses explications.

REMARQUE.

Il n'est pas possible de rapporter dans un Dictionnaire portatif toutes les conjectures qui ont été faites, depuis Descartes jusqu'à nous, pour expliquer d'une maniere probable les phénoménes étonnants que nous venons de mettre sous les yeux du Lecteur; nous avons traité cette partie intéressante de l'histoire de l'Électricité avec toute l'étendue qu'elle mérite, dans notre grand Dictionnaire de Physique. Nous ne sçaurions cependant nous dispenser de présenter en peu de mots les principes sur lesquels sont fondées les explications de celui que l'on doit regarder comme le Chef des Physiciens électrisants.

Hypothése de M. l'Abbé Nollet sur les causes physiques des Phénoménes électriques.

M. l'Abbé Nollet a tiré d'une foule d'expériences faites avec la derniere exactitude, les 33 propositions suivantes ; elles forment son hypothése sur l'électricité.

Premiere Proposition. De tous les corps qui ont assez de consistance pour être frottés, ou dont les parties ne s'amollissent point trop par le frottement, il en est peu qui ne s'electrisent, lorsqu'on les frotte.

Seconde Proposition. Les corps vivans, les métaux parfaits ou imparfaits ne deviennent point électriques par frottement.

Troisieme Proposition. Tous les corps qu'on peut électriser en les frottant, ne sont pas capables d'acquérir un égal degré d'électricité par cette opération.

Quatrieme Proposition. Les matieres les plus électriques après avoir été frottées, sont celles qui ont été vitrifiées, & ensuite le soufre, les gommes, certains bitumes, les résines &c.

Cinquieme Proposition. Il paroit qu'il n'y a aucune matiere en quelque état qu'elle soit, (si l'on en excepte la flamme & les autres fluides qui se dissipent par un mouvement rapide, parce qu'on ne peut gueres les soumettre à ces sortes d'épreuves), il n'est, dis-je, aucune matiere qui ne recoive l'électricité d'un corps actuellement électrique.

Sixieme Proposition. Il y a des espéces à qui l'on communique l'électricité bien plus aisément & bien plus fortement qu'à d'autres ; tels sont les corps vivants, les métaux, & assez généralement toutes les matieres qu'on ne peut électriser par frottement, ou qui ne le deviennent que peu & difficilement par cette voye.

Septieme Proposition. Au contraire les corps qui s'électrisent le mieux par frottement, le verre, le soufre, les gommes, les résines, la soye &c. ne reçoivent que peu ou point d'électricité par communication.

Huitieme Proposition. Les effets paroissent être les mêmes au fond, soit que l'électricité naisse par frottement, soit qu'elle s'acquiere par communication.

Neuvieme Proposition. La voie de communication est un moyen plus efficace que le frottement, pour forcer les effets de l'électricité.

Dixieme Proposition. Un corps actuellement électrique attire & repousse toute sorte de matieres indistinctement, pourvû qu'elles ne soient pas retenues invinciblement par trop de poids, ou par quelqu'autre obstacle.

Onzieme Proposition. Il y a certaines matieres sur lesquelles l'électricité a beaucoup plus de prise que sur d'autres.

Douzieme Proposition. Cette disposition plus ou moins grande à être attiré ou repoussé par un corps électrique, dépend moins de la nature des matieres, de leur couleur &c. que d'un assemblage plus ou moins serré de leurs parties &c.

Treizieme Proposition. L'Électricité n'est point un état permanent; elle s'affoiblit & elle cesse d'elle-même après un certain tems, suivant le degré de force qu'on lui fait prendre & la nature des matieres dans lesquelles on la fait naître.

Quatorzieme Proposition. Un corps électrisé perd communément toute sa vertu par l'attouchement de ceux qui ne le sont pas.

Quinzieme Proposition. Dans les cas d'une forte électricité les attouchements ne font que diminuer la vertu du corps électrisé, & ne la lui font perdre entiérement, qu'après un espace de tems qui peut être assez considérable.

Seizieme Proposition. Il est de toute évidence que les attractions, répulsions & autres phénoménes électriques, sont les effets d'un fluide subtil qui se meut autour du corps que l'on a électrisé, & qui étend son action à une distance plus ou moins grande, selon le degré de force qu'on lui a fait prendre.

Dix-septieme Proposition. Ce fluide subtil n'est point l'air de l'athmosphére agité par le corps électrique, mais une matiere distinguée de lui & plus subtile que lui.

Dix-huitieme Proposition. La matiere électrique ne circule point autour du corps électrisé, & l'athmosphére qu'elle forme n'est point un tourbillon proprement dit.

Dix-neuvieme Proposition. La matiere que nous nommons électrique, s'élance du corps électrisé, & se porte progressivement aux environs, jusqu'à une certaine distance.

Vingtieme Proposition. Tant que dure cette émanation, une pareille matiere vient de toutes parts au corps électrique, remplacer apparemment celle qui en sort.

Vingt-unieme

Vingt-unieme Proposition. Ces deux courans de matiere, qui vont en sens contraire, exercent leurs mouvements en même tems.

Vingt-deuxieme Proposition. La matiere qui va au corps électrique, lui vient non-seulement de l'air qui l'entoure, mais aussi de tous les autres corps qui peuvent être dans son voisinage.

Vingt-troisieme Proposition. Les pores par lesquels la matiere électrique s'élance du corps électrisé, ne sont pas en aussi grand nombre, que ceux par lesquels elle y rentre.

Vingt-quatrieme Proposition. La matiere électrique sort du corps électrisé en forme de bouquets ou d'aigrettes, dont les rayons divergent beaucoup entre eux.

Vingt cinquieme Proposition. Elle s'élance de la même maniere & avec la même forme, des endroits où elle demeure invisible.

Vingt-sixieme Proposition. Il y a toute apparence que cette matiere invisible qui agit beaucoup au-delà des aigrettes lumineuses, n'est autre chose qu'une prolongation de ces rayons enflammés; & que toute matiere électrique dont le mouvement n'est point accompagné de lumiere, ne différe de celle qui éclaire ou qui brule, que par un moindre degré d'activité.

Vingt-septieme Proposition. La matiere électrique, tant celle qui émane des corps électrisés, que celle qui vient à eux des corps environnants, est assez subtile pour passer à travers les matieres les plus dures & les plus compactes, & elle les pénétre réellement.

Vingt huitieme Proposition. Mais elle ne pénétre pas tous les corps indistinctement, avec la même facilité.

Vingt-neuvieme Proposition. Les matieres sulphureuses, grasses ou résineuses, *par exemple*, les gommes, la cire, la soye même &c. ne la reçoivent & ne la transmettent que peu ou point du tout, si elles ne sont frottées ou chauffées.

Trentieme Proposition. Elle pénétre plus aisément & se meut avec plus de liberté dans les métaux, dans les corps animés, dans une corde de chanvre, dans l'eau &c. que dans l'air même de notre athmosphere.

Trente-unieme Proposition. Beaucoup d'expériences & d'observations nous portent à croire que la matiere électrique est par-tout, au-dedans comme au-dehors des corps, tant solides que liquides, & spécialement dans l'air de notre athmosphére.

Trente deuxieme Proposition. Il y a toute apparence que la matiere qui fait l'électricité, ou qui en opére les phénoménes, est la même que celle du feu & de la lumiere.

Trente troisieme Proposition. Il est très-probable aussi que cette matiere, la même au fond que le feu élémentaire, est unie à certaines parties du corps électrisant, ou du corps électrisé, ou du milieu par lequel elle passe.

Conclusion. Tout le Mécanisme de l'électricité dépend, suivant M. l'Abbé Nollet, d'un feu qui sort du corps actuellement électrique & d'un feu qui vient à ce même corps. Le premier s'appelle *Matiere électrique effluente*, & le second *matiere électrique affluente.*

M. l'Abbé Nollet se sert de ses 33 Propositions, comme d'autant de principes pour expliquer les principaux Phénoménes électriques. Il les divise en deux classes. Dans l'une il renferme tous ces mouvements alternatifs ausquels on a donné les noms d'*attractions* & de *répulsions*, & généralement tout ce qui s'opére par une cause qui demeure invisible. L'autre comprend tous les faits qui sont accompagnés de lumiere, petillemens, piquures, inflammations &c. Voici, *par exemple*, comment il explique l'expérience de l'*étincelle*, que je regarde comme celle qui contient en petit les phénoménes électriques les plus frappants.

Fait. Lorsqu'on approche de fort près le bout du doigt ou un morceau de métal, d'un corps quelconque fortement électrisé, on apperçoit une ou plusieurs étincelles très brillantes qui éclatent avec bruit ; & si ce sont deux corps animés que l'on applique à cette épreuve, l'effet dont il s'agit, est accompagné d'une piquure qui se fait sentir de part & d'autre.

Explication. Quand on présente un corps non électrisé (sur-tout si c'est un animal ou du métal) à un autre corps fortement électrisé, les rayons effluents de celui-ci, *naturellement divergents*, & par conséquent rarefiés, acquierent une plus grande force pour deux raisons ; 1°. parce qu'ils coulent avec plus de vitesse ; 2°. parce que leur divergence diminue, & qu'ils se condensent : deux circonstances qu'il est facile d'observer, si l'on présente le doigt aux aigrettes lumineuſes d'une barre de fer, & qui s'expliquent aiſément quand on ſçait que la matiere électrique trouve moins de difficulté à pénétrer les corps les plus denſes, que l'air même de l'athmoſphére, *par la Prop.* 30. Ce n'eſt donc plus une matiere ſimplement effluente & rare qui heurte une autre matiere venant de l'air avec peu de viteſſe ; c'eſt un fluide condenſé & accéléré, qui en rencontre un autre (*celui qui vient du doigt*) preſque auſſi animé que lui & par les mêmes raiſons ; ainſi le choc doit être plus violent, l'inflammation plus vive, le bruit plus éclatant.

Si les deux corps qui s'approchent, tant celui qui eſt électriſé, que celui qui ne l'eſt pas, ſont tous deux animés, l'étincelle éclate avec douleur de part & d'autre, parce que les deux filets de matiere enflammée qui ſe rencontrent en ſens contraire & qui ſe choquent fortement, ſouffrent chacun une repercuſſion qui rend leur mouvement rétrograde ; & cette réaction d'un filet de matiere en s'enflammant, doit diſtendre avec violence les pores de la peau, ou remonter même aſſez avant dans le bras, comme il arrive en effet le plus ſouvent. Une perſonne électriſée qui tient en ſa main une verge de métal par un bout, reſſent, comme par contrecoup, toutes les étincelles qu'une autre perſonne non électrique excite à l'autre bout.

Cette explication eſt tirée mot par mot de l'*Eſſai ſur l'Électricité*, *pag.* 182 & 183. Ceux qui la compareront avec celle que nous avons donnée dans cet article, lorſque nous avons rendu compte du même fait, verront la différence qu'il y a entre notre hypothéſe & celle de M. l'Abbé Nollet. Il me paroît que dans celle-ci l'homme devenu électrique ſur le gâteau de réſine, devroit tirer des bluettes du tube de fer blanc avec lequel il communique par une chaîne de fer ; au lieu que dans la nôtre il eſt impoſſible qu'il en tire aucune. Notre hypothéſe paroît donc plus propre que celle de M. l'Abbé Nollet, à expliquer les expériences de l'électricité. C'eſt au Lecteur impartial à décider ſi nous nous faiſons illuſion ou non. Nous le renvoyons à ce que nous avons dit dans l'expoſition de notre hypothéſe, & dans l'explication de notre ſeconde expérience.

Nous pourrions encore faire remarquer qu'en ſoutenant que la même matiere électrique, après avoir été *effluente*, devient ensuite *affluente* totalement ou en partie, nous n'avons aucune peine à expliquer pourquoi l'électricité réussit mieux en Hyver qu'en Été; il est en effet naturel de penser qu'un air très-dense & très-élastique, tel qu'il est en Hyver, renvoye mieux & avec beaucoup plus de force vers le globe la matiere électrique qui en sort, qu'un air assez rare & assez peu élastique, tel que nous l'avons pendant les chaleurs de l'Été. Ceux au contraire qui, comme M. l'Abbé Nollet, ne veulent pas que la matiere électrique *effluente* puisse jamais devenir *affluente*, sont obligés de recourir aux particules d'une vapeur extrêmement subtilisée qui viennent boucher & empâter, pour ainsi dire, les pores des corps qu'on veut électriser. (*Essai sur l'Électricité*, *pag.* 177.) Nous laissons encore au Lecteur à décider laquelle des deux explications paroit plus conforme aux loix de la saine Physique. Il ne nous appartient pas d'être juges dans notre propre cause, sur-tout lorsque nous nous écartons visiblement de la maniere de penser d'un Physicien que nous nous ferons toujours gloire de regarder comme notre maître dans tout ce qui aura rapport à la Physique expérimentale. En voilà assez sur l'électricité considérée, pour ainsi dire, en elle-même. Il est tems d'examiner si l'on ne doit la regarder que comme une chose de pure curiosité; cet examen là même va faire la matiere de l'article suivant.

ÉLECTRICITÉ MÉDICALE. M. Pivati dans une lettre addressée à M. Francois Zanotti, assure qu'en enduisant la surface intérieure des verres destinés aux expériences de l'électricité, de substances douées de qualités médicales, les parties les plus subtiles de ces substances traversent le verre avec la matiere électrique, & s'insinuent ensemble dans le corps pour y produire les effets les plus salutaires. Sans examiner ici la vérité d'un fait qui n'annonce rien de romanesque, je me contenterai de faire remarquer que l'électricité est depuis quelque tems le reméde à plusieurs maux très-douloureux; en voici la preuve.

Premiere Expérience. Le nommé Garouste porteur de chaise, agé de 70 ans, paralytique depuis 10 ans de la moitié du corps, presque privé de la vûe, & d'une foiblesse de reins qui le mettoit hors d'état de se lever sans l'aide de quelqu'un, se fit électriser à Montpellier le 29, le 30 & le 31 Janvier, le 1, le 4, le 6, le 7, le 10, le 13, le 14, le 15, le 16, le 17, le 18, le 19, le 23 & le 27 Février 1749. Le 31 Janvier Garouste fut en état de lire un livre d'un très-petit caractére, & il marcha sans bâton. Le 4 Février il marcha encore plus librement & il coula de ses yeux beaucoup de larmes. Le 19 du même mois, sa vûe se fortifia, & la douleur qu'il ressentoit auparavant dans les reins se dissipa entierement. Enfin le 27 Février Garouste jouit d'une santé parfaite.

Seconde Expérience. Pierre Lafoux, agé de 15 ans, attaqué dès l'enfance d'une paralysie qui lui tenoit la moitié du corps, se fit électriser à Montpellier presque tous les jours depuis le 8 Mars jusqu'au 3 Mai 1749. Le 17 Mars son bras paralytique avoit repris des forces & de l'embonpoint. Le 18 Lafoux leva de terre une chaise. Le 20 il frappa des coups de marteau. Le 25 il étendit librement le pouce de la main malade, courbé auparavant & caché sous les autres doigts, & il porta de cette main jusqu'à sa maison un seau d'eau. Le 9 Avril le malade marcha librement. Enfin le 3 Mai le malade se trouva parfaitement guéri.

Explication des deux Expériences précédentes. Un membre est paralytique, lorsque le fluide nerveux, si connu sous le nom d'*esprits vitaux*, ne coule pas librement dans les conduits que la nature lui a préparés. Cette interruption de cours a pour cause ordinaire quelque obstruction, c'est-à-dire, quelque humeur coagulée qui bouche l'origine de certains nerfs. Rien n'est plus propre à dissiper ces obstructions, que les épreuves électriques, & sur-tout l'épreuve de la commotion. Pour peu qu'on réfléchisse sur cette terrible expérience, l'on sera convaincu qu'il n'est rien de plus subtil, de plus vif & de plus capable de dégager les nerfs, que la matiere électrique. Mon avis ne peut pas être d'un grand poids, lorsqu'il s'agit de reméde & de maladie. Je pense cependant que les vomitifs, les eaux minérales, les frictions, les sternutatoires & tous les remédes que la coutume a fait ordonner jusqu'à présent en grande cérémonie, sont plus dispendieux & moins efficaces que nos secousses électriques. Ces deux paralytiques ne sont pas les seuls à qui notre machine a rendu la santé sous les yeux de M. de Sauvages. Ce célébre Professeur de la premiere

École de Médecine, écrivant à M. Bruhier Médecin à Geneve, fait mention de trois autres paralytiques à qui l'électrisation a fait des biens infinis. Cette lettre termine l'ouvrage de M. Jallabert. Ces cures admirables avoient été précédées par celle dont nous allons rendre compte ; elle doit servir d'époque dans l'histoire de l'électricité.

Le 26 Décembre 1747, le nommé Nogués, maître Serrurier, âgé de 52 ans, & d'une complexion assez délicate, vint chez M. Jallabert, Professeur en Physique expérimentale, & en Mathématique à Geneve. Nogués étoit paralytique du bras droit. Le poignet étoit fléchi vers le côté interne des deux os de l'avant-bras ; il étoit pendant & sans mouvement ; le *pouce*, le doigt *index*, l'*auriculaire* étoient comme collés les uns aux autres, & fléchis vers la paume de la main. Il restoit au *médius* & à l'*annulaire* un foible mouvement. Le malade levoit & baissoit le bras, mais avec peine, & l'avant-bras ne pouvoit ni se fléchir, ni s'étendre. Il boitoit aussi du côté droit, & il ne marchoit qu'à l'aide d'une canne. Cette rélation est de M. Jallabert qui nous avoue que la curiosité de vérifier certains faits eut autant de part à ses premiers essais, que l'espérance de la guérison du malade. Il électrisa cependant Nogués avec toutes les précautions imaginables depuis le 26 Décembre 1747 jusqu'à la fin de Février 1748, presque chaque jour ; l'opération duroit environ une heure & demie ; il ne lui épargna pas la commotion, même avec l'eau bouillante ; & le succès fut tel, qu'on vit Nogués empoigner une boule de 4 à 5 pouces de diamétre, & la jetter à plusieurs pas de distance, en étendant son bras auparavant paralytique. Il éleva aussi par le moyen d'une poulie, un poids de 18 livres. Enfin on l'a vû prendre un bâton fort gros & une barre de fer, & lever l'un & l'autre en les tenant par le bout.

La machine électrique ne guérit pas seulement les paralytiques ; elle est encore très-utile dans plusieurs autres maladies. Voici une énumération à laquelle tout Lecteur ne manquera pas de prendre part.

Troisieme Expérience. Nogués depuis l'année 1733, où il eut son accident, jusqu'en l'année 1747, où il commença à se faire électriser, n'avoit passé aucun hyver sans avoir des engelures à sa main malade ; mais depuis son électrisation il n'en a eu aucune atteinte; l'enflure même qu'il avoit à ses doigts paralytiques, & qu'il regardoit comme un commencement d'engelures, se dissipa après quelques secousses souffertes & quelques étincelles tirées.

Explication. Le sang & la lymphe, épaissis & arrêtés dans ces parties éloignées du cœur, & privées d'ailleurs de mouvement, *dit M. Jallabert*, ont été atténués, broyés & divisés par les frémissemens vifs & prompts, excités dans toutes les fibres musculaires & tendineuses des doigts & de la main de Nogués; ces mêmes frémissements, en contribuant à la circulation du sang & des autres humeurs, ont fait sortir par la transpiration les parties qui obstruoient les pores de sa peau; les engelures de ce paralytique ont donc dû se dissiper.

Quatrieme Expérience. Au mois de Janvier 1747, un Dominicain attaqué d'une sciatique qui lui causoit des douleurs très-aigues, fut électrisé 4 fois par M. Vératti, Professeur de l'Université & de l'institut de Bologne. La quatrieme opération appaisa entierement la douleur, & le malade jouit dans la suite d'une parfaite santé.

Explication. Rien n'est plus propre que le feu électrique à mettre en mouvement & à dissiper les humeurs, de quelque nature qu'elles soient. La sciatique est une espéce de goutte qui vient à la jointure des cuisses. Elle est causée par la fluxion d'une humeur acre qui fait souffrir au malade les douleurs les plus aigues; la machine électrique doit donc être d'un grand secours dans ces sortes de maladies.

REMARQUE.

M. l'Abbé Nollet qui nous avertit, à la fin de son *Essai sur l'Électricité*, de nous tenir en garde sur tout ce qu'on raconte s'être opéré en Italie par le moyen de la machine électrique, fait cependant une exception bien glorieuse au Physicien qui nous a fourni cette quatrieme expérience. Voici comment il parle de lui, *pag.* 229 *& suivantes.* (Lorsque je me trouvai à Bologne, je ne manquai pas de voir M. Vératti, dont les expériences n'ont pas peu contribué à accréditer la Médecine électrique; & véritablement elles ont dû produire cet effet; car M. Vératti est un sçavant Médecin; c'est un homme sage & prudent, véridique & reconnu pour tel......

Les guérisons qu'il assure avoir opérées par le moyen de la machine électrique, ne sont pas de celles qui me font tant de peine à croire ; on voit au moins qu'elles se font faites avec progrès ; on y voit le mal se défendre, pour ainsi dire, contre le reméde ; ne ceder que peu-à-peu ; & la nature ne passe pas subitement d'un état à l'autre tout-à-fait différent pat le moyen d'une électricité à peine sensible. Je dis que ces guérisons ne me font pas tant de peine à croire, parce qu'il me paroît assez naturel qu'un fluide aussi actif que la matiere électrique, & qui pénétre dans nos corps avec tant de facilité, y produise des changemens en bien ou en mal).

Cinquiéme Expérience. Guillaume Julian de Montpellier, Gipier, attaqué depuis long-tems de vertiges opiniatres qui le faisoient marcher d'un pas chancelant, & qui lui obscurcissoient la vûe, se fit électriser à Montpellier, sous les yeux de M. de Sauvages, en l'année 1749. Après l'avoir été trois fois, Julian n'eut plus de vertiges, & il reprit ses occupations ordinaires.

Explication. Le même feu électrique qui dissipe les humeurs qui causent la sciatique, & les obstructions qui rendent les membres du corps paralytiques, a dû dissiper avec plus de facilité les vapeurs qui obscurcissoient la vûe de Julian & qui le faisoient marcher d'un pas chancelant.

Tous ces faits nous portent à croire que l'on n'exagera rien dans l'Université de Prague, en l'année 1751, lorsqu'on soutint dans une Thése de Médecine que les Médecins ne sçauroient trop conseiler l'électricité ; qu'elle augmentoit la transpiration naturelle des animaux ; qu'elle n'étoit pas distinguée du fluide nerveux ; que c'étoit le meilleur des remédes que l'on pût apporter dans les cas de paralysie. Le Répondant apporta en preuve de cette derniere assertion la guérison parfaite de 4 Paralytiques, opérée par l'électricité ; il y ajouta le soulagement d'un rhumatisme très-douloureux, & le rétablissement des forces d'un goutteux privé de l'usage de ses membres. Les principales Positions de cette Thése étoient les 8 suivantes.

1°. *Electricitas in arte medicâ est adhibenda.*

2°. *Electricitas auget naturalem animalium transpirationem.*

3°. *Hæc acceleratio transpirationis in hominibus fit per vasa capillaria exhalantia, & non per glandulas subcutaneas.*

4°. *Fluidum nerveum fluidum electricum dici debet.*

5°. *Nervi sensorii à motoriis non sunt distinct.*

6°. *Hemiplegiæ causa proxima est immeabilitas fluidi nervei per nervos.*

7°. *Hemiplegia præ reliquis morbis est electrisatione curanda.*

8°. *Etiam febris intermittens Electrisatione debellari potest.*

REMARQUE.

L'on sera sans doute surpris que nous n'ayons dit que deux mots au commencement de cet article, des belles expériences que les Italiens appellent *intonacatures*, ou *Purgations électriques.* Ils prétendent que les purgatifs passent jusques dans les entrailles du malade, lorsqu'il se fait électriser en les tenant dans sa main, & que par-là il s'épargne le dégoût qu'on a naturellement pour toutes ces potions désagréables qu'on appelle *médecines.* Mais écoutons M. l'Abbé Nollet sur cette matiere ; il est cause que nous mettons au rang des fables toutes ces merveilles Italiennes. Voici ce qu'il dit dans son *Essai sur l'Électricité, pag.* 222 *& suivantes.*

(Un séjour de deux mois & demi que je fis dans le Piedmont me mit à portée de voir souvent M. Bianchi, célébre Médecin Anatomiste de Turin, & qu'on peut regarder comme le premier Auteur des purgations électriques. J'obtins fort aisément de sa politesse & de sa complaisance, la grace que je lui demandai de répéter avec lui-même toutes ces expériences dont il m'avoit fait part dans ses lettres & dans ses Mémoires.... Mais le croira-t-on ? .... De trente personnes ou environ de différens sexes, de différens âges & de différens tempéraments que nous avons essayé de purger électriquement en diverses fois, sous les yeux & la direction de M. Bianchi, & avec les drogues qu'il nous avoit choisies lui-même, à son grand étonnement & au mien, personne ne le fut, si l'on en excepte un garçon de cuisine qui nous avoua depuis qu'il avoit pris des bouillons de chicorée, pour une incommodité qu'il avoit alors ; & un autre jeune domestique, dont le témoignage nous devint plus que suspect par les extravagances dont il voulut l'enjoliver.)

M. l'Abbé Nollet met la transmission des odeurs par le moyen de la machine électrique au rang des *intonacatures*. (De Turin, *dit-il*, je passai à Venise avec le même desir de m'instruire au sujet de la transmission des odeurs.... On me conduisit chez M. Pivati qui en étoit prévenu, & qui avoit convoqué une nombreuse assemblée. Après quelques expériences ordinaires qui avoient peine à réussir, parce qu'il faisoit fort chaud, & que les instruments n'étoient pas en trop bon état; occupé de mon objet, & pressé d'un desir qui alloit jusqu'à l'impatience, je demandai à voir transmettre les odeurs : mais quelle fut ma surprise & mes regrets, lorsque M. Pivati me déclara nettement qu'*il ne l'entreprendroit pas; que cela ne lui avoit jamais réussi qu'une fois ou deux, quoiqu'il eût fait bien des tentatives depuis pour revoir le même effet; que le cylindre de verre dont il s'étoit servi pour cela, avoit péri, & qu'il n'en avoit pas même gardé les morceaux*).

Dans l'entrevûe qu'eut M. l'Abbé Nollet à Bologne avec M. Vératti, il lui exposa avec confiance les doutes qu'il avoit sur la transmission des odeurs. M. Vératti lui répondit qu'*il avoit fait plusieurs épreuves par le résultat desquelles il lui sembloit que l'odeur de la térébenthine, celle du benjoin s'étoit transmise du dedans au dehors d'un vaisseau cylindrique de verre.* M. l'Abbe Nollet lui représenta que le vaisseau n'étant bouché que par des couvercles de bois assez minces, & qu'on pouvoit ôter au besoin pour faire entrer ou sortir les matieres odorantes, il pourroit être arrivé que ces odeurs poussées par la chaleur, eussent passé par les pores du bois. M. Vératti en convint, & il ajouta que, *quoique de fortes apparences l'eussent porté à croire la transmission des odeurs par les pores du verre, il avoit cependant suspendu son jugement sur cet effet, jusqu'à ce que de nouvelles épreuves faites avec plus de précaution, eussent dissipé tous ses doutes.* Essai sur l'Électricité, pag. 230.

ÉLÉMENS. La matiere & la forme sont les élémens ou les principes des corps. Par la matiere l'on doit entendre une substance naturellement impénétrable, capable de division, de figure, de mouvement, de repos, en un mot, naturellement étendue, c'est-à-dire, naturellement longue, large & profonde. C'est la configuration & l'arrangement non-seulement des parties sensibles, mais sur-tout des parties insensibles qui déterminent la matiere à former plutôt tel corps, que tel autre; aussi devons-nous regarder cette configuration & cet arrangement comme la forme par laquelle les corps de différente espéce sont distingués entr'eux.

ELLIPSE Voici ce qu'il y a à remarquer dans l'ellipse ADHE représentée par la *Fig.* 10. de la *Pl.* 2. 1°. Cette ellipse a son centre de figure C au milieu de la ligne AH; 2°. ses deux foyers sont au points F, & *f*; 3°. elle a pour grand axe la ligne AH; 4°. pour petit axe la ligne DE; 5°. pour paramétre du grand axe la ligne A*p*; pourvu que A*p* soit perpendiculaire sur AH, & pourvu que l'on puisse dire, le grand axe AH l'emporte autant sur le petit axe DE, que le petit axe DE l'emporte sur le paramétre A*p*; 6°. les perpendiculaires M*o* & *r*N se nomment des lignes ordonnées au grand axe; 7°. les lignes A*o*, A*r* se nomment des lignes abscisses du grand axe; l'abscisse A*o* correspond à l'ordonnée M*o* & l'abscisse A*r* correspond à l'ordonnée *r*N; 8°. deux lignes FE & *f*E dont l'une part du foyer F & l'autre du foyer *f*, sont toujours égales, prises ensemble, au grand axe AH, pourvu qu'elles aillent aboutir au même point de la circonférence ADHE; aussi a-t-on coutume de définir l'ellipse une courbe dans laquelle la somme de deux lignes qui partent chacune d'un des deux foyers, & qui vont aboutir à un point quelconque de la circonférence, est toujours nécessairement égale au grand axe. Cette définition qui doit paroître d'abord obscure, s'éclaircira merveilleusement, si l'on prend garde que pour décrire l'ellipse ADHE, l'on a attaché les deux bouts du fil FE*f* à deux points F & *f*; l'on a pris ensuite un stile pour tenir ce fil tendu, & l'on a conduit ce stile autour de ces deux points, ensorte qu'il est revenu au point d'où il étoit d'abord parti. Veut-on sçavoir quelles sont les forces dont un corps est animé, lorsqu'il décrit une ellipse? L'on n'a qu'à jetter les yeux sur l'article *des mouvemens en ligne elliptique*.

Remarquez que si le Soleil est placé au foyer F & qu'une planéte parcoure autour de lui l'ellipse ADHE, cette planéte sera aphélie, lorsqu'elle sera au point A; elle sera périhélie, lorsqu'elle sera au point H; elle sera dans sa moyenne distance, lorsqu'elle sera un peu plus bas que le point E.

EMBOLISMIQUE. Il y a des années lunaires de 13 mois. Le 13e mois se nomme *embolismique*. Voyez l'article du *Calendrier num.* 6.

ÉMERSION. Le tems de l'émersion d'un astre est l'instant où cet astre reparoît à nos yeux après avoir été caché par quelque corps opaque.

ÉOLIPILE. C'est une machine de cuivre faite en forme de boule, ou, pour mieux dire, en forme de poire creuse, & terminée par un tuyau fort étroit qui lui tient lieu de queue. Lorsque l'on veut le remplir de quelque liqueur, *par exemple*, d'esprit de vin, voici comment il faut s'y prendre. Placez-le sur des charbons ardents & retirez-l'en, avant qu'il soit rouge; mettez ensuite l'extrêmité de sa queue dans la liqueur que vous voulez y faire entrer, tandis que quelqu'autre jettera de l'eau froide sur le corps de l'éolipile; vous en remplirez sans peine au moins les deux tiers de sa capacité.

En voici la raison physique; les corpuscules de feu qui se sont insinués dans le corps de cette boule de métal, ont dilaté l'air intérieur & l'ont même chassé en grande partie par le petit tuyau de la queue; le peu d'air qui est resté, a été condensé & renfermé dans un très-petit espace par l'eau froide que l'on a jettée sur le corps de la machine; la liqueur pressée par l'air extérieur trouvant peu d'obstacle dans la capacité de l'éolipile, a donc dû entrer presque sans peine par l'extrêmité du petit tuyau.

Si l'on vient à le remettre sur le brasier ardent, lorsqu'il est rempli d'esprit de vin, la liqueur sera chassée en forme de jet; pourquoi? parce que l'éolipile continuant toujours à s'échauffer, la liqueur se dilate; dilatée, elle cherche à s'étendre; elle est donc forcée de sortir en forme de jet par le petit tuyau & de s'élever quelquefois jusqu'à 25 pieds. L'on rendra même le spectacle plus agréable, en présentant, quelques pouces au-dessus de la naissance du jet, une bougie allumée; car alors la liqueur s'enflammera & formera un jet de feu.

ÉPACTE. Le nombre de jours dont la nouvelle Lune précéde le commencement de l'année se nomme *épacte*. Voyez l'article du *Calendrier num.* 11.

ÉPHÉMÉRIDES. Les Astronomes appellent *éphémérides* des tables qui leur apprennent quel est l'état du ciel chaque jour à midi, c'est-à-dire, à quel point du ciel se trouvent les astres chaque jour à midi.

ÉPICURÉISME. Systême très-peu physique, expliqué dans l'article des *Atomes* & inventé par l'impie Épicure, Philosophe Athénien qui naquit la 342e année avant JESUS-CHRIST, & qui mourut à l'âge de 72 ans. Ce systême ne seroit pas parvenu jusqu'à nous, s'il n'avoit pas été mis en excellens vers par Lucréce poëte latin qui mourut dans un de ses accès de phrénésie à l'âge de 42 ans environ l'an 700 depuis la fondation de Rome. C'est ce poëme que M. le Cardinal de Polignac a pulvérisé dans son *Antilucréce*, Ouvrage seul capable d'immortaliser le siécle où nous vivons, & où l'on voit toutes les richesses de la poésie réunies aux raisons les plus solides de la Philosophie.

Ne confondons pas cependant l'épicuréisme dont nous parlons avec celui qu'embrassa le fameux Gassendi, Prévôt de Digne, & Professeur en Astronomie au collége royal, né le 22 Janvier 1592, & mort le 9 Novembre 1665. Ce grand Philosophe qui ne donne rien au hazard, & qui admet des atomes créés par le Tout-puissant, ne s'est pas contenté d'ôter toutes les impiétés qui infectoient l'ancien systême d'Épicure; il l'a encore présenté avec des beautés qui le rendent plus supportable & moins contraire aux loix de la saine Physique.

ÉPICYCLE. Les anciens prétendoient que les planétes avoient leur mouvement périodique dans des épicycles, c'est-à-dire, dans des cercles dont la circonférence étoit composée de petits cercles. Il y a long-tems que l'on est revenu de cette erreur.

ÉPIDERME. La membrane extérieure qui couvre le corps de l'homme, a le nom d'*épiderme*, c'est sans doute parce qu'elle se trouve sur la peau.

ÉPINE DU DOS. L'épine du dos est composée de 24 vertébres qui sont de petits os très-faciles à se mouvoir. De ces 24 vertébres; 7 appartiennent au cou, 12 à la poitrine, & 5 au reins. Les Anatomistes n'ont pas manqué de nous faire remarquer qu'il sortoit de la moëlle de l'épine 30 paires de nerfs, & que cette moëlle n'étoit qu'une production de la substance du cerveau.

ÉPIPLOON. C'est une membrane graisseuse qui nage sur les intestins.

ÉQUATEUR. C'est un grand cercle aussi éloigné du

pole arctique, que du pole antarctique; divisant la Sphére en deux parties égales, l'une boréale & l'autre méridionale, & coupant le méridien à angles droits. Voyez l'article de la *Sphére*, *num*. 8.

ÉQUILIBRE. Deux forces sont en équilibre, lorsque l'une ne l'emporte pas sur l'autre.

ÉQUILATÉRAL. Une figure est équilatérale, lorsqu'elle a tous ses côtés égaux. Un quarré parfait, *par exemple*, est une figure équilatérale.

ÉQUINOXE. Nous avons *équinoxe*, toutes les fois que le jour est égal à la nuit, c'est-à dire, toutes les fois que le Soleil paroît 12 heures précises sur notre horizon. Ce phénoméne arrive, lorsque le Soleil paroît parcourir l'équateur dans un jour; il arrive donc deux fois chaque année, c'est-à-drie, environ le 20 Mars, tems auquel le Soleil paroît sous le premier degré du *Bélier*, & environ le 22 Septembre, tems auquel le Soleil paroît sous le premier degré de la *Balance*.

ESPACE. Voyez *Lieu*.

ESPRITS VITAUX. Dans le cerveau se trouvent deux substances; l'une molle & spongieuse s'appelle *substance cendrée*, l'autre beaucoup plus dure & tirant sur le blanc se nomme *substance calleuse*. L'une & l'autre sont separées en différentes couches, & percées d'une infinité de trous qui deviennent toujours plus petits, à mesure qu'ils approchent plus du centre ovale dont nous avons parlé en son lieu. Une grande partie du sang qui sort du cœur est portée par les artères jusques dans la substance, soit cendrée, soit calleuse du cerveau. Là les particules les plus subtiles sont séparées des plus grossieres; celles-ci se rendent dans les veines, & celles-là dans les nerfs au milieu desquels se trouve un canal disposé à les recevoir. C'est ce fluide infiniment subtil qui forme les esprits vitaux sans le secours desquels le corps n'est capable d'aucune fonction, & l'ame d'aucune sensation.

ESSENCE. Les Chymistes donnent le nom d'*essence* à ce qu'il y a de plus pur & de plus subtil dans un corps. C'est par le moyen du feu qu'ils séparent les *essences*, ou les parties les plus déliées d'avec les parties les plus grossiéres.

ESSIEU. Axe & essieu signifient à peu-près la même chose. Dire, *par exemple*, qu'une roue tourne sur son axe, c'est dire qu'elle tourne sur son essieu.

ESTOMACH. L'estomach que les Anatomistes comparent à une *cornemuse*, est une espèce de poche qui se trouve sous le diaphrame entre le foye & la rate. L'on y remarque deux ouvertures, l'une supérieure à gauche, & l'autre inférieure à droite; par la premiere que l'on nomme *la fin de l'œsophage*, il reçoit les alimens dont nous nous nourrissons; par la seconde que l'on nomme le *pylore*, ces mêmes alimens se rendent dans les intestins.

ÉTAIN. L'étain est un des six métaux primitifs. Les Chymistes nous assurent que ses parties élémentaires sont le soufre, la terre & le sel, & ils ajoutent qu'il a des pores beaucoup plus grands que ceux de l'argent. C'est en Angleterre & en Allemagne que se trouvent les meilleures mines d'étain.

ÉTÉ. L'été est une des quatre saisons de l'année; il commence le jour même que le Soleil paroît sous le premier degré du *Cancer*, environ le 21 de Juin, & il dure tout le tems que le Soleil paroît sous les signes du *Cancer*, du *Lion* & de la *Vierge*, c'est-à-dire, trois mois.

ÉTOILES. Les étoiles sont des corps célestes, fixes, lumineux, innombrables & éloignés de la terre d'une distance presque infinie. Et d'abord les étoiles sont des corps célestes fixes, puisque leur mouvement diurne d'orient en occident, & leur mouvement périodique d'occident en orient, ne sont pas réels & physiques, mais seulement apparens & optiques, comme nous l'avons expliqué, lorsque nous avons proposé l'hypothése de Copernic. Le mouvement des étoiles en *aberration* n'est pas plus réel que leur mouvement diurne & périodique, comme nous le prouverons à la fin de cet article; donc les étoiles sont des corps célestes fixes. Cela n'empêche pas cependant qu'elles ne puissent avoir un mouvement de rotation sur leur centre, ainsi que le prétendent la plupart des Astronomes modernes, & sur-tout M. Cassini dont les ouvrages immortels nous ont fourni la plupart des choses que nous avons fait entrer dans cet article.

2°. Les étoiles sont des corps célestes lumineux, c'est-à-dire, qui ont en eux-mêmes la source de leur lumiere. En effet elles n'ont pas une lumiere empruntée, comme les planétes & les cométes; mais une lumiere propre qui se manifeste par les étincellemens les plus vifs & les plus sensibles. La plus brillante des étoiles fixes est sans contredit *Syrius* à qui Mr. Cassini donne un diamétre de trente-trois millions de lieues. On peut placer après *Syrius*, la *Chevre*, la *Lyre*, *Rigel*, *Arcturus*, *Antarés* ou le cœur du *Scorpion*, l'épaule occidentale d'*Orion*, *Aldebaran*, ou l'œil du *Taureau*, le petit *Chien*, l'épy de la *Vierge* & le cœur du *Lion*.

3°. Les étoiles sont des corps célestes innombrables. Jean Bayer a rangé les étoiles les plus remarquables sous 60 constellations, dont 12 se trouvent autour de l'écliptique, 21 dans la partie septentrionale, & 27 dans la partie méridionale du ciel. Une constellation contient un certain nombre d'étoiles; les 12 constellations du zodiaque, par exemple, que l'on nomme le *Bélier*, le *Taureau*, les *Gemeaux*, l'*Ecrevisse*, le *Lion*, la *Vierge*, la *Balance*, le *Scorpion*, le *Sagittaire*, le *Capricorne*, le *Verseau* & les *Poissons*, contiennent 455 étoiles.

Les 21 constellations de l'hémisphére septentrional sont la petite *Ourse*, la grande *Ourse*, le *Dragon*, *Céphée*, le *Bouvier*, la *Couronne Boréale*, *Hercule*, la *Lyre*, le *Cygne*, *Cassiopée*, *Persée*, le *Cocher*, *Ophiucus* ou le *Serpentaire*, le *Serpent*, la *Fléche*, l'*Aigle*, le *Dauphin*, le petit *Cheval*, *Pégase*, *Andromède* & le *Triangle*. Ces 21 constellations contiennent 700 étoiles.

Les 27 constellations qui sont dans la partie méridionale du Ciel sont, la *Baleine*, *Orion*, le fleuve *Eridan*, le *Liévre*, le grand *Chien*, le petit *Chien*, le *Navire*, l'*Hydre*, la *Coupe*, le *Corbeau*, le *Centaure*, le *Loup*, l'*Autel*, la *Couronne Méridionale*, le *Poisson Austral*, le *Paon*, le *Toucan*, la *Grue*, le *Phénix*, la *Dorade*, le *Poisson Volant*, l'*Hydre*, le *Caméléon*, l'*Abeille*, l'*Oiseau Indien*, le *Triangle* & l'*Indien*. Toutes ces constellations ne comprennent que 561 étoiles. Bayer n'a arrangé que les 12 dernieres qui se trouvent près du pole méridional; Ptolomée avoit arrangé depuis long-tems les 48 autres dans le même ordre où nous les voyons maintenant. Mais ce ne sont-là que les étoiles principales; celles de la *voye lactée* & une infinité d'autres qui n'appartiennent à aucune constellation, sont en plus grand nombre; aucun Astronome n'en pourra jamais donner le catalogue exact; aussi sont-ils obligés d'avouer que les étoiles sont innombrables.

4°. Les étoiles sont des corps célestes éloignés de la terre

terre d'une distance presque infinie. La preuve n'est pas difficile à apporter. Nous sommes en certains tems de l'année tantôt plus près & tantôt plus loin des mêmes étoiles, d'environ 66 millions de lieues, comme nous l'avons expliqué dans l'article de *Copernic* ; & cependant la grandeur apparente de ces astres est toujours la même ; la terre est donc éloignée d'eux d'une distance presque infinie, puisque 66 millions de lieues ne sont rien, comparés à la distance réelle qui se trouve entre la terre & les étoiles.

5°. Les étoiles ont leur latitude & leur déclinaison, leur longitude & leur ascension droite, leur amplitude orientale & leur amplitude occidentale. Ceux qui ne sont pas au fait de l'Astronomie, feront bien de lire auparavant avec attention l'article de ce Dictionnaire qui commence par le mot *Sphére*.

6°. La latitude d'une étoile est marquée par la distance où elle se trouve de l'écliptique, & sa déclinaison par la distance où elle se trouve de l'équateur ; l'une & l'autre sont septentrionales ou méridionales, suivant que l'étoile se trouve dans la partie septentrionale ou méridionale de la sphére.

Il suit de-là qu'une étoile qui se trouve dans l'écliptique n'a point de latitude, & qu'une étoile qui se trouve dans l'équateur n'a point de déclinaison.

Il suit encore que les degrés de latitude d'une étoile se comptent sur un cercle qui passe par les poles de l'écliptique & par l'étoile dont on cherche la latitude. Une étoile, par exemple, placée précisément à un des poles de l'écliptique auroit 90 degrés de latitude, c'est à-dire, la plus grande latitude possible, pourquoi ? parce que l'arc du cercle de latitude intercepté entre l'écliptique & l'étoile dont nous parlons, seroit précisément un quart de cercle.

Il suit enfin que les degrés de déclinaison d'une étoile se comptent sur un cercle qui passe par les poles de l'équateur, c'est-à-dire, par les poles du monde & par l'étoile dont on cherche la déclinaison. Une étoile, par exemple, placée précisément à un des poles du monde auroit 90 degrés de déclinaison, c'est-à-dire, la plus grande déclinaison possible ; parce qu'elle seroit éloignée de l'équateur précisément d'un quart de cercle Si l'on avoit quelque peine à se former une idée des cercles de latitude & de déclinaiſon, l'on n'auroit qu'à jetter un coup d'œil ſur quelque globe céleſte ; tous les cercles qui paſſent par les deux poles du monde ſont des cercles de déclinaiſon, & tous les cercles qui paſſent par les deux poles de l'écliptique qui ne ſont éloignées des poles du monde que de 23 degrés & 30 minutes, ſont des cercles de latitude.

7°. Dès qu'on connoit le cercle de latitude d'une étoile, on connoit bientôt ſa longitude. En effet tous les cercles de latitude coupent l'écliptique dans quelque point ; l'arc de l'écliptique intercepté entre le premier degré du *Bélier* & le cercle de latitude d'une étoile quelconque, marque la longitude de cette étoile. Suppoſons, par-exemple, que l'étoile A ait un cercle de latitude qui coupe l'écliptique au premier degré du *Taureau* ; l'étoile A aura 30 degrés de longitude, parce que l'arc de l'écliptique compris entre le premier degré du *Bélier* & le cercle de latitude de l'étoile A, eſt préciſément de 30 degrés.

Il ſuit de-là que les étoiles qui ſe trouvent au premier degré du ſigne du *Bélier* n'ont point de longitude. Il ſuit encore qu'une étoile placée préciſément à un des poles de l'écliptique, n'auroit point de longitude ; pourquoi ? parce que ſon cercle de latitude pourroit couper l'écliptique au premier degré du ſigne du *Bélier* Il ſuit enfin que toutes les étoiles dont le cercle de latitude paſſe par le premier degré du ſigne du *Bélier*, n'ont point de longitude.

8°. Dès qu'on connoit le cercle de déclinaiſon d'une étoile, rien n'eſt plus facile que de connoître ſon aſcenſion droite : car tous les cercles de déclinaiſon coupent l'équateur en quelque point ; l'arc de l'équateur intercepté entre le cercle de déclinaiſon d'une étoile quelconque & le point où l'équateur concourt avec l'écliptique, qui eſt le premier degré du ſigne du *Bélier*, marque l'aſcenſion droite de cette étoile. Suppoſons, par exemple, que le cercle de déclinaiſon de l'étoile B coupe l'équateur vis-à-vis le premier degré du ſigne du *Cancer*, l'étoile B aura 90 degrés d'aſcenſion droite, parce que l'arc de l'équateur compris entre le cercle de déclinaiſon de l'étoile B & le point où l'équateur concourt avec l'écliptique, ſera préciſément un quart de cercle.

Il ſuit de-là que les étoiles qui ſe trouvent au premier degré du ſigne du *Bélier* n'ont point d'aſcenſion droite. Il ſuit encore qu'une étoile placée préciſément à un des poles du monde, n'auroit point d'ascension droite; parce que son cercle de déclinaison pourroit passer par le point où l'équateur concourt avec l'écliptique. Il suit enfin que toutes les étoiles dont le cercle de déclinaison passe par le point où l'équateur concourt avec l'écliptique, n'ont point d'ascension droite.

9°. L'équateur coupe l'horizon en deux points, comme nous l'avons fait appercevoir en parlant de la *sphére*, l'un oriental & l'autre occidental; ce sont ces deux points que les Astronomes appellent le point du *vrai orient* & le point du *vrai occident*. Tous les astres qui ne se levent pas & qui ne se couchent pas à ces deux points, ont une *amplitude* orientale & occidentale. Lorsque le Soleil, par exemple, se léve & qu'il se couche dans l'équateur, il n'a aucune amplitude orientale & occidentale; mais lorsqu'il se leve & qu'il se couche dans quelque cercle paralléle à l'équateur, il a d'autant plus d'amplitude orientale & occidentale, que ce cercle est plus éloigné de l'équateur.

Il suit de-là que les degrés d'amplitude orientale & occidentale se mesurent sur le cercle de la sphére qui se nomme l'*horizon*.

Telles sont les notions générales qu'il n'est permis à aucun Physicien d'ignorer; aussi n'est-ce pas pour les sçavans que nous avons écrit ce qui précéde. Il n'en est pas ainsi de ce qui nous reste à dire sur le mouvement en *aberration* des étoiles fixes; les seules personnes initiées dans les secrets de la Physique & de l'Astronomie ne l'ignorent pas; peut-être ne nous sçauront-elles pas mauvais gré de le leur rappeller en peu de mots.

Aberration des étoiles fixes.

L'aberration des étoiles fixes est une des découvertes des plus curieuses & des plus intéressantes de l'Astronomie moderne. Nous la devons à Messieurs Bradley & Molineux. Comme c'est ici sans contredit un des points des plus difficiles à expliquer, ceux qui n'ont aucune teinture d'Astronomie feront bien de ne pas en entreprendre la lecture, sans avoir auparavant jetté un coup d'œil sur les articles de ce Dictionnaire qui commencent par ces mots *Ellipse*, *Sinus*, *Copernic*.

1°. Les Coperniciens assurent que la terre parcourt en une année autour du Soleil une orbite elliptique réellement, mais sensiblement circulaire, qui se trouve parfaitement dans le plan de l'écliptique; ils assurent encore que le diamétre de cette orbite est d'environ 66 millions de lieues, & que par conséquent sa circonférence est d'environ 198 millions de lieues; ils assurent enfin que la distance qu'il y a entre la Terre & les étoiles fixes est, pour ainsi dire, infinie, comparée à celle qui se trouve entre la Terre & le Soleil.

2°. La vîtesse de la Terre dans son orbite est prodigieuse; elle parcourt 376 lieues chaque minute. Cette vîtesse cependant est très-petite, comparée à celle de la lumiere qui parcourt chaque minute environ quatre millions de lieues. Voyez-en la démonstration dans l'article de la *Lumiere*.

3°. La vîtesse de la lumière n'est donc que dix mille fois plus grande, & non pas infiniment plus grande que celle de la Terre; ainsi que l'ont prétendu quelques Physiciens. Ces principes supposés; voici comment les Coperniciens expliquent l'aberration des étoiles fixes.

Si la Terre, *disent-ils*, étoit immobile, au centre du monde, ou si la lumière avoit une vîtesse infiniment plus grande que celle de la Terre dans son orbite; les étoiles nous paroîtroient fixes & elles n'auroient aucune aberration; mais il n'en est pas ainsi. La lumière n'a qu'une vîtesse dix mille fois plus grande que celle de la Terre, & suivant les régles de l'Optique nous devons toujours rapporter l'objet à l'extrêmité du rayon droit qui fait impression sur nos yeux; donc je ne dois pas aujourd'hui rapporter l'étoile S au même point où je la rapportois hier; parce qu'à cause du mouvement annuel de la Terre, le rayon de lumière que je reçois aujourd'hui de l'étoile S, n'aboutit pas, lorsqu'il est prolongé en ligne droite, au même point du Ciel où aboutissoit celui que j'en reçus hier. Ce que je dis de ces deux jours consécutifs, je puis le dire de tous les jours de l'année; donc par une illusion optique je rapporte chaque jour de l'année les étoiles à des points du Ciel auxquels elles ne sont pas réellement. Toutes ces différentes illusions optiques forment au bout de l'année une très-petite courbe elliptique que chaque étoile paroit avoir parcourue, & qui a pour centre le point réel où se trouve l'étoile. Voilà ce qu'on nomme *aberration des fixes*.

De-là les Astronomes concluent 1°. Que la longitude,

la latitude, l'ascension droite & la déclinaison apparentes des étoiles sont différentes de celles qu'elles ont réellement.

2°. Que le grand axe de l'ellipse des plus grandes aberrations ne soutend pas dans le Ciel un arc de plus de 40 secondes, parce qu'ils ont observé que les plus grandes aberrations des étoiles vont tout au plus à 20 secondes.

3°. Que l'aberration des étoiles qui sont placées dans l'écliptique ne forme pas une courbe, parce que l'illusion optique ne me fait jamais transporter les étoiles hors de l'écliptique; mais ils ajoutent qu'elle forme une ligne droite, parce que l'illusion optique me les fait transporter tantôt plus près, tantôt plus loin du premier degré du signe du *Bélier*, qu'elles ne le sont réellement; donc les étoiles placées dans l'écliptique ont une aberration en longitude & non pas en latitude.

4°. Que puisqu'une étoile placée au pole de l'écliptique paroit décrire un cercle autour de ce pole, cette étoile qui n'avoit point de longitude réelle en acquiert une apparente; donc au pole de l'écliptique l'aberration en longitude est la plus grande qu'elle puisse être; il en seroit de même de l'aberration en ascension droite pour une étoile placée à un des poles du monde.

5°. Que l'aberration en longitude va toujours en diminuant du pole de l'écliptique à l'écliptique, & par conséquent qu'elle est moindre pour les étoiles qui sont plus près de l'écliptique. Il en est de même de l'aberration en latitude; elle va en diminuant du pole de l'écliptique à l'écliptique, puisque une étoile placée dans l'écliptique n'a point d'aberration en latitude, & qu'une étoile placée au pole de l'écliptique a la plus grande aberration en latitude qu'elle puisse avoir. Il en est encore de même de l'aberration en déclinaison; elle va en diminuant des poles du monde à l'équateur.

6°. Que puisque l'aberration en latitude s'anéantit quelquefois, & que l'aberration en longitude ne s'anéantit jamais; l'aberration en longitude doit toujours être plus grande que l'aberration en latitude; donc l'aberration en longitude doit former le grand axe, & l'aberration en latitude doit former le petit axe des ellipses d'aberration. Ce grand axe est toujours paralléle à l'écliptique, & le petit lui est toujours perpendiculaire.

7°. Que le grand axe des ellipses d'aberration l'emporte autant sur le petit axe, que le sinus total, c'est-à-dire, le rayon, l'emporte sur le sinus de la latitude de l'étoile dont on parle ; ou pour m'exprimer dans les termes de l'art, le grand axe est au petit axe, comme le sinus total est au sinus de la latitude de l'étoile.

EXAGONE. On nomme *exagone* une figure de 6 côtés.

EXCENTRIQUE. On appelle *excentriques* deux cercles qui n'ont pas un centre commun.

EXHALAISON. Des particules terrestres élevées dans l'athmosphére, principalement par l'action du Soleil, forment les exhalaisons. Consultez l'article des *Météores*.

EXPIRATION. Par le mouvement d'*expiration* l'air sort de la poitrine. Nous en avons indiqué la cause dans l'article de la *Poitrine*.

EXTRACTION. Ce terme appartient à la *Chymie* & à *l'Arithmétique*. Dans le premier cas il signifie la séparation que l'on fait des parties les plus subtiles d'un corps d'avec ses parties les plus grossieres. Dans le second cas il désigne des régles par lesquelles on peut trouver les racines quarrées, cubiques &c. d'une quantité donnée ; elles seront renfermées dans les Problêmes suivants. Avant que de les développer, je remarque d'abord qu'un nombre se multipliant lui-même, produit son *quarré*. Le *quarré* de 10, par-exemple, est 100, parce que 10 multipliant 10, produit 100. Ainsi extraire la racine d'un *quarré* proposé, c'est trouver le nombre qui, en se multipliant lui-même, a produit ce *quarré*. Voici les *quarrés* des dix premiers nombres ; il faut dans les opérations les avoir continuellement présents à l'esprit.

Racines quarrées.

1. 2. 3. 4. 5. 6. 7. 8. 9. 10.

Nombres quarrés.

1. 4. 9. 16. 25. 36. 49. 64. 81. 100.

Je remarque encore qu'un *cube* n'est autre chose qu'un *quarré parfait* multiplié par sa *racine*. En voici dix exemples ; ce sont les cubes des dix premiers nombres.

Racines cubiques.

1. 2. 3. 4. 5. 6. 7. 8. 9. 10.

Nombres cubes.

1. 8. 27. 64. 125. 216. 343. 512. 729. 1000.

Je remarque enfin que le *quarré* du binome $a + b$ eſt $aa + 2ab + bb$, & que ſon *cube* eſt $a^3 + 3aab + 3abb + b^3$.

PROBLÉME I.

Extraire la racine quarrée d'un quarré parfait quelconque, *par exemple*, du quarré parfait 2025.

Réſolution. Elle eſt contenue dans le tableau ſuivant. Ce tableau préſente les opérations néceſſaires pour extraire la racine quarrée du nombre 2025; leur explication les ſuivra de près.

TABLEAU

Contenant les opérations néceſſaires pour la ſolution du Problême propoſé.

$$
\begin{array}{rl}
20,25 & = aa + 2ab + bb. \\
\underline{16} & = aa. \text{ Donc } a = 4. \textit{ racine } 1^{re}. \\
425 & = 2ab + bb \\
\underline{8} & = 2a. \text{ Donc } b = 5. \textit{ racine } 2^{e}. \\
40 & = 2ab \\
\underline{25} & = bb \\
\underline{425} & = 2ab + bb.
\end{array}
$$

Racine quarrée a & $b = 45$.

EXPLICATION

Des Opérations précédentes.

Voici comment on s'y eſt pris pour extraire la racine quarrée du nombre 2025. 1°. On l'a partagé en tranches, de deux en deux chiffres, en allant de droite à gauche, c'eſt-à-dire, en commençant par les unités.

2°. On a ſuppoſé le quarré arithmétique 2025 = au quarré algébrique $aa + 2ab + bb$.

3°. Comme 20 n'eſt pas un quarré parfait, & que 16 eſt le plus grand quarré renfermé dans les chiffres de la premiere tranche, c'eſt-à-dire, dans 20; l'on a mis 16 ſous 20; l'on a fait la ſouſtraction à l'ordinaire; l'on a eu pour reſte 4; & la premiere opération a été faite.

4°. Avant que de passer à la seconde opération, il faut remarquer que puisque 16 est le premier quarré parfait de 2025, & aa le premier quarré parfait de $aa + 2ab + bb$; l'on a eu droit de faire $16 = aa$, & $4 = a$.

5°. Pour faire la seconde opération, l'on a descendu à côté du reste 4, les chiffres de la seconde tranche; & l'on a eu $425 = 2ab + bb$.

6°. Dans ce binome algébrique dont on connoit la valeur de a, l'on a cherché à connoître la valeur de b. Pour en venir à bout, l'on a divisé 425 par $2a = 8$; le premier quotient 5 a donné la valeur de b & le second chiffre de la racine quarrée de 2025.

7°. Pour prouver la bonté de cette méthode, il faut prendre la valeur de aa, celle de $2ab$, & celle de bb, en supposant $a = 4$, & $b = 5$; il faut les arranger comme ci-après; les additionner; & comme leur somme vaudra précisément 2025, vous conclurez que ce nombre est un quarré parfait dont la racine est 45.

$$
\begin{array}{rl}
16 & = aa \\
40 & = 2ab \\
25 & = bb \\
\hline
\text{Somme } 2025 & = aa + 2ab + bb.
\end{array}
$$

PROBLÉME II.

Extraire la racine quarrée d'un quarré imparfait quelconque, *par exemple*, du nombre 3046.

Résolution. Elle est contenue dans le tableau suivant.

TABLEAU

Contenant les opérations nécessaires pour la solution du Problême proposé.

$$
\begin{array}{rl}
30,46 & = aa + 2ab + bb. \\
25 & = aa.\ \text{Donc } a = 5.\ \textit{racine } 1^{re}. \\
\hline
546 & = 2ab + bb \\
10 & = 2a.\ \text{Donc } b = 5.\ \textit{racine } 2^{e}. \\
\hline
50 & = 2ab \\
25 & = bb \\
\hline
525 & = 2ab + bb \\
\hline
\text{Reste } 21. &
\end{array}
$$

Racine quarrée approchée a & $b = 55$.

Comme il reſte quelque choſe après la derniere opération, vous devez conclure que 3046 n'eſt pas un quarré parfait, c'eſt-à-dire, qu'il n'eſt aucun nombre qui, ſe multipliant lui même, produiſe 3046. En effet $55 \times 55 = 3025$, & $56 \times 56 = 3136$; donc 55 eſt la racine du plus grand quarré contenu dans le nombre 3046.

PROBLÉME III.

Extraire la racine d'un quarré parfait qui ait plus de 4 chiffres, *par exemple*, du quarré parfait 5678689.

Réſolution. Elle ſe trouve dans le tableau ſuivant.

TABLEAU

Des opérations néceſſaires pour la ſolution du Problême propoſé.

	5,67,86,89	$= aa + 2ab + bb$.
	4	$= aa$. Donc $a = 2$. *racine* 1re.
	167	$= 2ab + bb$
	4	$= 2a$. Donc $b = 3$. *racine* 2e.
	12	$= 2ab$
	9	$= bb$
	129	$= 2ab + bb$
Reſte	38	
	3886	$= 2ab + bb$
	46	$= 2a$. Donc $b = 8$. *racine* 3e.
	368	$= 2ab$
	64	$= bb$
	3744	$= 2ab + bb$
Reſte	142	
	14289	$= 2ab + bb$
	476	$= 2a$. Donc $b = 3$. *racine* 4e.
	1428	$= 2ab$
	9	$= bb$
	14289	$= 2ab + bb$

Racine quarrée a & $b = 2383$.

Explication. L'on a opéré dans ce Problême, comme dans les deux précédents, avec cette différence que dans la troiſieme opération on a fait $a = 23$, *valeur des deux racines trouvées*; & dans la quatrieme opération l'on a fait $a = 238$, *valeur des trois racines trouvées.* La regle générale est donc que dans la troisieme opération, l'on opére comme dans la seconde, avec cette différence que l'on regarde les deux racines trouvées, comme ne faisant qu'une seule racine : dans la quatrieme opération, l'on opére comme dans la troisieme, avec cette différence que l'on regarde les trois racines trouvées, comme ne faisant qu'une seule racine &c. La preuve se présente d'elle-même dans le tableau suivant.

$$
\begin{array}{rcl}
4 & = & aa \\
12 & = & 2ab \\
9 & = & bb \\
368 & = & 2ab \\
64 & = & bb \\
1428 & = & 2ab \\
9 & = & bb \\
\hline
\text{Somme } 5678689 & = & aa + 2ab + bb
\end{array}
$$

PROBLÉME IV.

Extraire la racine cubique d'un cube parfait quelconque, *par exemple*, du nombre 74088.

Résolution. Le tableau suivant vous la mettra sous les yeux.

TABLEAU

Des opérations nécessaires pour la solution du Problême proposé.

$$
\begin{array}{rl}
74{,}088 & = a^3 + 3aab + 3abb + b^3 \\
64 & = a^3. \text{ Donc } a = 4. \text{ racine } 1^{re}. \\
\hline
10088 & \\
48 & = 3aa. \text{ Donc } b = 2. \text{ racine } 2^{e}. \\
\hline
96 & = 3aab \\
48 & = 3abb \\
8 & = b^3 \\
\hline
10088 & = 3aab + 3abb + b^3
\end{array}
$$

Racine cubique a & $b = 42$

EXPLICATION

Des Opérations précédentes.

1°. On a partagé 74,088 en tranches, de 3 en 3 chiffres, en allant de droite à gauche, c'est-à-dire, en commençant par les unités.

2°. On a ſuppoſé $74088 = a^3 + 3aab + 3abb + b^3$.

3°. Comme 64 eſt le plus grand cube renfermé dans les chiffres de la premiere tranche, l'on a mis 64 ſous 74. L'on a fait la ſouſtraction à l'ordinaire; l'on a eu pour reſte 10; & la premiere opération a été faite.

4°. Avant que de paſſer à la ſeconde opération, il faut remarquer que puiſque 64 eſt le premier cube parfait de 74088, & a^3 le premier cube parfait de $a^3 + 3aab + 3abb + b^3$, l'on a eu droit de faire $64 = a^3$, & $4 = a$.

5°. Pour faire la ſeconde opération, l'on a deſcendu à côté du reſte 10 les chiffres de la ſeconde tranche, & l'on a eu $10088 = 3aab + 3abb + b^3$.

6°. Dans ce Trinome algébrique dont on connoît la valeur de a, l'on a cherché à connoître la valeur de b. Pour en venir à bout, l'on a diviſé 10088 par $3aa = 48$; le premier quotient 2 a donné la valeur de b, & le ſecond chiffre de la racine cubique de 74088.

7°. Pour faire toucher au doigt la bonté de cette méthode, prenez la valeur de $a^3 = 64$, celle de $3aab = 96$, celle de $3abb = 48$, celle de $b^3 = 8$; rangez-les comme ci-après; faites-en l'addition; & comme leur ſomme vaudra préciſément 74088, vous conclurez que le nombre propoſé eſt un cube parfait dont la racine cubique eſt 42.

$$
\begin{array}{rl}
64 & = a^3 \\
96 & = 3aab \\
48 & = 3abb \\
8 & = b^3 \\
\hline
\text{Somme } 74088 & = a^3 + 3aab + 3abb + b^3
\end{array}
$$

PROBLÉME V.

Extraire la racine cubique d'un cube imparfait quelconque, par-exemple, du nombre 9666.

Réſolution. Vous la trouverez dans le tableau ſuivant.

TABLEAU

Des opérations nécessaires pour la solution du Problême proposé.

$9,666 = a^3 + 3aab + 3abb + b^3$
$8 = a^3$. Donc $a = 2$. *racine* 1re.

$1666 = 3aab + 3abb + b^3$
$12 = 3aa$. Donc $b = 1$. *racine* 2e.

$12 = 3aab$
$6 = 3abb$
$1 = b^3$

$1261 = 3aab + 3abb + b^3$

Reste 405.

Rac. cub. approchée a & $b = 21$.

Ce qui reste après la derniere opération, prouve que le nombre proposé n'est pas un cube parfait, c'est-à-dire, qu'il n'est aucun quarré qui multiplié par sa racine, produise 9666. En effet le cube de 21 est 9261, & celui de 22 est 10648 ; donc le cube de 21 est le plus grand cube qu'il y ait dans 9666.

PROBLÊME VI.

Extraire la racine cubique d'un cube parfait quelconque composé de plus de six chiffres, par-exemple, du nombre 34328125.

Résolution. Jettez les yeux sur le tableau suivant, vous l'y trouverez.

TABLEAU

Des opérations néceſſaires pour la ſolution au Problême propoſé.

$$
\begin{array}{rl}
34{,}328{,}125 & = a^3 + 3aab + 3abb + b^3 \\
27 & = a^3.\ \text{Donc } a = 3.\ \textit{racine } 1^{re}. \\
7328 & = 3aab + 3abb + b^3 \\
27 & = 3aa.\ \text{Donc } b = 2.\ \textit{racine } 2^{e}. \\
54 & = 3aab \\
36 & = 3abb \\
8 & = b^3 \\
\hline
5768 & = 3aab + 3abb + b^3 \\
\text{Reſte } 1560 & \\
\hline
1560125 & = 3aab + 3abb + b^3 \\
3072 & = 3aa.\ \text{Donc } b = 5.\ \textit{racine } 3^{e}. \\
15360 & = 3aab \\
2400 & = 3abb \\
125 & = b^3 \\
\hline
1560125 & = 3aab + 3abb + b^3 \\
\end{array}
$$

Rac. cub. a & $b = 325$.

Explication. L'on a opéré dans ce Problême, comme dans les deux précédents, avec cette différence que dans la troiſieme opération, l'on a regardé les deux racines trouvées, comme ne faiſant qu'une ſeule racine; auſſi a-t-on fait dans cette ſeconde opération $a = 32$. Conſultez le tableau ſuivant, vous y trouverez la preuve de la bonté de cette méthode.

$$
\begin{array}{rl}
27 & = a^3 \\
54 & = 3aab \\
36 & = 3abb \\
8 & = b^3 \\
15360 & = 3aab \\
2400 & = 3abb \\
125 & = b^3 \\
\hline
\text{Somme } 34328125 & = a^3 + 3aab + 3abb + b^3 \\
\end{array}
$$

REMARQUE.

L'on trouvera dans l'article des *Logarithmes* des méthodes plus abrégées pour extraire, non-ſeulement les racines quarrées & cubiques, mais encore les racines quatriemes, cinquiemes &c. Malgré cela cependant nous avertirons ici que, pour tirer la racine quatrieme d'un quarré-quarré, il faut en tirer deux fois la racine quarrée. Pour vous en convaincre, jettez les yeux ſur le Problême ſuivant.

PROBLÊME VII.

Extraire la racine quatrieme d'un quarré-quarré quelconque, *par exemple*, du nombre 234256.

Réſolution. Vous la trouverez dans les deux opérations ſuivantes.

TABLEAU

De la premiere Opération.

23,42,56 $= aa + 2ab + bb$
16 $= aa$. Donc $a = 4$. *racine* 1re.
742 $= 2ab + bb$
8 $= 2a$. Donc $b = 8$. *racine* 2e
64 $= 2ab$
64 $= bb$
704 $= 2ab + bb$
Reſte 38
3856 $= 2ab + bb$
96 $= 2a$. Donc $b = 4$. *racine* 3e.
384 $= 2ab$
16 $= bb$
3856 $= 2ab + bb$
Racine quarrée a & $b = 484$.

TABLEAU

De la ſeconde Opération.

4,84 $= aa + 2ab + bb$
4 $= aa$. Donc $a = 2$. *racine* 1re.
84 $= 2ab + bb$
4 $= 2a$. Donc $b = 2$. *racine* 2e.
8 $= 2ab$
4 $= bb$
84 $= 2ab + bb$
Rac. quarrée a & $b = 22$.

Il n'eſt pas néceſſaire d'avertir que dans la *premiere opération*, nous avons conſidéré 234256, non pas comme un quarré-quarré, mais comme un quarré parfait, dont nous avons tiré la racine exacte 484; & dans la *ſeconde opération* nous avons conſidéré 484, comme un quarré parfait dont nous avons tiré la racine exacte 22. Or il eſt évident que 22 eſt la racine quatrieme du quarré-quarré propoſé. En effet $22 \times 22 = 484$. & $484 \times 484 = 234256$; donc 22 eſt la racine quatrieme du quarré-quarré propoſé; car un quarré ſe multipliant lui-même produit ſon quarré-quarré.

L'on auroit pu extraire par une ſeule opération la racine quatrieme du nombre propoſé; on n'auroit eu pour cela qu'à l'égaler à la quatrieme puiſſance de $a + b$, en la maniere ſuivante.

$$
\begin{array}{rl}
23,4256 & = a^4 + 4a^3 b + 6a^2 b^2 + 4ab^3 + b^4 \\
16 & = a^4.\ \text{Donc } a = 2.\ \textit{racine } 1^{re}. \\
\hline
74256 & = 4a^3 b + 6a^2 b^2 + 4ab^3 + b^4 \\
32 & = 4a^3.\ \text{Donc } b = 2.\ \textit{racine } 2^{e}. \\
\hline
64 & = 4a^3 b \\
96 & = 6a^2 b^2 \\
64 & = 4ab^3 \\
16 & = b^4 \\
\hline
74256 & = 4a^3 b + 6a^2 b^2 + 4ab^3 + b^4 \\
\hline
\end{array}
$$

Racine 4e. a & $b = 22$.

EXPLICATION

Des Opérations précédentes.

1°. Puiſqu'il s'agit de racine quatrieme, on a partagé 234256 en tranches, de 4 en 4 chiffres, en allant de droite à gauche, c'eſt-à-dire, en commençant par les unités.

2°. On a ſuppoſé 234256 égal à la quatrieme puiſſance de $a + b$.

3°. L'on a fait $16 = a^4$ & $a = 2$, parce que 16 eſt le plus grand quarré-quarré renfermé dans 23. L'on a fait la ſouſtraction à l'ordinaire; l'on a eu pour reſte 7, & la premiere opération a été faite.

4°. Pour faire la ſeconde opération, l'on a deſcendu à côté du reſte 7, les chiffres de la ſeconde tranche, & l'on a eu $74256 = 4a^3 b + 6a^2 b^2 + 4ab^3 + b^4$.

5°. Dans ce quadrinome algébrique dont on connoît la valeur de a, l'on a cherché à connoître la valeur de b. Pour en venir à bout, l'on a divisé 74256 par $4a^3 = 32$; le premier quotient 2 a donné la valeur de b, & le second chiffre de la racine 4e. de 234256.

6°. L'on prouvera la bonté de cette méthode, en faisant $a^4 = 16$, $4a^3 b = 64$, $6a^2 b^2 = 96$, $4ab^3 = 64$, $b^4 = 16$. Cela fait, on arrangera ces 5 valeurs comme ci-après ; on en fera l'addition ; & comme leur somme vaudra précisément le quarré quarré proposé, l'on conclura que 234256 est un quarré-quarré parfait, & que 22 en est la racine quatrieme exacte.

$$16 = a^4$$
$$64 = 4a^3b$$
$$96 = 6a^2b^2$$
$$64 = 4ab^3$$
$$16 = b^4$$

Somme $234256 = a^4 + 4a^3b + 6a^2b^2 + 4ab^3 + b^4$.

TABLES

TABLES

DU CALENDRIER GRÉGORIEN,

AVERTISSEMENT.

L'Article du Calendrier est un des articles les plus diffus de ce Dictionnaire. Il commence à la page 135, & il ne finit qu'à la page 148. Il lui manque cependant, pour être complet, 4 Tables que nous avons crû devoir renvoyer à la fin de ce volume ; ce sont les Tables des nombres d'Or, des lettres Dominicales, des lettres indices & des épactes. Nous allons les présenter dans toute leur étendue ; nous aurons soin d'en donner l'explication la plus détaillée : ce sera le moyen de les mettre à la portée de tout le monde.

A ces 4 Tables succédera le Calendrier ancien qui a été en usage dans l'Eglise jusqu'en l'année 1582. L'on n'en connoîtra jamais mieux les défauts, que lorsqu'on prendra la peine de le comparer avec le Calendrier Grégorien que l'on trouvera dans le corps de cet Ouvrage *pag.* 142 *& suivantes.*

Les additions à l'article du Calendrier seront terminées par la Table de la célébration de la Fête de Pâques ; cette derniere Table sera celle qui fera le mieux connoître la grandeur du service qu'a rendu au monde Chrétien le Pape Grégoire XIII.

TABLE DES
pour toutes les années depuis la naissance

LES CENTIEMES Années, c'est-à-dire, les dernières des Siécles.	0	100	200	300	400	500
	1900	2000	2100	2200	2300	2400
	3800	3900	4000	4100	4200	4300

NOMBRES

						1.	6.	11.	16.	2.	7.
1.	20.	39.	58.	77.	96.	2.	7.	12.	17.	3.	8.
2.	21.	40.	59.	78.	97.	3.	8.	13.	18.	4.	9.
3.	22.	41.	60.	79.	98.	4.	9.	14.	19.	5.	10.
4.	23.	42.	61.	80.	99.	5.	10.	15.	1.	6.	11.
5.	24.	43.	62.	81.		6.	11.	16.	2.	7.	12.
6.	25.	44.	63.	82.		7.	12.	17.	3.	8.	13.
7.	26.	45.	64.	83.		8.	13.	18.	4.	9.	14.
8.	27.	46.	65.	84.		9.	14.	19.	5.	10.	15.
9.	28.	47.	66.	85.		10.	15.	1.	6.	11.	16.
10.	29.	48.	67.	86.		11.	16.	2.	7.	12.	17.
11.	30.	49.	68.	87.		12.	17.	3.	8.	13.	18.
12.	31.	50.	69.	88.		13.	18.	4.	9.	14.	19.
13.	32.	51.	70.	89.		14.	19.	5.	10.	15.	1.
14.	33.	52.	71.	90.		15.	1.	6.	11.	16.	2.
15.	34.	53.	72.	91.		16.	2.	7.	12.	17.	3.
16.	35.	54.	73.	92.		17.	3.	8.	13.	18.	4.
17.	36.	55.	74.	93.		18.	4.	9.	14.	19.	5.
18.	37.	56.	75.	94.		19.	5.	10.	15.	1.	6.
19.	38.	57.	76.	95.		1.	6.	11.	16.	2.	7.

NOMBRES D'OR

de Notre-Seigneur jusqu'à 5600.

600	700	800	900	1000	1100	1200	1300	1400	1500	1600	1700	1800
2500	2600	2700	2800	2900	3000	3100	3200	3300	3400	3500	3600	3700
4400	4500	4600	4700	4800	4900	5000	5100	5200	5300	5400	5500	5600
D'OR.												
12.	17.	3.	8.	13.	18.	4.	9.	4.	19	5.	10.	15
13.	18.	4.	9.	14.	19.	5.	10.	15.	1.	6.	11.	16.
14.	19.	5.	10.	15.	1.	6.	11.	16.	2.	7.	12.	17.
15.	1.	6.	11.	16.	2.	7.	12.	17.	3.	8.	13.	18.
16.	2.	7.	12.	17.	3	8.	13.	18.	4.	9.	14.	19
17.	3.	8.	13.	18.	4.	9.	14.	19.	5.	10.	15.	1.
18.	4.	9.	14.	19.	5.	10.	15.	1.	6.	11.	16.	2.
19.	5.	10.	5.	1.	6.	11.	16.	2.	7.	12.	17.	3
1.	6.	11.	16.	2.	7.	12.	17.	3.	8.	13.	18.	4.
2.	7.	12.	17.	3.	8.	13.	18.	4.	9.	14.	19.	5
3.	8.	13.	18.	4.	9.	14.	19.	5	10.	15.	1.	6.
4.	9.	14.	19.	5.	10	15.	1.	6.	11.	16.	2.	7.
5.	10.	15.	1.	6.	11.	16.	2.	7.	12.	17.	3.	8.
6.	11.	16.	2.	7.	12	17.	3.	8.	13.	18.	4.	9.
7.	12.	17.	3.	8.	13.	18.	4.	9.	14.	19.	5.	10.
8.	13.	18.	4.	9.	14	19.	5.	10.	15.	1.	6.	11
9.	14.	19.	5.	10.	15.	1.	6.	11.	16	2.	7.	12
10.	15.	1.	6.	11.	16	2.	7.	12	17.	3.	8.	13.
11.	16.	2.	7.	12.	17	3.	8.	13.	18.	4.	9.	14
12.	17.	3.	8.	13.	18.	4.	9.	14.	19.	5.	10.	15.

EXPLICATION

DE LA TABLE PRÉCÉDENTE.

La Table précédente contient des centièmes années, des années intermédiaires & des nombres d'Or. Les centièmes années ont été placées dans les 18 Cases supérieures. Celles qui ont le même nombre d'Or ont été mises dans différentes Cases les unes sous les autres. Telles sont les années 1700, 3600, 5500.

L'on a mis dans 10 Cases collatérales les 99 années intermédiaires qui se trouvent entre deux centièmes années différentes, par exemple, entre 1700 & 1800.

Les nombres d'Or dont nous avons donné l'étymologie à l'article du Calendrier, *num.* 6, appartiennent les uns aux centièmes années, & les autres aux années intermédiaires. Les premiers ont été placés sous les centièmes années ; ce sont les nombres 1, 6, 11, 16, 2, 7, 12, 17, 3, 8, 13, 18, 4, 9, 14, 19, 5, 10, & 15. Les seconds ont été mis sur la même ligne que les années intermédiaires & ils ont été distribués dans 30 Cases différentes.

PROBLÉME I.

Trouver le nombre d'Or d'une centième année, par exemple, de l'année 1800.

Résolution. Prenez le premier des nombres qui se trouvent sous la centième année proposée. Ce sera 15 pour l'année 1800.

Démonstration. Ajoutez 1 à 1800. Divisez 1801 par 19 ; vous aurez pour quotient 94, & il vous reſtera 15 après la dernière diviſion ; donc l'année 1800 ſera la 15e. année du 95e. cycle lunaire depuis la naiſſance de J. C. ; donc l'année 1800 aura 15 pour nombre d'Or. Voyez cette matière rapprochée de ſes principes dans l'article du Calendrier, *pag.* 134 & *ſuivantes*, *num.* 6.

PROBLÉME II.

Trouver le nombre d'Or d'une année intermédiaire, par exemple, de l'année 1768.

Réſolution. Cherchez 68 parmi les années intermédiaires; examinez enſuite quelle eſt la Caſe des nombres d'Or qui ſe trouve ſous 1700 ; voyez enfin quel eſt le nombre d'Or qui eſt en même-tems ſous 1700 & ſur la même ligne que 68, & vous conclurez que l'année 1768 ſera la ſeconde du cycle lunaire.

Démonſtration. Ajoutez 1 à 1768. Diviſez 1769 par 19 ; vous aurez pour quotient 93, & il vous reſtera 2 après la dernière diviſion ; donc l'année 1768 ſera la ſeconde année du 94e cycle lunaire depuis la naiſſance de J. C. ; donc l'année 1768 aura 2 pour nombre d'Or. Conſultez l'article du Calendrier à la *page* & au *numero* indiqués dans la démonſtration précédente.

Remarquez que les deux pages qui contiennent la Table des nombres d'Or, doivent être conſidérées comme ne faiſant qu'une ſeule page ; les lignes de la ſeconde page, ſont la continuation de celles de la première.

TABLE DES
depuis 1700

	Les centièmes Années, ou les dernières des Siécles.		1ere Case 1700, 2100. 2500, 2900. 3300, 3700. 4100, 4500. 4900, 5300.
			C
5e. Case	1. 29. 57. 85.	6e. Case	B
	2. 30. 58. 86.		A
	3. 31. 59. 87.		G
	4. 32. 60. 88.		FE
10 Case	5. 33. 61. 89.	11e. Case	D
	6. 34. 62. 90.		C
	7. 35. 63. 91.		B
	8. 36. 64. 92.		AG
15 Case	9 37. 65. 93.	16e. Case	F
	10. 38. 66. 94.		E
	11. 39. 67. 95.		D
	12. 40. 68. 96.		CB
20. Case	13. 41. 69. 97.	21e. Case	A
	14. 42. 70. 98.		G
	15. 43. 71. 99.		F
	16. 44. 72.		ED
25 Case	17. 45. 73.	26e. Case	C
	18. 46. 74.		B
	19. 47. 75.		A
	20. 48. 76.		GF
30. Case	21. 49. 77.	31e. Case	E
	22. 50. 78.		D
	23. 51. 79.		C
	24. 52. 80.		BA
35. Case	25. 53. 81.	36e. Case	G
	26. 54. 82.		F
	27. 55. 83.		E
	28. 56. 84.		DC

LETTRES DOMINICALES

jusqu'à 5600.

2e. Case		3e. Case		4e Case	
1800, 2200. 2600, 3000. 3400, 3800. 4200, 4600. 5000, 5400.		1900, 2300. 2700, 3100. 3500, 3900. 4300, 4700. 5100, 5500.		2000, 2400. 2800, 3200. 3600, 4000. 4400, 4800. 5200, 5600.	
E		G		BA	
7e. Case	D C B AG	8e. Case	F E D CB	9e. Case	G F E DC
12e. Case	F E D CB	13e Case.	A G F ED	14e. Case	B A G FE
17e. Case	A G F ED	18e. Case	C B A GF	19e. Case	D C B AG
22e. Case	C B A GF	23e. Case	E D C BA	24e. Case	F E D CB
27e. Case	E D C BA	28e. Case	G F E DC	29.e Case	A G F ED
32e. Case	G F E DC	33e. Case	B A G FE	34e. Case	C B A GF
37e. Case	B A G FE	38e. Case	D C B AG	39e. Case	E D C BA

EXPLICATION

DE LA TABLE PRÉCÉDENTE.

Voici ſur quels principes on s'eſt appuyé, lorſqu'on a conſtruit la Table des lettres Dominicales.

1°. Les 3900 années dont on a cherché les lettres Dominicales contiennent 40 centiémes années qui ont été diſtribuées dans les 4 premières Caſes.

2°. L'on a mis dans une même caſe toutes les centièmes années qui ont la même lettre Dominicale. Les centièmes années de la première caſe ont la lettre C; celles de la ſeconde, la lettre E; celles de la troiſième, la lettre G; & celles de la quatrième caſe, les lettres BA pour lettres Dominicales.

3°. Comme dans 40 centièmes années, il n'y en a que 10 qui ſoient Biſſextiles, l'on a réſervé ces 10 années pour la quatrième caſe, & l'on a diſtribué les 30 autres dans les trois premières.

4°. L'on a diſtribué les années intermédiaires dans les ſept caſes collatérales, je veux dire, dans les caſes 5e. 10, 15, 20, 25, 30, & 35.

5°. Les années intermédiaires qu'on a placé horizontalement dans la même caſe, différent de 28 ans, parce que le cycle Solaire ne contient qu'un pareil nombres d'années. Le chiffre 1 de la caſe 5e., par exemple, différe de ving-huit ans du chiffre 29; il en eſt de même de celui-ci par rapport au chiffre 57, &c.

6°. Chaque caſe collatérale contient 4 lignes perpendiculaires de quatre chiffres chacune, parce que l'année Biſſextile revient de 4 en 4 ans.

7°. Les quatre premières lettres Dominicales des caſes 6e. 7e. 8e. & 9e. c'eſt-à-dire, les lettres

B, D, F, G répondent aux chiffres 1, 29, 57, 85 de la case 5e. Il en est de même non-seulement des lettres A, C, E, F par rapport aux chiffres 2, 30, 58 & 86; mais encore ces lettres D, F, A, B des cases 11e. 12, 13 & 14, par rapport aux chiffres 5, 33, 61, 89 de la case 10e, &c.

8°. La lettre B de la case 6e. répond tantôt au chiffre 1, tantôt au chiffre 29, tantôt au chiffre 57 & tantôt au chiffre 85 de la case 5e; il en est de même des lettres D, F, G; c'est la centième année qui en décide, comme vous le verrez dans la solution du Problême second.

PROBLÊME I.

Trouver la lettre Dominicale d'une centième année, par exemple, de l'année 1800.

Résolution.. L'année 1800 a pour lettre Dominicale E, puisque cette année proposée se trouve dans la 2e case.

PROBLÊME II.

Trouver la lettre Dominicale d'une année intermédiaire; par exemple, de l'année 1759.

Résolution. L'année 1759 a pour lettre Dominicale G. Pour la trouver, j'ai pris 59 dans la troisième colonne de la 5e. case, & j'ai pris dans la 6e case la lettre G, parce qu'elle se trouve vis-à-vis du chiffre 59, & qu'elle est dans la colonne des lettres Dominicales placée sous l'année 1700.

TABLE

des Lettres Indices depuis 1700 jusqu'à 5600.

C	1700	Metemptose	n	4000	bissextile
C	1800	m. proemptose	m	4100	met.
B	1900	met.	l	4200	met.
B	2000	bissextile	l	4300	met. & proem.
B	2100	met. & proem.	l	4400	bissextile
A	2200	met.	k	4500	met.
u	2300	met.	k	4600	met. & proem.
A	2400	bissext. proem.	i	4700	met.
u	2500	met.	i	4800	bissextile
t	2600	met.	i	4900	met. & proem.
t	2700	met & proem.	h	5000	met.
t	2800	bissextile.	g	5100	met.
s	2900	met.	h	5200	bissext. proem.
s	3000	met. & proem.	g	5300	met.
r	3100	met.	f	5400	met.
r	3200	bissextile.	f	5500	met. & proem.
r	3300	met. & proem.	f	5600	bissextile.
q	3400	met.			
p	3500	met.			
q	3600	bissext. proem.			
p	3700	met.			
n	3800	met.			
n	3900	met. & proem.			

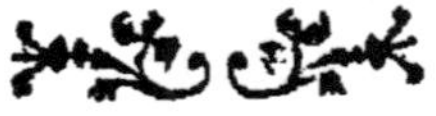

EXPLICATION
DE LA TABLE PRÉCÉDENTE.

Les demandes & les réponſes ſuivantes jetteront un grand jour ſur la Table que nous venons de donner.

D. De quel uſage eſt la lettre C qui répond à l'année 1700 ?

R. La lettre C répondra dans la Table ſuivante à une ſuite de 19 épactes, c'eſt-à-dire, aux épactes * XI XXII III XIV XXV VI XVII XXVIII IX XX I XII XXIII IV XV XXVI VII XVIII. La lettre C ſert donc à indiquer la ſuite des épactes en uſage depuis l'année 1700 juſqu'à l'année 1799 ; ce ſont les 19 que nous venons de marquer. Il en eſt de même de la lettre B par rapport à l'année 1900. C'eſt pour cela ſans doute que ces ſortes de lettres s'appellent *lettres indices*,

D. Que ſignifie *Métemptoſe* ?

La *Métemptoſe* ou *l'équation Solaire* eſt la ſuppreſſion d'un jour. Il y a eu *Métemptoſe* en l'année 1700, parce que cette année qui devoit être naturellement biſſextile, ne l'a pas été. Depuis la réformation du Calendrier, la *Métemptoſe* arrivera 3 fois en 400 ans.

D. Que ſignifie *Proemptoſe* ?

R. La *Proemptoſe* ou *l'équation Lunaire* eſt l'anticipation de la nouvelle Lune. Il y a *Proemptoſe* d'environ 300 en 300 ans, parce qu'alors la nouvelle Lune arrive un jour plutôt qu'elle ne devroit arriver. Ce Phénomène a pour cauſe la perſuaſion où étoient les anciens Aſtronomes que les nouvelles Lunes revenoient au même moment après 19 années paſſées, comme nous l'avons dit dans le Calendrier *num.* 6.

TABLE

depuis 1700,

NOMBRES

i	ii	iii	iv	v	vi	vii	viii	ix	x

ÉPACTES.

Lettres indices										
C	*	xi	xxii	iii	xiv	xxv	vi	xvii	xxviii	ix
B	xxix	x	xxi	ii	xiii	xxiv	v	xvi	xxvii	viii
A	xxviij	ix	xx	i	xii	xxiii	iv	xv	xxvi	vii
u	xxvij	viii	xix	*	xi	xxii	iii	xiv	xxv	vi
t	xxvi	vii	xviij	xxix	x	xxi	ii	xiii	xxiv	v
s	xxv	vi	xvii	xxviij	ix	xx	i	xii	xxiii	iv
r	xxiv	v	xvi	xxvii	viii	xix	*	xi	xxii	iii
q	xxiii	iv	xv	xxvi	vii	xviii	xxix	x	xxi	ii
p	xxii	iii	xiv	xxv	vi	xvii	xxviii	ix	xx	i
n	xxi	iii	xiii	xxiv	v	xvi	xxvii	viii	xix	*
m	xx	i	xii	xxiii	iv	xv	xxvi	vii	xviii	xxix
l	xix	*	xi	xxii	iii	xiv	xxv	vi	xvii	xxviii
k	xviii	xxix	x	xxi	ii	xiii	xxiv	v	xvi	xxvii
i	xvii	xxviij	ix	xx	i	xii	xxiii	iv	xv	xxvi
h	xvi	xxvii	viii	xix	*	xi	xxii	iii	xiv	xxv
g	xv	xxvi	vii	xviii	xvix	x	xxi	ii	xiii	xxiv
f	xiv	xxv	vi	xvii	xxviij	ix	xx	i	xii	xxiii

DES EPACTES

jusqu'à 5600.

D'OR.

xi	xii	xiii	xiv	xv	xvi	xvii	xviii	xix

ÉPACTES.

xi	xii	xiii	xiv	xv	xvi	xvii	xviii	xix
xx	i	xii	xxiii	iv	xv	xxvi	vii	xviii
xix	*	xi	xxii	iii	xiv	25	vi	xvii
xviii	xxix	x	xxi	ii	xiii	xxiv	v	xvi
xvii	xxviii	ix	xx	i	xii	xxiii	iv	xv
xvi	xxvii	viii	xix	*	xi	xxii	iii	xiv
xv	xxvi	vii	xviii	xxix	x	xxi	ii	xiii
xiv	25	vi	xvii	xxviii	ix	xx	i	xii
xiii	xxiv	v	xvi	xxvii	viii	xix	*	xi
xii	xxiii	iv	xv	xxvi	vii	xviii	xxix	x
xi	xxii	iii	xiv	xxv	vi	xvii	xxviii	ix
x	xxi	ii	xiii	xxiv	v	xvi	xxvii	viii
ix	xx	i	xii	xxiii	iv	xv	xxvi	vii
viii	xix	*	xi	xxii	iii	xiv	25	vi
vii	xviii	xxix	x	xxi	ii	xiii	xxiv	v
vi	xvii	xxviii	ix	xx	i	xii	xxiii	iv
v	xvi	xxvii	viii	xix	*	xi	xxii	iii
iv	xv	xxvi	vii	xviii	xxix	x	xxi	ii

EXPLICATION

DE LA TABLE PRÉCÉDENTE.

La Table précédente contient des nombres d'Or, des lettres indices & des épactes. Les nombres d'Or se trouvent dans la colonne supérieure placée horisontalement. Les lettres indices sont dans la première des colonnes perpendiculaires, & les épactes dans les colonnes parallèles à celle des lettres indices. Lorsque l'on veut par le moyen de cette Table connoître l'épacte d'une année quelconque, l'on doit sçavoir quelle est la lettre indice du Siécle courant, quel est le nombre d'Or de l'année proposée ; & l'épacte que l'on cherche, sera le chiffre romain qui se trouvera en même-tems sous ce nombre d'Or, & vis-à-vis la lettre indice. L'année 1760, par exemple, a eu XII d'épacte, parce que XII se trouve en même-tems sous XIII, *nombre d'Or* de l'année en question, & vis-à-vis C, *lettre indice* du Siécle courant.

Pour connoître l'épacte de l'année 1760 sans le secours de la Table précédente, multipliez 1°. 60 par 11 ; 2°. ajoutez 9 au produit 660; 3°. ajoutez encore au même produit autant d'unités que le nombre d'Or 1 est revenu de fois depuis l'année 1700, c'est-à-dire, ajoutez 3. ; 4°. divisez par 30 la somme 672 ; 5° négligez le quotient 22, & comme il vous restera 12 après la dernière division, vous conclurez que l'année 1760 a eu XII d'épacte.

Remarquez 1°. que pour trouver l'épacte de l'année 1760, il a fallu multiplier 60 par 11, parce que chaque année on ajoute 11 à l'épacte de l'année précédente.

Remarquez 2°. qu'il a fallu ajouter 9 au produit

660, parce que l'épacte de 1701 a été XX, & qu'on suppose qu'elle n'a été que XI.

Remarquez 3°. qu'il a fallu encore ajouter 3 à la somme 669, parce que depuis l'année 1701 il y a eu 3 années qui ont eu pour nombre d'Or 1; or dans ces années il faut ajouter 12, au lieu de 11, à l'épacte de l'année précédente, comme nous l'avons dit dans le Calendrier *num.* 11.

Remarquez 4°. qu'il a fallu diviser par 30 la somme 672, parce qu'on retranche 30, quand, après avoir ajouté 11 à l'épacte de la dernière année, la somme surpasse 30.

Remarquez 5°. que, lorsqu'il ne reste rien après la dernière opération de la division, l'épacte de l'année proposée est 30, ou l'Astérisme *.

Il n'est pas nécessaire d'avertir que dans la Table précédente les lignes de la page 381 sont la continuation des lignes correspondantes de la page 380. Il est encore moins nécessaire de faire remarquer que les 4 Tables que nous venons de donner & d'expliquer, sont rélatives à l'article du Calendrier que l'on trouvera dans ce Dictionnaire à la *page* 134 & *suivantes*. Pour donner à cet article intéressant toute la perfection & toute l'étendue dont il est susceptible, nous allons mettre *l'ancien Calendrier* sous les yeux du Lecteur, afin que chacun se convainque par soi-même de la nécessité qu'il y avoit de le réformer.

IDÉE GÉNÉRALE

du Calendrier ancien.

LE Calendrier que nous allons mettre sous les yeux du Lecteur, est celui qui a été en usage dans l'Eglise Catholique depuis le concile de Nicée jusqu'au Pontificat de Grégoire XIII, c'est-à-dire, depuis l'année 325 jusqu'en l'année 1582. Il contient les nombres d'Or, les jours de chaque mois & les lettres Dominicales. Les nombres d'Or sont répétés autant de fois qu'il y a de mois dans l'année; mais comme il n'y a que 19 de ces nombres, & que les mois ordinaires ont 30 ou 31 jours, il n'a pas été possible d'assigner un nombre d'Or à chaque jour de chaque mois; nous verrons dans la suite l'arrangement qu'on a suivi dans cette distribution. Pour les lettres Dominicales elles occupoient dans le Calendrier ancien la même place qu'elles occupent dans le nouveau.

La Table qui terminera cet article, est commune aux deux Calendriers.

CALENDRIER ANCIEN.

JANVIER.			FÉVRIER.		
NOMBRES d'Or.	*JOURS du Mois.*	*Lettres Dominicales.*	*NOMBRES d'Or.*	*JOURS du Mois.*	*Lettres Dominicales.*
III	1	A		1	D
	2	B	XI	2	E
XI	3	C	XIX	3	F
	4	D	VIII	4	G
XIX	5	E		5	A
VIII	6	F	XVI	6	B
	7	G	V	7	C
XVI	8	A		8	D
V	9	B	XIII	9	E
	10	C	II	10	F
XIII	11	D		11	G
II	12	E	X	12	A
	13	F		13	B
X	14	G	XVIII	14	C
	15	A	VII	15	D
XVIII	16	B		16	E
VII	17	C	XV	17	F
	18	D	IV	18	G
XV	19	E		19	A
IV	20	F	XII	20	B
	21	G	I	21	C
XII	22	A		22	D
I	23	B	IX	23	E
	24	C		24	F
IX	25	D	XVII	25	G
	26	E	VI	26	A
XVII	27	F		27	B
VI	28	G	XIV	28	C
	29	A			
XIV	30	B			
III	31	C			

CALENDRIER ANCIEN.

MARS.

NOMBRES d'Or	*JOURS du Mois.*	*Lettres Dominicales.*
III	1	D
	2	E
XI	3	F
	4	G
XIX	5	A
VIII	6	B
	7	C
XVI	8	D
V	9	E
	10	F
XIII	11	G
II	12	A
	13	B
X	14	C
	15	D
XVIII	16	E
VII	17	F
	18	G
XV	19	A
IV	20	B
	21	C
XII	22	D
I	23	E
	24	F
IX	25	G
	26	A
XVII	27	B
VI	28	C
	29	D
XIV	30	E
III	31	F

AVRIL.

NOMBRES d'Or.	*JOURS du Mois.*	*Lettres Dominicales.*
	1	G
XI	2	A
	3	B
XIX	4	C
VIII	5	D
XVI	6	E
V	7	F
	8	G
XIII	9	A
II	10	B
	11	C
X	12	D
	13	E
XVIII	14	F
VII	15	G
	16	A
XV	17	B
IV	18	C
	19	D
XII	20	E
I	21	F
	22	G
IX	23	A
	24	B
XVII	25	C
VI	26	D
	27	E
XIV	28	F
III	29	G
	30	A

CALENDRIER ANCIEN.

MAI			JUIN.		
NOMBRES d'Or.	JOURS du Mois.	Lettres Dominicales.	NOMBRES d'Or.	JOURS du Mois.	Lettres Dominicales.
XI	1	B		1	E
	2	C	XIX	2	F
XIX	3	D	VIII	3	G
VIII	4	E	XVI	4	A
	5	F	V	5	B
XVI	6	G		6	C
V	7	A	XIII	7	D
	8	B	II	8	E
XIII	9	C		9	F
II	10	D	X	10	G
	11	E		11	A
X	12	F	XVIII	12	B
	13	G	VII	13	C
XVIII	14	A		14	D
VII	15	B	XV	15	E
	16	C	IV	16	F
XV	17	D		17	G
IV	18	E	XII	18	A
	19	F	I	19	B
XII	20	G		20	C
I	21	A	IX	21	D
	22	B		22	E
IX	23	C	XVII	23	F
	24	D	VI	24	G
XVII	25	E		25	A
VI	26	F	XIV	26	B
	27	G	III	27	C
XIV	28	A		28	D
III	29	B	XI	29	E
	30	C		30	F
XI	31	D			

CALENDRIER ANCIEN.

JUILLET.			AOUT.		
NOMBRES d'Or.	*JOURS du Mois.*	*Lettres Dominicales.*	*NOMBRES d'Or.*	*JOURS du Mois.*	*Lettres Dominicales.*
XIX	1	G	VIII	1	C
VIII	2	A	XVI	2	D
	3	B	V	3	E
XVI	4	C		4	F
V	5	D	XIII	5	G
	6	E	II	6	A
XIII	7	F		7	B
II	8	G	X	8	C
	9	A		9	D
X	10	B	XVIII	10	E
	11	C	VII	11	F
XVIII	12	D		12	G
VII	13	E	XV	13	A
	14	F	IV	14	B
XV	15	G		15	C
IV	16	A	XII	16	D
	17	B	I	17	E
XII	18	C		18	F
I	19	D	IX	19	G
	20	E		20	A
IX	21	F	XVII	21	B
	22	G	VI	22	C
XVII	23	A		23	D
VI	24	B	XIV	24	E
	25	C	III	25	F
XIV	26	D		26	G
III	27	E	XI	27	A
	28	F	XIX	28	B
XI	29	G		29	C
XIX	30	A	VIII	30	D
	31	B		31	E

CALENDRIER ANCIEN.

SEPTEMBRE.

NOMBRES d'Or.	JOURS du Mois.	Lettres Dominicales.
XVI	1	F
V	2	G
	3	A
XIII	4	B
II	5	C
	6	D
X	7	E
	8	F
XVIII	9	G
VII	10	A
	11	B
XV	12	C
IV	13	D
	14	E
XII	15	F
I	16	G
	17	A
IX	18	B
	19	C
XVII	20	D
VI	21	E
	22	F
XIV	23	G
III	24	A
	25	B
XI	26	C
XIX	27	D
	28	E
VIII	29	F
	30	G

OCTOBRE.

NOMBRES d'Or.	JOURS du Mois.	Lettres Dominicales.
XVI	1	A
V	2	B
XIII	3	C
II	4	D
	5	E
X	6	F
	7	G
XVIII	8	A
VII	9	B
	10	C
XV	11	D
IV	12	E
	13	F
XII	14	G
I	15	A
	16	B
IX	17	C
	18	D
XVII	19	E
VI	20	F
	21	G
XIV	22	A
III	23	B
	24	C
XI	25	D
XIX	26	E
	27	F
VIII	28	G
	29	A
XVI	30	B
V	31	C

CALENDRIER ANCIEN.

NOVEMBRE.			DÉCEMBRE.		
NOMBRES d'Or.	JOURS du Mois.	Lettres Dominicales.	NOMBRES d'Or.	JOURS du Mois.	Lettres Dominicales.
	1	D	XIII	1	F
XIII	2	E	II	2	G
II	3	F		3	A
	4	G	X	4	B
X	5	A		5	C
	6	B	XVIII	6	D
XVIII	7	C	VII	7	E
VII	8	D		8	F
	9	E	XV	9	G
XV	10	F	IV	10	A
IV	11	G		11	B
	12	A	XII	12	C
XII	13	B	I	13	D
I	14	C		14	E
	15	D	IX	15	F
IX	16	E		16	G
	17	F	XVII	17	A
XVII	18	G	VI	18	B
VI	19	A		19	C
	20	B	XIV	20	D
XIV	21	C	III	21	E
III	22	D		22	F
	23	E	XI	23	G
XI	24	F	XIX	24	A
XIX	25	G		25	B
	26	A	VIII	26	C
VIII	27	B		27	D
	28	C	XVI	28	E
XVI	29	D	V	29	F
V	30	E		30	G
			XIII	31	A

EXPLICATION

DU CALENDRIER ANCIEN.

Les réponses aux questions suivantes jetteront un grand jour sur le Calendrier ancien.

Premiere Question. A côté de quels jours a-t-on prétendu placer les nombres d'Or dans le Calendrier ancien ?

Réponse. Comme il n'y a pas autant de nombres d'Or, qu'il y a de jours dans le mois, l'on a prétendu placer les nombres d'Or à côté des jours où l'on croyoit qu'arrivoient les nouvelles lunes. Les anciens s'imaginoient donc que les nouvelles lunes ne tomboient jamais aux jours à côté desquels ils n'avoient mis aucun nombre d'Or.

Seconde Question. Quand-est-ce que revenoit dans l'ancien Calendrier le même nombre d'Or ?

Réponse. Le même nombre d'Or revenoit dans l'ancien Calendrier alternativement après 30 & 29 jours. Le nombre d'Or III, par-exemple, étoit placé à côté du 1 & du 31 Janvier, du 1 & du 31 Mars, du 29 Avril, du 29 Mai, du 27 Juin, du 27 Juillet, du 25 Août, du 24 Septembre, du 23 Octobre, du 22 Novembre, & du 21 Décembre. Or du 1 au 31 Janvier, il y a 30 jours ; du 31 Janvier au 1 Mars, il n'y en a que 29. De même du 1 au 31 Mars, il y a 30 jours ; & du 31 Mars au 29 Avril, il n'y en a que 29 &c. Il en est de même de tous les autres nombres d'Or : ils reviennent tous alternativement après 30 & 29 jours, ou après 29 & 30 jours, parce que les mois lunaires font alternativement de 30 & de 29 jours, ou de 29 & 30 jours.

Troisième Question. Quelle différence y a-t-il entre deux nombres d'Or qui se suivent ?

Réponse. La différence qui se trouve entre deux nombres d'Or qui se suivent, est VIII, en supposant que le plus petit des nombres d'Or est I, & le plus grand XIX. En effet les trois premiers nombres d'Or du mois de Janvier sont III, XI & XIX. Or ces trois nombres différent de VIII; & il en sera de même de tous les autres qu'on pourra assigner; donc VIII est la différence qui se trouve entre deux nombres d'Or quelconques qui se suivent.

Corollaire. Pour avoir un nombre d'Or quelconque, ajoutez VII au nombre d'Or précédent. Si la somme ne surpasse pas XIX, elle sera le nombre d'Or cherché; si elle surpasse XIX, vous oterez XIX, & le restant vous donnera le nombre d'Or que vous demandez.

Quatrième Question. Pourquoi dans le Calendrier ancien a-t-on laissé au commencement du mois de Janvier une place vuide entre le nombre d'Or III & le nombre d'Or XI, & que l'on n'en a point laissé de vuide entre le nombre d'Or XIX & le nombre d'Or VIII.

Réponse. Parce que le nombre d'Or XI est plus grand que le nombre d'Or III qui le précéde immédiatement; & qu'au contraire le nombre d'Or VIII est plus petit que le nombre d'Or XIX au-dessous duquel il se trouve. La régle générale est donc de laisser une place vuide entre deux nombres d'Or dont le plus petit est placé au-dessus du plus grand; & de n'en point laifser de vuide, lorsque de deux nombres d'Or qui se suivent immédiatement, le supérieur est plus grand que l'inférieur.

Cette régle cependant souffre des exceptions le 3 Fevrier, le 6 Avril, le 4 Juin, le 2 Août, le 3 Octobre, & le 1 Décembre. En effet le 3 Février, l'on voit le nombre d'Or XIX immédiatement après le nombre d'Or XI. L'on voit le 6 Avril, le 4 Juin & le 2 Août, le nombre d'Or XVI immédiatement après le nombre d'Or VIII. Enfin le 3 Octobre & le 1 Décembre, l'on n'a laissé aucune place vuide entre le nombre d'Or supérieur V, & le nombre d'Or inférieur XIII. Ces exceptions sont fondées sur la nécessité de garder la régle marquée dans la réponse à la *Question seconde.*

Cinquième Question. Quels sont les défauts du Calendrier ancien ?

Réponse. Nous les avons fait connoître dans l'article du *Calendrier, page* 138, *num.* 10. Pour faire mieux comprendre la grandeur du service que Grégoire XIII a rendu au monde Chrétien, nous allons comparer le résultat du Calendrier Grégorien avec le résultat du Calendrier ancien par rapport à la célébration de la Fête de Pâques. L'on verra dans quel dérangement nous serions, si l'on n'avoit pas réformé le Calendrier de Jules César.

TABLE

Pour la célébration de la Fête de Pâques depuis 1767 jusqu'à 1867.

ANNÉES.	*PAQUES* Suivant le calendrier corrigé.	*PAQUES* Suivant le calendrier ancien.
1767	19 Avril	8 Avril
1768	3 Avril	30 Mars
1769	26 Mars	19 Avril
1770	15 Avril	4 Avril
1771	31 Mars	27 Mars
1772	19 Avril	15 Avril
1773	11 Avril	31 Mars
1774	3 Avril	20 Avril
1775	16 Avril	12 Avril
1776	7 Avril	3 Avril
1777	30 Mars	16 Avril
1778	19 Avril	8 Avril
1779	4 Avril	31 Mars
1780	26 Mars	19 Avril
1781	15 Avril	4 Avril
1782	31 Mars	27 Mars
1783	20 Avril	16 Avril
1784	11 Avril	31 Mars
1785	27 Mars	20 Avril
1786	16 Avril	12 Avril
1787	8 Avril	28 Mars
1788	23 Mars	16 Avril
1789	12 Avril	8 Avril
1790	4 Avril	24 Mars
1791	24 Avril	13 Avril
1792	8 Avril	4 Avril
1793	31 Mars	24 Avril
1794	20 Avril	9 Avril
1795	5 Avril	1 Avril

TABLE

Pour la célébration de la Fête de Pâques depuis 1767 jusqu'à 1867.

ANNÉES.	*PAQUES* Suivant le calendrier corrigé.	*PAQUES* Suivant le calendrier ancien.
1796	27 Mars	20 Avril
1797	16 Avril	5 Avril
1798	8 Avril	28 Mars
1799	24 Mars	17 Avril
1800	13 Avril	8 Avril
1801	5 Avril	24 Mars
1802	18 Avril	13 Avril
1803	10 Avril	5 Avril
1804	1 Avril	24 Avril
1805	14 Avril	9 Avril
1806	6 Avril	1 Avril
1807	29 Avril	14 Avril
1808	17 Avril	5 Avril
1809	2 Avril	28 Mars
1810	22 Avril	17 Avril
1811	14 Avril	2 Avril
1812	29 Mars	21 Avril
1813	18 Avril	13 Avril
1814	10 Avril	29 Mars
1815	26 Mars	18 Avril
1816	14 Avril	9 Avril
1817	6 Avril	25 Mars
1818	22 Mars	14 Avril
1819	11 Avril	6 Avril
1820	2 Avril	28 Mars
1821	22 Avril	10 Avril
1822	7 Avril	2 Avril
1823	30 Mars	22 Mars
1824	18 Avril	6 Avril

TABLE

Pour la célébration de la Fête de Pâques depuis 1767 jusqu'à 1867.

ANNÉES.	*PAQUES* Suivant le calendrier corrigé.	*PAQUES* Suivant le calendrier ancien.
1825	3 Avril	29 Mars
1826	26 Mars	18 Avril
1827	15 Avril	3 Avril
1828	6 Avril	25 Mars
1829	19 Avril	14 Avril
1830	11 Avril	6 Avril
1831	3 Avril	19 Mars
1832	22 Avril	10 Avril
1833	7 Avril	2 Avril
1834	30 Mars	22 Avril
1835	19 Avril	7 Avril
1836	3 Avril	29 Mars
1837	26 Mars	18 Avril
1838	15 Avril	3 Avril
1839	31 Mars	26 Mars
1840	19 Avril	14 Avril
1841	11 Avril	30 Mars
1842	27 Mars	19 Avril
1843	16 Avril	11 Avril
1844	7 Avril	26 Mars
1845	23 Mars	15 Avril
1846	12 Avril	7 Avril
1847	4 Avril	23 Mars
1848	23 Avril	11 Avril
1849	8 Avril	3 Avril
1850	31 Mars	23 Avril
1851	20 Avril	8 Avril
1852	11 Avril	30 Mars
1853	27 Mars	19 Avril

TABLE

Pour la célébration de la Fête de Pâques depuis 1767 jusqu'à 1867.

ANNÉES.	*PAQUES* Suivant le calendrier corrigé.	*PAQUES* Suivant le calendrier ancien.
1854	16 Avril	11 Avril
1855	8 Avril	27 Mars
1856	23 Mars	15 Avril
1857	12 Avril	7 Avril
1858	4 Avril	23 Mars
1859	24 Avril	12 Avril
1860	8 Avril	3 Avril
1861	31 Mars	23 Avril
1862	20 Avril	8 Avril
1863	5 Avril	31 Mars
1864	27 Mars	19 Avril
1865	16 Avril	4 Avril
1866	1 Avril	27 Mars
1867	21 Avril	16 Avril

REMARQUES

Sur la différence qui se trouve entre l'ancien & le nouveau Calendrier, par rapport à la célébration de la Fête de Pâques.

1°. SUivant le Calendrier nouveau, l'année 1767 a pour épacte XXX, ou l'astérisme *, & pour lettre Dominicale D. Me demande-t-on donc dans quel mois & quel jour on doit, depuis la réformation du Calendrier, célébrer la Fête de Pâques en l'année 1767? voici comment j'opére. Je regarde dans le Calendrier Grégorien quel est le premier jour, après le 7 Mars, auquel répond l'astérisme * ; & je trouve que c'est le 31, c'est-à-dire, je trouve que la nouvelle Lune de Mars sera le 31. J'ajoute 14 jours au 31 Mars, & je conclus que la pleine Lune Paschale sera le 14 Avril. Je vois enfin, par la lettre Dominicale, que le premier Dimanche après la pleine Lune Paschale tombera le 19 Avril ; aussi assure-je que ce sera ce jour-là qu'on célébrera Pâques en l'année 1767. Voyez la raison de toutes ces opérations dans l'article du Calendrier, *num.* 13. *pag.* 140 & 141.

2°. Suivant le Calendrier ancien l'année 1767 a pour nombre d'Or I, & pour lettre Dominicale G. Pour trouver dans quel mois & quel jour on devroit célébrer la Fête de Pâques, en l'année 1767, si l'on étoit obligé de se servir du Calendrier ancien ; voici comment il faut opérer. Cherchez dans le Calendrier ancien quel est le premier jour, après le 7 Mars, auquel répond le nombre d'Or I; vous trouverez que c'eſt le 23,.c'eſt-à-dire, vous trouverez que la nouvelle Lune ſera le 23. Ajoutez 14 jours au 23 Mars; vous verrez que la pleine Lune Paſchale tombera le 6 Avril. Cherchez enfin, par le moyen de la lettre Dominicale, quel jour tombera le premier Dimanche après la pleine Lune Paſchale; & comme il tombera le 8 Avril, vous pourrez aſſurer que, ſi l'on ſe ſervoit encore du Calendrier ancien, l'on célébreroit Pâques le 8 Avril, en l'année 1767. Cette méthode eſt fondée ſur les mêmes principes que celle de *num.* 1.

3°. Ce qu'on a fait pour l'année 1767, on l'a fait pour les 99 années ſuivantes, & on pourra le faire pour tel nombre d'années qu'on voudra.

4°. Les lettres Dominicales ne ſont pas les mêmes dans les deux Calendriers, parce que Grégoire XIII fit retrancher dix jours du mois d'Octobre de l'année 1582. Voyez-en la raiſon dans l'article du Calendrier *num.* 10. *pag.* 139.

5°. On ne ſe ſert plus du Calendrier ancien. Le Calendrier Grégorien fut accepté en 1700 par les Etats Proteſtans de l'Empire; & il l'a été de nos jours, c'eſt-à-dire, le 14 Septembre 1752, par la Grande-Brétagne. On ne l'avoit rejetté, que parce qu'il portoit le nom d'un Souverain Pontiſe.

6°. Pendant 170 ans, c'eſt-à-dire, depuis l'année 1582 juſqu'en l'année 1752, les deux Calendriers ont été en uſage. Ceux qui ſe ſervoient du Calendrier Grégorien diſoient ſimplement, *telle choſe eſt arrivée telle année & tel jour.* Ceux qui ſe ſervoient du Calendrier ancien, ajoutoient ces deux mots *vieux ſtile*; ils avoient même coutume de les mettre entre deux parentheſes. Ils diſoient, par-exemple, *un tel vint au monde le* 10 *Janvier* 1650 (*vieux ſtile*); cela ſignifie dans le fond qu'il vint au monde le 20 Janvier 1750. Toutes ces remarques nous ont paru néceſſaires pour l'intelligence parfaite du Calendrier ancien.

Fin du Tome premier.

Planche I. Tom. I.

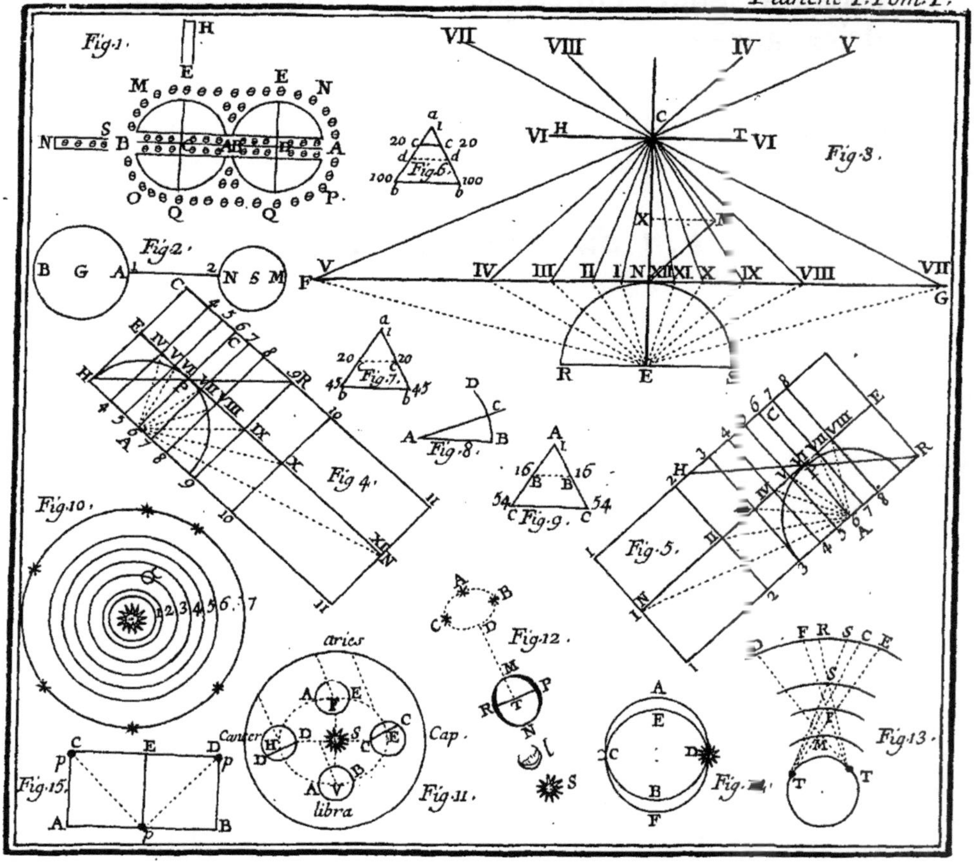

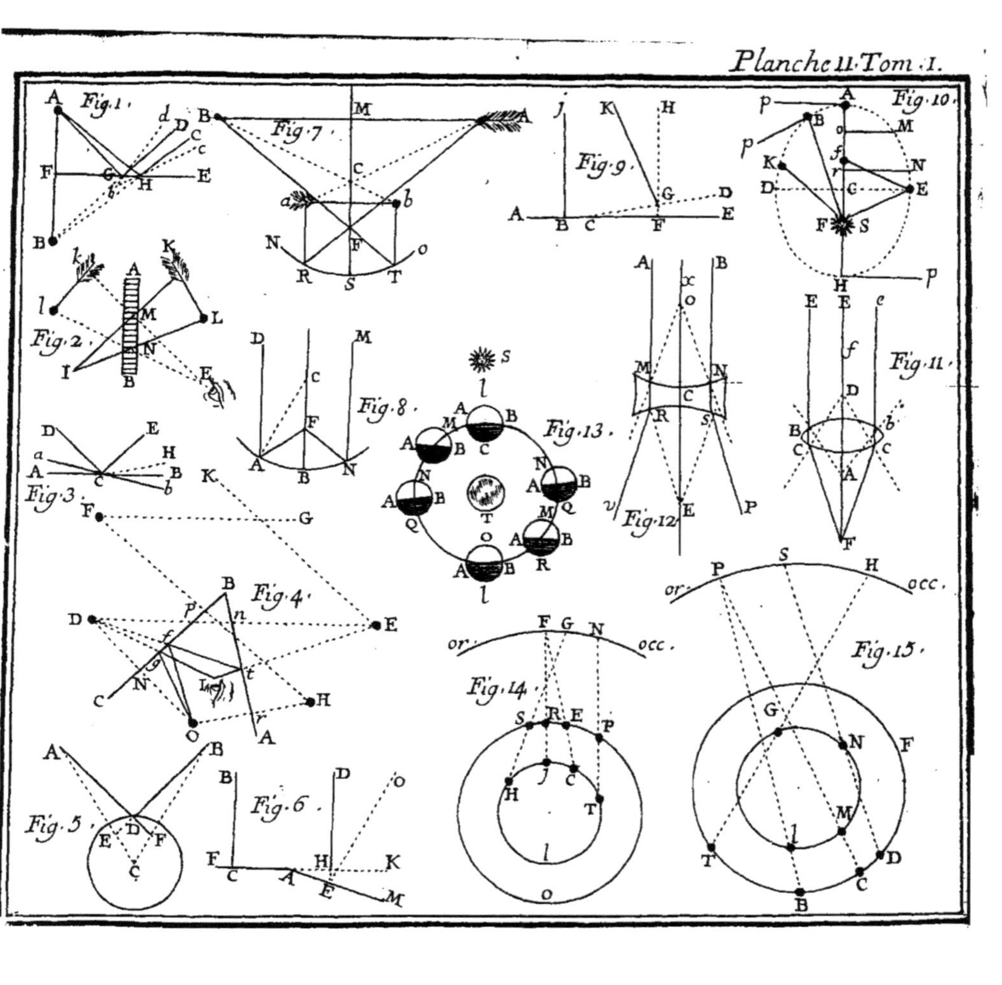
Planche II. Tom. I.
Fig. 1.
Fig. 2.
Fig. 3.
Fig. 4.
Fig. 5.
Fig. 6.
Fig. 7.
Fig. 8.
Fig. 9.
Fig. 10.
Fig. 11.
Fig. 12.
Fig. 13.
Fig. 14.
Fig. 15.

www.ingramcontent.com/pod-product-compliance
Ingram Content Group UK Ltd.
Pitfield, Milton Keynes, MK11 3LW, UK
UKHW020316200726
13857UKWH00001B/183